THÉORIE

DU POTENTIEL

ET SES APPLICATIONS

A L'ÉLECTROSTATIQUE ET AU MAGNÉTISME.

OUVRAGES DE M. ÉMILE MATHIEU.

Dynamique analytique. In-4; 1878 .... 15 fr.

Tous les Ouvrages de Mécanique commencent par l'exposition des mêmes principes; mais ils se séparent bientôt selon que l'auteur a voulu faire un Traité de Mécanique rationnelle ou s'est proposé surtout la théorie des Machines. Quant aux Ouvrages de Mécanique rationnelle, ordinairement ils renferment, surtout comme applications, des problèmes peu réalisables, tandis que la puissance de la Mécanique rationnelle se montre principalement dans l'étude du mouvement des corps célestes. Aussi est-ce vers ce côté que sont dirigées les théories de la *Dynamique analytique* de M. Mathieu, qui pourrait être intitulée *Prodrome de Mécanique céleste*. On peut citer deux Ouvrages qui ont été faits dans le même but : la *Mécanique analytique* de Lagrange et les *Vorlesungen über Dynamik* de Jacobi, qui sont de date beaucoup plus récente. Mais, bien que M. Mathieu ait utilisé tous les résultats acquis à la Science dans cette branche des Mathématiques, c'est avec celui de Lagrange que son Ouvrage a, par l'exposition, le plus d'analogie.

Traité de Physique mathématique.

I. Cours de Physique mathématique. In-4; 1873 .... 15 fr.

II. Théorie de la capillarité. In-4; 1883 .... 10 fr.

III. Théorie du potentiel et ses applications a l'Électrostatique et au Magnétisme.

Première Partie. — *Théorie du potentiel.* In-4; 1885 .... 9 fr.

Deuxième Partie. — *Applications à l'Électrostatique et au Magnétisme.* (Sous presse.)

10188 Paris. — Imprimerie de Gauthier-Villars, quai des Augustins, 55.

THÉORIE
DU POTENTIEL

ET SES APPLICATIONS

A L'ÉLECTROSTATIQUE ET AU MAGNÉTISME,

PAR

M. ÉMILE MATHIEU,

PROFESSEUR A LA FACULTÉ DES SCIENCES DE NANCY.

PREMIÈRE PARTIE.

THÉORIE DU POTENTIEL.

PARIS,

GAUTHIER-VILLARS, IMPRIMEUR-LIBRAIRE

DU BUREAU DES LONGITUDES, DE L'ÉCOLE POLYTECHNIQUE,

SUCCESSEUR DE MALLET-BACHELIER,

Quai des Augustins, 55.

1885

PRÉFACE.

Ce Livre forme le troisième Volume du *Traité de Physique mathématique,* dont j'ai annoncé la publication dans la Préface de ma *Théorie de la Capillarité.* J'y examine les propriétés du potentiel et d'autres fonctions qui jouent un rôle analogue dans la Physique mathématique. Dans le Volume suivant, je donnerai les applications de la Théorie du potentiel à l'Électrostatique et au Magnétisme.

Une grande partie des théorèmes relatifs au potentiel prennent leur principal intérêt dans les propriétés physiques qu'ils démontrent ; mais la séparation des premiers théorèmes de leurs applications a cet avantage de permettre de les exposer plus facilement avec une complète rigueur.

Il n'est pas sans intérêt de faire remarquer que les résultats mathématiques, qui sont exposés ici, ont pris leur origine dans la Physique mathématique, mais que beaucoup peuvent être transportés, ou l'ont été déjà, dans des recherches de Mathématiques pures.

THÉORIE

DU POTENTIEL.

CHAPITRE I.

PROPRIÉTÉS GÉNÉRALES DU POTENTIEL.

Les forces de la Nature, qui s'exercent à des distances sensibles, agissent en général en raison directe des masses dont elles émanent et en raison inverse du carré de leur distance. Ainsi c'est à cette loi que sont soumises la gravitation des corps célestes et aussi l'attraction ou la répulsion provenant de l'électricité statique ou du magnétisme.

C'est une loi élémentaire, c'est-à-dire qu'elle ne s'applique qu'à deux masses concentrées chacune en un point, et l'on en peut conclure, au moyen du calcul, les actions réciproques des corps ou des fluides électriques et magnétiques. Nous commencerons par nous occuper de certaines propriétés générales de l'attraction.

Définition du potentiel.

1. Soient m, m' deux masses concentrées en deux points; l'attraction entre ces deux masses sera $\frac{hmm'}{r^2}$, r étant la distance entre m et m' et h une constante qui indique l'attraction qui a lieu entre deux masses égales à l'unité et séparées par une distance prise pour unité. Pour

simplifier les formules, nous supposerons que cette dernière force est prise pour unité, en sorte que $h = 1$.

Lès axes de coordonnées étant supposés rectangulaires, soient (a, b, c), (a', b', c'), (a'', b'', c''), ... les coordonnées de différents points dont les masses sont m, m', m'', ... et cherchons la résultante de leurs actions sur l'unité de masse placée au point P, dont les coordonnées sont (x, y, z) et dont les distances aux premiers points sont r, r', r'', ... Le point m exerce sur P une attraction donnée par l'expression $\frac{m}{r^2}$, où l'on a

$$r^2 = (a - x)^2 + (b - y)^2 + (c - z)^2;$$

et, comme cette force est dirigée suivant la droite r, ses composantes suivant les trois axes sont

$$(1) \qquad \frac{m(a - x)}{r^3}, \quad \frac{m(b - y)}{r^3}, \quad \frac{m(c - z)}{r^3}$$

ou

$$(2) \qquad \frac{d\frac{m}{r}}{dx}, \quad \frac{d\frac{m}{r}}{dy}, \quad \frac{d\frac{m}{r}}{dz}.$$

Donc, si l'on pose

$$V = \sum \frac{m}{r},$$

les composantes de la force totale qui agit sur le point P seront

$$\frac{dV}{dx}, \quad \frac{dV}{dy}, \quad \frac{dV}{dz},$$

et la quantité V est dite le *potentiel* des masses m, m', ..., pris au point P.

Si l'action de m sur le point P était répulsive, les composantes de cette force seraient les expressions (1) ou (2) changées de signe. Donc, si l'on imagine que les masses m, m', m'', ... aient les unes une action attractive sur le point P, les autres une action répulsive, on posera

$$V = \Sigma \pm \frac{m}{r},$$

en prenant dans chaque terme le signe + ou − suivant que la masse qui s'y trouve attire ou repousse le point P, et les composantes de la force totale qui sollicite ce point seront encore les dérivées de V par rapport à x, y, z.

Supposons qu'il s'agisse des fluides électriques, que l'on partage en fluide positif et fluide négatif. On sait que deux particules d'électricité de nom contraire s'attirent et que deux particules de même nom se repoussent. Regardant d'après cela $m, m', m'', \ldots$ comme des quantités d'électricité qui portent le signe qui les désigne et posant

$$V = \sum \frac{m}{r}, \tag{3}$$

alors les quantités

$$\frac{dV}{dx}, \quad \frac{dV}{dy}, \quad \frac{dV}{dz}$$

seront les composantes de leur action sur le point P si l'unité d'électricité négative s'y trouve concentrée, et

$$-\frac{dV}{dx}, \quad -\frac{dV}{dy}, \quad -\frac{dV}{dz}$$

seront les mêmes composantes si le point P renferme l'unité d'électricité positive.

Les mêmes remarques s'étendent aux fluides magnétiques.

La quantité V donnée par la formule (3) est encore dite le potentiel des masses $m, m', m'', \ldots$ par rapport au point P.

2. Désignons par F la résultante des forces qui agissent sur le point (x, y, z) et par α, β, γ ses angles avec les axes de coordonnées, nous aurons pour la force F et ses composantes suivant les axes des x, y, z

$$F = \sqrt{\left(\frac{dV}{dx}\right)^2 + \left(\frac{dV}{dy}\right)^2 + \left(\frac{dV}{dz}\right)^2},$$

$$X = F\cos\alpha = \pm\frac{dV}{dx}, \quad Y = F\cos\beta = \pm\frac{dV}{dy}, \quad Z = F\cos\gamma = \pm\frac{dV}{dz}.$$

Par tous les points pour lesquels V a la même valeur, faisons passer une surface qui s'appelle *surface de niveau*. Si l'on passe d'un point (x, y, z) de cette surface à un autre point infiniment voisin de cette même surface, on aura

$$\frac{dV}{dx}dx + \frac{dV}{dy}dy + \frac{dV}{dz}dz = 0;$$

donc la force est perpendiculaire à la droite qui joint ces deux points; la force est par suite normale à la surface.

Menons une ligne qui en chacun de ses points soit tangente à la force qui s'exerce en ce point; elle sera normale aux surfaces de niveau qu'elle traversera, et on l'appelle *ligne de force.* Si l'on prend le long de cette ligne $\int F\,ds$ entre deux de ses points correspondant aux valeurs s_0 et s_1 de la ligne s, on aura

$$\int_{s_0}^{s_1} F\,ds = \int_{s_0}^{s_1} \frac{dV}{ds}\,ds = V_1 - V_0,$$

V_0, V_1 étant les valeurs de V aux deux points extrêmes.

Conditions de continuité auxquelles satisfait le potentiel d'une masse.

3. Si nous passons d'un système de points matériels séparés à des masses continues, l'expression du potentiel se changera en intégrales triples relatives aux volumes de ces masses, et nous allons démontrer la proposition suivante :

Théorème. — *Le potentiel* V *d'une masse pris en un point* P *et ses premières dérivées par rapport aux coordonnées x, y, z de ce point varient d'une manière continue dans tout l'espace.*

Désignons par ρ la densité en chaque point de la masse attirante, par $d\varpi$ son élément de volume et par r la distance entre le point (a, b, c) situé en $d\varpi$ et le point (x, y, z); nous aurons

$$V = \int \frac{\rho\, d\varpi}{r}, \quad \frac{dV}{dx} = X = \int \rho \frac{a - x}{r^3}\, d\varpi,$$

avec

$$r^2 = (a - x)^2 + (b - y)^2 + (c - z)^2.$$

Si le point (x, y, z) est en dehors de la masse, la fonction V et toutes ses dérivées par rapport à x, y, z sont finies, puisque la fonction soumise au signe d'intégration dans leurs expressions ne prend que des valeurs finies. De plus, pour qu'une fonction soit continue, il suffit que ses dérivées du premier ordre restent finies; donc V et toutes ses dérivées des divers ordres sont des fonctions continues de x, y, z quand le point P est en dehors de la masse.

Supposons ensuite que le point P soit intérieur à la masse. Prenons, au lieu des coordonnées a, b, c, des coordonnées polaires r, θ, λ dont l'origine soit au point P; nous aurons

$$a = x + r\cos\theta, \quad b = y + r\sin\theta\cos\lambda, \quad c = z + r\sin\theta\sin\lambda;$$

alors l'élément de volume $d\varpi$ sera représenté par $r^2\sin\theta\, d\theta\, d\lambda\, dr$, et les expressions de V et $\frac{dV}{dx}$ deviendront

$$V = \int\int\int \rho r \sin\theta\, d\theta\, d\lambda\, dr,$$
$$\frac{dV}{dx} = \int\int\int \rho \cos\theta \sin\theta\, d\theta\, d\lambda\, dr,$$

où l'on doit étendre l'intégration par rapport à r depuis zéro jusqu'à la valeur de r relative à la surface du volume occupé par la masse, par rapport à θ de o à π et par rapport à λ de o à 2π. Il en résulte que V et ses premières dérivées sont finies; donc aussi V est continu, et je dis qu'il en est de même des premières dérivées.

En effet, décomposons le volume de la masse en deux parties : l'une relative à une sphère décrite du point P comme centre avec un rayon très petit ε, et l'autre relative à la partie restante. Soient V_1 et V_2 les parties correspondantes de V; nous aurons

$$\frac{dV}{dx} = \frac{dV_1}{dx} + \frac{dV_2}{dx},$$
$$\frac{dV_1}{dx} = \int_0^{2\pi} d\lambda \int_0^{\pi} \cos\theta \sin\theta\, d\theta \int_0^{\varepsilon} \rho\, dr.$$

Donnons à ρ la valeur maximum ρ_1 qu'il prend dans la sphère; prenons tous les éléments avec le même signe en remplaçant $\cos\theta$ par 1; nous aurons

$$\frac{dV_1}{dx} < 2\pi\rho_1 \int_0^{\pi} \sin\theta\, d\theta \int_0^{\varepsilon} dr \quad \text{ou} \quad < 4\pi\rho_1\varepsilon.$$

Si le point P était sur la surface du corps, la sphère serait remplacée par un hémisphère et l'inégalité précédente aurait lieu à plus forte raison; $\frac{dV_1}{dx}$ est donc aussi petit qu'on veut, et, comme V_2 se rapporte à une masse qui ne contient pas le point P, $\frac{dV_2}{dx}$ varie d'une manière continue; donc $\frac{dV}{dx}$ varie aussi d'une manière continue.

Nous reconnaissons que les dérivées premières de V sont des fonctions continues de x, y, z; mais nous verrons qu'il en est autrement pour les dérivées d'ordre plus élevé.

Théorème de Laplace.

4. Le point (x, y, z) en lequel on prend le potentiel V étant supposé en dehors de la masse, on aura

$$\frac{dX}{dx} = \frac{d^2V}{dx^2} = \int \rho \left[-\frac{1}{r^3} + \frac{3(a-x)^2}{r^5} \right] d\varpi;$$

et l'on obtiendra de même

$$\frac{d^2V}{dy^2} = \int \rho \left[-\frac{1}{r^3} + \frac{3(b-y)^2}{r^5} \right] d\varpi,$$

$$\frac{d^2V}{dz^2} = \int \rho \left[-\frac{1}{r^3} + \frac{3(c-z)^2}{r^5} \right] d\varpi.$$

En ajoutant ces trois expressions, on trouve

$$\frac{d^2V}{dx^2} + \frac{d^2V}{dy^2} + \frac{d^2V}{dz^2} = 0.$$

Cette importante équation a été trouvée par Laplace, qui en a fait des applications remarquables dans sa *Théorie de la figure des corps célestes* (*Mécanique céleste*, t. II).

Pour simplifier l'écriture, nous représenterons dans la suite par ΔV l'expression

$$\frac{d^2V}{dx^2} + \frac{d^2V}{dy^2} + \frac{d^2V}{dz^2}.$$

Si le point P ou (x, y, z) est situé dans l'intérieur de la masse, les expressions trouvées pour les secondes dérivées de V ne sont plus admissibles. En effet, si nous adoptons des coordonnées polaires comme ci-dessus, l'expression trouvée pour $\frac{d^2V}{dx^2}$ deviendra

$$\frac{dX}{dx} = \frac{d^2V}{dx^2} = \int\int\int \rho \frac{-1+3\cos\theta}{r} \sin\theta \, d\theta \, d\lambda \, dr,$$

les limites des intégrales étant prises comme précédemment. L'intégration par rapport à r doit donner la partie de cette expression qui est relative à un cône d'ouverture infiniment petite dont le sommet est au point P, et, cette intégration s'effectuant à partir de $r = 0$, l'élément qui en résulte est infini. Mais tous les éléments semblables étant en partie positifs, en partie négatifs, leur somme ou l'intégrale triple qui précède est indéterminée.

Ainsi il n'y a plus lieu d'admettre l'équation $\Delta V = 0$, quand le point P est intérieur à la masse.

Sur l'intégration par parties appliquée à une intégrale triple.

5. Soient U et F deux fonctions finies et continues de x, y, z et de plus dont les dérivées sont finies, et considérons l'intégrale

$$I = \int\int\int U \frac{dF}{dx} \, dx \, dy \, dz,$$

étendue à un volume ϖ limité par la surface σ.

En intégrant par parties par rapport à x et supposant d'abord pour simplifier qu'une droite parallèle à l'axe des x ne rencontre la surface qu'en deux points dont les abscisses sont x_1 et x_2, nous aurons

$$(1) \quad dy\,dz \int U \frac{dF}{dx} dx = (UF)_2 \, dy\,dz - (UF)_1 \, dy\,dz - dy\,dz \int F \frac{dU}{dx} dx,$$

les indices 1 et 2 indiquant qu'on a substitué dans UF les abscisses x_1 et x_2 au lieu de x. Cette formule fournit la partie de l'intégrale triple relative à un filet prismatique dont la section droite est $dy\,dz$ et qui est parallèle à l'axe des x. Désignons par $d\sigma_1$ et $d\sigma_2$ les parties de σ qui limitent le filet, et par λ l'angle que fait avec l'axe des x la normale à

σ menée extérieurement. En mettant des indices à λ pour les deux éléments $d\sigma_1$ et $d\sigma_2$, nous aurons

$$dy\,dz = d\sigma_2 \cos\lambda_2, \quad dy\,dz = -\,d\sigma_1 \cos\lambda_1.$$

Remplaçons $dy\,dz$ par ces deux expressions dans les deux premiers termes du second membre de (1) et faisons la somme des équations (1) pour tout le volume ϖ, nous aurons cette formule

$$(2) \qquad \int U \frac{dF}{dx}\,d\varpi = \int UF\cos\lambda\,d\sigma - \int F\frac{dU}{dx}\,d\varpi,$$

les deux intégrales triples s'étendant à tout le volume ϖ, et l'intégrale double à toute la surface σ.

Si une parallèle à l'axe des x rencontrait la surface fermée σ en plus de deux points, ces points seraient en nombre pair et, $x_1, x_2, \ldots, x_{2n}$ étant leurs abscisses, les deux premiers termes du second membre de (1) seraient remplacés par la somme

$$-(UF)_1\,dy\,dz + (UF)_2\,dy\,dz - \ldots + (UF)_{2n}\,dy\,dz,$$

l'angle λ sur les éléments interceptés de la surface σ étant alternativement aigu et obtus, et l'on arriverait encore à la formule (2).

La formule (2) a été employée par Poisson plusieurs fois dans ses Mémoires de Physique mathématique.

6. Nous pouvons former des équations semblables à l'équation (2) en intégrant par rapport à y ou à z. Soient μ, ν les angles de la normale à σ avec les axes des y et des z, et désignons par F_1 et F_2 deux fonctions continues ainsi que leurs dérivées du premier ordre. En ajoutant à l'équation (2) deux équations semblables, nous aurons

$$\int U\left(\frac{dF}{dx} + \frac{dF_1}{dy} + \frac{dF_2}{dz}\right)d\varpi = \int U(F\cos\lambda + F_1\cos\mu + F_2\cos\nu)\,d\sigma$$
$$- \int\left(F\frac{dU}{dx} + F_1\frac{dU}{dy} + F_2\frac{dU}{dz}\right)d\varpi.$$

Si l'on fait dans cette formule $U = 1$, on obtient la suivante :

$$\int\left(\frac{dF}{dx} + \frac{dF_1}{dy} + \frac{dF_2}{dz}\right)d\varpi = \int(F\cos\lambda + F_1\cos\mu + F_2\cos\nu)\,d\sigma,$$

dont s'est servi Laplace dans la théorie de la capillarité, pour déterminer le volume du liquide soulevé dans un tube capillaire.

Valeur de ΔV pour un point (x, y, z) intérieur à la masse.

7. Poisson a donné le premier ce théorème (*Bulletin de la Société philomathique*, t. III, p. 368) :

Si le point (x, y, z) est à l'intérieur de la masse agissante, le potentiel V de cette masse en ce point satisfait à l'équation

$$\Delta V = -4\pi\rho,$$

ρ étant la densité de la masse au même point.

Gauss est le premier qui ait eu égard, dans la démonstration de ce théorème, à la variation de la densité ρ de la masse (*Œuvres de Gauss*, t. V, p. 197).

Supposons la densité ρ variable et ainsi fonction des coordonnées (a, b, c) du point de la masse auquel elle se rapporte, et formons d'abord une expression de la dérivée de V par rapport à x. Nous avons

$$V = \int \frac{\rho}{r} d\varpi$$

et

$$\frac{dV}{dx} = \int \rho \frac{d\frac{1}{r}}{dx} d\varpi.$$

Comme on a

$$r^2 = (x-a)^2 + (y-b)^2 + (z-c)^2,$$

il en résulte

$$\frac{d\frac{1}{r}}{dx} = -\frac{d\frac{1}{r}}{da};$$

ainsi on obtient

$$\frac{dV}{dx} = -\int \rho \frac{d\frac{1}{r}}{da} d\varpi.$$

Les quantités r et ρ sont fonctions des coordonnées a, b, c de chaque point de la masse renfermée sous le volume ϖ.

Si le point P ou (x, y, z) était extérieur au volume ϖ, on pourrait appliquer la formule (2) du n° 5 à la transformation de cette dernière intégrale et l'on aurait

$$(a) \qquad \int \rho \frac{d\frac{1}{r}}{da} d\varpi = \int \frac{\rho \cos\lambda}{r} d\sigma - \int \frac{1}{r} \frac{d\rho}{da} d\varpi.$$

Or je dis que cette formule a également lieu quand le point P est intérieur à la masse. En effet, $\frac{1}{r}$ étant infini quand le point (a, b, c) vient au point P, appliquons la formule (2) à la même intégrale étendue seulement au volume compris entre la surface σ et une sphère σ' décrite du point P comme centre avec un rayon ε infiniment petit. En désignant par $d\varpi'$ l'élément de volume de la sphère, et par λ' l'angle de la normale à la sphère, avec l'axe des x, nous aurons

$$\int \rho \frac{d\frac{1}{r}}{da} d\varpi + \int \rho \frac{1}{r^2} \frac{dr}{da} d\varpi'$$
$$= \int \frac{\rho \cos\lambda}{r} d\sigma + \int \frac{\rho \cos\lambda'}{r} d\sigma' - \int \frac{1}{r} \frac{d\rho}{da} d\varpi + \int \frac{1}{r} \frac{d\rho}{da} d\varpi'.$$

En désignant par $d\omega$ l'élément de la surface sphérique dont le rayon est 1, on a

$$d\sigma' = \varepsilon^2 \, d\omega, \quad d\varpi' = r^2 \, dr \, d\omega,$$

et l'on en conclut bien facilement que les trois intégrales relatives à la sphère s'annulent pour $\varepsilon = 0$; on a donc encore l'équation (a) ou la formule

$$X = \frac{dV}{dx} = -\int \frac{\rho \cos\lambda}{r} d\sigma + \int \frac{1}{r} \frac{d\rho}{da} d\varpi.$$

8. Pour obtenir $\frac{d^2V}{dx^2}$, on pourra différentier les deux intégrales, qui composent X, sous le signe d'intégration. En effet, le point P étant à l'intérieur de σ, $\frac{1}{r}$ ne devient pas infini sur cette surface; la première intégrale n'a donc aucun élément infini. La seconde représente le potentiel d'une masse dont la densité est $\frac{d\rho}{da}$, et nous avons vu (n° 3) qu'on la différentie par rapport à x, en différentiant la quantité soumise au signe d'intégration. On aura donc

$$\frac{d^2V}{dx^2} = -\int \frac{\rho \cos\lambda}{r^2} \frac{a-x}{r} d\sigma + \int \frac{d\rho}{da} \frac{a-x}{r^3} d\varpi$$

ou

$$(b) \qquad \frac{d^2V}{dx^2} = -\int \frac{\rho \cos\lambda \cos\alpha}{r^2} d\sigma + \int \frac{d\rho}{da} \frac{\cos\alpha}{r^2} d\varpi,$$

en désignant par α l'angle de r avec l'axe des x.

La densité ρ étant supposée une fonction continue de a, b, c aux environs du point P, décrivons une sphère σ' du point P comme centre avec un très petit rayon; puis partageons V en deux parties : l'une V' relative à la masse comprise dans cette sphère, l'autre V'' relative à la masse restante. Nous aurons

$$\Delta V = \Delta V' + \Delta V'';$$

d'après ce que nous avons vu, nous aurons

$$\Delta V'' = 0,$$

et il reste à calculer $\Delta V'$.

Appliquons à V' la formule (b); nous aurons

$$\frac{d^2V'}{dx^2} = -\int \frac{\rho \cos^2\alpha}{r^2} d\sigma' + \int \frac{d\rho}{da} \frac{\cos\alpha}{r^2} d\varpi'.$$

Formons de la même manière les quantités $\frac{d^2V'}{dy^2}$, $\frac{d^2V'}{dz^2}$, et ajoutons ces trois expressions; nous aurons

$$\Delta V' = -\int \frac{\rho}{r^2} d\sigma' + \int \left(\frac{d\rho}{da} \cos\alpha + \frac{d\rho}{db} \cos\beta + \frac{d\rho}{dc} \cos\gamma \right) \frac{1}{r^2} d\varpi',$$

β et γ étant les angles du rayon r avec les axes des y et des z.

Si des trois coordonnées polaires du point (a, b, c) on fait varier r seulement, on a

$$\frac{da}{dr} = \cos\alpha, \quad \frac{db}{dr} = \cos\beta, \quad \frac{dc}{dr} = \cos\gamma;$$

donc

$$\Delta V' = -\int \frac{\rho}{r^2} d\sigma' + \int \frac{1}{r^2} \frac{d\rho}{dr} d\varpi' = -\int \rho \, d\omega + \int\int \frac{d\rho}{dr} d\omega \, dr;$$

or la seconde intégrale a pour valeur

$$\int (\rho - \rho_0)\, d\omega = \int \rho\, d\omega - 4\pi\rho_0,$$

où ρ indique la densité à la surface σ' et ρ_0 sa valeur au centre P; on a donc enfin

$$\Delta V = \Delta V' = -4\pi\rho_0.$$

Ainsi ΔV varie brusquement de $-4\pi\rho$ à zéro, quand le point P sort de la masse attirante; quand P est sur la surface même qui termine cette masse, ΔV est indéterminé, et, en général, il l'est également en tout point où la densité de la masse varie brusquement.

Énoncé des propriétés caractéristiques du potentiel d'une ou plusieurs masses continues.

9. Démontrons d'abord une autre propriété du potentiel que celles que nous avons déjà obtenues.

Soient M une masse comprise dans un espace fini E et P ou (x, y, z) le point dans lequel on prend le potentiel; on a

$$V = \int \frac{\rho\, d\varpi}{r},$$

r étant la distance du point P à chaque élément de masse $\rho\, d\varpi$. Soient H un point de l'espace E, R sa distance au point P et t sa distance à l'élément de masse. On aura

$$r^2 = R^2 - 2tR\cos\omega + t^2,$$

ω étant l'angle de t et de R. Supposons R très grand par rapport à toutes les valeurs de t, nous aurons

$$\frac{1}{r} = \frac{1}{R}\left(1 - 2\frac{t}{R}\cos\omega + \frac{t^2}{R^2}\right)^{-\frac{1}{2}} = \frac{1}{R} + \frac{G}{R^2},$$

G étant une quantité qui reste finie quand R grandit indéfiniment. Portons cette expression dans V et nous aurons

$$V = \frac{1}{R}\int \rho\, d\varpi + \frac{1}{R^2}\int \rho G\, d\varpi = \frac{M}{R} + \frac{L}{R^2},$$

L restant fini pour $R = \infty$. Donc, quand R croît indéfiniment, on a

$$\lim(VR) = M.$$

Ainsi le potentiel V d'une masse M située dans un espace fini E, pris au point (x, y, z), jouit des propriétés suivantes :

1° V et ses premières dérivées par rapport à x, y, z sont des fonctions continues de x, y, z dans tout l'espace.

2° Si nous désignons par R la distance du point (x, y, z) à un point déterminé de l'espace E, la limite de VR, quand R croît indéfiniment, tend vers une constante déterminée qui est la masse M.

3° Si l'on excepte certaines surfaces, on a, dans tout l'espace,

$$\Delta V = -4\pi\rho,$$

ρ étant la densité de la masse au point (x, y, z). Ainsi, quand le point est situé hors de la masse, ρ dans cette formule doit être pris égal à zéro.

Nous démontrerons plus loin que, réciproquement, toute fonction qui satisfait à ces conditions est identique au potentiel d'une masse, dont la densité en chacun de ses points est égale à ρ.

Formule dite de Green.

10. Soient U et V deux fonctions des coordonnées x, y, z d'un point quelconque de l'espace ϖ, où les fonctions U et V sont continues, ainsi que leurs dérivées du premier ordre. Considérons l'intégrale

$$J = \int \left(\frac{dU}{dx}\frac{dV}{dx} + \frac{dU}{dy}\frac{dV}{dy} + \frac{dU}{dz}\frac{dV}{dz} \right) d\varpi$$

étendue à tout le volume ϖ. Nous pouvons appliquer la formule (2) du n° 5,

$$\int U \frac{dF}{dx} d\varpi = \int UF \cos\lambda \, d\sigma - \int F \frac{dU}{dx} d\varpi,$$

en remplaçant U par $\frac{dU}{dx}$ et F par V; si nous remarquons de plus que, en désignant par dn l'élément de normale extérieure à la surface σ, et par dx, dy, dz les projections de cet élément sur les axes de coordonnées, nous avons

$$\cos\lambda = \frac{dx}{dn},$$

il en résultera

$$\int \frac{dU}{dx}\frac{dV}{dx}\,d\varpi = \int V\frac{dU}{dx}\frac{dx}{dn}\,d\sigma - \int V\frac{d^2U}{dx^2}\,d\varpi.$$

Nous aurons deux autres équations semblables en remplaçant x par y et par z; ajoutons ces trois équations et nous aurons

$$\text{(1)}\qquad J = \int V\frac{dU}{dn}\,d\sigma - \int V\Delta U\,d\varpi.$$

La valeur de J ne change pas si nous permutons U et V; nous avons donc aussi

$$J = \int U\frac{dV}{dn}\,d\sigma - \int U\,\Delta V\,d\varpi.$$

En égalant ces deux valeurs de J, nous obtenons

$$\text{(2)}\qquad \int (U\Delta V - V\Delta U)\,d\varpi = \int\left(U\frac{dV}{dn} - V\frac{dU}{dn}\right)d\sigma.$$

Si les fonctions U et V ne sont connues qu'à l'intérieur de σ, ou si leurs dérivées sont discontinues sur cette surface, il faudra mener l'élément de normale vers l'intérieur, et, en désignant par dn' cet élément, remplacer $\frac{dV}{dn}$, $\frac{dU}{dn}$ par $-\frac{dV}{dn'}$, $-\frac{dU}{dn'}$; car dn et dn' sont pris positifs et dV, dU changent de signe, quand on les prend suivant la direction opposée. On remplacera donc les formules (1) et (2) par les deux suivantes :

$$\text{(3)}\qquad J = -\int V\frac{dU}{dn'}\,d\sigma - \int V\Delta U\,d\varpi,$$

$$\text{(4)}\qquad \int (U\Delta V - V\Delta U)\,d\varpi = -\int\left(U\frac{dV}{dn'} - V\frac{dU}{dn'}\right)d\sigma.$$

La formule (4) est celle qui sert à déterminer les coefficients de la série qui donne le refroidissement d'un corps ; elle a donc été employée dans différents cas par Fourier et Poisson, longtemps avant l'apparition du Mémoire de Green, sur la théorie de l'électricité. Cette formule est cependant appelée, en général, équation de Green.

11. La température v d'un corps isotrope qui se refroidit satisfait à l'équation

$$k\frac{dv}{dt} = \Delta v,$$

où k est une constante et t le temps; de plus, on a, en prenant pour zéro la température du milieu ambiant, la condition

$$\frac{dv}{dn'} - hv = 0$$

sur la surface σ du corps, h étant constant. On met v sous la forme d'une série convergente

$$v = A_0 U_0 e^{-\alpha_0^2 t} + A_1 U_1 e^{-\alpha_1^2 t} + \ldots + A_i U_i e^{-\alpha_i^2 t} + \ldots,$$

A_0, A_1, ... étant des coefficients indéterminés, et U_0, U_1, ... des fonctions qui satisfont dans le corps à l'équation

$$\Delta U_i = -k\alpha_i^2 U_i, \tag{5}$$

et à la surface, à l'équation

$$\frac{dU_i}{dn'} - hU_i = 0; \tag{6}$$

U et U′ étant deux de ces fonctions, on a, d'après la formule (4),

$$\int (U\Delta U' - U'\Delta U)\, d\varpi = -\int \left(U\frac{dU'}{dn'} - U'\frac{dU}{dn'}\right) d\sigma,$$

et, en se servant des équations (5) et (6), cette formule devient

$$\int UU'\, d\varpi = 0.$$

On donne la valeur F de v à l'instant initial; on a donc

$$F = A_0 U_0 + A_1 U_1 + \ldots + A_i U_i + \ldots.$$

Multiplions par $U_i d\varpi$ et intégrons dans toute l'étendue du corps; nous aurons cette équation pour déterminer le coefficient A_i,

$$A_i \int U_i^2\, d\varpi = \int F U_i\, d\varpi \quad (^1).$$

Valeur moyenne de la composante normale de la force sur une surface fermée.

12. De la formule (2) du n° **10**, on déduit facilement ce théorème de Gauss :

Si V *est le potentiel de masses, les unes intérieures à la surface fermée* σ *et dont la somme est* M *et les autres extérieures à cette surface, on a*

$$\int \frac{dV}{dn}\, d\sigma = -4\pi M,$$

l'intégrale étant étendue à toute la surface σ.

En effet, dans la formule (2) du numéro cité, faisons $U = 1$; nous aurons

$$\int \Delta V\, d\varpi = \int \frac{dV}{dn}\, d\sigma.$$

Or, ρ étant la densité des masses intérieures à σ, on a

$$\Delta V = -4\pi\rho,$$

formule qu'on peut supposer appliquée à tous les points du volume ϖ, pourvu qu'on regarde ρ comme nul en dehors de la masse M. On a donc

$$\int \frac{dV}{dn}\, d\sigma = -4\pi \int \rho\, d\varpi = -4\pi M.$$

13. Nous allons ensuite présenter la démonstration que Gauss a donnée de ce théorème.

---

(1) Le Mémoire de Green qui donne la formule (4) a paru à Nottingham en 1828; mais il n'a été connu sur le continent qu'en 1850, par sa publication dans le *Journal de Crelle*. Le calcul du n° **11** se trouve présenté deux fois dans toute sa généralité dans le XXIIe Cahier du *Journal de l'École Polytechnique*, 1833, p. 169, par Duhamel, et p. 204, par Lamé.

Lemme. — Joignons un point fixe O à chaque élément $d\sigma$ d'une surface fermée par un rayon r, et désignons par u l'angle que fait ce rayon avec la normale intérieure menée à $d\sigma$. Nous aurons la formule

$$\int \frac{\cos u}{r^2}\, d\sigma = 4\pi, \text{ o ou } 2\pi,$$

où l'intégrale est étendue à toute la surface, suivant que le point est en dedans, en dehors ou sur la surface même.

Supposons d'abord le point O à l'intérieur de la surface σ. Concevons un cône ayant pour sommet le point O et d'une ouverture infiniment étroite. La surface conique, arrêtée à son sommet, rencontrera la surface σ en un nombre impair d'éléments $d\sigma'$, $d\sigma''$, ...; soient u', u'', ... les valeurs que prend l'angle u sur ces éléments et soient r', r'', ... les distances de ces éléments. Si l'on désigne de plus, par $d\omega$ l'élément de la sphère, dont le rayon est l'unité et dont le centre est O, intercepté par ce cône, nous aurons

$$d\sigma' \cos u' = r'^2\, d\omega, \quad d\sigma'' \cos u'' = -\, r''^2\, d\omega, \quad d\sigma''' \cos u''' = r'''^2\, d\omega, \quad \ldots,$$

les cosinus de u', u'', u''', ... étant alternativement positifs et négatifs; il en résulte, en divisant ces égalités par r'^2, r''^2, ... et les ajoutant

$$\frac{d\sigma' \cos u'}{r'^2} + \frac{d\sigma'' \cos u''}{r''^2} + \ldots = d\omega,$$

et en intégrant cette expression pour tous les cônes d'ouverture infiniment petite dont le sommet est en O, on a

$$\int \frac{\cos u}{r^2}\, d\sigma = 4\pi.$$

Supposons ensuite le point O à l'extérieur de σ; un cône, d'ouverture infiniment petite, dont le sommet est en O, étant mené vers la surface, la rencontrera en un nombre pair d'éléments et, en adoptant les notations précédentes, on aura

$$d\sigma' \cos u' = -\, r'^2\, d\omega, \quad d\sigma'' \cos u'' = r''^2\, d\omega, \quad \ldots,$$

et il en résultera

$$\frac{d\sigma' \cos u'}{r'^2} + \frac{d\sigma'' \cos u''}{r''^2} + \ldots = 0.$$

En faisant la somme de toutes les égalités semblables, on obtient

$$\int \frac{\cos u}{r^2}\, d\sigma = 0.$$

Enfin, dans le cas où le point O est sur la surface σ, menons le plan tangent à la surface au point O. Ce plan divisera une sphère infiniment petite, dont le centre est en O en deux hémisphères, l'un situé du côté du volume renfermé sous σ, l'autre situé de l'autre côté. Pour le premier côté, le point O peut être considéré comme intérieur; pour le second, comme extérieur. Donc l'intégrale

$$\int \frac{\cos u}{r^2}\, d\sigma$$

sera égale à 2π pour les éléments $d\sigma$ situés du premier côté et égale à o pour les autres éléments; donc cette intégrale, étendue à toute la surface, est égale à 2π.

14. Revenons au théorème du n° **12**. Si r est la distance entre l'élément $d\sigma$ et un élément $d\mathrm{M}$ de la masse intérieure M ou un élément $d\mathrm{M}'$ de la masse extérieure, on a

$$\int \frac{d\mathrm{M} \cos u}{r^2}\, d\sigma = 4\pi\, d\mathrm{M}, \quad \int \frac{d\mathrm{M}' \cos u}{r^2}\, d\sigma = 0.$$

Faisons la somme de toutes ces égalités, en prenant tous les éléments $d\mathrm{M}$ et $d\mathrm{M}'$, et nous aurons

$$\int d\sigma \int \frac{\cos u}{r^2}\, d\mathrm{M} + \int d\sigma \int \frac{\cos u}{r^2}\, d\mathrm{M}' = 4\pi \mathrm{M}.$$

Or on a

$$\mathrm{V} = \int \frac{d\mathrm{M}}{r} + \int \frac{d\mathrm{M}'}{r},$$

$$\frac{d\mathrm{V}}{dn} = -\int \frac{\cos u}{r^2}\, d\mathrm{M} - \int \frac{\cos u}{r^2}\, d\mathrm{M}';$$

il en résulte la formule

$$\int \frac{d\mathrm{V}}{dn}\, d\sigma = -4\pi \mathrm{M}.$$

Conditions pour lesquelles une fonction de x, y, z se réduit au potentiel d'une masse continue.

15. Supposons qu'une fonction V de x, y, z satisfasse aux conditions suivantes :

1° V et ses premières dérivées par rapport à x, y, z sont partout continues;

2° La limite de

$$V\sqrt{x^2+y^2+z^2}$$

est une constante finie et déterminée quand le point (x, y, z) s'éloigne à l'infini;

3° En exceptant certaines surfaces, on a partout

$$\Delta V = -4\pi\rho,$$

ρ étant une fonction de x, y, z qui a des valeurs finies données dans un espace fini et qui est nulle en dehors de cet espace.

Je dis que V est le potentiel d'une masse dont la densité est ρ dans tous les points de l'espace. Ce potentiel satisfait, comme nous avons vu (n° **9**), à ces conditions; il s'agit donc de prouver qu'il n'existe pas une seconde fonction V' qui y satisfasse aussi. Posons

$$u = V - V';$$

la fonction u satisfera à la première et à la deuxième condition et, comme on a

$$(a) \qquad \Delta V = -4\pi\rho, \quad \Delta V' = -4\pi\rho,$$

la troisième condition sera remplacée par

$$\Delta u = 0,$$

qui aura lieu partout, à moins que ce ne soit sur les surfaces pour lesquelles les équations (a) n'ont pas lieu toutes les deux.

Dans l'équation trouvée précédemment (n° **10**),

$$\int\left(\frac{dU}{dx}\frac{dV}{dx}+\frac{dU}{dy}\frac{dV}{dy}+\frac{dU}{dz}\frac{dV}{dz}\right)d\varpi = \int V\frac{dU}{dn}\,d\sigma - \int V\,\Delta U\,d\varpi,$$

faisons $U = V = u$, nous aurons

$$(A) \qquad \int\left[\left(\frac{du}{dx}\right)^2+\left(\frac{du}{dy}\right)^2+\left(\frac{du}{dz}\right)^2\right]d\varpi=\int u\frac{du}{dn}\,d\sigma.$$

Menons une sphère qui ait son centre à l'origine des coordonnées et dont le rayon R soit très grand, en sorte qu'elle renferme toutes les surfaces sur lesquelles Δu n'est pas nul. Menons à égale distance de chaque surface d'exception s deux surfaces parallèles τ et très voisines. Du volume renfermé dans la sphère supprimons les parties très petites renfermées entre chaque couple de surfaces τ et appliquons à la partie restante la formule (A).

L'intégrale du second membre appliquée à deux surfaces τ parallèles donnera à la limite des valeurs égales et de signe contraire. Il n'y a donc plus qu'à examiner ce que devient cette intégrale pour la surface de la sphère. Or, $d\omega$ étant l'élément de la surface de la sphère dont le rayon est 1, on aura

$$\int u\frac{du}{dn}\,d\sigma = R^2\int u\frac{du}{dR}\,d\omega,$$

et, d'après la deuxième condition, on peut poser, quand R est très grand,

$$u=\frac{A}{R},\quad \frac{du}{dR}=-\frac{A}{R^2},$$

A étant une constante finie. Cette intégrale devient donc

$$-\frac{A^2}{R}\int d\omega=-\frac{4\pi A^2}{R},$$

et elle est nulle quand R est infini.

Ainsi l'équation (A) devient

$$\int\left[\left(\frac{du}{dx}\right)^2+\left(\frac{du}{dy}\right)^2+\left(\frac{du}{dz}\right)^2\right]d\varpi=0,$$

et l'on a par suite

$$\frac{du}{dx}=0,\quad \frac{du}{dy}=0,\quad \frac{du}{dz}=0$$

en tous les points et même sur les surfaces s, puisque les dérivées de

u doivent être continues. Ainsi u se réduit à une constante et cette constante est nulle, puisque u doit être nul à l'infini; donc $V' = V$.

Principe de Dirichlet.

16. Nous allons démontrer ce théorème :

Il existe toujours dans un espace donné ϖ une fonction v de x, y, z et une seule, qui est finie et continue, ainsi que ses dérivées du premier ordre, qui satisfait dans l'intérieur de cet espace à l'équation

$$\Delta v = 0$$

et qui a en chaque point de la surface qui limite ϖ une valeur donnée.

Il y a évidemment une infinité de fonctions u qui satisfont aux conditions de continuité précédentes et qui de plus ont la valeur imposée sur la surface. Parmi toutes ces fonctions, cherchons celle qui rend minimum l'intégrale

$$(1) \qquad \Omega = \int \left[\left(\frac{du}{dx}\right)^2 + \left(\frac{du}{dy}\right)^2 + \left(\frac{du}{dz}\right)^2 \right] d\varpi,$$

étendue à tout l'espace ϖ.

Désignons par v la fonction u qui rend Ω minimum; une autre quelconque des fonctions u peut être représentée par

$$(2) \qquad u = v + hw,$$

h étant une constante arbitraire et w une fonction qui satisfait aux mêmes conditions de continuité que u et qui s'annule sur la surface σ qui limite le volume ϖ. Substituons l'expression (2) dans la formule (1) et désignons par Ω' la valeur minimum de Ω, nous aurons

$$(3) \qquad \Omega = \Omega' + 2hM + h^2N^2,$$

en posant

$$M = \int \left(\frac{dv}{dx}\frac{dw}{dx} + \frac{dv}{dy}\frac{dw}{dy} + \frac{dv}{dz}\frac{dw}{dz} \right) d\varpi,$$

$$N^2 = \int \left[\left(\frac{dw}{dx}\right)^2 + \left(\frac{dw}{dy}\right)^2 + \left(\frac{dw}{dz}\right)^2 \right] d\varpi.$$

Par hypothèse, Ω' est le minimum de Ω; donc, d'après (3), M est nul; car, s'il ne l'était pas, on pourrait prendre h très petit et disposer de son signe de manière que hM fût négatif, et Ω' ne serait pas la valeur minimum de Ω.

La quantité w est nulle sur la surface σ; donc, d'après le n° **10**, on peut mettre M sous cette forme :

$$M = -\int w\, \Delta v\, d\varpi.$$

Or w est une fonction arbitraire et M devant être nul, quel que soit w, il est évident que tous les éléments de l'intégrale sont nuls et que l'on a

$$\Delta v = 0$$

dans tout l'espace ϖ (¹).

Ainsi il existe toujours une fonction u qui satisfait à l'énoncé du théorème; il reste à démontrer qu'il n'y en a qu'une seule.

Si une des fonctions u satisfait à l'équation $\Delta u = 0$, elle rend évidemment minimum l'intégrale Ω; il suffit donc de prouver que Ω n'a qu'un minimum. Supposons que, outre la solution $u = v$, on ait encore la solution $u = v + w$ qui rende Ω minimum. Nous avons, d'après la formule (3), où M est nul,

$$\Omega = \Omega' + h^2 N^2,$$

et, en faisant $h = 1$ dans cette formule, nous obtiendrions, pour le second minimum,

$$\Omega' + N^2,$$

qui devrait être plus petit que l'expression précédente, quelque petit que soit h, ce qui est absurde.

Donc il n'y a qu'une fonction u qui rende Ω minimum, et le théorème est démontré.

(¹) On pourrait objecter que cette démonstration ne prouve pas que Δv ne soit pas différent de zéro en des points, lignes ou surfaces situés dans le volume ϖ. Mais on verra dans le Chapitre II que les dérivées de v de tous les ordres sont continues et que par conséquent Δv ne peut être différent de zéro en aucun point.

Potentiel d'une couche sphérique.

17. Pour traiter la question suivante, cherchons le potentiel d'une couche sphérique homogène d'épaisseur constante et infiniment petite.

Le potentiel V ne dépendra que de la distance R du point (x, y, z) où l'on prend le potentiel au centre de la sphère et, d'après cela, on aura

$$\Delta V = \frac{d^2 V}{dR^2} + \frac{2}{R}\frac{dV}{dR},$$

et, en égalant cette expression à zéro, puis intégrant, on obtient

$$V = \frac{C}{R} + C',$$

C et C′ étant deux constantes arbitraires.

Si le point (x, y, z) est situé à l'intérieur de la couche, V ne pouvant être infini pour $R = 0$, on a $C = 0$; ainsi V se réduit à la constante C′ et, en plaçant le point (x, y, z) au centre, on trouve

$$V = 4\pi A m,$$

A étant le rayon de la sphère et m la masse par unité de surface.

Si le point (x, y, z) est à l'extérieur, V est nul pour $R = \infty$; donc $C' = 0$; la limite de VR est égale à la masse; on a donc

$$V = \frac{4\pi A^2 m}{R}.$$

Moyenne du potentiel sur la surface d'une sphère et valeurs extrêmes qu'il prend dans un espace extérieur aux masses.

18. Considérons des masses que nous pouvons supposer réduites à des points et décrivons une sphère qui renferme une partie de ces masses que nous désignerons généralement par m et laisse en dehors les autres que nous appellerons m'. Nous aurons, pour leur potentiel,

$$V = \sum \frac{m}{r} + \sum \frac{m'}{r'},$$

r, r' étant les distances des masses m et m' au point P où l'on prend le potentiel. Mettons le point P sur la surface σ de la sphère, puis multiplions cette équation par l'élément $d\sigma$ et intégrons dans toute l'étendue de cette surface; nous aurons

$$\int \mathrm{V}\,d\sigma = \sum m \int \frac{d\sigma}{r} + \sum m' \int \frac{d\sigma}{r'};$$

$\int \frac{d\sigma}{r}$ représente le potentiel de la surface σ, pris au point m, et $\int \frac{d\sigma}{r'}$ ce potentiel au point m'. Si donc on désigne par r_0 la distance de m' au centre de la sphère, on a, d'après le numéro précédent, A étant le rayon de cette sphère,

$$\int \mathrm{V}\,d\sigma = 4\pi\mathrm{A} \sum m + 4\pi\mathrm{A}^2 \sum \frac{m'}{r_0}.$$

Or $\sum \frac{m'}{r_0}$ représente le potentiel U des masses m' par rapport au centre de la sphère. On a donc enfin

$$\int \mathrm{V}\,d\sigma = 4\pi\mathrm{A}\,\Sigma m + 4\pi\mathrm{A}^2\mathrm{U},$$

formule donnée par Gauss et qui subsiste évidemment si l'on prend des masses continues.

19. De ce théorème on conclut facilement plusieurs autres.

Théorème. — *Soit* E *un espace dans lequel on prend le potentiel de masses qui y sont toutes extérieures. Si ce potentiel est constant dans une partie de* E, *si petite qu'elle soit, il sera constant dans tout l'espace* E.

En effet, supposons que le potentiel ait une valeur constante g dans une partie G de l'espace E et que, dans une partie H contiguë à G et du même espace, V soit $> g$. Imaginons une sphère dont le centre soit dans G et la surface en partie dans G, en partie dans H. En appliquant le théorème précédent, nous aurons

$$(a) \qquad \int \mathrm{V}\,d\sigma = 4\pi\mathrm{A}^2 g$$

ou

$$(b) \qquad \int (\mathrm{V} - g)\,d\sigma = 0,$$

équation impossible, car $V - g$ est nul sur une partie de σ et positif sur l'autre.

Ainsi V ne peut être plus grand que g; on voit de même qu'il ne peut être plus petit.

20. Théorème. — *En dehors des masses, le potentiel ne peut être ni maximum ni minimum.*

Ce théorème se démontre comme le précédent. Si le potentiel est, par exemple, maximum en un point O situé en dehors des masses, décrivons du point O comme centre une sphère d'un très petit rayon. En désignant par g cette valeur maximum, nous aurons l'équation (a) ou (b), qui est impossible, puisque V est plus petit que g sur toute la surface σ.

21. Théorème. — *Si des masses sont extérieures à une surface fermée quelconque σ, leur potentiel à l'intérieur de σ a pour valeurs extrêmes les valeurs extrêmes qu'il prend sur σ.*

En effet, le potentiel ne pouvant être maximum ou minimum en un point de l'espace intérieur à σ, d'après le théorème précédent, il est évident que sa plus grande et sa plus petite valeur seront sur σ.

Corollaire I. — Si le potentiel de masses extérieures est constant sur la surface σ, il sera constant en tous les points intérieurs à σ.

Corollaire II. — Si les potentiels V et V' de deux systèmes de masses extérieures à la surface fermée σ ont la même valeur sur σ, leurs valeurs seront les mêmes en tous les points intérieurs à σ.

En effet, $V - V'$ est un potentiel qui est nul sur σ et qui est, par conséquent, nul en tous les points intérieurs à σ.

Au reste, ce corollaire est renfermé dans le principe de Dirichlet.

22. Théorème. — *Si des masses sont intérieures à la surface fermée σ, leur potentiel pris à l'extérieur de cette surface aura pour ses deux valeurs extrêmes deux des trois quantités suivantes : zéro et les deux valeurs extrêmes que prend le potentiel sur σ.*

En effet, le potentiel ne pouvant être maximum ou minimum en aucun point de l'espace extérieur à σ, la plus grande et la plus petite valeur de ce potentiel ne peuvent se trouver qu'à la limite de cet espace, c'est-à-dire sur σ ou à l'infini, où il est égal à zéro.

Corollaire. — Si le potentiel a une valeur constante sur σ, il sera compris à l'extérieur entre cette valeur constante et zéro. Si toutes les masses sont positives, le potentiel est toujours positif, et, à l'extérieur de σ, sa plus petite valeur sera zéro et sa plus grande aura lieu en un point de σ.

23. Les limites du potentiel extérieur peuvent être également précisées quand la somme des masses intérieures à σ est nulle.

Théorème. — *Si des masses ont une somme nulle et sont intérieures à la surface σ, leur potentiel à l'extérieur aura pour valeurs extrêmes les valeurs extrêmes qu'il prend sur σ.*

Il suffit évidemment de prouver que zéro n'est pas une valeur extrême ou que le potentiel à l'extérieur a des valeurs positives et d'autres négatives.

Si V n'est pas nul partout en dehors de σ, il ne peut non plus, comme nous avons vu (n° 19), être nul dans toute une partie de cet espace. Soit donc B un point très éloigné où V n'est pas nul et où il est, par exemple, positif. Imaginons une sphère dont le centre est à l'intérieur de σ et dont la surface, passant par le point B, renferme entièrement σ. Soit s la surface de cette sphère; en appliquant le théorème de Gauss, on aura

$$\int V\, ds = 4\pi A\, \Sigma m;$$

or, par hypothèse, $\Sigma m = 0$; donc cette intégrale est nulle; donc V est négatif en certains points de la surface sphérique s, et le théorème est démontré.

Théorème. — *Si des masses situées à l'intérieur de la surface σ ont une somme nulle et que leur potentiel sur la surface σ ait une valeur constante, cette constante est nulle et le potentiel est nul dans tout l'espace extérieur.*

En effet, nous venons de voir que le potentiel extérieur a ses deux valeurs extrêmes sur σ, l'une positive, l'autre négative, à moins qu'il ne soit nul partout en dehors de σ; donc V est nul sur σ et à l'extérieur.

Ainsi les forces provenant des masses sont détruites dans tout l'espace extérieur.

Énergie d'un système de masses.

24. Supposons d'abord un système de masses m_1, m_2, m_3, ..., concentrées en des points; désignons par $r_{i,s}$ la distance entre deux de ces masses m_i, m_s et formons la somme

$$W = \sum \frac{m_i m_s}{r_{i,s}} \tag{1}$$

étendue à tous les produits de deux masses.

Si ces masses s'attirent en raison inverse du carré des distances, le travail infiniment petit provenant du déplacement des masses du système sera

$$dW = -\sum \frac{m_i m_s}{r_{i,s}^2} dr_{i,s},$$

et si nous désignons par W_0 la valeur initiale de W, le travail accompli depuis l'instant initial sera $W - W_0$. Si l'on imagine que les points matériels m_1, m_2, ... étaient d'abord éloignés tous les uns des autres de distances infinies et qu'ils sont venus dans l'état actuel du système, W_0 sera nul et le travail accompli sera W. On appelle W le potentiel du système des masses m_i sur lui-même ou encore l'*énergie* du système.

L'expression (1) peut encore s'écrire

$$W = \frac{1}{2} \sum_i m_i \sum_s \frac{m_s}{r_{i,s}} = \frac{1}{2} \sum m_i V_i,$$

en désignant par V_i le potentiel en m_i de toutes les masses, excepté m_i, le premier signe sommatoire portant sur l'indice s et le second sur l'indice i, et l'on a mis le facteur $\frac{1}{2}$, afin de ne prendre qu'une fois chaque combinaison de deux masses.

Si, au lieu de points disséminés, nous avons une ou plusieurs masses continues, désignons par $d\varpi$ et $d\varpi'$ deux éléments quelconques du volume de ce système, par r leur distance et par ρ et ρ' les valeurs de la densité sur $d\varpi$ et $d\varpi'$; nous aurons

$$(2) \qquad W = \frac{1}{2}\int \rho\, d\varpi \int \frac{\rho'\, d\varpi'}{r} = \frac{1}{2}\int V \rho\, d\varpi,$$

pour l'énergie du système.

25. Examinons ensuite deux systèmes de masses. Commençons encore par supposer que ces masses se réduisent à des points matériels, qui sont m_1, m_2, m_3, ... pour le premier système et m'_1, m'_2, ... pour le second. Désignons respectivement par V et V′ les potentiels de ces deux systèmes, par V_1, V_2, ... les valeurs de V aux seconds points, par V'_1, V'_2, ... les valeurs de V′ aux premiers points. On aura

$$m_1 V'_1 + m_2 V'_2 + \ldots = m'_1 V_1 + m'_2 V_2 + \ldots$$

ou

$$(3) \qquad \Sigma m V' = \Sigma m' V.$$

En effet, on voit immédiatement que chacun des deux membres représente la somme

$$W_1 = \sum \frac{mm'}{r},$$

r étant la distance entre m et m', et la somme étant étendue à toutes les combinaisons d'une masse m du premier système avec une masse m' du second.

Supposons, par exemple, que les masses m' soient fixes et attirent les masses m en raison inverse du carré des distances; alors, dans un déplacement infiniment petit des masses m, le travail dW considéré précédemment doit être augmenté de dW_1 ; le travail élémentaire accompli par les masses m sera donc

$$d(W + W_1).$$

Si les masses de chaque système, au lieu d'être disséminées dans des points, forment des masses continues, désignons par ρ la densité de chaque élément de volume $d\varpi$ du premier système et par ρ' la densité de chaque élément de volume $d\varpi'$ du second. Nous aurons, au lieu de la formule (3),

$$(4) \qquad W_1 = \int V' \rho \, d\varpi = \int V \rho' \, d\varpi'.$$

W_1 s'appelle le potentiel de l'un des systèmes de masses sur l'autre. Si nous réunissons les deux systèmes de masses en un seul et que nous désignions par W′ l'énergie du second système, il est évident que nous aurons pour l'énergie du système total

$$W + W' + W_1.$$

26. Nous allons transformer les expressions (2) et (4) de W et W_1. On a dans toute la masse, dont le volume est ϖ,

$$\Delta V = -4\pi\rho;$$

tirons ρ de cette équation pour le porter dans l'expression (2), nous aurons

$$W = -\frac{1}{8\pi}\int V \Delta V \, d\varpi.$$

Or, comme ΔV est nul partout en dehors du volume ϖ, on peut étendre l'intégrale à tout l'espace; car on n'ajoutera que des éléments nuls. Désignons par $d\tau$ l'élément du volume compris dans une sphère d'un rayon très grand R, décrite d'un point du volume ϖ comme centre, et appliquons l'équation du n° **10**

$$(5) \qquad \int U \Delta V \, d\tau = -\int \left(\frac{dU}{dx}\frac{dV}{dx} + \frac{dU}{dy}\frac{dV}{dy} + \frac{dU}{dz}\frac{dV}{dz} \right) d\tau + \int U \frac{dV}{dn} \, d\sigma,$$

en y faisant U = V. Le dernier terme qui s'étend à toute la surface de la sphère est de l'ordre $\frac{1}{R}$ et s'annule à la limite quand $R = \infty$. On a donc

$$W = \frac{1}{8\pi}\int \left[\left(\frac{dV}{dx}\right)^2 + \left(\frac{dV}{dy}\right)^2 + \left(\frac{dV}{dz}\right)^2 \right] d\tau,$$

l'intégrale s'étendant à tout l'espace.

On peut transformer de même W_1. En remplaçant ρ dans la formule (4), on a

$$W_1 = -\frac{1}{4\pi}\int V' \Delta V \, d\varpi,$$

et, comme ΔV est nul en dehors de ϖ, on peut appliquer cette intégrale à tout l'espace. Appliquons la formule (5) au volume compris dans la même sphère et remarquons que le dernier terme sera encore nul; nous aurons

$$W_1 = \frac{1}{4\pi}\int\left(\frac{dV}{dx}\frac{dV'}{dx} + \frac{dV}{dy}\frac{dV'}{dy} + \frac{dV}{dz}\frac{dV'}{dz}\right)d\tau,$$

l'intégrale s'étendant à tous les éléments $d\tau$ de l'espace infini.

CHAPITRE II.

POTENTIEL DE COUCHES DE MATIÈRE DISTRIBUÉES SUR DES SURFACES.

Supposons qu'une surface soit recouverte d'une couche de matière excessivement mince et de très grande densité. Dans les applications à la Physique, on peut ordinairement ne pas avoir égard à cette épaisseur et considérer seulement la quantité de masse qui recouvre chaque élément de surface. Si l'on désigne par D la densité de la matière de la couche et par ε son épaisseur très petite sur l'élément $d\sigma$ de la surface et qu'on pose $D\varepsilon = \rho$, la quantité $\rho\, d\sigma$ sera la quantité de matière située sur $d\sigma$ et, comme on ne considère, en général, ni D ni ε, mais seulement leur produit ρ, qu'on regarde comme fini, c'est cette dernière quantité que l'on appelle la *densité* de la couche.

Gauss d'abord et ensuite la plupart des géomètres ont étudié l'attraction des couches, en supposant immédiatement que leur épaisseur est nulle ou que la densité de la matière, dans le sens ordinaire du mot, est infinie. Cette fiction ne pourrait avoir quelque utilité qu'autant qu'elle apporterait quelque simplification. Or, au contraire, en prenant ainsi la question, la démonstration rigoureuse et directe du théorème préliminaire relatif à la densité d'une couche devient très difficile. De plus, avec ce point de départ, on est conduit dans la suite à faire dans les démonstrations des théorèmes une distinction entre les masses qui comprennent un volume et les masses superficielles, bien qu'elles remplissent le même rôle, ce qui est une complication fâcheuse. D'ailleurs, comme dans la nature, ces couches, si minces qu'on les suppose, ont cependant une épaisseur, cette manière de raisonner n'a certainement pas plus de rigueur, dès que l'on veut faire des applications des formules obtenues. C'est pourquoi nous commencerons par supposer l'épaisseur des couches excessivement mince et non nulle.

Il importe d'ailleurs de remarquer que l'on passe immédiatement du cas où l'épaisseur ε est très petite au cas idéal où elle est nulle, et qu'au contraire, du cas où ε est nul, il n'est pas possible de déduire tous les résultats qui s'obtiennent quand ε est très petit.

Formule qui donne la densité d'une couche.

1. Il est aisé de vérifier par un exemple que la dérivée du potentiel d'une couche, prise suivant la normale, doit varier brusquement, quand le point P où l'on prend ce potentiel traverse la couche. Considérons, en effet, une couche sphérique dont la densité est constante et égale à ρ. On a, pour son potentiel à l'intérieur et à l'extérieur (Chap. I, n° **17**),

$$V_1 = 4\pi R\rho, \quad V_2 = \frac{4\pi R^2}{r}\rho,$$

R étant le rayon de la sphère et r la distance du point P à son centre; V_1 et V_2 sont égaux pour $r = R$. Nous avons ensuite

$$\frac{dV_1}{dr} = 0, \quad \frac{dV_2}{dr} = -\frac{4\pi R^2}{r^2}\rho.$$

Supposons que l'épaisseur de la couche soit ε et corresponde aux rayons $R - \varepsilon$ et R, nous aurons donc sur les deux côtés de la couche

$$\frac{dV_1}{dr} = 0, \quad \text{pour} \quad r = R - \varepsilon,$$

$$\frac{dV_2}{dr} = -4\pi\rho, \quad \text{pour} \quad r = R;$$

ainsi ces deux dérivées diffèrent de $-4\pi\rho$. Il est évident que nous négligeons une quantité infiniment petite par rapport à la quantité $4\pi\rho$.

2. Prenons maintenant la question dans toute sa généralité.

Soit une couche de matière BACF. Menons la normale Ax à la surface extérieure et désignons l'épaisseur très petite Aa par ε. Décomposons la couche en deux parties dont l'une renferme les points très voisins de Aa et dont l'autre contienne le reste de la couche. Si nous supposons qu'un point P se meuve sur Ax de A à a, l'attraction de la seconde partie de la couche sur P ne variera pas d'une manière sensible, puisque ce point lui est extérieur, mais l'attraction de la première partie sur P variera d'une manière sensible, comme nous allons le prouver.

Effectuons le partage de la couche en deux parties au moyen d'un plan BC tangent en a à la surface intérieure; il en résultera un segment BAC, dont il s'agit de chercher l'attraction sur le point P.

Mettons l'origine des coordonnées au point A (*fig.* 1), en sorte que

Fig. 1.

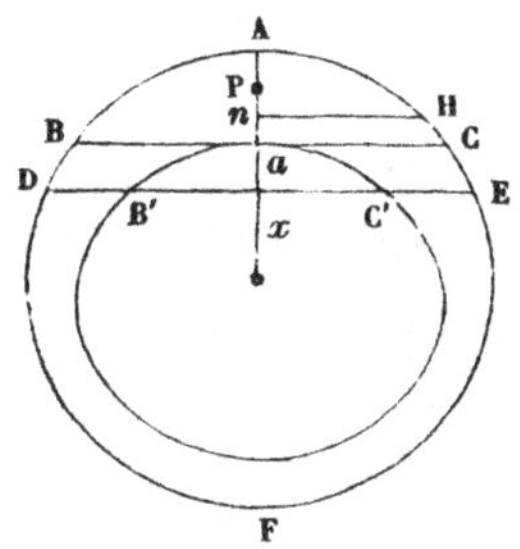

AP soit égal à x; un point quelconque du segment aura pour coordonnées a, b, c, et si nous désignons par φ le potentiel du segment, son attraction suivant Ax sera

$$\frac{d\varphi}{dx} = \int \mathrm{D}\,\frac{a-x}{r^3}\,d\varpi,$$

l'intégrale étant étendue à tout le volume BAC.

Prenons, au lieu de y et z, des coordonnées polaires u et θ; nous aurons

$$r = \sqrt{u^2 + (a-x)^2}, \quad d\varpi = u\,du\,d\theta\,da,$$

$$(a) \qquad \frac{d\varphi}{dx} = \int_0^{2\pi} d\theta \int_0^{\varepsilon} da \int_0^{u_1} \frac{\mathrm{D}(a-x)\,u\,du}{[u^2+(a-x)^2]^{\frac{3}{2}}},$$

u_1 étant l'ordonnée nH. Si R est le rayon de courbure en A de la section normale BAC, on a

$$u_1^2 = 2Ra,$$

et, si l'on suppose les axes des y et des z dirigés suivant les sections principales, R varie avec θ d'après l'équation

$$\frac{1}{R} = \frac{\cos^2\theta}{R'} + \frac{\sin^2\theta}{R''},$$

où R', R'' sont les rayons de courbure principaux.

Regardons d'abord la densité D comme constante; nous aurons

$$\int_0^{u_1} \frac{u\,du}{[u^2+(a-x)^2]^{\frac{3}{2}}} = \frac{-1}{\sqrt{2Ra+(a-x)^2}} + \frac{1}{\sqrt{(a-x)^2}}$$

$$= \frac{-1}{\sqrt{2Ra+(a-x)^2}} \pm \frac{1}{x-a},$$

en prenant le signe + ou −, de manière que le dernier terme soit positif, c'est-à-dire suivant que l'on a $a < x$ ou $a > x$. D'après cela, séparons $\frac{d\varphi}{dx}$ en ces deux parties,

$$\frac{d\varphi}{dx} = D\int_0^{2\pi} d\theta \int_0^x da \int_0^{u_1} \frac{(a-x)u\,du}{[u^2+(a-x)^2]^{\frac{3}{2}}}$$

$$+ D\int_0^{2\pi} d\theta \int_x^{\varepsilon} da \int_0^{u_1} \frac{(a-x)u\,du}{[u^2+(a-x)^2]^{\frac{3}{2}}};$$

nous aurons

$$\int_0^x da \int_0^{u_1} \frac{(a-x)u\,du}{[u^2+(a-x)^2]^{\frac{3}{2}}} = -\int_0^x \frac{(a-x)\,da}{\sqrt{2Ra+(a-x)^2}} - x \quad = \mathcal{A},$$

$$\int_x^{\varepsilon} da \int_0^{u_1} \frac{(a-x)u\,du}{[u^2+(a-x)^2]^{\frac{3}{2}}} = -\int_x^{\varepsilon} \frac{(a-x)\,da}{\sqrt{2Ra+(a-x)^2}} + \varepsilon - x = \mathcal{B};$$

on a ensuite

$$\int \frac{(a-x)\,da}{\sqrt{2Ra+(a-x)^2}} = \sqrt{2Ra+(a-x)^2} - R\log\left[R+a-x+\sqrt{2Ra+(a-x)^2}\right],$$

et ce logarithme peut se développer de la manière suivante :

$$\begin{aligned}
&\log\left[R + a - x + \sqrt{2Ra + (a-x)^2}\right] \\
&= \log(R + a - x) + \frac{\sqrt{2Ra + (a-x)^2}}{R + a - x} \\
&\quad - \frac{1}{2}\,\frac{2Ra + (a-x)^2}{(R + a - x)^2} + \frac{1}{3}\,\frac{[2Ra + (a-x)^2]^{\frac{3}{2}}}{(R + a - x)^2} - \dots;
\end{aligned}$$

il en résulte

$$\begin{aligned}
\int \frac{(a-x)\,da}{\sqrt{2Ra + (a-x)^2}} &= -R\log(R + a - x) + \frac{a-x}{R+a-x}\sqrt{2Ra + (a-x)^2} \\
&\quad + \frac{R}{2}\,\frac{2Ra + (a-x)^2}{(R+a-x)^2} - \frac{R}{3}\,\frac{[2Ra + (a-x)^2]^{\frac{3}{2}}}{(R+a-x)^3} + \dots,
\end{aligned}$$

et, en négligeant les quantités de l'ordre de ε^2, par suite les termes en ε^2, εx et x^2, on a

$$\begin{aligned}
\int_0^{\varepsilon} \frac{(a-x)\,da}{\sqrt{2Ra + (a-x)^2}} &= -R\log\frac{R - x + \varepsilon}{R - x} + \varepsilon + \sqrt{2\varepsilon}\,\frac{\varepsilon - 3x}{3\sqrt{R}} \\
&= \frac{\sqrt{2\varepsilon}(\varepsilon - 3x)}{3}\,\frac{1}{\sqrt{R}}.
\end{aligned}$$

On en conclut

$$\mathcal{A} + \mathcal{B} = \varepsilon - 2x - \frac{\sqrt{2\varepsilon}(\varepsilon - 3x)}{3}\,\frac{1}{\sqrt{R}}$$

et

$$(A)\quad \left\{\begin{aligned}
\frac{d\varphi}{dx} &= D\int_0^{2\pi} (\mathcal{A} + \mathcal{B})\,d\theta \\
&= 2\pi D(\varepsilon - 2x) - 4D\,\frac{\sqrt{2\varepsilon}(\varepsilon - 3x)}{3}\int_0^{\frac{\pi}{2}} \sqrt{\frac{\cos^2\theta}{R'} + \frac{\sin^2\theta}{R''}}\,d\theta;
\end{aligned}\right.$$

R′ étant le plus grand des deux rayons de courbure principaux, posons

$$K = \int_0^{\frac{\pi}{2}} \sqrt{\frac{\cos^2\theta}{R'} + \frac{\sin^2\theta}{R''}}\,d\theta = \frac{1}{\sqrt{R''}}\int_0^{\frac{\pi}{2}} \sqrt{1 - \frac{R' - R''}{R'}\cos^2\theta}\,d\theta,$$

et nous aurons

$$\left(\frac{d\varphi}{dx}\right)_{x=0} = 2\pi D\varepsilon - \frac{4D\sqrt{2}}{3}\varepsilon^{\frac{3}{2}}K,$$

$$\left(\frac{d\varphi}{dx}\right)_{x=\varepsilon} = -2\pi D\varepsilon + \frac{8D\sqrt{2}}{3}\varepsilon^{\frac{3}{2}}K.$$

3. Supposons que le point P, au lieu d'être entre A et a, soit sur le prolongement de Ax, en sorte que x soit négatif; toutefois prenons encore x de l'ordre de ε. En suivant le même calcul que précédemment, nous aurons

$$\int_0^{u_1} \frac{u\,du}{[u^2+(a-x)^2]^{\frac{3}{2}}} = \frac{-1}{\sqrt{2Ra+(a-x)^2}} + \frac{1}{a-x},$$

$$\int_0^{\varepsilon} da \int_0^{u_1} \frac{(a-x)\,u\,du}{[u^2+(a-x)^2]^{\frac{3}{2}}} = -\int_0^{\varepsilon} \frac{(a-x)\,da}{\sqrt{2Ra+(a-x)^2}} + \varepsilon$$

$$= \varepsilon - \frac{\sqrt{2\varepsilon}(\varepsilon-3x)}{3}\frac{1}{\sqrt{R}}.$$

On a donc, au lieu de la formule (A),

$$\frac{d\varphi}{dx} = 2\pi D\varepsilon - \frac{4D\sqrt{2}}{3}\varepsilon^{\frac{2}{3}}K,$$

c'est-à-dire la même que pour $x = 0$, en négligeant encore les quantités de l'ordre de $D\varepsilon^2$.

4. Menons un plan DE parallèle au plan tangent BC pour l'abscisse $x = \varepsilon + \varepsilon'$, en prenant ε' du même ordre que ε, et cherchons l'attraction du segment DB'aC'EA sur le point P situé entre A et a. Il suffira de faire la différence entre les attractions des segments DAE, B'aC' à bases planes, supposés remplis de la même matière. Les valeurs de $\frac{d\varphi}{dx}$ pour ces deux segments seront respectivement

$$2\pi D(\varepsilon+\varepsilon'-2x) - \frac{4D\sqrt{2}}{3}K(\varepsilon+\varepsilon'-3x)\sqrt{\varepsilon+\varepsilon'},$$

$$2\pi D\varepsilon' - \frac{4D\sqrt{2}}{3}K\varepsilon'\sqrt{\varepsilon'},$$

dont la différence est

$$2\pi D(\varepsilon - 2x) - \frac{4D\sqrt{2}}{3} K\left[(\varepsilon + \varepsilon' - 3x)\sqrt{\varepsilon + \varepsilon'} - \varepsilon'\sqrt{\varepsilon'}\right];$$

c'est la composante de l'attraction du segment DB$'a$C$'$EA suivant Ax. Si l'on fait la différence de cette force prise aux points A et a, on obtient

$$4\pi D\varepsilon - 4D\sqrt{2}K\varepsilon\sqrt{\varepsilon + \varepsilon'}.$$

Si l'on fait dans cette formule $\varepsilon' = 0$, on obtient, pour la différence de la composante de l'attraction du segment BAC sur les points A et a,

$$4\pi D\varepsilon - 4D\sqrt{2}K\varepsilon^{\frac{3}{2}}.$$

5. Dans ce qui précède, on a supposé que les deux rayons de courbure principaux sont dirigés vers l'intérieur de la cavité de la couche. S'ils sont dirigés tous les deux vers l'extérieur, on voit immédiatement qu'on n'aura qu'à changer le signe de K dans les formules qui renferment cette quantité.

Si les deux rayons de courbure principaux au point a de la surface intérieure sont de sens contraire, au segment BAC que nous avons considéré nous devrons substituer une partie de la couche que nous obtiendrons de la manière suivante. Dans le plan tangent en a, menons les asymptotes de l'indicatrice qui partageront le plan en deux parties T et T$'$ et qui sépareront la surface intérieure en deux parties correspondantes dont l'une aura sa courbure vers l'intérieur et l'autre vers l'extérieur. Considérons le segment E de la couche qui a T pour base et qui est terminé à la surface extérieure; considérons aussi le segment E$'$ de la couche compris entre le plan tangent en A et la surface intérieure et dont la base est égale à T$'$. Le segment formé de E et E$'$ sera la partie de la couche que nous substituerons au segment BAC et dont nous chercherons l'attraction sur le point P. Alors les calculs du n° 2 resteront entièrement applicables.

D'une manière générale, désignons par R$''$ le plus petit des deux rayons de courbure, abstraction faite du signe, et posons

$$K = \frac{\pm 1}{\sqrt{\pm R''}} \int_0^{\frac{\pi}{2}} \sqrt{1 - \frac{R' - R''}{R'}\cos^2\theta}\, d\theta,$$

R′ et R″ étant supposés positifs ou négatifs suivant qu'ils sont dirigés vers l'intérieur ou l'extérieur et pour le signe ±, on prendra + si R″ est dirigé vers l'intérieur et — dans le cas contraire. Alors la composante suivant l'axe des x de l'attraction du segment BAC ou du segment E + E′ (suivant que les deux courbures principales sont de même sens ou de sens contraire) sur un point de Aa sera donnée par la formule semblable à (A)

$$\frac{d\varphi}{dx} = 2\pi D(\varepsilon - 2x) - \tfrac{4}{3} DK\sqrt{2\varepsilon}(\varepsilon - 3x),$$

et la différence de cette force, prise aux points A et a, sera

$$\left(\frac{d\varphi}{dx}\right)_0 - \left(\frac{d\varphi}{dx}\right)_\varepsilon = 4\pi D\varepsilon - 4D\sqrt{2}\,K\varepsilon^{\frac{3}{2}}.$$

6. Il est aisé de voir que la valeur de $\frac{d\varphi}{dy}$ pour un point P situé sur Aa est nulle.

En effet, dans l'évaluation de cette dérivée, la ligne Aa peut évidemment être considérée comme un axe de symétrie du segment, à une quantité près tout à fait négligeable. Le point P situé sur cet axe ne subit donc pas d'attraction perpendiculairement à l'axe des x, et l'on a

$$\frac{d\varphi}{dy} = 0, \quad \frac{d\varphi}{dz} = 0.$$

7. Dans ce qui précède, nous avons regardé la densité D comme constante; supposons maintenant qu'elle varie dans le segment, et examinons quel changement en résultera dans les dérivées de φ.

Admettons que D puisse être représenté dans le segment par les premiers termes de la série de Taylor, c'est-à-dire par la formule

$$D = D_0 + \frac{dD_0}{da}a + \frac{dD_0}{db}b + \frac{dD_0}{dc}c,$$

D_0 étant la valeur de D à l'origine des coordonnées; supposons aussi que le produit de chaque dérivée de D par une longueur finie soit de l'ordre de D.

Pour calculer $\frac{d\varphi}{dx}$, il faudra remplacer D par l'expression précédente dans la formule (a) du n° **2**; nous avons déjà calculé le résultat de la substitution de D_0; calculons celui de $\frac{dD_0}{da}a$. En désignant par M la valeur de $\frac{dD_0}{da}$, nous obtenons

$$\begin{aligned}
&M\int_0^{2\pi} d\theta \int_0^{\varepsilon} a\,da \int_0^{u_1} \frac{(a-x)u\,du}{[u^2+(a-x)^2]^{\frac{3}{2}}}\\
&= M\int_0^{2\pi} d\theta \int_0^{\varepsilon} (a-x)a\,da\left[\frac{-1}{\sqrt{2Ra+(a-x)^2}} \pm \frac{1}{x-a}\right]\\
&= M\int_0^{2\pi}\left[\frac{-1}{\sqrt{2R}}\left(\frac{2}{5}\varepsilon^{\frac{5}{2}} - \frac{2}{3}\varepsilon^{\frac{3}{2}}x\right) \mp \frac{\varepsilon^2}{2}\right]d\theta.
\end{aligned}$$

M est supposé du même ordre de grandeur que D ou que $\frac{1}{\varepsilon}$, puisque $D\varepsilon$ est fini; donc cette formule est de l'ordre de ε, c'est-à-dire de l'ordre des quantités que nous avons négligées.

On voit immédiatement que les parties de $\frac{d\mathcal{V}}{dx}$ qui dépendent de $\frac{dD_0}{db}$ et de $\frac{dD_0}{dc}$ sont également négligeables.

Examinons ensuite l'expression de

$$\frac{d\mathcal{V}}{dy} = \int D\frac{b}{r^3}d\varpi;$$

on voit très facilement qu'on peut rejeter les parties qui dépendent de $\frac{dD_0}{da}$ et de $\frac{dD_0}{dc}$. Remplaçons ensuite D par $\frac{dD_0}{db}b$, et, en faisant

$$b = u\cos\theta,$$

nous aurons

$$\frac{dD_0}{db}\int\frac{b^2}{r^3}d\varpi = \frac{dD_0}{db}\int_0^{2\pi}\cos^2\theta\,d\theta\int_0^{\varepsilon}da\int_0^{u_1}\frac{u^3\,du}{[u^2+(a-x)^2]^{\frac{3}{2}}}$$

ou, en effectuant deux intégrations,

$$\frac{2\sqrt{2}}{3}\frac{dD_0}{db}\varepsilon^{\frac{3}{2}}\int_0^{\frac{\pi}{2}}\frac{\cos^2\theta\,d\theta}{\sqrt{\frac{\cos^2\theta}{R'}+\frac{\sin^2\theta}{R''}}}.$$

Cette formule suppose R′ et R″ dirigés vers l'intérieur de la couche; on passerait, comme précédemment, au cas général.

Ainsi, en ayant égard aux quantités de l'ordre de $D\varepsilon^{\frac{3}{2}}$, comme précédemment, nous aurons

$$\frac{d\varphi}{dy} = \frac{2\sqrt{2}}{3}\frac{dD_0}{db}\varepsilon^{\frac{3}{2}}\int_0^{\frac{\pi}{2}}\frac{\cos^2\theta\,d\theta}{\sqrt{\frac{\cos^2\theta}{R'}+\frac{\sin^2\theta}{R''}}},$$

$$\frac{d\varphi}{dz} = \frac{2\sqrt{2}}{3}\frac{dD_0}{dc}\varepsilon^{\frac{3}{2}}\int_0^{\frac{\pi}{2}}\frac{\sin^2\theta\,d\theta}{\sqrt{\frac{\cos^2\theta}{R'}+\frac{\sin^2\theta}{R''}}}.$$

Ces deux dérivées sont indépendantes de x et ont, par conséquent, la même valeur aux deux points A et a.

8. Le point attiré P étant situé sur la ligne Aa, nous avons obtenu la formule

$$\left(\frac{d\varphi}{dx}\right)_0 - \left(\frac{d\varphi}{dx}\right)_\varepsilon = 4\pi D\varepsilon - 4D\sqrt{2}K\varepsilon^{\frac{3}{2}},$$

et les deux dérivées $\frac{d\varphi}{dy}$, $\frac{d\varphi}{dz}$ ont chacune la même valeur aux points A et a, et de l'ordre de $D\varepsilon^{\frac{3}{2}}$. Désignons par φ_1 le potentiel de la couche quand on a enlevé le segment dont le potentiel est φ, et représentons par V le potentiel de toute la couche, nous aurons

$$V = \varphi + \varphi_1;$$

l'expression

$$\left(\frac{d\varphi_1}{dx}\right)_0 - \left(\frac{d\varphi_1}{dx}\right)_\varepsilon$$

est une quantité de l'ordre de $D\varepsilon^{\frac{3}{2}}$, ainsi qu'il résulte du n° 4; donc, en négligeant les quantités de cet ordre, nous aurons

$$(c) \qquad \left(\frac{dV}{dx}\right)_0 - \left(\frac{dV}{dx}\right)_\varepsilon = 4\pi\rho.$$

La différence entre les valeurs de $\frac{d\varphi_1}{dy}$ ou de $\frac{d\varphi_1}{dz}$, prises en A et en a, est tout à fait négligeable; donc chacune des dérivées $\frac{dV}{dy}$, $\frac{dV}{dz}$ prend la même valeur en ces deux points.

Menons au point A la normale extérieure n et au point a la normale intérieure n'; nous pourrons écrire l'équation (c) de cette manière

$$(e) \qquad \frac{dV}{dn} + \frac{dV}{dn'} = -4\pi\rho.$$

Cherchons la différence d'action de la couche aux points A et a dans la direction d'une droite qui fait les angles α, β, γ avec les axes de coordonnées; soient F et F′ cette composante de la force en A et a; nous aurons

$$F = \left(\frac{dV}{dx}\right)_0 \cos\alpha + \frac{dV}{dy}\cos\beta + \frac{dV}{dz}\cos\gamma,$$

$$F' = \left(\frac{dV}{dx}\right)_\varepsilon \cos\alpha + \frac{dV}{dy}\cos\beta + \frac{dV}{dz}\cos\gamma$$

et, par suite,

$$F - F' = 4\pi\rho\cos\alpha.$$

Concevons le cas idéal où ε devient nul et par suite D infini. Les dérivées $\frac{dV}{dx}$, $\frac{dV}{dy}$, $\frac{dV}{dz}$ seront partout finies et V aura la même valeur des deux côtés de la surface σ et sera une fonction continue dans tout l'espace.

Démonstration de la formule de la densité d'une couche, présentée par Poisson.

9. La formule (e) du numéro précédent a été obtenue pour la première fois dans toute sa généralité par Poisson (voir *Mémoires de l'Académie des Sciences*, p. 31; 1811). Elle avait été reconnue auparavant et expliquée d'une manière peu rigoureuse par Coulomb [mêmes Mémoires, 1788 (¹)], dans le cas où la couche n'exerce aucune action sur les points qui y sont renfermés, de sorte que $\frac{dV}{dn'} = 0$. Nous allons reproduire la démonstration qu'en a présentée Poisson; il dit qu'ayant

(¹) *Mémoires publiés par la Société de Physique*, t. I, p. 256.

communiqué l'énoncé du théorème à Laplace, celui-ci lui a indiqué cette démonstration.

Soit une couche infiniment mince et soient A et a deux points situés sur la même normale, le premier sur la surface extérieure de la couche, le second sur la surface intérieure. Désignons par R et R′ les composantes de l'action de la couche respectivement en A et a suivant la normale intérieure Ax.

Menons par le point a un plan perpendiculaire à Aa; ce plan partagera la couche en deux segments; celui qui a pour hauteur la flèche Aa sera infiniment petit par rapport à l'autre; mais les actions des deux segments sur A ou sur a seront du même ordre de grandeur. Désignons respectivement par S et s l'action du grand et du petit segment au point a, estimée suivant Aa. Pour fixer les idées, supposons ces actions attractives, et nous aurons

$$R' = S - s$$

pour la force qui tire le point a suivant Ax.

En négligeant les quantités du second ordre par rapport à l'épaisseur de la couche, l'attraction du grand segment est évidemment la même sur les deux points A *et* a; avec un peu d'attention on voit de même que l'attraction du petit segment, soit sur le point A, soit sur le point a, est la même, pourvu qu'on néglige une quantité infiniment petite par rapport à cette force. Le point A est donc sollicité par les deux forces S et s qui agissent dans le même sens. On a donc

$$R = S + s$$

et, par suite,

$$(a) \qquad R - R' = 2s.$$

Reste à déterminer s. Sur la normale Ax prenons un point C; de ce point comme centre décrivons deux sphères avec les rayons CA et Ca et supposons qu'elles comprennent une couche dont la densité est ρ. L'action de cette couche sur a est nulle, et nous avons vu (n° 1) que dans ce cas particulier la différence R — R′ ou la quantité $2s$ est égale à $4\pi\rho$. Or je dis que la quantité $2s$ aura la même valeur, quelle que soit la couche.

En effet, considérons le petit segment sphérique coupé par le plan perpendiculaire à Aa et mené par a, et par la droite AC menons un nombre très grand de plans qui divisent ce segment en p parties égales. La composante normale de l'action de chaque partie sur le point a sera

$$\frac{s}{p} = \frac{2\pi\rho}{p},$$

et sera indépendante du rayon AC. Revenons au petit segment de la couche donnée et décomposons-le par les mêmes plans; chaque partie ainsi obtenue pourra être considérée comme appartenant à un segment sphérique, et la composante normale de son action sur a sera $\frac{2\pi\rho}{p}$; donc l'action totale suivant AC du petit segment sur le point a sera $s = 2\pi\rho$ et, d'après la formule (a), on a

$$R - R' = 4\pi\rho,$$

comme il fallait le démontrer.

Il est bon de remarquer que le passage que j'ai mis en caractères italiques et que j'ai reproduit littéralement n'est pas exact. Il résulte en effet du n° 4 que la différence d'attraction du grand segment sur les points A et a est de l'ordre de $D\varepsilon\sqrt{\varepsilon}$ ou $\rho\sqrt{\varepsilon}$ et non de l'ordre de $D\varepsilon^2$. Toutefois cette inexactitude ne modifie en rien les conclusions.

Fonctions qui peuvent être représentées par les potentiels de couches distribuées sur des surfaces.

10. Soit ϖ un volume limité par une surface σ; si les fonctions v, w sont dans cet espace des fonctions continues des coordonnées (a, b, c) d'un point, de même que leurs dérivées du premier ordre, on a cette équation (Chap. I, n° **10**)

$$(1)\qquad \int v\,\Delta w\,d\varpi - \int w\,\Delta v\,d\varpi = -\int v\frac{dw}{dn'}\,d\sigma + \int w\frac{dv}{dn'}\,d\sigma,$$

dn' étant l'élément de normale intérieure.

Représentons par r la distance du point (x, y, z) au point (a, b, c) situé dans l'élément de volume $d\varpi$. Si nous faisons $w = \frac{1}{r}$, et que nous supposions le point (x, y, z) dans le volume ϖ, l'équation précédente ne peut être appliquée à tout ce volume, puisque $\frac{1}{r}$ est infini en ce point; mais on pourra l'employer pour tout le volume compris entre la surface σ et une sphère très petite décrite du point (x, y, z) comme centre. Dans tout cet espace, Δw est nul, et si $d\sigma'$ et $d\varpi'$ sont les éléments de la surface et du volume de la sphère, nous aurons

$$(2)\quad \left\{ \begin{aligned} -\int \frac{1}{r}\Delta v\, d\varpi + \int \frac{1}{r}\Delta v\, d\varpi' = &-\int v \frac{d\frac{1}{r}}{dn'} d\sigma + \int \frac{1}{r}\frac{dv}{dn'} d\sigma \\ &-\int v \frac{d\frac{1}{r}}{dr} d\sigma' + \int \frac{1}{r}\frac{dv}{dr} d\sigma'. \end{aligned} \right.$$

Désignons par θ et ψ les deux angles des coordonnées sphériques, et faisons tendre le rayon de la sphère vers zéro, nous aurons

$$\lim \int \frac{1}{r}\frac{dv}{dr} d\sigma' = \lim \left(r\frac{dv}{dr} \int \sin\theta\, d\theta\, d\psi \right) = 0,$$

$$\lim \int v \frac{d\frac{1}{r}}{dr} d\sigma' = -v \int \sin\theta\, d\theta\, d\psi = -4\pi v,$$

en mettant dans la fonction v les lettres x, y, z au lieu de a, b, c. On a aussi à la limite

$$\int \frac{1}{r}\Delta v\, d\varpi' = 0.$$

Donc, si l'on suppose que v satisfasse à l'équation

$$\Delta v = \frac{d^2 v}{da^2} + \frac{d^2 v}{db^2} + \frac{d^2 v}{dc^2} = 0$$

dans tout le volume ϖ, l'équation (2) deviendra

$$(3)\quad 4\pi v = \int v \frac{d\frac{1}{r}}{dn'} d\sigma - \int \frac{1}{r}\frac{dv}{dn'} d\sigma,$$

formule donnée par Green.

Si, la fonction v satisfaisant aux mêmes conditions, le point (x, y, z) est pris en dehors du volume ϖ, on peut faire immédiatement $w = \frac{1}{r}$

dans l'équation (1), et l'on a par suite, au lieu de (3), l'équation suivante :

$$(4) \qquad 0 = \int v \frac{d\frac{1}{r}}{dn'} d\sigma - \int \frac{1}{r} \frac{dv}{dn'} d\sigma.$$

11. Nous allons montrer ensuite comment certaines fonctions des coordonnées rectangulaires d'un point variable peuvent être représentées par les potentiels de couches de matière distribuées sur des surfaces fermées.

Théorème I. — *Si une fonction v de x, y, z satisfait à l'équation $\Delta v = 0$ dans tout l'espace situé en dehors d'une surface σ et qu'elle y varie d'une manière continue, ainsi que ses dérivées du premier ordre, si de plus vR se réduit à l'infini à une constante bien déterminée,* R *étant la distance du point (x, y, z) à un point fixe* O; *alors cette fonction peut être considérée dans tout cet espace comme le potentiel d'une couche infiniment mince de matière distribuée sur σ.*

Pour l'espace intérieur à σ, considérons la fonction donnée par le principe de Dirichlet (Chap. I, n° **16**) et qui prend sur σ la même valeur que la fonction v; désignons-la par v_1; nous pouvons y appliquer la formule (4), et, en ayant égard à ce que $v_1 = v$ sur σ, nous avons

$$(5) \qquad 0 = \int v \frac{d\frac{1}{r}}{dn'} d\sigma - \int \frac{1}{r} \frac{dv_1}{dn'} d\sigma,$$

r étant la distance de $d\sigma$ au point (x, y, z) extérieur à σ.

Appliquons ensuite l'équation (3) à la fonction v, en prenant pour le volume ϖ celui qui est renfermé entre la surface σ et une sphère σ_1 d'un rayon R très grand, décrite du point O comme centre. Le point (x, y, z) est, en effet, intérieur à ce volume, et il en résulte

$$(6) \qquad 4\pi v = \int v \frac{d\frac{1}{r}}{dn} d\sigma - \int \frac{1}{r} \frac{dv}{dn} d\sigma + \frac{1}{R^2} \int v\, d\sigma_1 + \frac{1}{R} \int \frac{dv}{dR} d\sigma_1,$$

dn étant l'élément de normale à σ intérieur au volume et, par suite, extérieur à la surface σ; dans le second membre on suppose que dans v on met a, b, c au lieu de x, y, z. Or, par hypothèse, on peut poser, quand R est très grand,

$$v = \frac{A}{R}, \quad \frac{dv}{dR} = -\frac{A}{R^2},$$

A étant une constante fixe; les deux dernières intégrales sont donc nulles quand R devient infini.

Ajoutons les équations (5) et (6), en remarquant que

$$\frac{d\frac{1}{r}}{dn'} + \frac{d\frac{1}{r}}{dn} = 0,$$

puisque dn et dn' sont regardés comme positifs, et nous avons

$$v = -\frac{1}{4\pi}\int\left(\frac{dv_1}{dn'} + \frac{dv}{dn}\right)\frac{d\sigma}{r}.$$

La fonction v donnée à l'extérieur de σ peut donc être considérée comme l'expression du potentiel d'une couche distribuée sur σ et dont la densité est

$$\rho = -\frac{1}{4\pi}\left(\frac{dv_1}{dn'} + \frac{dv}{dn}\right).$$

La démonstration qui précède a été employée par Green et lui a servi à prouver d'une manière indirecte la formule de la densité d'une couche. J'ai dû, toutefois, la modifier de façon à en conclure le théorème précédent.

12. Le même théorème subsisterait, et sans changement dans la démonstration, si l'on y remplaçait la surface σ par plusieurs surfaces σ_1, σ_2, ... Il suffirait de considérer la fonction de Dirichlet à l'intérieur de chacune des surfaces σ_1, σ_2, ...

La fonction v, que nous venons de considérer, étant complètement déterminée, dès qu'on donne sa valeur en tous les points des surfaces σ_1, σ_2, ..., on en conclut aussi :

THÉORÈME II. — *Il existe dans tout l'espace situé en dehors des surfaces fermées σ_1, σ_2, ... une fonction v de x, y, z et une seule, qui est finie et* *continue, ainsi que ses dérivées du premier ordre, qui satisfait à l'équation* $\Delta v = 0$, *qui a en chaque point des surfaces* $\sigma_1, \sigma_2, \ldots$ *des valeurs données, et telle enfin que* Rv *tend vers une constante déterminée, quand la distance* R *du point* (x, y, z) *à un point fixe croît indéfiniment.*

13. Démontrons ensuite un troisième théorème analogue au premier et relatif à l'espace renfermé dans une surface.

Théorème III. — *Si une fonction* v *de* x, y, z *satisfait à l'équation* $\Delta v = 0$ *dans l'intérieur d'une surface* σ, *et qu'elle y varie d'une manière continue, ainsi que ses dérivées du premier ordre, elle peut être considérée dans cet espace comme le potentiel d'une couche infiniment mince distribuée sur* σ.

Considérons la fonction du théorème II, relative à l'espace extérieur à σ et qui prend sur cette surface la même valeur que la fonction v, et désignons-la par v_1. Appliquons la formule (4) à cette fonction, et, pour l'espace compris entre la surface σ et une sphère σ_1 d'un très grand rayon R, nous aurons, puisque $v_1 = v$ sur σ et que le point (x, y, z) n'est pas compris dans le volume,

$$0 = -\int v \frac{d\frac{1}{r}}{dn} d\sigma + \int \frac{1}{r} \frac{dv_1}{dn} d\sigma - \frac{1}{R^2} \int v_1 d\sigma_1 - \frac{1}{R} \int \frac{dv_1}{dR} d\sigma_1,$$

dont les deux derniers termes sont nuls à la limite, et il reste

$$0 = \int v \frac{d\frac{1}{r}}{dn} d\sigma - \int \frac{1}{r} \frac{dv_1}{dn} d\sigma.$$

D'autre part, la fonction v satisfait à l'équation (3) ou

$$4\pi v = \int v \frac{d\frac{1}{r}}{dn'} d\sigma - \int \frac{1}{r} \frac{dv}{dn'} d\sigma.$$

Ajoutons les deux dernières équations et nous aurons

$$v = -\frac{1}{4\pi} \int \frac{1}{r} \left(\frac{dv_1}{dn} + \frac{dv}{dn'} \right) d\sigma;$$

v est donc enfin l'expression du potentiel d'une couche dont la densité est

$$\rho = -\frac{1}{4\pi}\left(\frac{dv_1}{dn} + \frac{dv}{dn'}\right).$$

14. Supposons donc un système de trois coordonnées β_1, β_2, β_3, tel que la surface σ soit représentée par l'équation

$$\beta_3 = \text{const.};$$

un point de cette surface sera déterminé par les coordonnées β_1, β_2; regardons ρ comme une fonction quelconque de β_1, β_2 : alors la solution la plus générale de l'équation $\Delta v = 0$, supposée continue ainsi que ses premières dérivées, sera donnée par la formule

$$(a) \qquad v = \int \frac{\rho}{r}\, d\sigma.$$

Remarquons que, suivant l'hypothèse du théorème III, les dérivées premières de v sont seules assujetties à être continues et que, d'après la fonction obtenue pour v, la continuité a lieu aussi pour ses dérivées de tous les ordres. Les mêmes remarques s'étendent à la fonction v du théorème I. Ces propriétés de continuité sont satisfaites jusqu'à la surface σ exclusivement, même quand la densité ρ est discontinue.

Dans l'expression (a), donnons à x, y, z des valeurs imaginaires et posons

$$x = x' + x''i, \quad y = y' + y''i, \quad z = z' + z''i,$$

i étant égal à $\sqrt{-1}$ et $x', y', z', x'', y'', z''$ des quantités réelles. Si a, b, c sont les coordonnées de $d\sigma$, nous aurons à substituer

$$r = \sqrt{(x' - a + x''i)^2 + (y' - b + y''i)^2 + (z' - c + z''i)^2}$$

dans l'expression de v; il est donc évident que v et ses dérivées de divers ordres ne peuvent devenir ni infinies ni discontinues pour aucun point imaginaire. Donc, si d'un point M quelconque, intérieur à la surface σ, on abaisse la plus courte distance h à cette surface, la fonction sera développable par la série de Taylor, à partir du point M, dans une sphère décrite du point M comme centre avec h pour rayon.

Il en est de même pour la fonction v à l'extérieur de σ.

15. Si les deux fonctions v des théorèmes I et III, relatives, la première aux points extérieurs à la surface σ, la seconde aux points intérieurs, ont sur cette surface la même valeur donnée, alors la densité trouvée pour la couche sera la même dans les deux cas et les deux fonctions v représenteront dans tout l'espace le potentiel d'une même couche distribuée sur σ.

Ce résultat peut encore s'énoncer sous la forme d'un théorème donné par Gauss, mais prouvé par lui d'une manière toute différente :

On peut toujours distribuer sur une surface et d'une seule manière une couche de matière, de sorte que son potentiel ait des valeurs données en tous les points de cette surface.

En effet, on peut concevoir à l'intérieur de σ la fonction de Dirichlet et à l'extérieur la fonction du théorème II, ayant toutes deux les mêmes valeurs sur la surface σ, et ces deux fonctions, d'après ce qui vient d'être dit, sont égales au potentiel d'une même couche distribuée sur σ.

16. Le potentiel d'une masse intérieure à σ remplit les conditions de la fonction v du théorème I et le potentiel d'une masse extérieure à σ remplit celles de la fonction v du théorème III, et l'on en conclut :

Théorème. — *Le potentiel d'une masse* M *située à l'intérieur ou à l'extérieur de la surface σ, pris respectivement à l'extérieur ou à l'intérieur de σ, peut être remplacé par le potentiel d'une couche de matière convenablement distribuée sur σ.*

De plus, si la masse M est intérieure à σ, la masse de cette couche est égale à M. En effet, si l'on appelle M′ la masse de la couche, on aura, quand R grandit indéfiniment,

$$\lim(\mathrm{R}v) = \mathrm{M}, \quad \lim(\mathrm{R}v) = \mathrm{M}';$$

donc $\mathrm{M}' = \mathrm{M}$.

Supposons que, au lieu d'exiger que le potentiel de la couche soit le même que celui de la masse M intérieure ou extérieure, on demande que l'action de la couche soit la même que celle de la masse M; alors il suffit que les deux potentiels ne diffèrent que d'une constante.

Dans le premier cas, où M est intérieur à σ, les deux potentiels considérés doivent être nuls à l'infini; ils sont donc égaux entre eux et l'on retrouve la distribution précédente.

Dans le second cas, où M est extérieur à σ, à la couche trouvée précédemment ajoutons une couche dont le potentiel ait la valeur constante C sur σ, sa valeur sera aussi constante à l'intérieur (Chap. I, nº 21), et, en faisant varier C, on fera varier la masse de la seconde couche proportionnellement. Donc la masse de la couche résultante est quelconque.

Sur la fonction de Green.

17. La fonction de Green est une fonction de x, y, z, qui, dans l'intérieur d'une surface σ, satisfait à l'équation $\Delta U = 0$, qui y varie d'une manière continue ainsi que ses dérivées du premier ordre, excepté en un point I où la fonction devient infinie comme $\frac{1}{r}$, r étant la distance du point (x, y, z) au point I, enfin qui s'annule sur la surface σ.

Désignons, en général, par la lettre I un point intérieur à σ, par la lettre E un point extérieur, par M un point pris sur cette surface, enfin par $R(A, B)$ la distance entre deux points quelconques A et B.

Il est d'abord facile de reconnaître l'existence de la fonction de Green. En effet, si l'on distribue sur σ une couche S dont le potentiel v ait pour valeur $\frac{1}{R(I, M)}$ en tout point M de σ, $U = \frac{1}{r} - v$ sera la fonction de Green.

$U = \frac{1}{r} - v$ pour tout point extérieur (x, y, z) peut être considéré comme un potentiel et, étant nul sur σ, il est nul à l'extérieur (Chap. I, nº 22) : donc le potentiel v de S dans un point extérieur E est égal à $\frac{1}{r}$ ou $\frac{1}{R(I, E)}$. Ainsi l'on aura, en désignant par $\rho(I)$ la densité de la couche S qui dépend du point I,

$$\int \rho(I) \frac{1}{R(d\sigma, E)} d\sigma = \frac{1}{R(I, E)}.$$

Désignons le potentiel de la couche S au point intérieur I' par $\Gamma(I, I')$,

nous aurons

$$(a) \qquad \Gamma(\mathrm{I}, \mathrm{I}') = \int \rho(\mathrm{I}) \frac{1}{\mathrm{R}(\mathrm{I}', d\sigma)} d\sigma,$$

et, (x', y', z') étant les coordonnées du point I′, cette fonction satisfait à l'équation

$$(b) \qquad \Delta'\Gamma = \frac{d^2\Gamma}{dx'^2} + \frac{d^2\Gamma}{dy'^2} + \frac{d^2\Gamma}{dz'^2} = 0,$$

et elle se réduit à $\frac{1}{\mathrm{R}(\mathrm{I}, \mathrm{I}')}$ quand le point I′ vient sur la surface σ.

Considérons une seconde couche semblable à S et dont le potentiel par rapport à un point extérieur quelconque E soit $\frac{1}{\mathrm{R}(\mathrm{I}', \mathrm{E})}$, en sorte qu'on ait

$$\int \rho(\mathrm{I}') \frac{1}{\mathrm{R}(d\sigma', \mathrm{E})} d\sigma' = \frac{1}{\mathrm{R}(\mathrm{I}', \mathrm{E})},$$

$d\sigma'$ étant un élément quelconque de σ. Cette équation ayant encore lieu quand le point E vient sur l'élément $d\sigma$ de la surface, on a

$$\int \rho(\mathrm{I}') \frac{1}{\mathrm{R}(d\sigma, d\sigma')} d\sigma' = \frac{1}{\mathrm{R}(\mathrm{I}', d\sigma)}.$$

Remplaçons le second membre par l'intégrale dans la formule (a), et nous aurons

$$\Gamma(\mathrm{I}, \mathrm{I}') = \int\int \rho(\mathrm{I})\rho(\mathrm{I}') \frac{1}{\mathrm{R}(d\sigma, d\sigma')} d\sigma\, d\sigma'.$$

On en conclut

$$\Gamma(\mathrm{I}, \mathrm{I}') = \Gamma(\mathrm{I}', \mathrm{I}),$$

et d'après (b), x, y, z étant les coordonnées du point I,

$$\Delta\Gamma = \frac{d^2\Gamma}{dx^2} + \frac{d^2\Gamma}{dy^2} + \frac{d^2\Gamma}{dz^2} = 0.$$

Ainsi la fonction de Green

$$\mathrm{U} = \frac{1}{\mathrm{R}(\mathrm{I}, \mathrm{I}')} - \Gamma(\mathrm{I}, \mathrm{I}')$$

ne change pas quand on permute respectivement x, y, z avec x', y', z'.

18. Désignons par V une fonction de x, y, z qui satisfait à l'intérieur de σ aux conditions du principe de Dirichlet et dont la valeur est donnée sur cette surface. On peut exprimer la fonction V au moyen de U. Appliquons le raisonnement du nº **10**, en faisant $w = U$ au lieu de $\frac{1}{r}$, et nous aurons, au lieu de l'équation (3) de ce numéro,

$$4\pi V = \int V \frac{dU}{dn'} d\sigma - \int U \frac{dV}{dn'} d\sigma,$$

dn' étant l'élément de normale intérieure et le point (x', y', z') étant pris sur σ. Comme U est nul sur σ, cette formule devient

$$V = \frac{1}{4\pi} \int V \frac{dU}{dn'} d\sigma.$$

La couche S a pour potentiel au point intérieur I'

$$\Gamma(I, I') = \frac{1}{R(I, I')} - U,$$

et cette formule subsisterait si I' était extérieur, à condition de faire $U = 0$, et l'on en conclut pour la densité de la couche S

$$\rho' = \frac{1}{4\pi} \frac{dU}{dn'}.$$

On a donc aussi

$$V = \int V \rho' \, d\sigma.$$

En regardant V comme le potentiel d'une masse extérieure à σ, on retrouve immédiatement cette formule. En effet, soit dm un élément de cette masse et posons $r = R(I, dm)$. Le potentiel de la couche S en cet élément est $\frac{1}{r}$; on a donc $\frac{1}{r} = \int \frac{1}{r'} \rho' \, d\sigma$, en faisant $r' = R(d\sigma, dm)$; multiplions par dm et intégrons dans toute l'étendue de la masse m, nous aurons, pour le potentiel en I,

$$V = \int dm \int \frac{1}{r'} \rho' \, d\sigma = \int \rho' \, d\sigma \int \frac{dm}{r'} = \int V \rho' \, d\sigma.$$

19. On a, pour l'espace extérieur à la surface fermée σ, des résultats tout semblables à ceux que nous avons obtenus pour l'espace intérieur, et il nous suffira de les énoncer.

Désignons par $\Gamma(E, E')$ le potentiel pris en E' d'une couche S_1 dont le potentiel est représenté par $\frac{1}{R(E, M)}$ en tout point M de σ; la fonction

$$U_1 = \frac{1}{R(E, E')} - \Gamma(E, E')$$

sera nulle sur σ et à l'extérieur satisfera aux conditions ordinaires du potentiel, excepté qu'elle deviendra infinie comme $\frac{1}{R(E, E')}$ au point E. Cette fonction ne changera pas par la permutation des deux points E et E'.

V étant le potentiel d'une masse intérieure à σ, sa valeur sera donnée à l'extérieur par la formule

$$V = \frac{1}{4\pi}\int V \frac{dU_1}{dn}\, d\sigma,$$

et, si ρ'_1 est la densité de la couche S_1, on aura aussi

$$V = \int V \rho'_1 \, d\sigma.$$

Potentiel d'une couche sphérique.

20. Proposons-nous de déterminer le potentiel d'une couche sphérique, en supposant connue la valeur de ce potentiel sur la surface de la sphère. Aux coordonnées rectangulaires x, y, z d'un point substituons les coordonnées polaires r, θ, ψ dont l'origine est au centre d'après les équations

$$x = r\cos\theta, \quad y = r\sin\theta\cos\psi, \quad z = r\sin\theta\sin\psi.$$

La fonction U de Green dépend de deux points (x, y, z), (x', y', z') dont les coordonnées deviennent (r, θ, ψ), (r', θ', ψ'). On vérifie immédiatement que la fonction

$$U = \frac{1}{\sqrt{r^2 + r'^2 - 2prr'}} - \frac{a}{r'} \frac{1}{\sqrt{r^2 + \left(\frac{a^2}{r'}\right)^2 - 2r\frac{a^2}{r'}p}},$$

où l'on fait

$$p = \cos\theta \cos\theta' + \sin\theta \sin\theta' \cos(\psi - \psi'),$$

satisfait aux conditions imposées à la fonction de Green.

Déterminons d'abord le potentiel V de la couche à l'intérieur de la sphère, en désignant par $f(\theta, \psi)$ sa valeur donnée à la surface. Pour cela, appliquons la formule

$$V = \frac{1}{4\pi}\int V \frac{dU}{dn'}\, d\sigma;$$

nous aurons

$$\frac{dU}{dn'} = -\frac{dU}{dr'}, \quad d\sigma = a^2 \sin\theta'\, d\theta'\, d\psi'$$

et, par suite,

$$V = -\frac{a^2}{4\pi}\int_0^{2\pi} d\psi' \int_0^{\pi} \left(\frac{dU}{dr'}\right)_{r'=a} f(\theta', \psi') \sin\theta'\, d\theta'.$$

On trouve ensuite

$$\left(\frac{dU}{dr'}\right)_{r'=a} = \frac{r^2 - a^2}{a(a^2 + r^2 - 2arp)^{\frac{3}{2}}},$$

et il en résulte la formule de Lagrange et Poisson

$$V = \frac{a(a^2 - r^2)}{4\pi}\int_0^{2\pi} d\psi' \int_0^{\pi} \frac{f(\theta', \psi') \sin\theta'\, d\theta'}{(a^2 + r^2 - 2arp)^{\frac{3}{2}}}.$$

Pour obtenir le potentiel à l'extérieur, il faudra changer le signe de la dérivée de U, et par suite aussi celui de l'expression obtenue pour V. Ainsi, en désignant par V′ le potentiel pour un point extérieur, on a

$$V' = \frac{a(r^2 - a^2)}{4\pi}\int_0^{2\pi} d\psi' \int_0^{\pi} \frac{f(\theta', \psi') \sin\theta'\, d\theta'}{(a^2 + r^2 - 2arp)^{\frac{3}{2}}}.$$

21. Calculons la densité ρ de la couche sphérique, en partant de la formule

$$-4\pi\rho = \left(\frac{dV'}{dr}\right)_{r=a} - \left(\frac{dV}{dr}\right)_{r=a}.$$

Nous considérerons le point de la surface qui correspond à $\theta = 0$;

toutefois, comme l'axe polaire peut être pris arbitrairement, nous pourrons considérer le résultat que nous obtiendrons comme général.

θ étant égal à zéro, nous aurons $p = \cos\theta'$. Posons

$$\frac{1}{2\pi}\int_0^{2\pi} f(\theta', \psi')\, d\psi' = \mathrm{F}(\theta');$$

alors $\mathrm{F}(\theta')$ sera la valeur moyenne de $f(\theta', \psi')$ le long du parallèle donné par l'angle θ'. Si nous posons de plus

$$\frac{r}{a} = u,$$

les expressions de V et V' deviendront

$$\mathrm{V} = \frac{1-u^2}{2}\int_0^{\pi} \frac{\mathrm{F}(\theta')\sin\theta'\, d\theta'}{(1-2u\cos\theta'+u^2)^{\frac{3}{2}}} \quad \text{avec} \quad u < 1,$$

$$\mathrm{V}' = -\frac{1-u^2}{2}\int_0^{\pi} \frac{\mathrm{F}(\theta')\sin\theta'\, d\theta'}{(1-2u\cos\theta'+u^2)^{\frac{3}{2}}} \quad \text{avec} \quad u > 1.$$

Avant de différentier V par rapport à r, faisons-lui subir une transformation; nous avons d'abord

$$2\mathrm{V} = -\frac{1-u^2}{u}\int_0^{\pi} \mathrm{F}(\theta')\, d\, \frac{1}{(1-2u\cos\theta'+u^2)^{\frac{1}{2}}}$$

et, en intégrant par parties,

$$(\alpha)\quad \left\{\begin{aligned} 2\mathrm{V} = &-\frac{1-u^2}{u}\left[\frac{\mathrm{F}(\pi)}{(1+2u+u^2)^{\frac{1}{2}}} - \frac{\mathrm{F}(0)}{(1-2u+u^2)^{\frac{1}{2}}}\right] \\ &+ \frac{1-u^2}{u}\int_0^{\pi} \frac{\mathrm{F}'(\theta')\, d\theta'}{(1-2u\cos\theta'+u^2)^{\frac{1}{2}}}. \end{aligned}\right.$$

Les radicaux de cette formule sont essentiellement positifs; on a donc

$$2\mathrm{V} = \frac{1+u}{u}\mathrm{F}(0) - \frac{1-u}{u}\mathrm{F}(\pi) + \frac{1-u^2}{u}\int_0^{\pi} \frac{\mathrm{F}'(\theta')\, d\theta'}{(1-2u\cos\theta'+u^2)^{\frac{1}{2}}}.$$

Différentions cette expression par rapport à u, nous aurons

$$2a\frac{dV}{dr} = 2\frac{dV}{du} = -\frac{1}{u^2}F(0) + \frac{1}{u^2}F(\pi) - \left(\frac{1}{u^2}+1\right)\int_0^\pi \frac{F'(\theta')\,d\theta'}{(1-2u\cos\theta'+u^2)^{\frac{1}{2}}}$$
$$+\left(\frac{1}{u}-u\right)\int_0^\pi \frac{F'(\theta')(-u+\cos\theta')}{(1-2u\cos\theta'+u^2)^{\frac{3}{2}}}\,d\theta'.$$

Pour $u = 1$, le dernier terme est nul; pour le prouver, il suffit de vérifier que l'intégrale qui multiplie $\frac{1}{u} - u$ n'a pas d'éléments infinis; or pour $u = 1$ elle devient

$$-\frac{1}{4}\int_0^\pi \frac{F'(\theta')\,d\theta'}{\sin\frac{\theta'}{2}},$$

et nous prouverons ci-dessous que pour $\theta' = 0$ la quantité soumise au signe d'intégration reste finie. Donc, en faisant $u = 1$ ou $r = a$, nous aurons

$$\frac{dV}{dr} = -\frac{1}{2a}F(0) + \frac{1}{2a}F(\pi) - \frac{1}{2a}\int_0^\pi \frac{F'(\theta')\,d\theta'}{\sin\frac{\theta'}{2}}.$$

Les calculs qui précèdent conviennent à V′ avec un léger changement. L'expression (α) changée de signe donne $2V'$, mais dans

$$\frac{F(0)}{(1-2u+u^2)^{\frac{1}{2}}},$$

il faut encore considérer le dénominateur comme positif, et, comme u est > 1, il faut le prendre égal à $u - 1$, tandis qu'il était égal à $1 - u$ précédemment. Comme on n'a pas à faire d'autre modification, on obtient

$$\frac{dV'}{dr} = -\frac{1}{2a}F(0) - \frac{1}{2a}F(\pi) + \frac{1}{2a}\int_0^\pi \frac{F'(\theta')\,d\theta'}{\sin\frac{\theta'}{2}}.$$

Il en résulte la formule donnée par Dirichlet

$$\rho = \frac{1}{4\pi a}\left[F(\pi) - \int_0^\pi \frac{F'(\theta')\,d\theta'}{\sin\frac{\theta'}{2}}\right].$$

22. Nous allons maintenant démontrer que l'intégrale qui se trouve dans cette expression n'a pas un élément infini pour $\theta' = 0$. En effet la fonction $f(\theta, \psi)$ peut être considérée comme une fonction monodrome des coordonnées x, y, z d'un point de la surface de la sphère; or on a

$$x = a\cos\theta, \quad y = a\sin\theta\cos\psi, \quad z = a\sin\theta\sin\psi,$$

et ces expressions ne changent pas quand on y remplace θ par $-\theta$ et ψ par $\psi + \pi$; donc la fonction

$$F(\theta) = \frac{1}{2\pi}\int_0^{2\pi} f(\theta, \psi)\, d\psi$$

doit être égale à

$$\frac{1}{2\pi}\int_0^{2\pi} f(-\theta, \psi + \pi)\, d\psi,$$

et, comme f doit avoir par rapport à ψ la période 2π, cette intégrale est égale à

$$\frac{1}{2\pi}\int_0^{2\pi} f(-\theta, \psi)\, d\psi = F(-\theta).$$

$F(\theta)$ est donc une fonction paire. Il en résulte que la dérivée $F'(\theta)$ est une fonction impaire qui renferme θ en facteur. Donc l'expression trouvée pour ρ est finie et déterminée.

CHAPITRE III.

POTENTIEL LOGARITHMIQUE. — POTENTIEL CALORIFIQUE. SECOND POTENTIEL.

Nous étudierons dans ce Chapitre des fonctions qui jouissent de propriétés analogues à celles du potentiel et qu'on rencontre aussi en Physique mathématique.

POTENTIEL LOGARITHMIQUE.

Préliminaires.

1. Supposons que nous ayons à considérer l'attraction, sur un point, de masses ayant la forme de cylindres infinis dans les deux sens et dont les génératrices sont parallèles à une même droite l; supposons de plus que la densité reste la même le long de toute droite parallèle à l. Prenons des axes de coordonnées rectangulaires, l'axe des z étant parallèle à la droite l, et le plan des x, y étant mené par le point qu'on suppose attiré suivant la loi de la raison inverse du carré de la distance.

Examinons d'abord l'attraction d'une droite parallèle à l'axe des z sur le point; désignons par r la distance du point à la droite et nous aurons pour l'attraction qui sera dirigée suivant la perpendiculaire à cette droite

$$r\int_{-\infty}^{\infty}\frac{dz}{(z^2+r^2)^{\frac{3}{2}}}=\frac{1}{r}\left[\frac{z}{(z^2+r^2)^{\frac{1}{2}}}\right]_{-\infty}^{\infty}=\frac{2}{r}.$$

L'attraction d'un filet cylindrique, dont la densité ρ sera constante et dont la section droite sera $d\omega$, aura pour valeur $2\rho\,\frac{d\omega}{r}$, et ses composantes suivant les axes des x et des y seront les quantités

$$2\rho\frac{d\omega}{r}\frac{a-x}{r},\quad 2\rho\frac{d\omega}{r}\frac{b-y}{r},$$

où a, b désignent les coordonnées d'un point de $d\omega$, et les mêmes composantes de l'attraction d'un cylindre seront

$$-2\int\rho\frac{x-a}{r^3}d\omega,\quad -2\int\rho\frac{y-b}{r^3}d\omega,$$

les intégrales étant étendues à tous les éléments $d\omega$ de la section droite du cylindre. Ces deux composantes peuvent être représentées par

$$2\frac{dV}{dx},\quad 2\frac{dV}{dy},$$

en posant

$$(a)\qquad V=\int\rho\log\frac{1}{r}d\omega.$$

Nous désignerons cette expression avec M. C. Neumann sous le nom de *potentiel logarithmique*, et cette fonction satisfait à l'équation

$$\frac{d^2V}{dx^2}+\frac{d^2V}{dy^2}=0.$$

Ainsi au problème proposé nous substituons celui de l'attraction sur un point d'une surface recouverte d'une couche de matière et dont les différents éléments agissent sur un point en raison inverse de la distance.

Le potentiel d'un cylindre droit d'une longueur $2h$ par rapport à un point situé à égale distance des plans des deux bases devient infini, quand h grandit indéfiniment, et la fonction $2V$ peut être considérée comme différant de ce potentiel d'une constante infinie. On conçoit donc facilement que la fonction V doit jouir de propriétés analogues à celles du potentiel ordinaire.

D'après les raisonnements qui ont été donnés pour le potentiel dans le Chapitre I (n° 3), on peut démontrer que la fonction de x, y, fournie par la formule (a), est continue ainsi que ses dérivées du premier ordre.

Valeur de ΔV à l'intérieur de la masse.

2. Posons

$$\Delta V = \frac{d^2 V}{dx^2} + \frac{d^2 V}{dy^2},$$

et pour trouver de la manière la plus simple la valeur de ΔV quand le point (x, y) est à l'intérieur de la masse, considérons de nouveau la masse cylindrique indéfinie. De ce point comme centre avec un rayon infiniment petit, décrivons une sphère et soient U_1 le potentiel relatif à la partie de la masse renfermée dans la sphère et U_2 le potentiel relatif à la partie de la masse restante que nous supposerons d'abord terminée entre les deux plans $z = \pm h$; nous aurons

$$\frac{d^2 U_1}{dx^2} + \frac{d^2 U_1}{dy^2} + \frac{d^2 U_1}{dz^2} = -4\pi\rho,$$

$$\frac{d^2 U_2}{dx^2} + \frac{d^2 U_2}{dy^2} + \frac{d^2 U_2}{dz^2} = 0;$$

en ajoutant, et remplaçant $U_1 + U_2$ par U,

$$\frac{d^2 U}{dx^2} + \frac{d^2 U}{dy^2} + \frac{d^2 U}{dz^2} = -4\pi\rho.$$

Si l'on suppose que la longueur $2h$ des masses cylindriques devienne infinie, U devient indépendant de z et l'on a

$$\frac{d^2 U}{dx^2} + \frac{d^2 U}{dy^2} = -4\pi\rho;$$

mais, d'après le numéro précédent, U est égal à $2V$, à une constante près; il en résulte

$$\frac{d^2 V}{dx^2} + \frac{d^2 V}{dy^2} = -2\pi\rho.$$

On peut aussi démontrer cette formule directement en suivant l'analyse des nos 7 et 8 du Chapitre I. D'abord, conformément au n° 5 de ce Chapitre, on a ce théorème :

Soient U *et* F *deux fonctions continues de* x, y, *ainsi que leurs dérivées premières, dans une surface plane* ω, *l'intégrale*

$$\iint U \frac{dF}{dx}\, dx\, dy$$

étendue à la surface ω *est égale à*

$$\int UF \cos\lambda\, ds - \int F \frac{dU}{dx}\, d\omega,$$

la première intégrale étant étendue à toute la ligne s *qui termine* ω, *et* λ *étant l'angle de la normale avec l'axe des* x.

Désignons par a, b les coordonnées d'un point de $d\omega$, et nous trouverons comme à l'endroit cité

$$\frac{dV}{dx} = -\int \rho \cos\lambda \log\frac{1}{r}\, ds + \int \frac{d\rho}{da} \log\frac{1}{r}\, d\omega,$$

$$\frac{d^2V}{dx^2} = -\int \rho\, \frac{\cos\lambda \cos\alpha}{r}\, ds + \int \frac{d\rho}{da}\, \frac{\cos\alpha}{r}\, d\omega.$$

On décrira ensuite un cercle infiniment petit du point (x, y) comme centre et l'on partagera le potentiel en deux parties : l'une V_1 relative à la masse renfermée dans le cercle, et l'autre V_2 relative à la masse restante. Enfin on démontrera facilement que l'on a $\Delta V_1 = -2\pi\rho$.

Énoncé des propriétés caractéristiques du potentiel logarithmique.

3. Le potentiel V d'une ou plusieurs masses situées dans le plan des x, y, étant pris par rapport au point (x, y), jouit des propriétés suivantes :

1° V *et ses premières dérivées par rapport à* x, y *sont des fonctions continues de* x, y *dans tout le plan;*

2° *Si nous désignons par* R *la distance du point* (x, y) *à un point fixe, la limite de* $-\frac{V}{\log R}$, *quand* R *grandit indéfiniment, tend vers une constante déterminée qui est la masse totale.*

3° *Si l'on excepte certaines lignes où* ΔV *est indéterminé, on a dans tout le plan*

$$\Delta V = -2\pi\rho,$$

ρ étant la densité de la masse au point (x, y) et ayant pour valeur zéro, s'il n'y a pas de masse en ce point.

Réciproquement, soit une fonction V qui satisfait à la première et à la troisième condition où ρ est une fonction donnée dans un espace fini ω et a une valeur nulle en dehors; posons

$$M = \int \rho \, d\omega;$$

si de plus la limite de $\frac{V}{\log R}$ est égale à $-M$, quand R grandit indéfiniment, V est le potentiel logarithmique d'une masse située sur ω et dont la densité est ρ en chaque point.

Cette proposition se démontre comme celle du n° **15** du Chapitre I. Énonçons enfin ce théorème, qui se démontre comme celui du n° **16** de ce Chapitre :

Dans tout espace plan limité par une ligne fermée s, il existe toujours une fonction V de x, y et une seule qui est continue ainsi que ses premières dérivées, qui satisfait dans tout point de cet espace à l'équation

$$\Delta V = 0,$$

et qui a en chaque point de la courbe s une valeur finie et déterminée.

Fonctions qui peuvent être représentées par le potentiel logarithmique de couches mises sur des lignes fermées.

4. Désignons par ω une surface plane limitée par une ligne s; si v et w sont deux fonctions des coordonnées a, b de tout point de ω, qui sont continues ainsi que leurs premières dérivées, on a cette équation

$$(1) \qquad \int v \, \Delta w \, d\omega - \int w \, \Delta v \, d\omega = - \int v \frac{dw}{dn'} ds + \int w \frac{dv}{dn'} ds,$$

dn' étant l'élément de normale intérieure à la ligne s.

Désignons par r la distance du point (x, y) au point (a, b) situé sur l'élément $d\omega$. Si le point (x, y) est situé sur ω, nous ne pouvons pas faire $w = \log r$, puisque $\log r$ devient infini quand le point (a, b) vient en (x, y). Mais, du point P comme centre avec un rayon infiniment petit, décrivons un cercle; alors, avec cette valeur de w, l'équation sera applicable à toute la partie du plan comprise entre le cercle et la ligne s. Dans tout cet espace on aura $\Delta w = 0$, et si nous désignons par ds' et $d\omega'$ les éléments de la circonférence et de la surface du cercle, nous obtiendrons

$$(2)\quad \left\{ \begin{aligned} -\int \log r.\Delta v\, d\omega + \int \log r.\Delta v\, d\omega' = &-\int v \frac{d\log r}{dn'} ds + \int \log r \frac{dv}{dn'} ds \\ &-\int v \frac{d\log r}{dr} ds' + \int \log r \frac{dv}{dr} ds'. \end{aligned} \right.$$

Il est très aisé de voir que la deuxième et la sixième intégrale sont nulles et qu'on a pour la cinquième

$$\int v \frac{d\log r}{dr} ds' = 2\pi v,$$

en mettant dans v les lettres x, y au lieu de a, b.

Supposons ensuite que v satisfasse à l'équation

$$\Delta v = \frac{d^2 v}{da^2} + \frac{d^2 v}{db^2} = 0$$

sur toute la surface ω, et l'équation (2) deviendra

$$(3)\qquad 2\pi v = -\int v \frac{d\log r}{dn'} ds + \int \log r \frac{dv}{dn'} ds.$$

Si le point (x, y) est pris en dehors de la surface ω, on peut faire immédiatement $w = \log r$ dans l'équation (1) et l'on obtient

$$(4)\qquad 0 = -\int v \frac{d\log r}{dn'} ds + \int \log r \frac{dv}{dn'} ds.$$

5. Les deux formules (3) et (4) permettent de représenter certaines fonctions des coordonnées d'un point par des potentiels de couches distribuées sur certaines lignes; les théorèmes qui en résultent sont entièrement semblables à ceux des nos **11**, **12**, **13** du Chapitre I, et ils se démontrent de la même manière. Il nous suffira donc de les énoncer :

THÉORÈME I. — *Si une fonction v de x, y satisfait à l'équation $\Delta v = 0$ dans toute la partie du plan des x, y, située en dehors d'une ou de plusieurs lignes fermées s et qu'elle y soit continue ainsi que ses premières dérivées; si, en outre, lorsque le point (x, y) va à une distance très grande, v se réduit à l'expression*

$$A \log R + \frac{B}{R},$$

où A *et* B *sont deux constantes, et* R *la distance du point (x, y) à un point fixe, en négligeant les quantités de l'ordre $\frac{1}{R^2}$; alors v peut être considéré, dans toute cette partie du plan, comme le potentiel logarithmique de couches distribuées sur les lignes s.*

THÉORÈME II. — *Il existe dans tout l'espace situé en dehors des courbes fermées s_1, s_2, ... une fonction de x, y et une seule, qui est finie et continue ainsi que ses premières dérivées, qui satisfait à l'équation $\Delta v = 0$, qui a en chaque point des courbes s_1, s_2, ... des valeurs données et telle enfin qu'à une distance* R *de l'origine elle se réduit à l'expression*

$$A \log R + \frac{B}{R},$$

où A *et* B *sont des constantes, en négligeant les quantités plus petites que celles de l'ordre $\frac{1}{R}$.*

THÉORÈME III. — *Si une fonction v de x, y satisfait à l'équation $\Delta v = 0$ dans l'intérieur d'une courbe s et qu'elle y varie d'une manière continue ainsi que ses premières dérivées, elle peut être considérée dans cet espace comme le potentiel logarithmique d'une couche située sur la courbe s.*

Fonction analogue à la fonction de Green.

6. D'après les raisonnements qui ont été donnés au Chapitre II (n° 17), il existe une fonction U de x, y : 1° qui satisfait à l'équation $\Delta U = 0$ dans l'intérieur d'une ligne fermée s; 2° qui satisfait aux

conditions de continuité, excepté en un point (x', y') où elle devient infinie comme $\log \frac{1}{r}$, r étant la distance du point (x, y) au point (x', y'); 3° qui s'annule sur le contour s. Cette fonction reste invariable, quand on permute x, y avec x', y'.

Soit ensuite une fonction V qui satisfait dans l'intérieur de s aux conditions de continuité et à l'équation $\Delta V = 0$; si sa valeur est donnée sur s, cette fonction aura pour valeur

$$V = \frac{1}{2\pi} \int V \frac{dU}{dn'} ds.$$

Dans le cas où la courbe s est un cercle dont le rayon est a, désignons par (R, θ) et (R', θ') les coordonnées polaires des points (x, y) et (x', y'); on vérifie facilement que la fonction

$$\begin{aligned} U = &- \tfrac{1}{2} \log [R^2 + R'^2 - 2RR' \cos(\theta - \theta')] \\ &+ \tfrac{1}{2} \log \left[\frac{R^2 R'^2}{a^2} + a^2 - 2RR' \cos(\theta - \theta')\right] \end{aligned}$$

satisfait aux conditions imposées à la fonction U.

Nous aurons ensuite

$$\frac{dU}{dn'} = -\left(\frac{dU}{dR'}\right)_{R'=a} = \frac{a^2 - R^2}{a[a^2 + R^2 - 2aR\cos(\theta - \theta')]}.$$

Désignons par $f(\theta)$ la valeur de V donnée sur le cercle et nous aurons

$$V = \frac{a^2 - R^2}{2\pi} \int_0^{2\pi} \frac{f(\theta)\, d\theta}{a^2 + R^2 - 2aR\cos(\theta - \theta')}.$$

POTENTIEL CALORIFIQUE.

Considérations générales.

7. Je vais reproduire sur la solution de l'équation

$$(1) \qquad \Delta u = -\alpha^2 u$$

des théorèmes que j'ai exposés précédemment (*Journal de Liouville*,

1872 et 1879). Cette solution se présente dans la Théorie de la chaleur. Si nous supposons, en effet, un corps solide homogène qui se refroidisse, sa température en un quelconque de ses points satisfait à l'équation, où t est le temps,

$$\Delta V = k\frac{dV}{dt}, \tag{2}$$

et l'on représente en général V par une série de termes qui sont de la forme ue^{-h^2t}, où u n'est fonction que de x, y, z et qui satisfont séparément à l'équation (2). La fonction u satisfait donc à une équation de la forme (1), et elle est évidemment une fonction continue de x, y, z, ainsi que ses premières dérivées; c'est la fonction que nous nous proposons d'examiner.

Soient a, b, c les coordonnées rectangulaires d'un point fixe, et x, y, z celles d'un point variable; enfin soit r la distance de ces deux points, en sorte que

$$r^2 = (x-a)^2 + (y-b)^2 + (z-c)^2;$$

on peut d'abord vérifier que l'expression $\frac{\cos \alpha r}{r}$ satisfait à l'équation (1).

Supposons ensuite différents points (a, b, c), (a', b', c'), ..., où se trouvent concentrées des masses $m, m', m'', \ldots$, et soient $r, r', r'', \ldots$ leurs distances au point (x, y, z); il est évident que la fonction

$$u = \sum m \frac{\cos \alpha r}{r}$$

satisfera également à l'équation (1). Enfin à des points matériels déterminés substituons une ou plusieurs masses continues, dont nous désignerons l'élément de volume par $d\varpi$ et la densité par ρ; nous obtiendrons l'intégrale

$$u = \int \frac{\cos \alpha r}{r} \rho \, d\varpi, \tag{3}$$

étendue à toutes les masses et qui satisfera à l'équation (1), pourvu que le point (x, y, z) soit extérieur aux masses.

Imaginons que chaque élément des masses précédentes exerce sur le point (x, y, z) à la distance r une attraction égale à sa masse multipliée par $\frac{\cos \alpha r + \alpha r \sin \alpha r}{r^2}$; les dérivées de u par rapport à x, y, z donneront les composantes de l'attraction de la masse entière sur le point (x, y, z).

Nous désignerons l'expression (3) sous le nom de *potentiel calorifique*. L'expression

$$\int \frac{\sin \alpha r}{r} \rho \, d\varpi$$

satisfait aussi à l'équation (1), même si le point (x, y, z) est intérieur à la masse; mais elle est moins utile à considérer que l'expression (3).

8. On peut faire sur le potentiel calorifique une théorie analogue à celle du potentiel ordinaire V, et, en faisant ensuite $\alpha = 0$ dans les résultats obtenus, on en déduirait ceux que nous avons exposés dans les Chapitres I et II.

On démontre, comme pour le potentiel V, que u est une fonction continue de x, y, z, ainsi que ses premières dérivées. Je dis ensuite que, si le point (x, y, z) est situé à l'intérieur de la masse, on a

$$(a) \qquad \Delta u + \alpha^2 u = -4\pi\rho.$$

En effet, décrivons une très petite sphère dont le centre soit au point (x, y, z) et posons

$$u = u_1 + u_2,$$

u_1 étant la partie de u qui correspond au volume de la sphère, et u_2 la partie restante. Nous aurons d'abord

$$(b) \qquad \Delta u_2 = -\alpha^2 u_2.$$

Ensuite, on voit bien facilement que Δu_1 est égal à

$$\Delta V = \Delta \int \frac{1}{r} \rho \, d\tau,$$

où $d\tau$ désigne l'élément du volume de la sphère; or ΔV est égal à $-4\pi\rho$; on a donc

$$(c) \qquad \Delta u_1 = -4\pi\rho,$$

et, comme u_1 est infiniment petit, en ajoutant (b) et (c), nous aurons l'équation (a).

Sur la solution de l'équation $\Delta v = \alpha^2 v$.

9. Avant d'examiner la solution de l'équation

$$(1) \qquad \Delta u = -\alpha^2 u,$$

nous nous occuperons de celle de l'équation

$$(2) \qquad \Delta v = \alpha^2 v,$$

qui est plus facile, afin de nous préparer à l'étude de la fonction u.

En changeant α en $\alpha\sqrt{-1}$, on voit que la fonction

$$\int \frac{\cos(\alpha r\sqrt{-1})}{r}\rho\, d\varpi$$

satisfera à l'équation (2), pourvu que le point (x, y, z) soit pris en dehors des masses.

THÉORÈME. — 1° *Il existe une fonction v de x, y, z qui est continue ainsi que ses dérivées premières à l'intérieur d'une surface fermée σ, qui satisfait dans cet espace à l'équation*

$$\Delta v = \alpha^2 v,$$

et qui possède une valeur donnée U *en chaque point de la surface.* 2° *Une seule fonction satisfait à ces conditions.*

Posons en général, pour abréger,

$$(\mathrm{D}u)^2 = \left(\frac{du}{dx}\right)^2 + \left(\frac{du}{dy}\right)^2 + \left(\frac{du}{dz}\right)^2,$$

et désignons par u une fonction de x, y, z, assujettie à être continue ainsi que ses dérivées du premier ordre et à être égale à la fonction donnée U en chaque point de la surface. Il existe une infinité de fonctions qui satisfont à ces conditions; cherchons celle qui rend minimum l'expression

$$\int [(\mathrm{D}u)^2 + \alpha^2 u^2]\, d\varpi, \tag{2}$$

et désignons-la par v. Posons

$$u = v + h\upsilon,$$

h étant une constante et υ une certaine fonction; alors l'expression (2) deviendra

$$\int [(\mathrm{D}v)^2 + \alpha^2 v^2]\, d\varpi + 2h \int \left(\frac{dv}{dx}\frac{d\upsilon}{dx} + \frac{dv}{dy}\frac{d\upsilon}{dy} + \frac{dv}{dz}\frac{d\upsilon}{dz} \right) d\varpi$$
$$+ 2h\alpha^2 \int v\upsilon\, d\varpi + h^2 \int [(\mathrm{D}\upsilon)^2 + \alpha^2 \upsilon^2]\, d\varpi.$$

Appliquons la formule

$$\int \left(\frac{dv}{dx}\frac{d\upsilon}{dx} + \frac{dv}{dy}\frac{d\upsilon}{dy} + \frac{dv}{dz}\frac{d\upsilon}{dz} \right) d\varpi = -\int \upsilon\, \Delta v\, d\varpi - \int \upsilon \frac{dv}{dn'}\, d\sigma, \tag{3}$$

et cette expression prend cette forme

$$\int [(\mathrm{D}v)^2 + \alpha^2 v^2]\, d\varpi - 2h \int \upsilon \frac{dv}{dn'}\, d\sigma$$
$$- 2h \int \upsilon (\Delta v - \alpha^2 v)\, d\varpi + h^2 \int [(\mathrm{D}\upsilon)^2 + \alpha^2 \upsilon^2]\, d\varpi.$$

Le second terme de cette formule est nul, parce que υ est nul sur σ d'après l'hypothèse, et, pour qu'il y ait minimum pour $u = v$, il faut que le troisième terme qui change de signe avec h soit nul, quel que soit υ; il faut donc, pour le minimum cherché, que l'on ait

$$\Delta v = \alpha^2 v$$

pour tous les points situés à l'intérieur de σ.

Reste à prouver qu'il n'existe pas une seconde fonction v' qui satisfait aux mêmes conditions. En effet, la fonction $\mathrm{V} = v - v'$ satisferait aux mêmes conditions de continuité et à l'équation

$$\Delta \mathrm{V} = \alpha^2 \mathrm{V};$$

de plus, elle serait nulle sur la surface σ.

Nous pouvons prendre dans l'équation (3) les deux fonctions égales à V et nous en concluons

$$(4)\qquad \int\left[\left(\frac{dV}{dx}\right)^2+\left(\frac{dV}{dy}\right)^2+\left(\frac{dV}{dz}\right)^2+\alpha^2V^2\right]d\varpi=0;$$

il en résulte que V est nul ou que $v'=v$ dans tout le volume ϖ.

Si l'on change α^2 en $-\alpha^2$ dans ces raisonnements, ils cessent d'être applicables, car on ne peut plus dire que l'expression qui remplace (2) est évidemment susceptible d'un minimum, ni que l'équation qui remplace (4) exige que V soit nul dans tout le volume ϖ.

10. Considérons un volume ϖ limité par une surface σ et écrivons l'équation connue

$$(5)\qquad \int v\,\Delta w\,d\varpi-\int w\,\Delta v\,d\varpi=-\int v\frac{dw}{dn'}d\sigma+\int w\frac{dv}{dn'}d\sigma.$$

Désignons par r la distance du point (x, y, z) à un point (a, b, c) de $d\varpi$. Si le point (x, y, z) est situé en dehors du volume ϖ, on peut faire dans cette équation

$$w=\frac{\cos\alpha r}{r},$$

et si l'on suppose, de plus, que v satisfait à l'équation

$$\Delta v=-\alpha^2 v,$$

l'équation (5) devient

$$(6)\qquad 0=\int v\frac{d\frac{\cos\alpha r}{r}}{dn'}d\sigma-\int\frac{\cos\alpha r}{r}\frac{dv}{dn'}d\sigma.$$

Si le point (x, y, z) est intérieur au volume ϖ, on décrira une sphère de ce point comme centre avec un rayon infiniment petit et on appliquera l'équation (5) au volume compris entre cette sphère et la surface σ, et, comme au n° **10** du Chapitre II, on obtiendra

$$(7)\qquad 4\pi v=\int v\frac{d\frac{\cos\alpha r}{r}}{dn'}d\sigma-\int\frac{\cos\alpha r}{r}\frac{dv}{dn'}d\sigma.$$

Si v était solution de l'équation

$$\Delta v = \alpha^2 v,$$

on aurait les mêmes équations (6) et (7) avec le seul changement de α en $\alpha\sqrt{-1}$.

11. Théorème I. — *Si une fonction v de x, y, z satisfait à l'équation $\Delta v = \alpha^2 v$ dans tout l'espace situé en dehors d'une surface σ et qu'elle y soit continue ainsi que ses dérivées premières, si de plus* $\mathrm{R}v$ *et* $\mathrm{R}^2 \frac{dv}{d\mathrm{R}}$ *conservent des valeurs finies quand la distance* R *d'un point fixe au point (x, y, z) devient infinie, alors cette fonction peut être considérée dans tout cet espace comme le potentiel calorifique d'une couche distribuée sur σ.*

Pour l'espace intérieur à σ, considérons la fonction fournie par le théorème du n° **9** et qui prend sur σ la même valeur que la fonction v; désignons-la par v_1 et appliquons à v_1 l'équation (6). Alors, en raisonnant comme au n° **11** du Chapitre II, on trouvera

$$v = -\frac{1}{4\pi}\int\left(\frac{dv_1}{dn'} + \frac{dv}{dn}\right)\frac{\cos(\alpha r\sqrt{-1})}{r}\,d\sigma.$$

Le théorème est donc démontré et la densité de la couche est

$$-\frac{1}{4\pi}\left(\frac{dv_1}{dn'} + \frac{dv}{dn}\right).$$

Remarque. — La fonction v de ce théorème est complètement déterminée dès qu'on donne sa valeur sur la surface σ et elle servira à démontrer le théorème suivant :

Théorème II. — *Si une fonction v de x, y, z satisfait à l'équation $\Delta v = \alpha^2 v$ dans l'intérieur d'une surface σ et qu'elle y soit continue avec ses premières dérivées, elle peut être considérée dans cet espace comme le potentiel calorifique d'une couche distribuée sur σ.*

En raisonnant comme au n° **13** du Chapitre II, on trouvera que la densité de la couche est

$$\rho = -\frac{1}{4\pi}\left(\frac{dv_1}{dn} + \frac{dv}{dn'}\right),$$

v_1 étant la fonction du théorème précédent qui a la même valeur que v sur la surface σ.

Supposons un système de trois coordonnées tel que la surface σ soit représentée par la constance d'une des coordonnées. Un point de la surface sera représenté par les deux autres coordonnées β_1, β_2; regardons ρ comme une fonction quelconque de β_1 et β_2; la solution la plus générale de l'équation $\Delta v = \alpha^2 v$, assujettie toutefois aux conditions de continuité, sera représentée à l'intérieur de σ par la formule

$$(A) \qquad v = \int \frac{\cos(\alpha r \sqrt{-1})}{r} \rho \, d\sigma.$$

Solution de l'équation $\Delta u = -\alpha^2 u$.

12. Revenons maintenant à la solution de l'équation

$$(a) \qquad \Delta u = -\alpha^2 u,$$

prise à l'intérieur de la surface σ. On voit d'abord immédiatement que

$$(B) \qquad u = \int \frac{\cos \alpha r}{r} \rho \, d\sigma$$

sera solution de cette équation, et il reste à prouver que ce sera la solution la plus générale, en admettant toujours les conditions de continuité.

En effet, la fonction ρ de β_1 et β_2 pourra être développée en une série dont tous les coefficients constants seront arbitraires, et si nous remplaçons ρ par ce développement dans la formule (A), la fonction v sera aussi développée en une série dont les coefficients dépendront respectivement des premiers et pourront être aussi considérés comme arbitraires. Ces coefficients seront déterminés par la condition que v ait une valeur donnée en chaque point de la surface σ.

Si, dans le calcul précédent, on change α en $\alpha\sqrt{-1}$, les coefficients resteront réels et ils seront déterminés de telle sorte que u soit une fonction donnée de β_1 et β_2 en tous les points de σ.

Donc on peut trouver, en général, une fonction de la forme (B), et une seule, qui ait une valeur donnée en chaque point de σ. Il peut cependant y avoir exception pour des valeurs particulières de α qui rendraient infini un des coefficients de la série qui représente la fonction u.

En effet, tous les coefficients des termes du développement de (B) étant d'abord arbitraires, chacun de ces termes satisfait à l'équation

$$(a) \qquad \Delta u = -\alpha^2 u,$$

et si l'un de ces termes s'annule sur σ, son coefficient devient en général infini; le problème devient donc impossible. Mais alors on a la solution d'un autre problème, qui consiste à trouver une fonction (B) qui s'annule sur σ.

Les raisonnements du n° **11** prouvent d'ailleurs que la solution la plus générale de l'équation (a) est de la forme (B).

Solution de l'équation $\frac{d^2 u}{dx^2} + \frac{d^2 u}{dy^2} = -\alpha^2 u$.

13. Supposons que la fonction u ne dépende que de x, y et que l'équation à laquelle elle satisfait se réduise à

$$(b) \qquad \frac{d^2 u}{dx^2} + \frac{d^2 u}{dy^2} = -\alpha^2 u.$$

On peut d'abord vérifier que les expressions

$$\mathrm{M} = \int_0^{\pi} \cos(\alpha r \cos\omega)\, d\omega, \qquad \mathrm{N} = \int_0^{\pi} \cos(\alpha r \cos\omega) \log(r \sin^2\omega)\, d\omega$$

satisfont à cette équation. On pourrait ensuite reprendre successivement sur l'équation (b) des théorèmes tout semblables à ceux que nous avons obtenus pour l'équation à trois coordonnées

$$(c) \qquad \Delta u = -\alpha^2 u.$$

Mais nous nous bornerons à énoncer le théorème le plus important.

Théorème. — *La solution la plus générale de l'équation* (b) *dans l'es-*

pace compris sous une ligne s peut être mise sous la forme

$$\int N\rho\, ds,$$

en désignant par ρ une fonction qui varie le long de la ligne s. La fonction u, en général, peut de plus être déterminée de manière à être une fonction donnée sur le contour; il y a toutefois exception pour des valeurs particulières de α.

Ce théorème a lieu quand même la ligne s qui renferme la surface plane se compose de plusieurs lignes fermées et séparées. Dans le cas où s ne se compose que d'une ligne fermée, la solution précédente peut se mettre sous la forme

$$\int M\rho\, ds.$$

De même, si la surface σ se réduit à une seule surface fermée, la solution de l'équation (c) peut se mettre sous la forme

$$\int \frac{\sin\alpha r}{r}\rho\, d\sigma.$$

Nous ne démontrerons pas toutefois ici ces deux théorèmes.

14. Pour mieux fixer les idées, considérons le cas le plus simple où la courbe s est un cercle dont nous désignerons le rayon par R_1 et adoptons des coordonnées polaires, R et θ, dont l'origine est au centre. La fonction u de R et θ qui satisfait à l'équation (b) est périodique par rapport à θ, et la période est 2π. Donc, d'après un théorème bien connu, u est développable dans une série de cette forme

$$\begin{aligned}C_0 + C_1\cos\theta + C_2\cos 2\theta + \ldots + C_n\cos n\theta + \ldots\\ + D_1\sin\theta + D_2\sin 2\theta + \ldots + D_n\sin n\theta + \ldots,\end{aligned}$$

où C_n, D_n sont indépendants de θ, mais sont fonctions de R; en substituant cette série dans la transformée de l'équation (b)

$$\frac{d^2u}{dR^2} + \frac{1}{R}\frac{du}{dR} + \frac{1}{R^2}\frac{d^2u}{d\theta^2} = -\alpha^2 u,$$

on trouve que C_n, D_n satisfont à l'équation

$$R^2 \frac{d^2 Q_n}{dR^2} + R \frac{dQ_n}{dR} + (\alpha^2 R^2 - n^2) Q_n = 0,$$

et, comme Q_n doit rester fini pour $R = 0$, il a pour valeur

$$Q_n(R, \alpha) = R^n \left[1 - \frac{\alpha^2 R^2}{2^2(n+1)} + \frac{\alpha^4 R^4}{2^4.1.2(n+1)(n+2)} - \frac{\alpha^6 R^6}{2^6.1.2.3(n+1)(n+2)(n+3)} + \ldots \right],$$

à un coefficient près. Ainsi, en désignant par A_n, B_n des coefficients arbitraires, on a

$$u = A_0 Q_0(R, \alpha) + \ldots + (A_n \cos n\theta + B_n \sin n\theta) Q_n(R, \alpha) + \ldots.$$

On pourra déterminer tous les coefficients et d'une seule manière, de sorte que u soit égal sur le contour à une fonction périodique donnée $f(\theta)$, et l'on aura

$$A_n = \frac{1}{\pi Q_n(R_1, \alpha)} \int_0^{2\pi} f(\theta) \cos n\theta \, d\theta, \quad B_n = \frac{1}{\pi Q_n(R_1, \alpha)} \int_0^{2\pi} f(\theta) \sin n\theta \, d\theta.$$

Il y aurait néanmoins exception dans le cas où α serait racine d'une des équations

$$(d) \qquad Q_0(R_1, \alpha) = 0, \quad \ldots, \quad Q_n(R_1, \alpha) = 0, \quad \ldots;$$

car deux des coefficients deviendraient infinis. Dans le cas plus particulier où l'équation $Q_n(R_1, \alpha) = 0$ serait satisfaite et où les deux intégrales qui entrent dans A_n et B_n seraient nulles, alors A_n, B_n pourraient être quelconques.

Si l'on veut que la fonction u soit nulle sur toute la circonférence du cercle, tous les coefficients seront nuls en général; mais il y aura exception si α est racine d'une des équations (d); si celle de rang $n+1$ est satisfaite, on aura la solution

$$u = (A_n \cos n\theta + B_n \sin n\theta) Q_n(R, \alpha).$$

15. Cet exemple aide à mieux faire comprendre le théorème suivant, qui résulte du n° **13** :

On peut, en général, déterminer une fonction et une seule qui satisfasse à l'équation

$$\frac{d^2 v}{dx^2} + \frac{d^2 v}{dy^2} = -\alpha^2 v$$

dans l'intérieur d'un contour s, qui y soit finie et continue, ainsi que ses dérivées du premier ordre, et qui ait en chaque point de ce contour une valeur variable et donnée arbitrairement. Il y a toutefois exception pour de certaines valeurs de α se suivant, les unes les autres, à des intervalles; et, pour ces valeurs de α, il existe une fonction v différente de zéro et satisfaisant à toutes les conditions précédentes, sauf qu'elle s'annule sur le contour, au lieu d'y être une fonction arbitraire. Cette fonction v, substituée dans la formule

$$(a) \qquad u = (A \sin \alpha ct + B \cos \alpha ct) v,$$

où A *et* B *sont des constantes arbitraires, fournira une solution de l'équation*

$$(b) \qquad \frac{d^2 u}{dt^2} = c^2 \left(\frac{d^2 u}{dx^2} + \frac{d^2 u}{dy^2} \right),$$

qui doit être satisfaite à l'intérieur de s, et à laquelle on adjoint la condition que v soit nul sur le contour s.

Ce théorème donne la véritable définition de la solution simple de l'équation (b).

L'équation (b) est celle qui régit le déplacement normal de chaque point d'une membrane vibrante; la formule (a) représente donc le mouvement vibratoire simple d'une membrane fixée sur le contour s qui la termine. On sait par l'expérience que les mouvements vibratoires simples ont une tendance à se produire séparément, bien que le mouvement le plus général doive être la somme d'une infinité de ces mouvements. En effet, comme ils donnent des sons incommensurables entre eux, il faut qu'ils se montrent isolément pour pouvoir donner un mouvement périodique.

SECOND POTENTIEL.

16. Nous allons démontrer des théorèmes généraux relatifs à la solution de l'équation

$$\Delta\Delta u = 0$$

ou

$$\frac{d^4 u}{dx^4} + \frac{d^4 u}{dy^4} + \frac{d^4 u}{dz^4} + 2\frac{d^4 u}{dy^2\,dz^2} + 2\frac{d^4 u}{dz^2\,dx^2} + 2\frac{d^4 u}{dx^2\,dy^2} = 0.$$

Cette équation se rencontre dans la théorie de l'élasticité. En effet, quand un corps solide, homogène, et dont l'élasticité est la même dans tous les sens, est en équilibre d'élasticité et se trouve déformé sous l'influence des pressions exercées à sa surface, les projections du déplacement d'un point quelconque de l'intérieur du corps satisfont à cette équation, et les composantes des forces élastiques qui ont lieu à l'intérieur du corps sur des éléments plans parallèles aux plans des coordonnées satisfont à la même équation.

J'ai déjà présenté les théorèmes qui suivent (*Journal de Liouville*, t. XIV, 1869).

Formules relatives à l'expression $\Delta\Delta u$.

17. Supposons un corps dont le volume est ϖ et qui est limité par la surface σ et considérons la formule (Chap. I, n° **10**)

$$(1) \qquad \int v\,\Delta u\,d\varpi - \int u\,\Delta v\,d\varpi = -\int v\frac{du}{dn'}\,d\sigma + \int u\frac{dv}{dn'}\,d\sigma;$$

si nous y changeons v en $\Delta u'$, nous aurons

$$(2) \qquad \int \Delta u\,\Delta u'\,d\varpi = \int u\,\Delta\Delta u'\,d\varpi - \int \Delta u'\frac{du}{dn'}\,d\sigma + \int u\frac{d\Delta u'}{dn'}\,d\sigma.$$

Dans la formule (1), u et v sont supposés continus, ainsi que leurs premières dérivées; donc, dans la formule (2), u est assujetti aux mêmes conditions, et $\Delta u'$ et ses premières dérivées seront supposés continus.

Comme le premier membre de l'équation (2) reste invariable par la permutation de u et u', il en doit être de même du second, et l'on en conclut

$$\int u\,\Delta\Delta u'\,d\varpi - \int \Delta u'\frac{du}{dn'}\,d\sigma + \int u\frac{d\Delta u'}{dn'}\,d\sigma$$
$$= \int u'\,\Delta\Delta u\,d\varpi - \int \Delta u\frac{du'}{dn'}\,d\sigma + \int u'\frac{d\Delta u}{dn'}\,d\sigma,$$

ou

$$(3)\quad \begin{cases} \displaystyle\int u\,\Delta\Delta u'\,d\varpi - \int u'\,\Delta\Delta u\,d\varpi \\ \displaystyle\quad = \int\left(-u\frac{d\Delta u'}{dn'} + u'\frac{d\Delta u}{dn'}\right)d\sigma - \int\left(\Delta u\frac{du'}{dn'} - \Delta u'\frac{du}{dn'}\right)d\sigma; \end{cases}$$

il est évident que cette équation aura lieu si les fonctions u, u' et leurs dérivées des trois premiers ordres sont continues.

La formule (3) remplit dans la théorie de l'équation $\Delta\Delta u = 0$ un rôle analogue à celui de la formule (1) dans la théorie de l'équation $\Delta u = 0$.

Définition et propriétés du second potentiel.

18. Considérons le potentiel donné par l'intégrale triple

$$V = \int\int\int \frac{\varphi(a, b, c)}{r}\,da\,db\,dc,$$

étendue à un volume ϖ et dans laquelle r désigne la distance du point (x, y, z) au point (a, b, c); on a

$$\Delta V = 0 \quad \text{ou} \quad \Delta V = -4\pi\varphi(x, y, z),$$

suivant que le point (x, y, z) est situé en dehors ou en dedans du volume ϖ.

Remarquons que l'on a

$$\Delta r = \frac{2}{r}, \quad \text{par suite} \quad \Delta\Delta r = 0;$$

puis considérons la fonction

$$w = \int\int\int r\,\varphi(a, b, c)\,da\,db\,dc,$$

nous aurons

$$(a) \qquad \frac{d^2 w}{dx^2} = \int\int\int \varphi(a, b, c)\left[\frac{1}{r} - \frac{(x-a)^2}{r^3}\right] da\, db\, dc$$

et ensuite

$$(b) \qquad \Delta w = 2\mathrm{V}.$$

L'équation (a), et par suite l'équation (b), ont lieu quand même le point (x, y, z) est intérieur au volume ϖ; alors, en effet, la fonction soumise au signe d'intégration deviendra infinie au point (x, y, z); mais, cet infini n'étant que de l'ordre $\frac{1}{r}$, si l'on applique cette intégrale au volume d'une sphère infiniment petite dont le centre est en ce point, on n'obtient qu'un résultat infiniment petit.

L'équation (b) ayant lieu dans tous les cas, on obtient, en prenant le Δ des deux membres,

$$\Delta\Delta w = 0,$$

si le point (x, y, z) est extérieur au volume ϖ;

$$\Delta\Delta w = -8\pi\varphi(x, y, z),$$

s'il est intérieur.

J'appellerai w le *second potentiel* de la masse renfermée dans ϖ, et quand je voudrai distinguer V de w, je nommerai V le premier potentiel de la même masse. Si l'on suppose l'unité de masse concentrée au point (x, y, z), les dérivées de w par rapport à x, y, z représenteront la répulsion de la masse du corps sur ce point, en imaginant une action mutuelle entre deux molécules, selon laquelle elles se repousseraient suivant la droite qui les joint et indépendamment de leur distance.

19. Imaginons une couche de matière infiniment mince répandue sur la surface σ; en désignant par ρ la densité de cette couche et par r la distance du point (x, y, z) à $d\sigma$, nous aurons, pour son second potentiel,

$$(c) \qquad w = \int \rho\, r\, d\sigma;$$

w en dedans et en dehors de cette couche satisfera à l'équation $\Delta\Delta w = 0$ et de plus y variera d'une manière continue, ainsi que toutes ses dérivées. Désignons par v et v' le premier potentiel de cette couche suivant que le point (x, y, z) est à l'intérieur ou à l'extérieur, et de même par w et w' l'expression (c) dans ces deux cas ; nous aurons

$$\rho = -\frac{1}{4\pi}\left(\frac{dv}{dn'} + \frac{dv'}{dn}\right) = -\frac{1}{8\pi}\left(\frac{d\Delta w}{dn'} + \frac{d\Delta w'}{dn}\right),$$

et, lorsque le point traversera la couche, la fonction w et ses dérivées des deux premiers ordres varieront d'une manière continue; mais il n'en sera pas de même, en général, pour les dérivées du troisième ordre.

Sur une solution de l'équation $\Delta\Delta u = 0$.

20. Je dis qu'on peut toujours trouver une fonction u qui satisfait à l'équation

$$(1) \qquad \Delta\Delta u = 0$$

à l'intérieur de la surface σ, qui y varie d'une manière continue avec ses dérivées des trois premiers ordres, et dont la valeur et celle de son Δ sont données à la surface.

On peut satisfaire au problème en posant

$$(2) \qquad u = w + v, \quad v = \int \frac{\rho'}{r} d\sigma, \quad w = \int \rho r \, d\sigma,$$

ρ et ρ' étant fonctions des coordonnées de chaque point de la surface σ et r étant la distance du point (x, y, z) à $d\sigma$; v et w sont, par conséquent, les premier et second potentiels de deux couches de matière qui recouvrent cette surface.

La fonction $t = \Delta w$ satisfait, d'après (1), à l'équation

$$\Delta t = 0,$$

et puisque Δu a une valeur donnée φ sur la surface, $t = \Delta w = \Delta u$ a la même valeur sur cette surface; donc, d'après un théorème connu, t

sera complètement déterminé; on peut de plus le mettre sous la forme

$$t = 2\int \frac{\rho}{r}\, d\sigma;$$

si l'on prend

$$w = \int \rho\, r\, d\sigma,$$

on aura $\Delta w = t$ et, sur la surface σ, Δw sera égal à φ.

Connaissant w, on aura la valeur de v à la surface en retranchant celle de w de celle qui a été donnée pour u; par suite, v sera complètement déterminé.

Ainsi le théorème est démontré et, de plus, on voit comment on peut mettre la solution sous la forme (2).

Solution générale de l'équation $\Delta\Delta u = 0$.

21. Considérons une fonction u de x, y, z qui satisfait à l'équation

$$\Delta\Delta u = 0$$

dans l'intérieur de la surface σ et supposons que u et ses dérivées des trois premiers ordres y varient d'une manière continue. Dans l'équation (2) du n° **17**, faisons $u' = u$, et nous aurons

$$\int (\Delta u)^2\, d\varpi = -\int \Delta u \frac{du}{dn'}\, d\sigma + \int u \frac{d\Delta u}{dn'}\, d\sigma.$$

Alors supposons que, sur la surface σ, u satisfasse à l'un des deux systèmes de conditions

1° $$u = 0, \quad \Delta u = 0;$$

2° $$u = 0, \quad \frac{du}{dn'} = 0;$$

l'équation précédente se réduira à

$$\int (\Delta u)^2\, d\varpi = 0.$$

On en conclut que Δu est nul en tous les points intérieurs à σ et, par suite, u est lui-même nul dans la même étendue ; car on sait que lorsqu'une fonction u satisfait à l'équation $\Delta u = 0$ dans l'intérieur de σ et s'annule à cette surface, elle est nulle en tous les points intérieurs (Chap. I, n° **21**).

De là il est facile de conclure qu'il ne peut exister qu'une fonction qui satisfasse à l'équation

$$\Delta\Delta u = 0$$

dans l'intérieur de la surface σ, qui y varie d'une manière continue avec ses dérivées des trois premiers ordres, et pour laquelle

$$u, \ \Delta u \quad \text{ou} \quad u, \ \frac{du}{dn'}$$

aient une valeur donnée à la surface.

Supposons en effet qu'une seconde fonction u' puisse satisfaire aux mêmes conditions et posons

$$u - u' = \theta,$$

θ satisfera en tous les points du volume ϖ à l'équation

$$\Delta\Delta\theta = 0$$

et satisfera sur la surface à l'un des deux systèmes de condition

$$\theta = 0, \quad \Delta\theta = 0$$

ou

$$\theta = 0, \quad \frac{d\theta}{dn'} = 0;$$

donc, d'après ce qui a été démontré ci-dessus, θ est nul en tous les points intérieurs et l'on a $u' = u$.

22. Nous avons vu que l'on peut toujours trouver une fonction de la forme

$$u = \int \rho r \, d\sigma + \int \frac{\rho'}{r} \, d\sigma,$$

dont la valeur, ainsi que celle de son Δ, sont données sur la surface σ, et de ce qui précède nous concluons les deux théorèmes suivants :

1° *Il existe une fonction, et une seule, qui satisfait à l'équation*

$$\Delta\Delta u = 0$$

dans l'intérieur de la surface σ, *qui y varie d'une manière continue avec ses dérivées des trois premiers ordres, et dont la valeur et celle de son* Δ *sont données à la surface.*

2° *Toute fonction* u, *qui satisfait, à l'intérieur de* σ, *à l'équation* $\Delta\Delta u = 0$ *et qui est assujettie aux conditions précédentes de continuité, est la somme du premier potentiel d'une couche qui recouvre la surface* σ *et du second potentiel d'une autre couche recouvrant la même surface.*

Ce second théorème donne l'intégrale générale de l'équation aux différences partielles, intégrale dans laquelle les densités ρ et ρ' des deux couches sont des fonctions quelconques des coordonnées de la surface σ.

On a un théorème semblable au premier des deux théorèmes précédents et dans lequel on se donne, à la surface, u et $\frac{du}{dn'}$, au lieu de u et Δu; j'en ai donné la démonstration dans mon Mémoire; mais je ne la rapporterai pas ici.

Sur l'équation $\Delta\Delta u = 0$ *réduite à deux coordonnées.*

23. Si l'on suppose que u ne dépend pas de z, l'équation $\Delta\Delta u = 0$ se réduit à

$$\frac{d^4 u}{dx^4} + 2\frac{d^4 u}{dx^2\,dy^2} + \frac{d^4 u}{dy^4} = 0.$$

Posons

$$r^2 = (x-a)^2 + (y-b)^2,$$

et nous aurons

$$\Delta\left(r^2 \log\frac{1}{r} + \frac{r^2}{2}\right) = 4\log\frac{1}{r}, \quad \Delta\Delta\left(r^2\log\frac{1}{r} + \frac{r^2}{2}\right) = 0.$$

Considérons les deux fonctions de x et y

$$V = \int\!\!\int \log\frac{1}{r}\,\varphi(a, b)\,da\,db, \quad w = \int\!\!\int\left(r^2\log\frac{1}{r} + \frac{r^2}{2}\right)\varphi(a, b)\,da\,db$$

et regardons ces intégrales doubles comme étendues à une surface Ω. Désignons de plus V et w sous le nom de *premier* et de *second potentiel.*

On a, comme on a vu (n° **2**),

$$\Delta V = 0 \text{ ou } = -2\pi\varphi(x, y),$$

selon que le point (x, y) est extérieur ou intérieur à la surface Ω; on a d'ailleurs

$$\Delta w = 4V,$$

et il en résulte

$$\Delta\Delta w = 0 \text{ ou } = -8\pi\varphi(x, y),$$

suivant les deux cas.

Les définitions précédentes du premier et du second potentiel étant adoptées, il suffit d'appliquer les raisonnements des numéros précédents pour retrouver, sur la solution de l'équation $\Delta\Delta u = 0$ réduite à deux dimensions, des théorèmes semblables à ceux qui ont été trouvés pour trois dimensions. Je me bornerai à énoncer le théorème suivant :

Toute fonction qui satisfait dans l'intérieur de la courbe s à l'équation

$$\frac{d^4 u}{dx^4} + 2\frac{d^4 u}{dx^2\,dy^2} + \frac{d^4 u}{dy^4} = 0$$

et qui y est continue, ainsi que ses dérivées des trois premiers ordres, est la somme du premier potentiel d'une couche qui recouvre la courbe s et du second potentiel d'une autre couche mise sur le même contour.

Ainsi elle est de la forme

$$\int\left(r^2\log\frac{1}{r} + \frac{r^2}{2}\right)\varphi\,ds + \int\log\frac{1}{r}\psi\,ds,$$

φ, ψ étant deux fonctions d'une coordonnée propre à déterminer un point du contour s et r la distance du point (x, y) à l'élément ds.

CHAPITRE IV.

COMPARAISON DE LA THÉORIE DU POTENTIEL AVEC CELLE DE LA CHALEUR.

Le potentiel d'une masse quelconque satisfait, partout en dehors de cette masse, à l'équation

$$(a) \qquad \Delta V = 0.$$

Or concevons un corps isotrope, en sorte que la propagation de la chaleur s'y fasse de la même manière dans tous les sens, et supposons que, sous l'influence de sources constantes de chaleur, il se trouve en équilibre de température; la température V d'un point quelconque (x, y, z) de ce corps satisfera à l'équation (a); elle doit être, comme le potentiel, une fonction continue des coordonnées de ce point, et ses dérivées premières sont aussi continues; car, si l'on désigne par q le coefficient de conductibilité, les flux de chaleur, estimés par unité de surface,

$$-q\frac{dV}{dx}, \quad -q\frac{dV}{dy}, \quad -q\frac{dV}{dz},$$

qui traversent un élément plan perpendiculaire aux axes des x, des y ou des z, doivent être des fonctions continues. On voit donc immédiatement qu'il existe une très grande analogie entre le potentiel et la température d'équilibre d'un corps; mais nous démontrerons, de plus, qu'il y a identité complète entre ces deux fonctions, en sorte que tout problème sur le potentiel peut être remplacé par un autre relatif à un équilibre de température.

Démonstration de la formule $\Delta V = -4\pi\rho$.

1. Il est bon de remarquer que l'équation

$$\Delta V = -4\pi\rho,$$

où V est le potentiel d'une masse dont la densité est ρ au point (x, y, z), peut être démontrée comme celle qui donne le mouvement de la chaleur dans un corps; cette démonstration a été donnée par Riemann.

Considérons un parallélépipède rectangle infiniment petit situé dans la masse et dont les côtés parallèles aux axes des x, y et z sont désignés par dx, dy, dz, et appliquons-y la formule de Gauss

$$(b) \qquad \int \frac{dV}{dn}\, d\sigma = -4\pi M$$

(Chap. I, n° **14**) [1]; l'intégrale s'étend à toute la surface du parallélépipède et M est la masse supposée continue qui y est renfermée.

L'élément dn de normale étant mené extérieurement, la partie de cette intégrale qui se rapporte à la face $dy\,dz$ située à l'abscisse x aura pour valeur

$$(c) \qquad -\frac{dV}{dx}\, dy\, dz;$$

la partie de la même intégrale pour la face parallèle dont l'abscisse est $x + dx$ sera

$$(d) \qquad \left(\frac{dV}{dx} + \frac{d^2V}{dx^2}\, dx\right) dy\, dz;$$

et nous aurons l'expression

$$\frac{d^2V}{dx^2}\, dx\, dy\, dz$$

pour les deux faces. On a donc, pour le premier membre de l'équation (b),

$$\left(\frac{d^2V}{dx^2} + \frac{d^2V}{dy^2} + \frac{d^2V}{dz^2}\right) dx\, dy\, dz;$$

---

[1] Il faut alors adopter, non la démonstration du n° **12**, mais celle du n° **14**; car la première suppose le théorème à prouver.

on a d'ailleurs, pour le second membre de l'équation (*b*),

$$-4\pi\rho\, dx\, dy\, dz.$$

On obtient donc enfin

$$\Delta V = -4\pi\rho \tag{e}$$

et, si le point (x, y, z) est pris en dehors de la masse,

$$\Delta V = 0. \tag{f}$$

Si V avait désigné la température d'un corps, il serait entré dans le parallélépipède un flux de chaleur représenté par l'expression (*c*) multipliée par q et il en serait sorti un flux représenté par l'expression (*d*) changée de signe et multipliée par le même coefficient, et, dans le cas de l'équilibre de température, en exprimant que la chaleur totale entrée dans l'élément est nulle, on obtient l'équation (*f*). On aurait l'équation (*e*) si l'on imaginait que le corps fût le siège d'une source de chaleur qui produisît par unité de volume et dans l'unité de temps une quantité de chaleur égale à $-4\pi q\rho$.

Si V désigne un potentiel, on peut regarder l'expression (*c*) comme une quantité de force qui traverse la première face $dy\, dz$ et la désigner sous le nom de *flux de force*.

2. On démontre aussi le théorème de Coulomb (Chap. II, n° 9) au moyen de l'équation (*b*). Supposons une couche infiniment mince distribuée sur une surface et dont le potentiel ait une valeur constante en chaque point de cette surface. Soit $d\sigma$ un élément de cette surface, et construisons un canal qui ait pour section $d\sigma$ et dont la surface soit formée par des lignes de force (Chap. I, n° 2); menons deux sections droites $d\sigma_1$, $d\sigma_2$, l'une extérieure à σ, l'autre intérieure. La valeur de $\frac{dV}{dn}$ est nulle le long des faces du canal et à l'intérieur de σ, et il reste

$$\left(\frac{dV}{dn}\right)_1 d\sigma_1 = -4\pi\rho\, d\sigma,$$

$\rho\, d\sigma$ étant la masse qui couvre $d\sigma$, et en supposant $d\sigma_1$ infiniment voisin de $d\sigma$, on obtient

$$\rho = -\frac{1}{4\pi}\frac{dV}{dn}.$$

Identité du potentiel et de la température d'équilibre.

3. Beaucoup de théorèmes sur le potentiel deviennent à peu près évidents, quand on leur substitue ceux qui y correspondent dans l'équilibre de température.

Ainsi, par exemple, supposons un corps dont tous les points de la surface sont maintenus à des températures fixes et données, ce corps tendra vers un équilibre de température qui est parfaitement déterminé. Cette proposition revient évidemment au principe de Dirichlet démontré au Chap. I, n° 16.

En second lieu, supposons que la température soit maintenue la même en tous les points de la surface d'un corps, la température d'équilibre aura la même valeur en tous les points intérieurs. Cette proposition revient à celle-ci : *Si des masses sont situées à l'extérieur d'une surface et que leur potentiel soit constant sur cette surface, leur potentiel aura la même valeur en tous les points intérieurs.*

Les couches de matière qui recouvrent des surfaces et dont on prend le potentiel correspondent, dans la théorie de l'équilibre de température, à des sources de chaleur mises au contact de ces surfaces.

4. Si V représente la température d'équilibre d'un corps isotrope, V n'est défini qu'à l'intérieur de la surface σ qui limite ce corps; mais, comme nous pouvons alors définir arbitrairement la fonction V en dehors de cet espace, imaginons que le corps T renfermé sous σ soit prolongé en tous sens jusqu'à l'infini, en supposant toutefois que le corps T soit séparé du corps extérieur T' par une couche infiniment mince qui est le siège d'une source de chaleur. Appelons aussi V la température d'équilibre de T'.

L'intensité de la source est fixe, mais varie d'un point à un autre de la surface; la température sera d'ailleurs la même à la limite de l'espace T et à la limite de l'espace indéfini T'; enfin on suppose de plus que la température soit maintenue à zéro à une distance infinie.

D'après ce que nous avons vu (Chap. II, n° 15), la fonction V à l'intérieur et à l'extérieur de σ est identique au potentiel d'une couche de matière distribuée sur σ, et l'on a

$$V = -\frac{1}{4\pi}\int\left(\frac{dV}{dn} + \frac{dV}{dn'}\right)\frac{1}{r}\,d\sigma,$$

r étant la distance du point (x, y, z) à l'élément $d\sigma$.

Sur un élément $d\sigma$ de la surface, établissons la continuité de la matière entre T et T'; alors les flux de chaleur normaux à cet élément seront les mêmes dans T et T'; nous pouvons donc écrire pour cet élément

$$-q\frac{dV}{dn'} = U, \quad q\frac{dV}{dn} = U;$$

ces flux proviennent de la source de chaleur entretenue à la surface σ, diminuée de la portion infiniment petite qui recouvre l'élément $d\sigma$. Or, de plus, la partie de la source de chaleur située sur $d\sigma$ envoie deux flux normaux de même intensité $a\,d\sigma$, mais de sens contraire, l'un à l'intérieur de σ, l'autre à l'extérieur. On a donc

$$-q\frac{dV}{dn'} = U + a, \quad q\frac{dV}{dn} = U - a,$$

et il en résulte la formule

$$\frac{dV}{dn'} + \frac{dV}{dn} = -\frac{2a}{q},$$

dans laquelle $2a$ est la quantité de chaleur fournie sur $d\sigma$ par la source dans l'unité de temps et par unité de surface. En introduisant cette quantité dans l'expression de V, nous aurons

$$V = \frac{1}{2\pi q}\int\frac{a}{r}\,d\sigma.$$

Surfaces isothermes ou de niveau.

5. Si l'on considère un système de masses dont on prend le potentiel V, les surfaces de niveau sont celles sur lesquelles le potentiel est constant. Concevons, d'autre part, un corps solide indéfini, creusé d'une ou plusieurs cavités renfermant des sources de chaleur qui

restent fixes, la température d'équilibre du corps sera déterminée par ces sources et les surfaces pour lesquelles la température sera la même sont dites isothermes.

Il est évident que les surfaces isothermes sont identiques aux surfaces de niveau.

Nous avons vu que, une masse M étant située à l'intérieur d'une surface σ, son potentiel à l'extérieur est le même que celui d'une couche convenablement distribuée sur cette surface. Mais la densité de cette couche est en général très difficile à déterminer; ce problème deviendra au contraire facile, quand la surface σ sera une surface de niveau de la masse M et que l'on connaîtra l'équation générale de ces surfaces, sous la forme $V = \text{const.}$

En effet, le potentiel de la couche, étant constant sur la surface σ, sera aussi constant dans tous les points intérieurs et son potentiel à l'extérieur, qui est celui de la masse, est par hypothèse une fonction connue; on a donc

$$\rho = -\frac{1}{4\pi}\frac{dV}{dn}.$$

Si dans cette formule nous supposons dV constant, dn sera la distance de la surface σ à la surface de niveau infiniment voisine; donc la densité de la couche ou son épaisseur, si l'on suppose la couche homogène, sera en raison inverse de la distance des deux surfaces. On sait d'ailleurs que la masse de cette couche est égale à M (Chap. II, n° 16).

Cette couche s'appelle *couche de niveau*, et son attraction sur un point de sa surface extérieure est normale à la surface. Remarquons encore que deux couches de niveau auront le même potentiel en un point qui sera extérieur à l'une et à l'autre.

6. Les ellipsoïdes homofocaux donnés par l'équation

$$(1) \qquad \frac{x^2}{\rho^2} + \frac{y^2}{\rho^2 - b^2} + \frac{z^2}{\rho^2 - c^2} = 1,$$

où le paramètre ρ satisfait à l'inégalité

$$\rho > c > b,$$

forment un système de surfaces isothermes (voir mon *Cours de Physique mathématique*, n° 21), ou un système de surfaces de niveau.

On démontre très facilement qu'une couche homogène comprise entre deux ellipsoïdes homothétiques n'exerce aucune action sur un point M renfermé dans sa cavité, en prouvant qu'un cône d'ouverture infiniment petite dont le sommet est en M intercepte dans cette couche deux éléments dont l'attraction sur le sommet est de même grandeur, mais de sens contraire. Donc on aura une série de couches de niveau, en prenant des couches de même masse comprises entre un des ellipsoïdes homofocaux (1) et un ellipsoïde homothétique infiniment voisin; comme nous avons dit, l'action de deux quelconques de ces couches sur un point extérieur sera la même.

Les deux systèmes d'hyperboloïdes à une nappe et à deux nappes

$$\frac{x^2}{\rho_1^2} + \frac{y^2}{\rho_1^2 - b^2} - \frac{z^2}{c^2 - \rho_1^2} = 1 \quad (b < \rho_1 < c), \tag{2}$$

$$\frac{x^2}{\rho_2^2} - \frac{y^2}{b^2 - \rho_2^2} - \frac{z^2}{c^2 - \rho_2^2} = 1 \quad (\rho_2 < b) \tag{3}$$

sont orthogonaux sur les surfaces (1) et orthogonaux entre eux, et donnent par leurs intersections les lignes de force de chacune des couches précédentes.

Chacun des deux systèmes d'hyperboloïdes forme d'ailleurs un système de surfaces de niveau et conduirait à des conclusions semblables à celles que nous avons obtenues pour les ellipsoïdes.

Si nous supposons b et c infiniment petits, les ellipsoïdes homofocaux deviendront des sphères; ρ_1 et ρ_2, qui sont plus petits que c, seront aussi infiniment petits; ainsi les équations (2) et (3) se réduiront à

$$\frac{x^2}{\rho_1^2} + \frac{y^2}{\rho_1^2 - b^2} - \frac{z^2}{c^2 - \rho_1^2} = 0,$$

$$\frac{x^2}{\rho_2^2} - \frac{y^2}{b^2 - \rho_2^2} - \frac{z^2}{c^2 - \rho_2^2} = 0,$$

et représenteront des cônes. En multipliant les dénominateurs par une quantité très grande, on pourra supposer ces dénominateurs finis et b, c resteront constants. Chacun de ces systèmes de cônes donnera des surfaces isothermes.

Cônes isothermes ou de niveau.

7. Supposons un corps indéfini en équilibre de température et dans lequel la température soit la même tout le long des droites issues d'un même point O. Prenons des coordonnées sphériques r, θ, ψ dont le centre soit en O et données par les équations

$$x = r\cos\theta, \quad y = r\sin\theta\cos\psi, \quad z = r\sin\theta\sin\psi.$$

L'équation

$$\Delta V = 0 \tag{1}$$

devient

$$\sin\theta\,\frac{d\left(r^2\frac{dV}{dr}\right)}{dr} + \frac{d\left(\sin\theta\frac{dV}{d\theta}\right)}{d\theta} + \frac{1}{\sin\theta}\frac{d^2V}{d\psi^2} = 0,$$

et, puisque V doit être indépendant de r, elle se réduira à

$$\sin\theta\,\frac{d\left(\sin\theta\frac{dV}{d\theta}\right)}{d\theta} + \frac{d^2V}{d\psi^2} = 0.$$

Posons

$$\frac{d\theta}{\sin\theta} = du \quad \text{ou} \quad u = \log\operatorname{tang}\frac{\theta}{2};$$

alors cette équation prendra cette forme très simple

$$\frac{d^2V}{du^2} + \frac{d^2V}{d\psi^2} = 0, \tag{2}$$

équation toute semblable à l'équation

$$\frac{d^2V'}{dx^2} + \frac{d^2V'}{dy^2} = 0, \tag{3}$$

qui est l'équation (1) en coordonnées rectilignes, quand V est indépendant de z. Mais on peut obtenir une analogie encore plus grande. La fonction V de l'équation (2) a, par rapport à ψ, la période 2π; ainsi ψ est un angle qu'il suffit de faire varier de zéro à 2π et u peut varier de

$-\infty$ à $+\infty$, puisque θ doit varier de zéro à π. Aux coordonnées x, y de l'équation (3) substituons des coordonnées polaires, en posant

$$x = \mathrm{R}\cos\psi' = ae^{u'}\cos\psi', \quad y = \mathrm{R}\sin\psi' = ae^{u'}\sin\psi',$$

l'équation (3) deviendra

$$(4) \qquad \frac{d^2\mathrm{V}'}{du'^2} + \frac{d^2\mathrm{V}'}{d\psi'^2} = 0;$$

alors ψ' sera un angle qu'il suffit de faire varier de zéro à 2π et u' devra varier de $-\infty$ à $+\infty$. Il y a donc maintenant identité complète entre les fonctions V et V′, fournies par les formules (2) et (4).

Supposons donc deux systèmes de courbes isothermes et orthogonaux entre eux

$$\alpha' = \text{const.}, \quad \beta' = \text{const.},$$

α', β' étant les paramètres thermométriques, en sorte que l'équation (3) devienne

$$\frac{d^2\mathrm{V}'}{d\alpha'^2} + \frac{d^2\mathrm{V}'}{d\beta'^2} = 0 \quad (\textit{Cours de Phys. math.}, \text{ n}^\circ\ 26),$$

et supposons que α' et β' soient liés à u' et ψ' par les équations

$$\alpha' = f_1(u', \psi'), \quad \beta' = f_2(u', \psi');$$

alors posons

$$\alpha = f_1(u, \psi), \quad \beta = f_2(u, \psi);$$

la fonction V satisfera à l'équation

$$\frac{d^2\mathrm{V}}{d\alpha^2} + \frac{d^2\mathrm{V}}{d\beta^2} = 0;$$

les deux systèmes de cônes de même sommet

$$\alpha = \text{const.}, \quad \beta = \text{const.}$$

seront orthogonaux entre eux et chacun représentera des cônes isothermes.

On peut remarquer que, si un système de cônes est isotherme, un système de cônes orthogonal sur le premier est aussi isotherme.

Concevons un corps homogène compris entre deux cônes d'un même système isotherme et supposons qu'on les entretienne chacun à une même température; alors tous les cônes de ce système, renfermés dans le corps, seront chacun à une même température; cette propriété aura lieu, en supposant les cônes formés de deux nappes; mais il est évident qu'elle a également lieu si on les réduit à une seule nappe.

8. Ces cônes isothermes peuvent être considérés comme des cônes de niveau et, d'après ce qui vient d'être remarqué, on peut les supposer réduits à une seule nappe.

Pour avoir une couche de niveau sur un de ces cônes, on calculera la densité par la formule

$$\rho = -\frac{1}{4\pi}\frac{dV}{dn};$$

dV étant supposé constant, dn est la distance entre un point du cône et le cône de niveau infiniment voisin; le long d'une génératrice rectiligne dn est proportionnel à la distance r au sommet du cône; en désignant donc par b une constante, on a

$$\rho = \frac{b}{r};$$

ρ est donc l'ordonnée d'une branche d'hyperbole équilatère dont les asymptotes sont la génératrice et la normale menée par le sommet à la surface du cône; ρ est donc infini au sommet du cône et cette propriété correspond à ce que l'on appelle en Électrostatique le *pouvoir des pointes*.

Système de lignes isothermes ou de niveau correspondant à deux courbes données ou à une seule.

9. Quand nous considérons des lignes isothermes dans un plan, c'est pour plus de commodité; mais il faut en réalité les regarder comme les sections droites de cylindres isothermes indéfinis.

Prenons un espace plan compris entre deux lignes fermées C et C_1, dont la première renferme la seconde, et supposons que ces courbes ne se coupent ni elles-mêmes ni entre elles.

Concevons qu'on maintienne chacune des deux lignes à une même température; alors l'espace intermédiaire se mettra dans un équilibre de température et il en résultera dans cet intervalle un système de lignes isothermes parfaitement déterminé.

En second lieu, supposons une courbe fermée C qui ne se coupe pas. Imaginons le long de la courbe C une source de chaleur qui la maintienne à une même température constante. Sous l'influence de cette source, tout le plan peut être en équilibre de température; nous aurons donc à l'extérieur un système E de lignes isothermes dont C fera partie; à l'intérieur de C, la température V sera constante. La fonction V en dehors de C est une fonction finie et continue, ainsi que toutes ses dérivées (Chap. II, n° 14); donc, de sa valeur en un point on peut passer à sa valeur en un point voisin au moyen de la série de Taylor.

Nous pouvons former une courbe intérieure à C et infiniment voisine, en élevant des normales intérieures dn' qui satisfassent à l'équation

$$\frac{dV}{dn}\,dn' = \text{const.},$$

et en joignant les extrémités de ces normales. Cette courbe C′ étant échauffée comme C à une même température produira les mêmes lignes isothermes. On pourra repousser ainsi successivement la source de chaleur à l'intérieur du contour C, en déterminant V d'après la série de Taylor, et l'on obtiendra successivement des courbes C′, C″, ..., dont chacune sera renfermée dans la précédente et qui, entretenue à une même température, donnera pour lignes isothermes les lignes C′, C″, ... qui lui sont extérieures, ainsi que les lignes E.

La limite de ces courbes sera, en général, une ligne L non fermée. Le

Fig. 2.

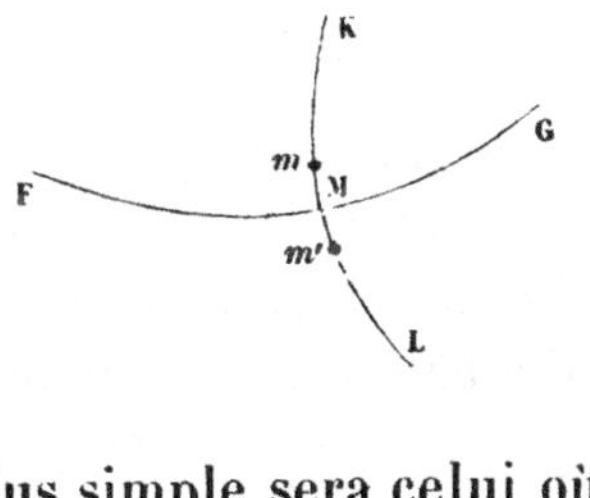

Fig. 3.

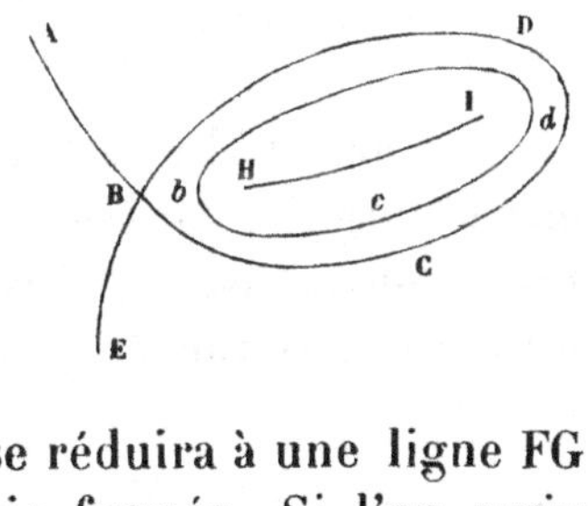

cas le plus simple sera celui où elle se réduira à une ligne FG (*fig.* 2) isotherme ne contenant aucune partie fermée. Si l'on arrive à une ligne non fermée ABCDE (*fig.* 3), mais qui contient une boucle BCD, on pourra appliquer à cette boucle la construction précédente et la remplacer par une courbe intérieure infiniment voisine *bcd*, qui sera à une température plus élevée et dont les différentes parties enverront les mêmes flux de chaleur que les éléments correspondants de BDC; on finira donc, en général, par remplacer BCD par une ligne HI non fermée et qui sera séparée de la partie ABE; mais cette ligne HI sera à une température plus élevée que ABE. Quant à la source située sur ABE, il faut la considérer comme n'ayant pas varié. On aura ainsi pour produire le système de lignes isothermes deux sources situées sur les deux lignes ABE et HI, qui sont isothermes, mais à deux températures distinctes.

En général, les sources qui produisent le système de lignes isothermes, étant réduites à leurs dimensions minima, seront situées sur une ou plusieurs lignes telles que FG sur chacune desquelles la température sera la même. Dans des cas particuliers, ces lignes se réduiront à des points.

Le système des lignes isothermes peut être considéré comme un système de lignes de niveau, et, d'après ce qui précède, les masses qui peuvent les produire étant réduites à leurs dimensions minima seront situées sur une ou plusieurs lignes telles que FG et sur chacune desquelles le potentiel sera constant. En désignant par dn et dn' les éléments de normale de chaque côté de FG, on aura

$$\frac{dV}{dn} = \frac{dV}{dn'},$$

et l'on aura pour la densité de la masse en un point de cette ligne

$$\rho = -\frac{1}{4\pi}\left(\frac{dV}{dn} + \frac{dV}{dn'}\right) = -\frac{1}{2\pi}\frac{dV}{dn}.$$

Nous avons prouvé l'existence d'un et d'un seul système de lignes isothermes déterminé par les deux lignes C et C_1 ou par la seule ligne C. Elles pourront, toutefois, être très difficiles à déterminer. Désignons par β leur paramètre thermométrique; l'équation de ces lignes sera

$$\beta = \text{const.}$$

Menons les trajectoires orthogonales de ces courbes; elles donneront aussi un système de lignes isothermes. Soit α leur paramètre thermométrique. Par la transformation des coordonnées x, y en α, β, on aura

$$\frac{d^2V}{dx^2}+\frac{d^2V}{dy^2}=h^2\left(\frac{d^2V}{d\alpha^2}+\frac{d^2V}{d\beta^2}\right),$$

en posant

$$h^2=\left(\frac{d\alpha}{dx}\right)^2+\left(\frac{d\alpha}{dy}\right)^2.$$

10. Proposons-nous de déterminer une fonction V qui satisfasse à l'équation

$$(1)\qquad \frac{d^2V}{dx^2}+\frac{d^2V}{dy^2}=0,$$

ou dans l'intervalle de C et C_1, ou dans l'intérieur de C, qui soit finie et continue ainsi que ses dérivées du premier ordre, et qui ait des valeurs données sur C et C_1 dans le premier cas, sur la courbe C seulement dans le second cas.

Nous commencerons par mettre l'équation (1) sous la forme

$$(2)\qquad \frac{d^2V}{d\alpha^2}+\frac{d^2V}{d\beta^2}=0.$$

Supposons d'abord le premier cas, et soient

$$\beta=\beta_1,\quad \beta=\beta_2$$

les équations de C et C_1, β_1 et β_2 étant deux constantes. Faisons décrire à un point une courbe β; quand le point reviendra au point de départ, V reprendra la même valeur et α se sera augmenté d'une quantité ω; donc V possède par rapport à α la période ω. En multipliant α et β par un nombre convenable, on pourra rendre cette période égale à 2π et l'équation (2) ne changera pas de forme.

On satisfera à l'équation (2) et à la condition de périodicité en posant

$$(3)\qquad v=(Ae^{n\beta}+Be^{-n\beta})(G\cos n\alpha+H\sin n\alpha),$$

n étant entier et A, B, G, H des constantes arbitraires. La fonction V cherchée sera la somme d'un nombre infini de solutions telles que v

et dont on déterminera facilement les coefficients d'après les conditions des contours (*voir* mon *Cours de Physique mathématique*, n° **32**).

Supposons ensuite que l'on n'ait plus qu'un contour C qui sera donné par une équation de la forme $\beta = \beta_1$; mais nous nous bornerons au cas où les lignes isothermes ont une limite représentée par une seule ligne FG (*fig.* 2), et dont on pourra désigner l'équation par $\beta = \beta_2$. La fonction V sera de même périodique par rapport à α et pourra être supposée avoir la période 2π. On aura encore une solution particulière en prenant la formule (3). Mais soit M un point de FG et soit KL la ligne $\alpha =$ const. qui y passe; α doit être supposé néanmoins avoir deux valeurs différentes de part et d'autre de cette ligne. Sur la ligne KL, prenons deux points m et m' infiniment voisins de M et de chaque côté de FG. Il faudra exprimer que, en m et m', l'expression (3) prend des valeurs infiniment peu différentes et que sa dérivée $\frac{dv}{d\beta}$ y prend des valeurs égales et de signe contraire, à un infiniment petit près. En effet, en posant

$$h = \sqrt{\left(\frac{d\alpha}{dx}\right)^2 + \left(\frac{d\alpha}{dy}\right)^2},$$

on a

$$h\frac{dv}{d\beta} = \frac{dv}{dn},$$

dn étant l'élément de normale à la ligne FG et, selon que cet élément dn sera pris d'un côté ou de l'autre de cette ligne, $\frac{dv}{dn}$ doit avoir des valeurs égales et de signe contraire, si l'on veut que $\frac{dv}{dx}$, $\frac{dv}{dy}$ soient des fonctions continues de x et y. Donc aussi $\frac{dv}{d\beta}$ a aux deux points m et m' des valeurs égales et de signe contraire. Ces conditions diminuent le nombre des coefficients arbitraires de la formule (3). La fonction V cherchée sera ensuite la somme d'une infinité de ces solutions particulières et les coefficients de la série se calculeront d'après la condition au contour.

Lignes nodales d'une membrane.

11. Nous avons vu (Chapitre III, n° **15**) que le déplacement vibratoire u d'une membrane, dans un mouvement simple, est donné par la formule

$$u = (\mathrm{A}\sin act + \mathrm{B}\cos act)\,v,$$

v étant une fonction qui a été définie dans cet endroit et qui satisfait dans l'intérieur d'un contour s à l'équation

$$\frac{d^2 v}{dx^2} + \frac{d^2 v}{dy^2} = -a^2 v, \tag{1}$$

et sur ce contour à la condition $v = 0$. Nous avons vu aussi que la fonction v peut se mettre sous la forme

$$v = \int \mathrm{N}\rho\, ds \quad \text{avec} \quad \mathrm{N} = \int_0^{\pi} \cos(ar\cos\omega)\log(r\sin^2\omega)\,d\omega,$$

ρ étant une fonction d'une coordonnée propre à déterminer un point du contour s.

Comme dans les numéros précédents, supposons que le contour s soit formé de deux lignes fermées qui ne se coupent pas elles-mêmes ni entre elles et dont l'une renferme l'autre, ou que ce contour s ne se compose que d'une ligne fermée qui ne se coupe pas. Concevons le système de lignes isothermes que nous avons considéré dans ces deux cas; mais, dans le second cas, bornons-nous encore à examiner l'hypothèse où la limite des lignes isothermes se réduit à une seule ligne non fermée et qui ne renferme aucune partie fermée.

12. Adoptons encore les coordonnées α, β, et l'équation (1) deviendra

$$\frac{d^2 v}{d\alpha^2} + \frac{d^2 v}{d\beta^2} = -\frac{a^2}{h^2}v, \tag{2}$$

en posant

$$h^2 = \left(\frac{d\alpha}{dx}\right)^2 + \left(\frac{d\alpha}{dy}\right)^2.$$

Dans le cas où la membrane est comprise dans une seule ligne fermée, nous nommerons bord intérieur la ligne limite des lignes isothermes et nous représenterons dans les deux cas le bord intérieur par $\beta = b$, et le bord extérieur par $\beta = B$. Dans le premier cas, v sera nul pour $\beta = b$; dans le second cas, v doit prendre des deux côtés du bord intérieur des valeurs égales, et $\frac{dv}{d\beta}$ des valeurs égales et de signe contraire.

v doit être une fonction périodique de α, et nous pouvons supposer que cette période soit égale à 2π; désignons par g le nombre entier de fois que v s'annule entre $\alpha = 0$ et $\alpha = 2\pi$ auprès du contour $\beta = b$, c'est-à-dire le nombre de lignes nodales qui le rencontrent

Supposons que l'on puisse déterminer une fonction v qui satisfasse aux conditions précédentes du contour intérieur et que nous représenterons par $v(\alpha, \beta, g, a)$, et admettons qu'on puisse ensuite choisir a de manière que v s'annule pour $\beta = B$.

(Si je ne puis démontrer que cette propriété est générale, elle est certainement exacte dans différents cas; par exemple, quand la membrane est terminée par une ellipse ou par deux ellipses homofocales, ou encore quand elle est comprise entre deux cercles excentriques.)

Supposons donc qu'on détermine a par l'équation

$$v(\alpha, B, g, a) = 0, \tag{3}$$

et soient

$$a_1, \ a_2, \ \ldots, \ a_p, \ \ldots \tag{4}$$

les racines en nombre infini de cette équation; elles ne dépendent pas de α; mais elles varient avec B, et l'on peut poser pour la racine a_p

$$a_p = f(B); \tag{5}$$

il résulte aussi de là que la fonction $v(\alpha, \beta, g, a)$ renferme un facteur de la forme $\varphi(a, \beta)$ et que l'équation $\varphi(a, B) = 0$ possède toutes les racines (4).

Tous les raisonnements de mon *Cours de Physique mathématique* (nos **70, 71, 72**), relatifs aux lignes nodales d'une membrane elliptique, sont applicables à la membrane actuelle. Ainsi on a ces théorèmes :

Théorème I. — *Considérons une racine a_p de la série* (4). *Faisons* *croître* B *à partir de b, la racine a_p qui sera d'abord infinie ira constamment en décroissant.*

Théorème II. — *Les quantités* (4) *dépendent de* B; *si elles sont rangées par ordre de grandeur croissante pour une valeur de* B, *elles le seront aussi pour toute autre valeur de* B.

Adoptons, par exemple, la racine a_p. L'équation (5) équivaut à

$$v(\alpha, \mathrm{B}, g, a_p) = 0.$$

Réciproquement, à la valeur de a_p correspondent différentes valeurs de B indépendantes de α, qui satisfont à cette dernière équation; ainsi $v(\alpha, \beta, g, a_p)$ s'annulera pour

$$(6) \qquad \beta = \mathrm{B}_1, \quad \beta = \mathrm{B}_2, \quad \beta = \mathrm{B}_3, \quad \ldots,$$

et ces solutions donneront des lignes nodales. Enfin, d'après un raisonnement fait au lieu cité (n° 72), on prouvera qu'il y a dans l'intérieur du contour $p - 1$ de ces lignes nodales. Nous arrivons donc à ce résultat remarquable qu'*un système de lignes nodales coïncide avec des lignes isothermes fournies par la formule* $\beta =$ const.

13. Il existe aussi un autre système de lignes nodales, qui coupera normalement le premier. Je dis d'abord qu'une ligne nodale ne pourra rencontrer le contour $\beta = \mathrm{B}$ qu'à angle droit. En effet, d'après ce qui a été dit ci-dessus, on peut poser

$$(7) \qquad v(\alpha, \beta, a) = \psi(\alpha, \beta)\,\varphi(a, \beta);$$

si la ligne nodale rencontre ce contour pour $\alpha = \alpha_1$, on aura $\psi(\alpha_1, \mathrm{B}) = 0$; d'ailleurs on a $\varphi(a, \mathrm{B}) = 0$. Différentions l'équation (7) par rapport à β, et nous aurons

$$\frac{dv}{d\beta} = \psi\frac{d\varphi}{d\beta} + \varphi\frac{d\psi}{d\beta},$$

dont les deux termes sont nuls au point (α_1, B); ainsi $\frac{dv}{d\beta}$, par suite $\frac{dv}{dn'}$, est nul en ce point; d'ailleurs $\frac{dv}{d\alpha}$ n'est pas nul; donc la ligne nodale est normale sur le contour. Ensuite concevons la membrane comme terminée extérieurement par une des lignes nodales (6) $\beta = B_i$; les remarques qui précèdent sont applicables à la membrane ainsi limitée. Donc la ligne $\beta = B_i$ est rencontrée normalement par les lignes nodales de l'autre système.

D'après une formule analogue à la formule (7) du n° **10** du Chapitre III, nous avons, puisque v est nul sur s,

$$2\pi v = \int N \frac{dv}{dn'} ds,$$

en réduisant s au contour extérieur dans le second cas. Donc la densité de la couche, qui produit le potentiel v et qui est distribuée sur s, a pour valeur

$$\rho = \frac{1}{2\pi} \frac{dv}{dn'},$$

et elle est nulle dans les points où passent des lignes nodales.

Système de surfaces isothermes ou de niveau, correspondant à deux surfaces données ou à une seule surface.

14. Supposons d'abord deux cônes de même sommet dont l'un renferme l'autre ou un cône seulement. A ces deux cônes ou à ce cône correspondent deux courbes planes ou une seule, d'après le calcul du n° **7**, et, après avoir déterminé le système de lignes isothermes relatif à ces dernières, on en pourra conclure un système de cônes correspondant. On pourra donc étendre à ces cônes les considérations des n^os^ **9** et **10**.

Supposons deux surfaces fermées σ et σ_1, dont la première renferme la seconde, qui ne se coupent pas elles-mêmes ni mutuellement. Ces deux surfaces appartiennent évidemment à un système de surfaces isothermes.

D'après le raisonnement du n° **9**, nous voyons encore que, à une surface fermée σ qui ne se coupe pas, correspondra aussi un système de surfaces isothermes qui pourront être considérées comme provenant de sources intérieures distribuées sur des surfaces σ_1, σ_2, ..., qui ne renferment aucune partie fermée et qui seront chacune isothermes. Le cas le plus simple sera celui où les surfaces σ_1, σ_2, ... se réduiront à une seule.

En d'autres termes, une surface fermée σ qui ne se coupe pas appartient à un système de surfaces de niveau produit par des masses étendues dans les surfaces σ_1, σ_2, ..., sur chacune desquelles le potentiel est constant.

De ce qui précède on doit reconnaître l'utilité d'un système de coordonnées formé par une famille de surfaces de niveau et les lignes de force qui leur sont orthogonales, et il y a lieu de rechercher l'expression de ΔV dans ce système de coordonnées.

Si, sur une des surfaces de niveau σ, on trace ses deux systèmes de ligne de courbure et que, le long de chacune de ces lignes, on mène les lignes de force qui y passent, on obtiendra deux systèmes de surfaces qui seront orthogonales sur les surfaces de niveau, mais qui, en général, cesseront d'être orthogonales entre elles quand on s'éloignera de la surface σ. On ne peut donc pas, si l'on emploie les lignes de force, déterminer ΔV par la formule de Lamé, qui dépend d'un triple système de surfaces orthogonales.

Digression sur la différentiation par rapport à des arcs.

15. Nous allons nous occuper de la dérivation d'une fonction des coordonnées x, y, z d'un point par rapport à des arcs; mais, pour que les idées se présentent de la manière la plus simple et la plus naturelle, supposons d'abord que les arcs soient tracés sur un même plan.

Nous avons donc une fonction u des coordonnées rectangulaires x, y d'un point M, dont la valeur nous est connue dans un certain espace pour les diverses positions de ce point. Si le point M, étant mis sur une ligne s, décrit un arc infiniment petit ds de cette ligne, la fonction u reçoit un accroissement infiniment petit que nous représenterons par

$$\frac{du}{ds}\,ds;$$

désignons par dn un élément de normale mené à la courbe s; si le point M décrit dn, la fonction u s'accroît d'une quantité que nous représenterons par

$$\frac{du}{dn}dn;$$

$\frac{du}{ds}, \frac{du}{dn}$ représentent donc les accroissements infiniment petits de la fonction u divisés par l'arc ds ou dn, qui indique le déplacement infiniment petit du point M. Néanmoins il faudrait bien se garder de considérer s et n comme un véritable système de deux variables indépendantes.

Si la courbe s est fermée, désignons par ν l'angle de la normale extérieure avec l'axe des x; supposons que l'origine O des coordonnées rectilignes soit à l'intérieur de la courbe et que l'arc s croisse quand le point M se meut dans l'angle des coordonnées positives de Oy vers Ox. Quand M s'avance de ds sur la ligne s, les coordonnées x et y s'accroissent de

$$ds \sin\nu, \quad -ds\cos\nu;$$

on a donc

$$\frac{du}{ds}ds = \frac{du}{dx}ds\sin\nu - \frac{du}{dy}ds\cos\nu$$

ou

$$\frac{du}{ds} = \frac{du}{dx}\sin\nu - \frac{du}{dy}\cos\nu. \tag{1}$$

On trouve de même

$$\frac{du}{dn} = \frac{du}{dx}\cos\nu + \frac{du}{dy}\sin\nu. \tag{2}$$

Quand on n'a à effectuer qu'une seule dérivation, on peut remplacer l'élément dn de ligne droite par un élément de courbe normal à la courbe s.

16. Lorsque le point M se meut sur la courbe s, l'angle ν varie d'une manière bien déterminée, et, par conséquent, on peut former les dérivées des seconds membres des formules (1) et (2) par rapport à s. En différentiant la formule (1) par rapport à s, nous obtenons

$$\frac{d\frac{du}{ds}}{ds} = \left(\sin\nu\frac{d}{dx} - \cos\nu\frac{d}{dy}\right)\left(\frac{du}{dx}\sin\nu - \frac{du}{dy}\cos\nu\right);$$

nous pouvons partager les termes du second membre en deux parties : d'abord ceux qu'on obtient en laissant v constant et qui sont

$$\frac{d^2 u}{dx^2}\sin^2 v - 2\frac{d^2 u}{dx\,dy}\sin v\cos v + \frac{d^2 u}{dy^2}\cos^2 v,$$

et ensuite ceux qui proviennent de ce que v varie et qui ont pour somme

$$\left(\frac{du}{dx}\cos v + \frac{du}{dy}\sin v\right)\frac{dv}{ds} = \frac{du}{dn}\frac{dv}{ds}.$$

On a donc cette formule

$$\frac{d\frac{du}{ds}}{ds} = \frac{d^2 u}{dx^2}\sin^2 v - 2\frac{d^2 u}{dx\,dy}\sin v\cos v + \frac{d^2 u}{dy^2}\cos^2 v + \frac{du}{dn}\frac{dv}{ds},$$

que nous écrirons ainsi

$$\text{(A)}\qquad \frac{d^2 u}{dx^2}\sin^2 v - 2\frac{d^2 u}{dx\,dy}\sin v\cos v + \frac{d^2 u}{dy^2}\cos^2 v = \frac{d\frac{du}{ds}}{ds} - \frac{du}{dn}\frac{dv}{ds},$$

et où $\frac{dv}{ds}$ représente la courbure de l'arc s.

En opérant de même sur la formule (2), nous aurons d'abord

$$\frac{d\frac{du}{dn}}{ds} = \left(\sin v\frac{d}{dx} - \cos v\frac{d}{dy}\right)\left(\frac{du}{dx}\cos v + \frac{du}{dy}\sin v\right),$$

et nous en concluons

$$\text{(B)}\qquad \left(\frac{d^2 u}{dx^2} - \frac{d^2 u}{dy^2}\right)\sin v\cos v - \frac{d^2 u}{dx\,dy}(\cos^2 v - \sin^2 v) = \frac{d\frac{du}{dn}}{ds} + \frac{du}{ds}\frac{dv}{ds}.$$

La dérivation des formules (1) et (2) par rapport à n ne peut se faire avant qu'on ait précisé le sens qu'on attachera à cette seconde dérivation. Pour cela, nous supposerons que la ligne s fasse partie d'un système de courbes données par une même équation contenant un paramètre variable; puis nous mènerons les trajectoires orthogonales de ces courbes; alors l'arc dn normal à s appartiendra à une de ces trajectoires.

Si nous différentions maintenant la formule (1) par rapport à n, nous obtiendrons, en opérant comme précédemment,

$$(\mathrm{C})\quad \frac{d\frac{du}{ds}}{dn} = \left(\frac{d^2u}{dx^2} - \frac{d^2u}{dy^2}\right)\sin\varphi\cos\varphi - \frac{d^2u}{dx\,dy}(\cos^2\varphi - \sin^2\varphi) - \frac{du}{dn}\frac{d\varphi}{dn}.$$

Cette dérivée seconde dépend de $\frac{d\varphi}{dn}$ ou de la courbure de l'arc dn; si dn est rectiligne, le dernier terme est nul.

Des formules (B) et (C) on conclut

$$\frac{d\frac{du}{dn}}{ds} + \frac{du}{ds}\frac{d\varphi}{ds} = \frac{d\frac{du}{ds}}{dn} + \frac{du}{dn}\frac{d\varphi}{dn},$$

ce qui montre que les signes $\frac{d}{ds}$ et $\frac{d}{dn}$ ne peuvent être intervertis sur la fonction u.

En différentiant (2) par rapport à n, on obtient

$$(\mathrm{D})\quad \frac{d\frac{du}{dn}}{dn} = \frac{d^2u}{dx^2}\cos^2\varphi + 2\frac{d^2u}{dx\,dy}\sin\varphi\cos\varphi + \frac{d^2u}{dy^2}\sin^2\varphi - \frac{du}{ds}\frac{d\varphi}{dn},$$

dont le dernier terme est nul si dn est rectiligne.

17. Considérons ensuite un système de surfaces σ donné par une équation renfermant un paramètre et concevons le système de lignes orthogonal sur ces surfaces. Sur chaque surface σ menons les deux systèmes de lignes de courbure et désignons par s_1, s_2 les lignes de ces deux systèmes et par s les lignes orthogonales sur les surfaces σ.

Par un point M quelconque menons les tangentes MX_1, MY_1, MZ_1 aux trois lignes s, s_1, s_2 qui y passent, et soient (a, b, c), (a_1, b_1, c_1), (a_2, b_2, c_2) les cosinus des angles que font ces tangentes avec les axes des coordonnées. Désignons par u une fonction des coordonnées x, y, z du point variable M; nous aurons les équations

$$(1)\quad \left\{\begin{aligned} \frac{du}{ds} &= a\frac{du}{dx} + b\frac{du}{dy} + c\frac{du}{dz},\\ \frac{du}{ds_1} &= a_1\frac{du}{dx} + b_1\frac{du}{dy} + c_1\frac{du}{dz},\\ \frac{du}{ds_2} &= a_2\frac{du}{dx} + b_2\frac{du}{dy} + c_2\frac{du}{dz},\end{aligned}\right.$$

et nous en déduisons

$$(2)\quad \begin{cases} \dfrac{du}{dx} = a\dfrac{du}{ds} + a_1\dfrac{du}{ds_1} + a_2\dfrac{du}{ds_2}, \\[2ex] \dfrac{du}{dy} = b\dfrac{du}{ds} + b_1\dfrac{du}{ds_1} + b_2\dfrac{du}{ds_2}, \\[2ex] \dfrac{du}{dz} = c\dfrac{du}{ds} + c_1\dfrac{du}{ds_1} + c_2\dfrac{du}{ds_2}. \end{cases}$$

Différentions la première équation (1) par rapport à s; nous obtenons

$$\frac{d\dfrac{du}{ds}}{ds} = \left(a\frac{d}{dx} + b\frac{d}{dy} + c\frac{d}{dz}\right)\left(a\frac{du}{dx} + b\frac{du}{dy} + c\frac{du}{dz}\right);$$

développons le second membre comme si a, b, c étaient constants, ajoutons ensuite les termes qui résultent de ce que a, b, c varient avec s, et nous aurons

$$\frac{d\dfrac{du}{ds}}{ds} = a^2\frac{d^2u}{dx^2} + b^2\frac{d^2u}{dy^2} + c^2\frac{d^2u}{dz^2} + 2bc\frac{d^2u}{dy\,dz}$$
$$+ 2ca\frac{d^2u}{dz\,dx} + 2ab\frac{d^2u}{dx\,dy} + \frac{du}{dx}\frac{da}{ds} + \frac{du}{dy}\frac{db}{ds} + \frac{du}{dz}\frac{dc}{ds}.$$

Formons les deux équations semblables et ajoutons; nous aurons

$$(3)\quad \begin{cases} \dfrac{d\dfrac{du}{ds}}{ds} + \dfrac{d\dfrac{du}{ds_1}}{ds_1} + \dfrac{d\dfrac{du}{ds_2}}{ds_2} \\[2ex] \quad = \dfrac{d^2u}{dx^2} + \dfrac{d^2u}{dy^2} + \dfrac{d^2u}{dz^2} + \dfrac{du}{dx}\left(\dfrac{da}{ds} + \dfrac{da_1}{ds_1} + \dfrac{da_2}{ds_2}\right) \\[2ex] \quad + \dfrac{du}{dy}\left(\dfrac{db}{ds} + \dfrac{db_1}{ds_1} + \dfrac{db_2}{ds_2}\right) + \dfrac{du}{dz}\left(\dfrac{dc}{ds} + \dfrac{dc_1}{ds_1} + \dfrac{dc_2}{ds_2}\right). \end{cases}$$

Enfin, remplaçons les dérivées de u par rapport à x, y, z par les dérivées de u par rapport à s, s_1, s_2 au moyen des équations (2). Le coefficient de $\dfrac{du}{ds}$ dans le second membre de l'équation précédente aura pour valeur l'expression

$$(4)\quad \left(a\frac{da}{ds} + b\frac{db}{ds} + c\frac{dc}{ds}\right) + \left(a\frac{da_1}{ds_1} + b\frac{db_1}{ds_1} + c\frac{dc_1}{ds_1}\right) + \left(a\frac{da_2}{ds_2} + b\frac{db_2}{ds_2} + c\frac{dc_2}{ds_2}\right),$$

qui est composée de trois parties formées de trois termes. La première partie est nulle. Pour obtenir la signification de la deuxième partie, faisons venir le point M en M′ en le faisant avancer de la longueur ds_1 sur l'arc s_1 ; soit $M'Y'_1$ la tangente à ds_1 en M′; menons MY′ parallèle à

Fig. 4.

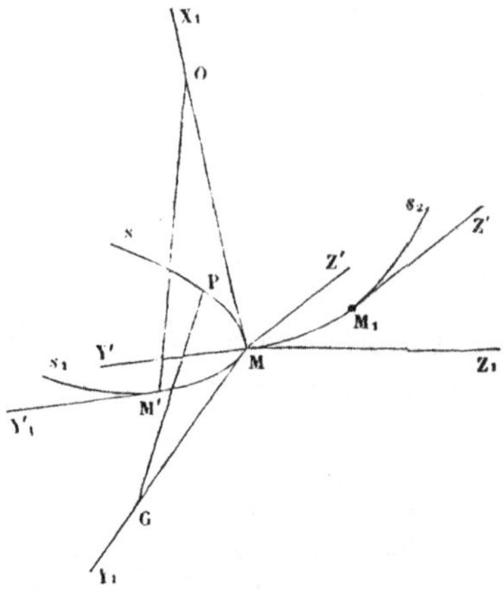

$M'Y'_1$; cette droite peut être regardée comme située dans le plan X_1MY_1 et nous aurons

$$\begin{aligned} Y_1MY' = \cos Y'MX_1 &= a\left(a_1 + \frac{da_1}{ds_1}ds_1\right) + b\left(b_1 + \frac{db_1}{ds_1}ds_1\right) + c\left(c_1 + \frac{dc_1}{ds_1}ds_1\right) \\ &= \left(a\frac{da_1}{ds_1} + b\frac{db_1}{ds_1} + c\frac{dc_1}{ds_1}\right)ds_1 ; \end{aligned}$$

désignons par $p_{1,0}$ l'angle Y_1MY'; la seconde partie de la formule (4) aura pour valeur $\frac{p_{1,0}}{ds_1}$. Prenons $MM_1 = ds_2$, menons la tangente $M_1Z'_1$ et par le point M menons la parallèle MZ′; désignons par $p_{2,0}$ l'angle $Z'MZ_1$, la troisième partie de la formule (4) sera égale à $\frac{p_{2,0}}{ds_2}$.

En introduisant quatre autres angles infiniment petits tout semblables, nous mettrons la formule (3) sous la forme suivante

$$(5)\qquad \left\{\begin{aligned} \Delta u = \frac{d\frac{du}{ds}}{ds} + \frac{d\frac{du}{ds_1}}{ds_1} + \frac{d\frac{du}{ds_2}}{ds_2} - \left(\frac{p_{1,0}}{ds_1} + \frac{p_{2.0}}{ds_2}\right)\frac{du}{ds} \\ - \left(\frac{p_{2,1}}{ds_2} + \frac{p_{0,1}}{ds}\right)\frac{du}{ds_1} - \left(\frac{p_{0,2}}{ds} + \frac{p_{1,2}}{ds_1}\right)\frac{du}{ds_2}, \end{aligned}\right.$$

où nous aurons

$$\left\{\begin{aligned} \frac{p_{1,0}}{ds_1} &= a\frac{da_1}{ds_1} + b\frac{db_1}{ds_1} + c\frac{dc_1}{ds_1}, \\ \frac{p_{2,1}}{ds_2} &= a_1\frac{da_2}{ds_2} + b_1\frac{db_2}{ds_2} + c_1\frac{dc_2}{ds_2}, \\ \frac{p_{0,2}}{ds} &= a_2\frac{da}{ds} + b_2\frac{db}{ds} + c_2\frac{dc}{ds}; \end{aligned}\right. \qquad \left\{\begin{aligned} \frac{p_{2,0}}{ds_2} &= a\frac{da_2}{ds_2} + b\frac{db_2}{ds_2} + c\frac{dc_2}{ds_2}, \\ \frac{p_{0,1}}{ds} &= a_1\frac{da}{ds} + b_1\frac{db}{ds} + c_1\frac{dc}{ds}, \\ \frac{p_{1,2}}{ds_1} &= a_2\frac{da_1}{ds_1} + b_2\frac{db_1}{ds_1} + c_2\frac{dc_1}{ds_1}. \end{aligned}\right.$$

18. Au point M′ et dans le plan Y_1MX_1 élevons une normale à ds_1 qui rencontre MX_1 en un point O; l'angle MOM′ est égal à $p_{1,0}$. Dans la formule (5), $p_{1,0}$ est positif, quand le point O est situé du côté où l'arc s croît, négatif dans le cas contraire, et l'on aurait à faire de pareilles remarques pour les cinq autres angles semblables.

Comme l'arc s_1 est une ligne de courbure de la surface σ, M′O est normal à cette surface, et l'on voit que $\frac{ds}{p_{1,0}}$ représente le rayon de courbure principal $R_{1,0}$ de σ suivant s_1; de même $\frac{ds_2}{p_{2,0}}$ est le rayon de courbure principal $R_{2,0}$ de σ suivant s_2. Ensuite, le long des arcs s_1 et s_2 qui passent par le point M, menons les lignes orthogonales aux surfaces σ; il en résultera deux surfaces que nous désignerons respectivement par σ_2 et σ_1. La ligne s, qui est l'intersection de ces deux surfaces, n'est pas en général une ligne de courbure pour ces surfaces; de même s_1 et s_2 ne sont pas des lignes de courbure de σ_2 et σ_1. Mais, si nous prenons $PM = ds$ et que nous élevions une normale PG à ds, située dans le plan PMY, l'angle PGM, d'après ce que nous avons dit, est égal à $p_{0,1}$; $\frac{p_{0,1}}{ds}$ sera la courbure de la section normale de la surface σ_1, menée tangentiellement à l'arc s, et nous la représenterons par $\frac{1}{R_{0,1}}$; faisons de même pour les trois autres expressions semblables et nous aurons

$$\Delta u = \frac{d\frac{du}{ds}}{ds} + \frac{d\frac{du}{ds_1}}{ds_1} + \frac{d\frac{du}{ds_2}}{ds_2} - \left(\frac{1}{R_{1,0}} + \frac{1}{R_{2,0}}\right)\frac{du}{ds}$$
$$- \left(\frac{1}{R_{2,1}} + \frac{1}{R_{0,1}}\right)\frac{du}{ds_1} - \left(\frac{1}{R_{0,2}} + \frac{1}{R_{1,2}}\right)\frac{du}{ds_2}.$$

es lignes $R_{1,0}$, $R_{2,0}$, … devront évidemment être prises positives ou négatives dans les mêmes cas que les angles $p_{1,0}$, $p_{2,0}$, ... Remarquons ensuite que le coefficient de $\frac{du}{ds_1}$, changé de signe, représente la somme des courbures de deux sections menées normalement en M à la surface σ_1, et rectangulaires entre elles; il est donc égal à la somme des courbures principales de la surface σ_1; la même remarque s'applique au coefficient de $\frac{du}{ds_2}$.

19. *Seconde démonstration de la formule qui donne* Δu. — Par un autre raisonnement, nous obtiendrons l'expression de Δu sous une autre forme. Désignons par F l'expression de la force produite au point (x, y, z) par un système de masses quelconques dont V est le potentiel, et étendons à un volume ϖ l'intégrale

$$I = \int F^2 \, d\varpi. \tag{1}$$

Concevons encore le système des surfaces σ et les lignes qui leur sont orthogonales, et conservons aux lignes s, s_1, s_2 la même signification que précédemment.

La quantité F^2 est donnée par la formule

$$F^2 = \left(\frac{dV}{dx}\right)^2 + \left(\frac{dV}{dy}\right)^2 + \left(\frac{dV}{dz}\right)^2 = \left(\frac{dV}{ds}\right)^2 + \left(\frac{dV}{ds_1}\right)^2 + \left(\frac{dV}{ds_2}\right)^2,$$

en décomposant la force suivant les trois tangentes aux arcs s, s_1, s_2 qui passent par le point (x, y, z). Si nous désignons, pour abréger, par V', V'_1, V'_2 les dérivées de V par rapport à s, s_1, s_2, nous aurons

$$F^2 = V'^2 + V'^2_1 + V'^2_2,$$

et la formule (1) devient

$$I = \int\int\int (V'^2 + V'^2_1 + V'^2_2) \, ds \, ds_1 \, ds_2.$$

Concevons qu'on modifie les masses d'une quantité infiniment petite, en sorte que V et F subissent des variations et cherchons la variation qui en résulte pour I. Nous avons d'abord

$$\frac{1}{2} \delta I = \int\int\int (V' \delta V' + V'_1 \delta V'_1 + V'_2 \delta V'_2) \, ds \, ds_1 \, ds_2; \tag{2}$$

ensuite, comme le produit $ds_1\, ds_2$ représente l'élément de surface $d\sigma$, on a

$$\int V'\,\delta V'\,ds\,ds_1\,ds_2 = \int V'\,d\sigma\,\frac{d\delta V}{ds}\,ds = V'\,\delta V\,d\sigma - \int \delta V\,\frac{d(V'\,d\sigma)}{ds}\,ds.$$

Désignons aussi par $d\sigma_1$ la surface du rectangle curviligne construit sur ds et ds_2, et par $d\sigma_2$ celui qui a pour côtés ds et ds_1 ; nous aurons de même

$$\int V'_1\,\delta V'_1\,ds\,ds_1\,ds_2 = \int V'_1\,d\sigma_1\,\frac{d\delta V}{ds_1}\,ds_1 = V'_1\,\delta V\,d\sigma_1 - \int \delta V\,\frac{d(V'_1\,d\sigma_1)}{ds_1}\,ds_1,$$

$$\int V'_2\,\delta V'_2\,ds\,ds_1\,ds_2 = \int V'_2\,d\sigma_2\,\frac{d\delta V}{ds_2}\,ds_2 = V'_2\,\delta V\,d\sigma_2 - \int \delta V\,\frac{d(V'_2\,d\sigma_2)}{ds_2}\,ds_2.$$

Ainsi l'expression (2) renferme cette intégrale triple

$$-\int\!\!\int\!\!\int \delta V \left[\frac{d(V'\,d\sigma)}{ds}\,ds + \frac{d(V'_1\,d\sigma_1)}{ds_1}\,ds_1 + \frac{d(V'_2\,d\sigma_2)}{ds_2}\,ds_2\right].$$

Le coefficient de δV doit conserver la même valeur, quel que soit le système des surfaces σ, et si nous adoptons pour ces surfaces des plans parallèles au plan des x, y, nous pourrons prendre pour s, s_1, s_2 des lignes parallèles aux axes des x, y, z; nous avons alors, pour le coefficient de δV,

$$\left(\frac{d^2 V}{dx^2} + \frac{d^2 V}{dy^2} + \frac{d^2 V}{dz^2}\right) dx\,dy\,dz.$$

Nous en concluons cette formule élégante

$$\Delta V\,d\varpi = \frac{d(V'\,d\sigma)}{ds}\,ds + \frac{d(V'_1\,d\sigma_1)}{ds_1}\,ds_1 + \frac{d(V'_2\,d\sigma_2)}{ds_2}\,ds_2. \tag{3}$$

20. Il est très aisé de retrouver la formule du n° **18**. Considérons le parallélépipède curviligne construit sur les lignes ds, ds_1, ds_2 qui passent par le point M et qui a sa base $d\sigma = ds_1\, ds_2$ comprise entre quatre éléments de lignes de courbure; sa base opposée $d\sigma'$ sera située sur la surface σ infiniment voisine que j'appelle σ'; pour obtenir $d\sigma'$, on mènera les lignes orthogonales s aux extrémités de ds_1, ds_2; elles détermineront sur σ' deux lignes ds'_1, ds'_2 qui se rencontrent au point M', extrémité de ds, et les projections de ds'_1, ds'_2 sur les deux lignes de courbure qui passent par M' sont les deux côtés de $d\sigma'$; mais, en négligeant des infiniment petits d'ordre supérieur, on peut prendre les lignes ds', ds'_1 pour les côtés de $d\sigma'$.

Cela posé, nous avons

$$\frac{d(\mathrm{V}'d\sigma)}{ds}ds = \frac{d\mathrm{V}'}{ds}d\sigma\,ds + \mathrm{V}'\frac{d(d\sigma)}{ds}ds = \frac{d\dfrac{d\mathrm{V}}{ds}}{ds}ds\,d\sigma + \frac{d\mathrm{V}}{ds}(d\sigma' - d\sigma).$$

On obtient ensuite facilement

$$d\sigma' = ds_1\,ds_2\left(1 - \frac{ds}{\mathrm{R}_{1,0}}\right)\left(1 - \frac{ds}{\mathrm{R}_{2,0}}\right)$$

ou

$$d\sigma' - d\sigma = -\left(\frac{1}{\mathrm{R}_{1,0}} + \frac{1}{\mathrm{R}_{2,0}}\right)d\varpi.$$

Il en résulte

$$\frac{d(\mathrm{V}'d\sigma)}{ds}ds = \frac{d\dfrac{d\mathrm{V}}{ds}}{ds}d\varpi - \left(\frac{1}{\mathrm{R}_{1,0}} + \frac{1}{\mathrm{R}_{2,0}}\right)\frac{d\mathrm{V}}{ds}d\varpi.$$

On peut transformer de la même manière les deux autres termes du second membre de (3).

21. Appliquons la formule (3) au cas où les lignes s, s_1, s_2 sont les intersections de trois systèmes de surfaces orthogonales entre elles. Il suffit pour cela de supposer que les surfaces que nous avons désignées par σ_1 et σ_2 sont orthogonales entre elles. Soient

$$f_1(x, y, z) = \rho_1, \quad f_2(x, y, z) = \rho_2, \quad f_3(x, y, z) = \rho_3$$

les équations des surfaces de ces trois systèmes, ρ_1, ρ_2, ρ_3 étant trois paramètres variables.

Posons

$$h = \sqrt{\left(\frac{d\rho}{dx}\right)^2 + \left(\frac{d\rho}{dy}\right)^2 + \left(\frac{d\rho}{dz}\right)^2},$$

$$h_1 = \sqrt{\left(\frac{d\rho_1}{dx}\right)^2 + \left(\frac{d\rho_1}{dy}\right)^2 + \left(\frac{d\rho_1}{dz}\right)^2},$$

$$h_2 = \sqrt{\left(\frac{d\rho_2}{dx}\right)^2 + \left(\frac{d\rho_2}{dy}\right)^2 + \left(\frac{d\rho_2}{dz}\right)^2},$$

et désignons par dx, dy, dz les projections de ds sur les axes de coordonnées; comme ds est normal à la surface σ, nous aurons

$$\frac{dx}{ds} = \frac{1}{h}\frac{d\rho}{dx}, \quad \frac{dy}{ds} = \frac{1}{h}\frac{d\rho}{dy}, \quad \frac{dz}{ds} = \frac{1}{h}\frac{d\rho}{dz};$$

multiplions ces trois équations par dx, dy, dz et ajoutons, nous aurons la première de ces trois équations

$$ds = \frac{d\rho}{h}, \quad ds_1 = \frac{d\rho_1}{h_1}, \quad ds_2 = \frac{d\rho_2}{h_2},$$

et les deux autres s'obtiennent de même. En observant de plus que l'on a

$$d\sigma = ds_1\,ds_2, \quad d\sigma_1 = ds\,ds_2, \quad d\sigma_2 = ds_1\,ds, \quad d\varpi = ds\,ds_1\,ds_2,$$

on trouve la formule de Lamé

$$\Delta V = hh_1h_2\left[\frac{d\left(\frac{h}{h_1h_2}\frac{dV}{d\rho}\right)}{d\rho} + \frac{d\left(\frac{h_1}{h_2h}\frac{dV}{d\rho_1}\right)}{d\rho_1} + \frac{d\left(\frac{h_2}{hh_1}\frac{dV}{d\rho_2}\right)}{d\rho_2}\right].$$

Si l'on veut exprimer ΔV en coordonnées sphériques, on prendra pour les surfaces σ des sphères concentriques de rayon r, pour les surfaces σ_1 des plans passant par l'axe polaire et faisant l'angle ψ avec un de ces plans, enfin pour les surfaces σ_2 des cônes dont la génératrice fait l'angle θ avec l'axe polaire. Alors on aura

$$ds = dr, \quad ds_1 = r\sin\theta\,d\psi, \quad ds_2 = r\,d\theta,$$

et, en appliquant la formule (3),

$$\Delta V = \frac{d\left(r^2\frac{dV}{dr}\right)}{dr}\sin\theta + \frac{d\left(\sin\theta\frac{dV}{d\theta}\right)}{d\theta} + \frac{1}{\sin\theta}\frac{d^2V}{d\psi^2}.$$

Expression de ΔV où l'on fait entrer le paramètre d'un système de surfaces de niveau.

22. Considérons un système de surfaces de niveau σ et les lignes de force s correspondantes. Sur ces surfaces traçons les lignes de courbure s_1 et s_2. Les surfaces de niveau peuvent être regardées comme formant un système de surfaces isothermes. Désignons par α leur paramètre thermométrique qui ne varie qu'avec s. Si nous imaginons un équilibre de température où ces surfaces sont chacune à une température constante, la température V ne variera ni avec s_1, ni avec s_2, et l'expression de ΔV donnée au n° **17** deviendra

$$(a)\qquad \frac{d\frac{dV}{ds}}{ds} - \left(\frac{p_{1,0}}{ds_1} + \frac{p_{2,0}}{ds_2}\right)\frac{dV}{ds};$$

mais l'équation $\Delta V = 0$ doit alors se réduire à

$$\frac{d^2V}{d\alpha^2} = 0,$$

puisque V devient de la forme $C\alpha + C'$, C et C' étant des constantes arbitraires; donc l'expression (a) se réduit à $h^2\frac{d^2V}{d\alpha^2}$, en faisant, d'après le numéro précédent,

$$h^2 = \left(\frac{d\alpha}{dx}\right)^2 + \left(\frac{d\alpha}{dy}\right)^2 + \left(\frac{d\alpha}{dz}\right)^2.$$

On aura donc enfin

$$\Delta V = h^2\frac{d^2V}{d\alpha^2} + \frac{d\frac{dV}{ds_1}}{ds_1} + \frac{d\frac{dV}{ds_2}}{ds_2} - \left(\frac{p_{2,1}}{ds_2} + \frac{p_{0,1}}{ds}\right)\frac{dV}{ds_1} - \left(\frac{p_{0,2}}{ds} + \frac{p_{1,2}}{ds_1}\right)\frac{dV}{ds_2}.$$

23. Montrons maintenant comment on pourra calculer cette formule. Les cosinus a, b, c s'obtiennent d'abord d'après les équations

$$a = \frac{1}{h}\frac{d\alpha}{dx},\quad b = \frac{1}{h}\frac{d\alpha}{dy},\quad c = \frac{1}{h}\frac{d\alpha}{dz}.$$

Si M et M' sont deux points de la ligne s_1 distants de ds_1, élevons à la surface σ en ces deux points des normales qui se rencontreront en un point O; projetons MO, OM', ds_1 sur l'axe des x; nous aurons

$$-R_{1,0}\frac{da}{ds_1}ds_1 = a_1\,ds_1$$

ou la première des trois équations semblables

$$a_1 = -R_{1,0}\frac{da}{ds_1},\quad b_1 = -R_{1,0}\frac{db}{ds_1},\quad c_1 = -R_{1,0}\frac{dc}{ds_1};$$

et nous aurons de même

$$a_2 = -R_{2,0}\frac{da}{ds_2},\quad b_2 = -R_{2,0}\frac{db}{ds_2},\quad c_2 = -R_{2,0}\frac{dc}{ds_2}.$$

Il en résulte les formules suivantes :

$$\frac{p_{0,2}}{ds} = -R_{2,0}\left(\frac{da}{ds_2}\frac{da}{ds} + \frac{db}{ds_2}\frac{db}{ds} + \frac{dc}{ds_2}\frac{dc}{ds}\right),$$

$$\frac{p_{0,1}}{ds} = -R_{1,0}\left(\frac{da}{ds_1}\frac{da}{ds} + \frac{db}{ds_1}\frac{db}{ds} + \frac{dc}{ds_1}\frac{dc}{ds}\right),$$

$$\frac{p_{2,1}}{ds_2} = R_{1,0}R_{2,0}\left(\frac{da}{ds_1}\frac{d\frac{da}{ds_2}}{ds_2} + \frac{db}{ds_1}\frac{d\frac{db}{ds_2}}{ds_2} + \frac{dc}{ds_1}\frac{d\frac{dc}{ds_2}}{ds_2}\right),$$

$$\frac{p_{1,2}}{ds_1} = R_{1,0}R_{2,0}\left(\frac{da}{ds_2}\frac{d\frac{da}{ds_1}}{ds_1} + \frac{db}{ds_2}\frac{d\frac{db}{ds_1}}{ds_1} + \frac{dc}{ds_2}\frac{d\frac{dc}{ds_1}}{ds_1}\right).$$

Les arcs s_1 et s_2 ne pouvant être regardés comme deux variables indépendantes, remplaçons-les par deux telles variables. Soient

$$F(x, y, z, \alpha) = 0$$

l'équation de la surface σ et

$$\varphi_1(x, y, \alpha) = \beta,\quad \varphi_2(x, y, \alpha) = \gamma$$

les projections sur le plan des x, y des lignes de courbure s_2 et s_1, β et γ étant deux paramètres variables. D'après ces trois équations, les coordonnées x, y, z d'un point quelconque sont fonctions de β, γ et α. Désignons par dl un élément de courbe tracée sur la surface σ, nous aurons

$$dl^2 = dx^2 + dy^2 + dz^2;$$

différentions x, y, z, en regardant α comme constant, et substituons, nous obtiendrons pour dl^2 une expression de cette forme

$$dl^2 = \frac{1}{H_1^2}d\beta^2 + M\,d\beta\,d\gamma + \frac{1}{H_2^2}d\gamma^2;$$

en faisant successivement $\gamma = 0$, $\beta = 0$, nous aurons

$$ds_1 = \frac{d\beta}{H_1}, \quad ds_2 = \frac{d\gamma}{H_2}, \quad M = 0.$$

D'après cela, nous obtenons, pour les expressions des dérivées par rapport à s_1 et s_2, ces formules

$$\frac{du}{ds_1} = H_1 \frac{du}{d\beta}, \qquad \frac{du}{ds_2} = H_2 \frac{du}{d\gamma},$$

$$\frac{d\frac{du}{ds_1}}{ds_1} = H_1 \frac{d}{d\beta}\left(H_1 \frac{du}{d\beta}\right), \quad \frac{d\frac{du}{ds_2}}{ds_2} = H_2 \frac{d}{d\gamma}\left(H_2 \frac{du}{d\gamma}\right).$$

POTENTIEL DANS LES CORPS CRISTALLISÉS.

Définitions.

24. Si l'on choisit convenablement les axes des coordonnées, la température V satisfait, dans un corps cristallisé, à une équation de la forme

$$A\frac{d^2V}{dx^2} + B\frac{d^2V}{dy^2} + C\frac{d^2V}{dz^2} = k\frac{dV}{dt},$$

donnée pour la première fois par Duhamel (*Journal de l'École Polytechnique*, Cahier XXI, 1832); A, B, C, k étant des constantes positives et t le temps. Ainsi la température d'équilibre satisfait dans ces corps à l'équation

$$(1) \qquad A\frac{d^2V}{dx^2} + B\frac{d^2V}{dy^2} + C\frac{d^2V}{dz^2} = 0.$$

Supposons un élément plan ω dont la normale fait, avec les axes, des angles ξ, η, ζ; nous aurons, pour le flux qui traverse cet élément,

$$U = U_x \cos\xi + U_y \cos\eta + U_z \cos\zeta,$$

U étant ce flux rapporté à l'unité de surface et U_x, U_y, U_z les flux estimés de même qui traversent trois éléments plans perpendiculaires aux axes de coordonnées et passant par un même point de l'élément ω. Pourvu que la propagation de la chaleur dans ce milieu se fasse de la même manière dans deux directions opposées U_x, U_y, U_z seront proportionnels à $A\frac{dV}{dx}$, $B\frac{dV}{dy}$, $C\frac{dV}{dz}$ et, par suite, si l'on a multiplié les coefficients de l'équation (1) par un nombre convenable, on a

$$U_x = A\frac{dV}{dx}, \quad U_y = B\frac{dV}{dy}, \quad U_z = C\frac{dV}{dz}$$

et

$$U = A\frac{dV}{dx}\cos\xi + B\frac{dV}{dy}\cos\eta + C\frac{dV}{dz}\cos\zeta.$$

Posons

$$P = \sqrt{A^2\cos^2\xi + B^2\cos^2\eta + C^2\cos^2\zeta},$$

(2) $$\cos\alpha = \frac{A\cos\xi}{P}, \quad \cos\beta = \frac{B\cos\eta}{P}, \quad \cos\gamma = \frac{C\cos\zeta}{P};$$

puis, par le centre I de l'élément ω, menons une droite t dans la direction (α, β, γ) et prenons sur cette droite, à partir du point I, une longueur infiniment petite δt; soient V et V' les valeurs de V au point I et à la seconde extrémité de δt; la quantité

$$\frac{dV}{dx}\cos\alpha + \frac{dV}{dy}\cos\beta + \frac{dV}{dz}\cos\gamma$$

est égale à $\frac{V'-V}{\delta t}$; cette expression peut être considérée comme une dérivée que nous représenterons par $\frac{dV}{dt}$, la direction de la ligne t étant parfaitement déterminée par les équations (2); ainsi nous aurons

$$U = P\frac{dV}{dt}.$$

25. La même fonction V qui satisfait à l'équation (1) peut être considérée comme un potentiel pour une certaine attraction. Désignons par (a, b, c) les coordonnées d'un point quelconque d'un volume Π; l'expression

(3) $$V = \int\int\int \frac{\varphi(a, b, c)}{r}\, da\, db\, dc,$$

où r a pour valeur

$$r = \sqrt{\frac{(x-a)^2}{A} + \frac{(y-b)^2}{B} + \frac{(z-c)^2}{C}},$$

satisfait à l'équation (1) en tout point (x, y, z) extérieur au volume Π. Supposons dans ce volume une masse M dont la densité en chaque point soit $\varphi(a, b, c)$; nous dirons que l'expression (3) est le potentiel de la masse M dans le milieu cristallisé aux coefficients A, B, C. Représentons-nous la force dont les composantes sont

$$-\frac{dV}{dx}, \quad -\frac{dV}{dy}, \quad -\frac{dV}{dz};$$

nous aurons

$$\frac{dV}{dx} = -\int \frac{\varphi(a, b, c)}{r^3} \frac{x-a}{A} \, da \, db \, dc.$$

Ainsi chaque particule de la masse exercerait sur le point (x, y, z), où serait concentrée l'unité de masse positive ou négative, une attraction ou une répulsion représentée par le produit de

$$\frac{1}{r^3}\sqrt{\left(\frac{x-a}{A}\right)^2 + \left(\frac{y-b}{B}\right)^2 + \left(\frac{z-c}{C}\right)^2}$$

par la masse de la particule, et cette action ne serait pas dirigée suivant la droite qui les joint, mais suivant une ligne qui fait avec les axes des angles dont les cosinus sont proportionnels à $\frac{x-a}{A}, \frac{y-b}{B}, \frac{z-c}{C}$.

Propriétés de la onction qui satisfait à l'équation $\Delta' V = 0$.

26. Posons, pour abréger,

$$A\frac{d^2V}{dx^2} + B\frac{d^2V}{dy^2} + C\frac{d^2V}{dz^2} = \Delta' V,$$

en sorte que l'équation (1) deviendra

$$\Delta' V = 0.$$

Désignons par $d\varpi$ l'élément de volume d'un corps et par $d\sigma$ l'élément de la surface qui le termine. Si v et w sont deux fonctions continues, ainsi que leurs premières dérivées, on obtient ces équations (Chap. I, n° 5)

$$\int v\frac{d^2w}{dx^2}d\varpi = \int v\frac{dw}{dx}\cos\xi\,d\sigma - \int\frac{dv}{dx}\frac{dw}{dx}d\varpi,$$

$$\int v\frac{d^2w}{dy^2}d\varpi = \int v\frac{dw}{dy}\cos\eta\,d\sigma - \int\frac{dv}{dy}\frac{dw}{dy}d\varpi,$$

$$\int v\frac{d^2w}{dz^2}d\varpi = \int v\frac{dw}{dz}\cos\zeta\,d\sigma - \int\frac{dv}{dz}\frac{dw}{dz}d\varpi,$$

ξ, η, ζ étant les angles de la normale à la surface avec les axes de coordonnées. Multiplions ces trois équations par A, B, C et ajoutons, nous aurons

$$\int v\Delta' w\,d\varpi - \int v\left(A\frac{dw}{dx}\cos\xi + B\frac{dw}{dy}\cos\eta + C\frac{dw}{dz}\cos\zeta\right)d\sigma$$
$$= -\int\left(A\frac{dv}{dx}\frac{dw}{dx} + B\frac{dv}{dy}\frac{dw}{dy} + C\frac{dv}{dz}\frac{dw}{dz}\right)d\varpi,$$

et, comme le second membre reste invariable par la permutation de v et w, nous en concluons

$$\int v\Delta' w\,d\varpi - \int v\left(A\frac{dw}{dx}\cos\xi + B\frac{dw}{dy}\cos\eta + C\frac{dw}{dz}\cos\zeta\right)d\sigma$$
$$= \int w\Delta' v\,d\varpi - \int w\left(A\frac{dv}{dx}\cos\xi + B\frac{dv}{dy}\cos\eta + C\frac{dv}{dz}\cos\zeta\right)d\sigma.$$

Par un point de l'élément $d\sigma$, menons une droite t dans la direction (α, β, γ) fournie par les formules (2) du n° **24**, et nous aurons

$$A\frac{dw}{dx}\cos\xi + B\frac{dw}{dy}\cos\eta + C\frac{dw}{dz}\cos\zeta = P\frac{dw}{dt};$$

ainsi l'équation précédente devient

$$\int v\Delta' w\,d\varpi - \int w\Delta' v\,d\varpi = \int vP\frac{dw}{dt}d\sigma - \int wP\frac{dv}{dt}d\sigma.$$

Remarquons que $\cos\alpha$, $\cos\beta$, $\cos\gamma$ sont de même signe que $\cos\xi$, $\cos\eta$, $\cos\zeta$; donc la ligne t fait un angle aigu avec la normale extérieure; elle est donc aussi extérieure à la surface. Les dérivées $\frac{dw}{dt}$, $\frac{dv}{dt}$ peuvent être discontinues sur la surface σ; il faut alors les remplacer par des dérivées suivant la droite t' directement opposée et qui sera dirigée vers l'intérieur de σ. On aura ainsi

$$(a) \qquad \int v\Delta' w\,d\varpi - \int w\Delta' v\,d\varpi = -\int v\mathrm{P}\frac{dw}{dt'}\,d\sigma + \int w\mathrm{P}\frac{dv}{dt'}\,d\sigma.$$

27. Supposons que la fonction v satisfasse à l'équation $\Delta' v = 0$, qu'elle varie d'une manière continue ainsi que ses premières dérivées en dedans et en dehors de la surface σ, qu'elle prenne à cette surface la même valeur à l'intérieur et à l'extérieur, et enfin que

$$\lim\left(v\sqrt{\frac{x^2}{\mathrm{A}} + \frac{y^2}{\mathrm{B}} + \frac{z^2}{\mathrm{C}}}\right)$$

soit une constante bien déterminée, quand le point (x, y, z) s'éloigne à l'infini; nous allons prouver que la fonction v peut être considérée comme le potentiel d'une couche infiniment mince distribuée sur σ.

Si nous faisons

$$w = \frac{1}{r}, \quad r = \sqrt{\frac{(x_1-\alpha)^2}{\mathrm{A}} + \frac{(y_1-\beta)^2}{\mathrm{B}} + \frac{(z_1-\gamma)^2}{\mathrm{C}}},$$

(x_1, y_1, z_1) étant un point fixe intérieur à la surface σ et (α, β, γ) un point de $d\varpi$, nous aurons

$$\Delta' w = 0,$$

et nous pourrons appliquer l'équation (a) au volume renfermé entre la surface σ et une sphère d'un rayon infiniment petit R dont le centre est au point (x_1, y_1, z_1). L'intégrale

$$\int\frac{1}{r}\left(\mathrm{A}\frac{dv}{dx}\cos\xi + \mathrm{B}\frac{dv}{dy}\cos\eta + \mathrm{C}\frac{dv}{dz}\cos\zeta\right)d\sigma$$

étendue à la sphère est un infiniment petit de l'ordre de R et dont on peut négliger la valeur. Examinons ensuite la valeur de l'intégrale

$$(b) \qquad \int v\left(\mathrm{A}\frac{d\frac{1}{r}}{dx}\cos\xi + \mathrm{B}\frac{d\frac{1}{r}}{dy}\cos\eta + \mathrm{C}\frac{d\frac{1}{r}}{dz}\cos\zeta\right)d\sigma$$

étendue à la même sphère.

Mettons l'origine des coordonnées au point (x_1, y_1, z_1); nous aurons

$$r^2 = \frac{x^2}{A} + \frac{y^2}{B} + \frac{z^2}{C},$$

$$\cos\xi = -\frac{x}{R}, \quad \cos\eta = -\frac{y}{R}, \quad \cos\zeta = -\frac{z}{R};$$

désignons aussi par ψ la longitude d'un point (x, y, z) de la surface sphérique et par θ le complément de sa latitude; nous aurons

$$d\sigma = R^2 \sin\theta\, d\theta\, d\psi,$$

et l'intégrale (b) a pour valeur le produit de la valeur de v au point (x_1, y_1, z_1) par l'intégrale

$$\int_0^{2\pi}\int_0^{\pi} \frac{R^3}{r^3} \sin\theta\, d\psi\, d\theta;$$

si l'on fait

$$x = R\sin\theta\cos\psi, \quad y = R\sin\theta\sin\psi, \quad z = R\cos\theta,$$

elle prend cette forme

$$\int_0^{\pi}\int_0^{2\pi} \frac{\sin\theta\, d\theta\, d\psi}{\left(\frac{\sin^2\theta\cos^2\psi}{A} + \frac{\sin^2\theta\sin^2\psi}{B} + \frac{\cos^2\theta}{C}\right)^{\frac{3}{2}}}.$$

On voit facilement que le tiers de cette intégrale représente le volume d'un ellipsoïde dont les demi-axes sont $\sqrt{A}$, $\sqrt{B}$, $\sqrt{C}$; elle a donc pour valeur $4\pi\sqrt{ABC}$.

D'après cela, l'équation (a) devient

$$o = -\int v P \frac{d\frac{1}{r}}{dt'} d\sigma + \int \frac{1}{r} P \frac{dv}{dt'} d\sigma + 4\pi\sqrt{ABC}\, v.$$

Considérons ensuite le volume compris entre la surface σ et une autre surface σ' qui renferme la première; $\frac{1}{r}$ ne devenant pas infini dans cet intervalle, on peut appliquer l'équation (a) à tout ce volume, et l'on a, en supposant que la surface σ' aille à l'infini,

$$o = \int v P \frac{d\frac{1}{r}}{dt} d\sigma - \int \frac{1}{r} P \frac{dv}{dt} d\sigma.$$

Retranchons cette équation de la précédente, et nous aurons

$$v = -\frac{1}{4\pi\sqrt{\mathrm{ABC}}}\int \frac{1}{r}\,\mathrm{P}\left(\frac{dv}{dt} + \frac{dv}{dt'}\right) d\sigma.$$

Il en résulte que v est le potentiel d'une couche distribuée sur σ et qui a pour densité

$$-\frac{1}{4\pi\sqrt{\mathrm{ABC}}}\,\mathrm{P}\left(\frac{dv}{dt} + \frac{dv}{dt'}\right).$$

28. Concevons un cristal infini que nous divisons en deux parties, l'une T intérieure à σ et l'autre T′ qui lui est extérieure, et supposons ces deux espaces séparés par un intervalle infiniment mince. La fonction v peut aussi être considérée comme une température d'équilibre, déterminée par une source de chaleur qui ne varie pas avec le temps et située sur la surface σ. Sur chaque élément $d\sigma$ se trouvera un élément de la source qui produira par unité de temps une quantité de chaleur égale à

$$-\mathrm{P}\left(\frac{dv}{dt} + \frac{dv}{dt'}\right) d\sigma,$$

d'où résulteront deux flux égaux qui pénétreront l'un à l'intérieur de σ, l'autre à l'extérieur, et qui pourront être considérés comme ayant pour direction l'un la ligne t', l'autre la ligne t.

Valeur de $\Delta'\mathrm{V}$ à l'intérieur de la masse.

29. Soit ρ la densité d'une masse qui se trouve dans un volume ϖ; considérons le potentiel

$$\mathrm{V} = \int \frac{\rho}{r}\, d\varpi,$$

r désignant l'expression

$$\sqrt{\frac{(x-a)^2}{\mathrm{A}} + \frac{(y-b)^2}{\mathrm{B}} + \frac{(z-c)^2}{\mathrm{C}}},$$

où (a, b, c) sont les coordonnées de $d\varpi$, et cherchons la valeur de $\Delta'\mathrm{V}$ en un point de la masse. Comme le calcul est entièrement analogue à celui des nos 7 et 8 du Chap. I, nous pourrons le faire rapidement.

On obtiendra, comme dans ce numéro,

$$\frac{dV}{dx} = \int \rho \frac{d\frac{1}{r}}{dx} d\varpi = -\int \rho \frac{d\frac{1}{r}}{da} d\varpi = -\int \frac{\rho \cos\lambda}{r} d\sigma + \int \frac{1}{r} \frac{d\rho}{da} d\varpi,$$

λ étant l'angle de la normale à la surface avec l'axe des x. On aura ensuite

$$\frac{d^2V}{dx^2} = \int \frac{\rho \cos\lambda}{r^3} \frac{x-a}{A} d\sigma - \int \frac{d\rho}{da} \frac{1}{r^3} \frac{x-a}{A} d\varpi.$$

Le point (x, y, z) étant supposé situé dans la masse, décrivons de ce point comme centre une sphère de rayon infiniment petit R_1; nous partagerons ainsi la masse en deux parties, l'une située dans la sphère, l'autre en dehors; soient V_1 et V_2 les parties correspondantes de V; on a $\Delta' V_2 = 0$ et, par suite, $\Delta' V = \Delta' V_1$. Appliquons la formule précédente à V_1 et soient α, β, γ les angles directeurs de la droite R qui joint le point (x, y, z) au point (a, b, c); nous aurons

$$A \frac{d^2 V_1}{dx^2} = -\int \frac{R\rho \cos^2\alpha}{r^3} d\sigma' + \int \frac{d\rho}{da} \frac{R}{r^3} \cos\alpha \, d\varpi',$$

$d\sigma'$ et $d\varpi'$ étant les éléments de la surface et du volume de la sphère. Ajoutons cette équation aux deux équations semblables, nous aurons

$$\begin{aligned} \Delta' V &= -\int \frac{R\rho}{r^3} d\sigma' + \int \frac{R}{r^3} \left(\frac{d\rho}{da} \cos\alpha + \frac{d\rho}{db} \cos\beta + \frac{d\rho}{dc} \cos\gamma \right) d\varpi' \\ &= -\int \frac{R\rho}{r^3} d\sigma' + \int \frac{R}{r^3} \frac{d\rho}{dR} d\varpi'. \end{aligned}$$

Remplaçons $d\sigma'$ par $R_1^2 d\omega$ et $d\varpi'$ par $R^2 d\omega \, dR$; mettant de plus l'indice 1 pour les quantités relatives à la surface, nous avons

$$\Delta' V = -\int \frac{R_1^3}{r_1^3} \rho_1 \, d\omega + \int d\omega \int \frac{d\rho}{dR} \frac{R^3}{r^3} dR.$$

Or la quantité

$$\frac{R}{r} = \frac{1}{\left(\frac{\sin^2\theta \cos^2\psi}{A} + \frac{\sin^2\theta \sin^2\psi}{B} + \frac{\cos^2\theta}{C} \right)^{\frac{1}{2}}}$$

est indépendante de R; on a donc, pour la dernière intégrale,

$$\int \frac{R_1^3}{r_1^3}(\rho_1 - \rho_0)\, d\omega,$$

ρ_0 étant la valeur de ρ au centre de la sphère. Substituons, et il nous reste

$$\Delta' V = -\rho_0 \int \frac{R_1^3}{r_1^3} d\omega = -4\pi\rho_0\sqrt{ABC},$$

la valeur de la dernière intégrale ayant été obtenue (n° **27**).

Valeur moyenne de l'expression $P\dfrac{dV}{dt}$ *sur une surface fermée.*

30. Supposons que V soit le potentiel de masses, les unes intérieures à la surface fermée σ et dont la masse est M, les autres extérieures à σ, et faisons dans la formule (a) (n° **26**) $w = 1$ et $v = V$; nous aurons

$$\int \Delta' V\, d\varpi = \int P \frac{dV}{dt} d\sigma;$$

or on a

$$\Delta' V = -4\pi\rho\sqrt{ABC},$$

en regardant ρ comme nul dans les parties où il n'y a pas de masse agissante; on aura donc la formule

$$(a) \qquad \int P\frac{dV}{dt} d\sigma = -4\pi\sqrt{ABC}\,M,$$

qui, divisée par la surface σ, donne la valeur moyenne de $P\dfrac{dV}{dt}$ sur cette surface.

Considérons le cas particulier où toutes les masses se réduisent à un point P intérieur ou extérieur dont la masse est l'unité. Alors, en supposant ce point à l'origine, tandis que (x, y, z) sera un point quelconque de σ, on aura

$$V = \frac{1}{r} = \frac{1}{\sqrt{\dfrac{x^2}{A} + \dfrac{y^2}{B} + \dfrac{z^2}{C}}};$$

ainsi la formule (a) donnera

$$\int P \frac{d\frac{1}{r}}{dt} d\sigma = -4\pi\sqrt{ABC} \quad \text{ou} \quad = 0,$$

suivant que le point P sera intérieur ou extérieur.

Cette formule constitue un théorème d'Analyse qui renferme celui de Gauss donné (Chap. I, n° **13**).

CHAPITRE V.

SUR L'ATTRACTION DE DIFFÉRENTS CORPS DÉRIVES DES SURFACES DU SECOND ORDRE.

Emploi des surfaces de niveau pour déterminer l'attraction d'un corps.

1. Supposons, en général, un corps homogène dont on sache partager le volume en tranches infiniment minces par des surfaces renfermées dans l'équation

$$F(x, y, z, k) = 0, \tag{1}$$

où k est un paramètre variable, de telle sorte que chacune de ces surfaces appartienne séparément à un système connu de surfaces de niveau, et de plus que chaque tranche ainsi obtenue soit une *couche de niveau* dans le système correspondant de surfaces de niveau (Chap. IV, n° 5). Alors la recherche de l'attraction du volume du corps sera ramenée à la détermination des composantes de l'attraction d'une couche de niveau, qu'il faudra ensuite intégrer par rapport à k.

Représentons par

$$\Phi(x, y, z, k, \alpha) = 0 \tag{2}$$

l'équation du système de surfaces de niveau auquel appartient chaque surface (1), α étant le paramètre thermométrique de ces surfaces; k étant d'abord choisi, l'équation (2) coïncidera avec l'équation (1) pour une valeur convenable de α. Désignons par ε la distance entre la surface (2) pour ces valeurs de k et de α et la surface qui correspond à la même valeur de k et à $\alpha + d\alpha$. D'après le numéro cité, l'épaisseur de la couche de niveau variera proportionnellement à $\frac{1}{\varepsilon}$, et peut être représentée par l'expression $\frac{g}{\varepsilon}$, où g est constant et déterminé par le volume de cette couche.

2. Nous avons déjà dit (Chap. IV, n° **6**) qu'un système d'ellipsoïdes homofocaux forme un système de surfaces de niveau et qu'on obtient une couche de niveau sur une de ces surfaces, en prenant une couche renfermée entre cette surface et un ellipsoïde homothétique intérieur et infiniment voisin. Si donc le corps dont on cherche l'attraction est un ellipsoïde, on pourra prendre pour les surfaces (1) des ellipsoïdes homothétiques avec celui-ci, et, k étant pris constant, les surfaces (2) seront des ellipsoïdes homofocaux.

Il est aisé de retrouver, par ce qui précède, la couche de niveau qui correspond aux ellipsoïdes homofocaux, pris pour surfaces de niveau.

Remarquons d'abord que la distance entre deux ellipsoïdes homothétiques infiniment voisins varie proportionnellement à la perpendiculaire abaissée du centre des ellipsoïdes sur le plan tangent.

Soit, en effet, ME une normale menée en M à l'ellipsoïde extérieur;

Fig. 5.

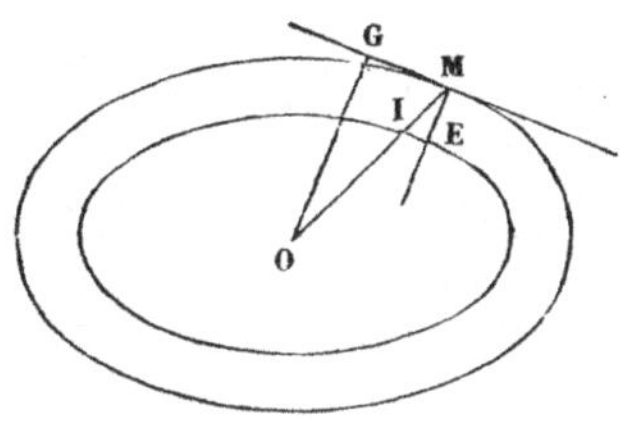

joignons le point M au centre O et abaissons la perpendiculaire OG sur le plan tangent en M. Par les deux droites OM, OG, faisons passer un plan qui coupe les deux surfaces suivant deux ellipses homothétiques indiquées dans la figure.

De la similitude des deux triangles IEM, MOG, on conclut

$$\mathrm{ME} = \frac{\mathrm{MI}}{\mathrm{MO}}\,\mathrm{OG};$$

or $\frac{\mathrm{MI}}{\mathrm{MO}}$ est constant, et si l'on désigne par a et $a + da$ deux demi-axes des ellipsoïdes qui soient dirigés suivant la même droite, on a

$$\frac{\mathrm{MI}}{\mathrm{MO}} = \frac{da}{a};$$

donc

$$\mathrm{ME} = \mathrm{OG}\,\frac{da}{a},$$

et la distance ME entre les deux ellipsoïdes est proportionnelle à OG. Il est évident que, réciproquement, si, infiniment près de l'ellipsoïde extérieur, on construit une surface telle que sa distance ME à la première soit proportionnelle à OG, cette seconde surface sera un ellipsoïde homothétique.

Désignons maintenant par f la distance entre l'ellipsoïde

$$\frac{x^2}{a^2} + \frac{y^2}{b^2} + \frac{z^2}{c^2} = 1 \tag{3}$$

et l'ellipsoïde homofocal infiniment voisin

$$\frac{\mathrm{X}^2}{a^2+s} + \frac{\mathrm{Y}^2}{b^2+s} + \frac{\mathrm{Z}^2}{c^2+s} = 1. \tag{4}$$

Les équations de la normale à l'ellipsoïde (3) au point (x, y, z) sont

$$\frac{\mathrm{X}-x}{\dfrac{x}{a^2}} = \frac{\mathrm{Y}-y}{\dfrac{y}{b^2}} = \frac{\mathrm{Z}-z}{\dfrac{z}{c^2}}, \tag{5}$$

et si, dans ces équations, X, Y, Z représentent les coordonnées du point d'intersection de l'ellipsoïde (4), avec cette normale, chacun des termes (5) est égal à

$$\frac{f}{\sqrt{\dfrac{x^2}{a^4} + \dfrac{y^2}{b^4} + \dfrac{z^2}{c^4}}} = f\mathrm{P},$$

P étant la perpendiculaire abaissée de l'origine sur le plan tangent au point (x, y, z). Substituons dans (4)

$$\mathrm{X} = x\left(1 + \frac{f\mathrm{P}}{a^2}\right), \quad \ldots,$$

en regardant s et f comme infiniment petits, et nous aurons

$$f = \frac{s}{2P};$$

f est donc en raison inverse de P.

Il suit de là et du n° 1 que l'épaisseur de la couche de niveau mise sur l'ellipsoïde (3) est proportionnelle à P; cette couche sera donc terminée par un ellipsoïde homothétique avec l'ellipsoïde (3) et qui en sera infiniment voisin.

3. Le même raisonnement, pris en sens inverse, peut servir à prouver que les ellipsoïdes homofocaux constituent un système de surfaces de niveau.

En effet, prenons pour point de départ ce théorème : *Une couche homogène comprise entre deux ellipsoïdes homothétiques n'exerce aucune action sur un point intérieur.* La composante tangentielle de l'attraction de la couche est donc nulle sur la surface extérieure comme à la surface intérieure, et son attraction sur un point de sa surface extérieure est normale à cette surface. Cette couche donne donc naissance à un système de surfaces de niveau extérieures dont fera partie la surface extérieure S de la couche. Son épaisseur est proportionnelle à la distance P du centre au plan tangent; donc la distance entre la surface S et la surface de niveau S_1 extérieure infiniment voisine est en raison inverse de P; par suite, S_1 est un ellipsoïde homofocal avec S. Si sur S_1 nous construisons une couche intérieure homothétique, elle produira les mêmes surfaces de niveau que la couche précédente, et l'ellipsoïde homofocal S_2, mené extérieurement à une distance infiniment petite, appartiendra au système des surfaces de niveau. Et ainsi de suite. On voit donc qu'un système d'ellipsoïdes homofocaux forme un système de surfaces de niveau.

Attraction d'une couche ellipsoïdale sur un point de sa surface extérieure.

4. Soit une couche homogène comprise entre deux ellipsoïdes homothétiques et infiniment voisins, et cherchons son attraction sur un point M de sa surface extérieure. Nous savons que cette force est diri-

gée suivant la normale intérieure menée à l'ellipsoïde extérieur et qu'elle a pour valeur (Chap. II, n° 8, ou Chap. IV, n° 2)

$$-\frac{dV}{dn}=4\pi\rho,$$

dn étant l'élément de normale extérieure et ρ la *densité* de la couche, c'est-à-dire le produit de l'épaisseur E par la densité h de la matière; nous avons donc pour cette attraction

$$4\pi h E;$$

mais nous venons de voir que l'on a

$$E=P\frac{da}{a},$$

avec

$$P=\frac{1}{\sqrt{\frac{x^2}{a^4}+\frac{y^2}{b^4}+\frac{z^2}{c^4}}};$$

l'attraction de la couche sur le point M est donc

$$4\pi h P\frac{da}{a}.$$

Or les cosinus des angles de la normale avec les trois axes ont pour valeurs

$$-P\frac{x}{a^2},\quad -P\frac{y}{b^2},\quad -P\frac{z}{c^2};$$

donc on a pour les trois composantes de l'attraction

$$-4\pi h P^2 x\frac{da}{a^3},\quad -4\pi h P^2 y\frac{da}{ab^2},\quad -4\pi h P^2 z\frac{da}{ac^2}.$$

Composantes de l'attraction d'un ellipsoïde homogène sur un point.

5. Nous supposerons d'abord que le point (x, y, z), attiré par un ellipsoïde, lui soit extérieur; soient A, B, C les trois demi-axes de cet ellipsoïde homogène. Décomposons son volume en couches infiniment minces par les surfaces d'ellipsoïdes homothétiques. Représentons par

a, b, c et $a - da$, $b - db$, $c - dc$ les demi-axes dirigés suivant A, B, C des surfaces qui terminent une de ces couches, $\mathcal{C}$, et désignons par E l'ellipsoïde dont les demi-axes sont a, b, c. Par le point (x, y, z) faisons passer un ellipsoïde E′ homofocal avec E et dont les demi-axes sont a', b', c'; puis menons un ellipsoïde E'_1 homothétique de E′ et infiniment voisin, dont nous désignerons les demi-axes par $a' - da'$, $b' - db'$, $c' - dc'$. Si nous choisissons da' de manière que la couche homogène $\mathcal{C}'$ renfermée entre E′ et E'_1 ait la même masse que la couche $\mathcal{C}$, ces deux couches de niveau produiront la même attraction sur tout point extérieur et par suite aussi sur le point (x, y, z). Ainsi, pour calculer l'attraction de $\mathcal{C}$, il suffit de calculer l'attraction de $\mathcal{C}'$.

Les deux ellipsoïdes E et E′ étant homofocaux, on a

$$a'^2 - b'^2 = a^2 - b^2, \quad a'^2 - c'^2 = a^2 - c^2,$$

et nous pouvons poser

$$a'^2 - a^2 = b'^2 - b^2 = c'^2 - c^2 = s;$$

ensuite, comme le point (x, y, z) est sur la surface de l'ellipsoïde E′, on a

$$\text{(1)} \qquad \frac{x^2}{a^2 + s} + \frac{y^2}{b^2 + s} + \frac{z^2}{c^2 + s} = 1;$$

s est donc donné par une équation du troisième degré, et, comme elle n'a qu'une racine positive, s est parfaitement déterminé par cette équation.

D'après le numéro précédent, les composantes de l'action de la couche $\mathcal{C}'$ sur le point (x, y, z) sont

$$\text{(2)} \qquad -4\pi P'^2 x \frac{da'}{a'^3}, \quad -4\pi P'^2 y \frac{da'}{a' b'^2}, \quad -4\pi P'^2 z \frac{da'}{a' c'^2},$$

P′ étant la perpendiculaire abaissée de l'origine sur le plan tangent au point (x, y, z) et la densité étant supposée égale à l'unité.

Le volume de la couche $\mathcal{C}$ est la différence des volumes des deux ellipsoïdes qui la terminent; il est donc égal à

$$\tfrac{4}{3}\pi abc - \tfrac{4}{3}\pi abc\left(1 - \frac{da}{a}\right)^3 = 4\pi bc\, da;$$

le volume de la couche $\mathcal{E}'$ est de même $4\pi b'c'\,da'$, et, ces deux volumes étant égaux, on a

$$da' = \frac{bc}{b'c'}\,da.$$

Remplaçons da' dans les expressions (2); nous aurons pour les composantes de l'attraction de la couche $\mathcal{E}$ sur le point (x, y, z)

$$dX = -4\pi P'^2 x \frac{bc}{a'^3 b'c'}\,da,$$

$$dY = -4\pi P'^2 y \frac{bc}{a' b'^3 c'}\,da,$$

$$dZ = -4\pi P'^2 z \frac{bc}{a' b' c'^3}\,da.$$

Posons

$$\frac{a}{b} = m, \quad \frac{a}{c} = n, \quad \frac{s}{a^2} = t;$$

m et n sont constants et l'équation (1) devient

$$\frac{x^2}{1+t} + \frac{y^2}{\frac{1}{m^2}+t} + \frac{z^2}{\frac{1}{n^2}+t} = a^2; \tag{3}$$

d'une couche à une autre, a varie et t varie avec a d'après cette formule; différentions donc l'équation (3), et nous aurons

$$-\left[\frac{x^2}{(1+t)^2} + \frac{y^2}{\left(\frac{1}{m^2}+t\right)^2} + \frac{z^2}{\left(\frac{1}{n^2}+t\right)^2}\right] dt = 2a\,da$$

ou

$$da = -\frac{a^3}{2P'^2}\,dt.$$

L'expression de dX devient donc

$$dX = 2\pi x \frac{dt}{(1+t)\sqrt{(1+t)(1+m^2t)(1+n^2t)}}.$$

6. Désignons par σ la valeur de s quand l'ellipsoïde variable, aux demi-axes a, b, c, coïncide avec l'ellipsoïde donné; σ sera la racine

positive de l'équation

$$\frac{x^2}{A^2+\sigma}+\frac{y^2}{\frac{A^2}{m^2}+\sigma}+\frac{z^2}{\frac{A^2}{n^2}+\sigma}=1.$$

Pour obtenir la composante de l'attraction de l'ellipsoïde donné suivant l'axe des x, intégrons l'expression de dX, en remarquant que, pour $a=0$, t devient infini, et nous aurons

$$X=2\pi x\int_{\infty}^{\frac{\sigma}{A^2}}\frac{dt}{(1+t)\sqrt{(1+t)(1+m^2t)(1+n^2t)}},$$

et, si nous mettons maintenant $\frac{s}{A^2}$ au lieu de t,

$$X=-2\pi x\int_{\sigma}^{\infty}\frac{ds}{(s+A^2)\sqrt{\left(1+\frac{s}{A^2}\right)\left(1+\frac{s}{B^2}\right)\left(1+\frac{s}{C^2}\right)}}.$$

D'après cela, posons, pour abréger,

$$D=\sqrt{\left(1+\frac{s}{A^2}\right)\left(1+\frac{s}{B^2}\right)\left(1+\frac{s}{C^2}\right)},$$

et nous aurons

$$(4)\qquad\left\{\begin{aligned}X&=-2\pi x\int_{\sigma}^{\infty}\frac{ds}{(s+A^2)D},\\ Y&=-2\pi y\int_{\sigma}^{\infty}\frac{ds}{(s+B^2)D},\\ Z&=-2\pi z\int_{\sigma}^{\infty}\frac{ds}{(s+C^2)D}.\end{aligned}\right.$$

7. Nous allons mettre ces expressions sous une autre forme. Changeons la variable s en posant

$$1+\frac{s}{A^2}=\frac{1}{u^2};$$

puis, supposant que A soit le plus grand des demi-axes, faisons

$$\frac{A^2-B^2}{A^2}=\lambda^2,\quad \frac{A^2-C^2}{A^2}=\lambda'^2,\quad \frac{A}{\sqrt{A^2+\sigma}}=q,$$

et introduisons la masse M de l'ellipsoïde dont la densité a été prise pour unité; en remplaçant le facteur BC par $\frac{3}{4}\frac{M}{\pi A}$, nous obtiendrons

$$X = -\frac{3Mx}{A^3}\int_0^q \frac{u^2\,du}{(1-\lambda^2u^2)^{\frac{1}{2}}(1-\lambda'^2u^2)^{\frac{1}{2}}},$$

$$Y = -\frac{3My}{A^3}\int_0^q \frac{u^2\,du}{(1-\lambda^2u^2)^{\frac{3}{2}}(1-\lambda'^2u^2)^{\frac{1}{2}}},$$

$$Z = -\frac{3Mz}{A^3}\int_0^q \frac{u^2\,du}{(1-\lambda^2u^2)^{\frac{1}{2}}(1-\lambda'^2u^2)^{\frac{3}{2}}}.$$

Si le point (x, y, z) se trouve à la surface de l'ellipsoïde donné, on aura $\sigma = 0$ et, par suite, $q = 1$; il faudra donc faire simplement $q = 1$ dans ces trois formules.

Si le point (x, y, z) est intérieur à l'ellipsoïde donné, menons par ce point l'ellipsoïde homothétique dont nous désignerons les demi-axes par A', B', C'. L'action de la couche comprise entre ces deux ellipsoïdes sur le point (x, y, z) est nulle, puisqu'elle peut être décomposée en couches infiniment minces terminées par des surfaces homothétiques et dont l'action est nulle séparément. Il suffit donc de chercher l'attraction de l'ellipsoïde aux demi-axes A', B', C'. Pour en avoir les trois composantes, il faudra encore faire dans les formules précédentes $q = 1$ et remplacer $\frac{M}{A^3}$ par ce que devient cette quantité pour cet ellipsoïde; mais sa valeur reste la même. Donc il n'y a qu'à faire $q = 1$ dans les formules précédentes, et l'on en conclut aussi ce théorème, dû à Maclaurin :

La composante de l'attraction d'un ellipsoïde homogène sur un point intérieur, suivant un des axes, ne dépend que de la coordonnée du point parallèle à cet axe, et elle est proportionnelle à cette coordonnée.

Potentiel d'un ellipsoïde plein homogène.

8. Si nous désignons par V le potentiel de l'ellipsoïde pris au point (x, y, z), les composantes X, Y, Z de son attraction sur ce point seront

$\frac{dV}{dx}, \frac{dV}{dy}, \frac{dV}{dz}$. A cause de leur symétrie, adoptons les formules (4) du n° 6.

Si l'on suppose le point (x, y, z) situé sur la surface de l'ellipsoïde, σ est nul et l'on a, par conséquent,

$$\frac{dV}{dx} = -2\pi x \int_0^\infty \frac{ds}{(s+A^2)D},$$

$$\frac{dV}{dy} = -2\pi y \int_0^\infty \frac{ds}{(s+B^2)D},$$

$$\frac{dV}{dz} = -2\pi z \int_0^\infty \frac{ds}{(s+C^2)D},$$

avec

$$D = \frac{\sqrt{(s+A^2)(s+B^2)(s+C^2)}}{ABC};$$

de plus, d'après ce qui a été dit à la fin du numéro précédent, ces formules ont encore lieu si le point (x, y, z) est intérieur à l'ellipsoïde.

Des trois dérivées de V, on conclut la formule

$$(1)\quad V = -\pi\left[x^2\int_0^\infty \frac{ds}{D(s+A^2)} + y^2\int_0^\infty \frac{ds}{D(s+B^2)} + z^2\int_0^\infty \frac{ds}{D(s+C^2)}\right] + H,$$

où H est indépendant de x, y, z et représente la valeur de V au centre de l'ellipsoïde. Nous déterminerons ci-dessous la valeur de H.

Pour obtenir la valeur de V en un point extérieur, posons, d'après les formules (4),

$$V = -\pi\left[x^2\int_\sigma^\infty \frac{ds}{D(s+A^2)} + y^2\int_\sigma^\infty \frac{ds}{D(s+B^2)} + z^2\int_\sigma^\infty \frac{ds}{D(s+C^2)}\right] + U,$$

puis différentions par rapport à x, nous aurons

$$\frac{dV}{dx} = -2\pi x \int_\sigma^\infty \frac{ds}{D(s+A^2)} + \frac{\pi}{D_1}\left(\frac{x^2}{\sigma+A^2} + \frac{y^2}{\sigma+B^2} + \frac{z^2}{\sigma+C^2}\right)\frac{d\sigma}{dx} + \frac{dU}{dx},$$

en posant

$$D_1 = \frac{\sqrt{(\sigma+A^2)(\sigma+B^2)(\sigma+C^2)}}{ABC}.$$

Or σ satisfait à l'équation

$$(2) \qquad \frac{x^2}{\sigma+A^2}+\frac{y^2}{\sigma+B^2}+\frac{z^2}{\sigma+C^2}=1;$$

on a donc

$$\frac{dV}{dx}=-2\pi x\int_\sigma^\infty \frac{ds}{D(s+A^2)}+\frac{\pi}{D_1}\frac{d\sigma}{dx}+\frac{dU}{dx}.$$

En comparant cette équation avec la première formule (4) du n° 6, on obtient

$$\frac{dU}{dx}=-\frac{\pi}{D_1}\frac{d\sigma}{dx};$$

on a de même

$$\frac{dU}{dy}=-\frac{\pi}{D_1}\frac{d\sigma}{dy},\quad \frac{dU}{dz}=-\frac{\pi}{D_1}\frac{d\sigma}{dz},$$

et l'on en conclut

$$U=\pi\int_\sigma^\infty \frac{ds}{D}+H_1,$$

H_1 étant une constante. Si l'on suppose que le point (x, y, z) aille à l'infini, σ sera infini. Je vais démontrer que les trois premiers termes de l'expression de V seront alors nuls; l'intégrale qui entre dans U sera nulle aussi et, comme V devient égal à zéro, H_1 sera lui-même nul.

Examinons ce que devient l'expression

$$x^2\int_\sigma^\infty \frac{ds}{D(s+A^2)},$$

quand le point (x, y, z) s'éloigne à l'infini. Désignons par μ le plus petit des trois demi-axes A, B, C; nous aurons successivement

$$D>\frac{(s+\mu^2)^{\frac{3}{2}}}{ABC},\quad D(s+A^2)>\frac{(s+\mu^2)^{\frac{5}{2}}}{ABC},$$

$$\int_\sigma^\infty \frac{ds}{D(s+A^2)}<ABC\int_\sigma^\infty \frac{ds}{(s+\mu^2)^{\frac{5}{2}}} \quad \text{ou} \quad \tfrac{2}{3}ABC\frac{1}{(\sigma+\mu^2)^{\frac{3}{2}}}.$$

Or on a, d'après (2),

$$\frac{x^2}{A^2+\sigma}<1;$$

il en résulte

$$x^2\int_\sigma^\infty \frac{ds}{D(s+A^2)} < \tfrac{2}{3}ABC\,\frac{\sigma+A^2}{(\sigma+\mu^2)^{\frac{3}{2}}},$$

quantité qui est nulle pour $\sigma = \infty$. On démontrerait de même que les trois termes suivants de V sont nuls; donc H_1 est nul.

Ainsi l'on a, pour la valeur de V en un point extérieur,

$$(3)\qquad V = \pi\int_\sigma^\infty \left(1 - \frac{x^2}{s+A^2} - \frac{y^2}{s+B^2} - \frac{z^2}{s+C^2}\right)\frac{ds}{D}.$$

Nous pouvons maintenant calculer la constante H de la formule (1). En effet, les deux expressions (1) et (3) doivent prendre la même valeur quand le point (x, y, z) est sur la surface de l'ellipsoïde

$$\frac{x^2}{A^2} + \frac{y^2}{B^2} + \frac{z^2}{C^2} = 1,$$

limite où ces deux formules sont l'une et l'autre applicables. On a alors $\sigma = 0$ et il faut prendre dans (3) zéro pour limite inférieure de l'intégrale; la formule (3) devient

$$(4)\qquad V = \pi\int_0^\infty \left(1 - \frac{x^2}{s+A^2} - \frac{y^2}{s+B^2} - \frac{z^2}{s+C^2}\right)\frac{ds}{D},$$

et l'on a

$$H = \pi\int_0^\infty \frac{ds}{D}.$$

D'après cela, la formule (4) donne le potentiel de l'ellipsoïde en un point intérieur.

Dirichlet, après avoir posé les formules (3) et (4) (*Journal de Crelle*, t. 32, 1846), les a vérifiées au moyen du théorème du n° 15 du Chapitre I.

Potentiel d'une couche homogène comprise entre deux ellipsoïdes homothétiques.

9. Dans l'expression du potentiel d'un ellipsoïde aux demi-axes a, b, c, pris au point extérieur (x, y, z),

$$V = \pi \int_\sigma^\infty \left(1 - \frac{x^2}{a^2+s} - \frac{y^2}{b^2+s} - \frac{z^2}{c^2+s}\right) \frac{ds}{\sqrt{\left(1+\frac{s}{a^2}\right)\left(1+\frac{s}{b^2}\right)\left(1+\frac{s}{c^2}\right)}},$$

posons

$$s = a^2 t, \quad \frac{a}{b} = m, \quad \frac{a}{c} = n,$$

nous aurons

$$ds = a^2\,dt, \quad D = \sqrt{\left(1+\frac{s}{a^2}\right)\left(1+\frac{s}{b^2}\right)\left(1+\frac{s}{c^2}\right)} = \sqrt{(1+t)(1+m^2 t)(1+n^2 t)},$$

et il en résultera

$$V = \pi \int_{t_1}^\infty \left(a^2 - \frac{x^2}{1+t} - \frac{y^2}{\frac{1}{m^2}+t} - \frac{z^2}{\frac{1}{n^2}+t}\right)\frac{dt}{D},$$

en prenant pour t_1 la racine positive de l'équation

$$\frac{x^2}{1+t_1} + \frac{y^2}{\frac{1}{m^2}+t_1} + \frac{z^2}{\frac{1}{n^2}+t_1} = a^2. \tag{1}$$

Cherchons l'accroissement infiniment petit de V, provenant du changement de a en $a + da$; alors t_1 subira un accroissement dt_1, d'après l'équation (1), et nous aurons la formule

$$dV = 2\pi a\,da \int_{t_1}^\infty \frac{dt}{D} - \pi\left(a^2 - \frac{x^2}{1+t_1} - \frac{y^2}{\frac{1}{m^2}+t_1} - \frac{z^2}{\frac{1}{n^2}+t_1}\right)\frac{dt_1}{D_1},$$

dans laquelle le dernier terme est nul, à cause de l'équation (1). Cette expression représente évidemment le potentiel v d'une couche comprise entre deux ellipsoïdes homothétiques et infiniment voisins; ainsi l'on a, pour ce potentiel,

$$v = 2\pi a\, da \int_{t_1}^{\infty} \frac{dt}{\sqrt{(1+t)(1+m^2t)(1+n^2t)}}.$$

Si l'on pose

$$u_1 = \frac{1}{\sqrt{t_1+1}}, \quad \frac{a^2-b^2}{a^2} = \lambda^2, \quad \frac{a^2-c^2}{a^2} = \lambda'^2,$$

et que l'on désigne par M la masse $4\pi bc\, da$ de la couche, cette formule se transformera en la suivante :

$$v = \frac{M}{a} \int_0^{u_1} \frac{du}{\sqrt{(1-\lambda^2u^2)(1-\lambda'^2u^2)}}.$$

10. Cherchons le potentiel de la même couche dans un point de sa cavité. Comme ce potentiel est le même dans tout cet espace, mettons ce point à l'origine des coordonnées.

Nous avons d'abord, pour le potentiel de l'ellipsoïde aux demi-axes a, b, c, pris à l'origine,

$$V = \pi \int_0^{\infty} \frac{ds}{D} = \pi a^2 \int_0^{\infty} \frac{dt}{\sqrt{(1+t)(1+m^2t)(1+n^2t)}};$$

et, en prenant la différentielle de V par rapport à a, nous aurons, pour le potentiel cherché,

$$v = 2\pi a\, da \int_0^{\infty} \frac{dt}{\sqrt{(1+t)(1+m^2t)(1+n^2t)}}$$

ou, d'après la transformation précédente,

$$v = \frac{M}{a} \int_0^{1} \frac{du}{\sqrt{(1-\lambda^2u^2)(1-\lambda'^2u^2)}}.$$

Potentiel d'un ellipsoïde formé de couches homogènes infiniment minces et homothétiques.

11. Supposons le point (x, y, z) extérieur à l'ellipsoïde qui est composé de couches infiniment minces dont la densité est supposée fonction de a; représentons cette fonction par $\varphi(a)$; nous aurons, pour le potentiel d'une de ces couches,

$$v = 2\pi\varphi(a)a\,da\int_{t_1}^{\infty}\frac{dt}{\sqrt{(1+t)(1+m^2t)(1+n^2t)}},$$

t_1 étant la racine positive de l'équation

$$(p)\qquad \frac{x^2}{1+t}+\frac{m^2y^2}{1+m^2t}+\frac{n^2z^2}{1+n^2t}=a^2.$$

Posons

$$\int_0^a \varphi(a)a\,da = \mathrm{F}(a),$$

il en résultera $\mathrm{F}(0)=0$, et l'on aura, pour le potentiel de l'ellipsoïde,

$$\mathrm{V}=2\pi\int_0^{\mathrm{A}}\mathrm{F}'(a)\,da\int_t^{\infty}\frac{dt}{\mathrm{D}},$$

A étant le plus grand demi-axe de l'ellipsoïde donné. Or on a

$$\int \mathrm{F}'(a)\,da\int_t^{\infty}\frac{dt}{\mathrm{D}}=\mathrm{F}(a)\int_t^{\infty}\frac{dt}{\mathrm{D}}+\int \mathrm{F}(a)\frac{dt}{\mathrm{D}}.$$

Donc, si nous désignons par t_1 la valeur de t correspondant à $a=\mathrm{A}$, nous aurons

$$\mathrm{V}=2\pi\mathrm{F}(\mathrm{A})\int_{t_1}^{\infty}\frac{dt}{\mathrm{D}}+2\pi\int_{\infty}^{t_1}\mathrm{F}(a)\frac{dt}{\mathrm{D}}$$

ou

$$\mathrm{V}=2\pi\int_{t_1}^{\infty}[\mathrm{F}(\mathrm{A})-\mathrm{F}(a)]\frac{dt}{\mathrm{D}},$$

formule où l'on doit remplacer dans $\mathrm{F}(a)$ la quantité a par sa valeur tirée de l'équation (p).

Pour avoir les composantes de l'attraction de cet ellipsoïde sur un point extérieur, il suffira de former les dérivées de V par rapport à x, y, z; on aura, par exemple,

$$\frac{d\mathrm{V}}{dx}=-2\pi\int_{t_1}^{\infty}\mathrm{F}'(a)\frac{da}{dx}\frac{dt}{\mathrm{D}};$$

en différentiant l'équation (p), on obtient

$$\frac{da}{dx} = \frac{1}{a}\frac{x}{1+t};$$

et, comme on a $F'(a) = a\varphi(a)$, il en résulte

$$\frac{dV}{dx} = -2\pi x \int_{t_1}^{\infty} \varphi(a)\frac{dt}{(1+t)D}.$$

Si l'on suppose un corps creux compris entre deux ellipsoïdes homothétiques et formé des mêmes couches que dans le problème précédent, on aura, pour le potentiel d'une de ces couches en un point intérieur,

$$v = 2\pi\varphi(a)a\,da\int_0^{\infty}\frac{dt}{D},$$

et, si nous désignons par A et A_0 les demi-grands axes des ellipsoïdes qui limitent le corps, nous aurons, pour son potentiel en un point de la cavité,

$$V = 2\pi[F(A) - F(A_0)]\int_0^{\infty}\frac{dt}{D}.$$

Potentiel d'un ellipsoïde formé de couches homogènes infiniment minces et homofocales.

12. Le potentiel d'un ellipsoïde homogène aux demi-axes a, b, c, et dont la densité est égale à l'unité, a pour valeur en un point extérieur (x, y, z)

$$v = \pi\int_{\sigma}^{\infty}\left(1 - \frac{x^2}{s+a^2} - \frac{y^2}{s+b^2} - \frac{z^2}{s+c^2}\right)\frac{ds}{D},$$

en posant

$$D = \frac{\sqrt{(s+a^2)(s+b^2)(s+c^2)}}{abc},$$

et, en prenant pour σ la racine positive de l'équation,

$$\frac{x^2}{a^2+\sigma} + \frac{y^2}{b^2+\sigma} + \frac{z^2}{c^2+\sigma} = 1.$$

Posons

$$(h) \qquad a^2+s=\rho^2, \quad a^2-b^2=\beta^2, \quad a^2-c^2=\gamma^2,$$

et nous aurons

$$v=2\pi abc\int_{\rho_1}^{\infty}\left(1-\frac{x^2}{\rho^2}-\frac{y^2}{\rho^2-\beta^2}-\frac{z^2}{\rho^2-\gamma^2}\right)\frac{d\rho}{\sqrt{(\rho^2-\beta^2)(\rho^2-\gamma^2)}},$$

la limite inférieure ρ_1 de l'intégrale étant égale à $\sqrt{a^2+\sigma_1}$; ρ_1 est par conséquent la racine réelle, positive et plus grande que a, de l'équation du troisième degré en ρ_1^2

$$\frac{x^2}{\rho_1^2}+\frac{y^2}{\rho_1^2-\beta^2}+\frac{z^2}{\rho_1^2-\gamma^2}=1.$$

Posons

$$\mathrm{I}=\int_{\rho_1}^{\infty}\left(1-\frac{x^2}{\rho^2}-\frac{y^2}{\rho^2-\beta^2}-\frac{z^2}{\rho^2-\gamma^2}\right)\frac{d\rho}{\sqrt{(\rho^2-\beta^2)(\rho^2-\gamma^2)}},$$

et nous aurons

$$v=2\pi abc\mathrm{I}.$$

Supposons un second ellipsoïde homofocal avec le premier et auquel le point (x, y, z) soit encore extérieur. Dans l'expression de son potentiel v', la quantité ρ_1 restera la même, et, si nous désignons par a', b', c' ses demi-axes, nous aurons

$$v'=2\pi a'b'c'\mathrm{I}.$$

Donc les potentiels des deux ellipsoïdes sont entre eux comme leurs volumes, et l'on peut énoncer ce théorème, donné pour la première fois par Legendre dans son Mémoire intitulé : *Recherches sur l'attraction des sphéroïdes homogènes* (*Mémoires des Savants étrangers*, p. 413; 1785) :

Deux ellipsoïdes homofocaux et homogènes exercent sur un point extérieur des attractions de même direction et proportionnelles à leurs masses.

13. Prenons le second ellipsoïde infiniment voisin du premier, et désignons ses demi-axes par $a+da$, $b+db$, $c+dc$. Comme les quantités β et γ qui déterminent les foyers sont constantes, nous aurons, en différentiant les équations (h),

$$a\,da = b\,db = c\,dc;$$

nous aurons, par conséquent,

$$\begin{aligned} v' &= 2\pi(abc + bc\,da + ca\,db + ab\,dc)\mathrm{I} \\ &= 2\pi\left[abc + \left(bc + \frac{a^2c}{b} + \frac{a^2b}{c}\right)da\right]\mathrm{I}. \end{aligned}$$

Le potentiel de la couche comprise entre les deux ellipsoïdes a donc pour valeur

$$2\pi\mathrm{I}\left(bc + \frac{a^2c}{b} + \frac{a^2b}{c}\right)da$$

ou, en remplaçant b, c en fonction de a,

$$(l) \qquad 2\pi\mathrm{I}\,\frac{3a^4 - 2(\beta^2+\gamma^2)a^2 + \beta^2\gamma^2}{\sqrt{(a^2-\beta^2)(a^2-\gamma^2)}}\,da.$$

Si l'on a un ellipsoïde composé de couches homogènes infiniment minces, comprises entre des ellipsoïdes homofocaux et dont la variation de la densité est indiquée par la fonction $\varphi(a)$, on aura pour son potentiel

$$\mathrm{V} = 2\pi\mathrm{I}\int_\gamma^a \frac{3a^4 - 2(\beta^2+\gamma^2)a^2 + \beta^2\gamma^2}{\sqrt{(a^2-\beta^2)(a^2-\gamma^2)}}\,\varphi(a)\,da,$$

en prenant pour limite inférieure la quantité γ supposée plus grande que β; car γ est alors la plus petite valeur de a.

On formera les composantes de l'attraction du corps, en prenant les dérivées de V par rapport à x, y, z.

L'expression (l) du potentiel d'une couche homofocale est égale au produit de $\frac{3}{2}$I par la masse de la couche. D'après cela, si sur des ellipsoïdes homofocaux, qui constituent un système de surfaces de niveau, on forme des couches homogènes homofocales, leurs attractions sur un même point extérieur seront de même direction et proportionnelles à leurs masses, comme les attractions des différentes couches de niveau. Il y a seulement cette différence que, pour ces dernières couches, l'attraction sur un point de leur surface extérieure est normale à cette surface.

En partant de l'expression du potentiel d'un ellipsoïde en un point intérieur et faisant un calcul tout semblable à celui qui nous a servi à déterminer l'expression (l), nous trouverons pour le potentiel de la même couche en un point (x, y, z) de sa cavité l'expression

$$J\, 2\pi \frac{3a^4 - 2(\beta^2 + \gamma^2)a^2 + \beta^2\gamma^2}{\sqrt{(a^2 - \beta^2)(a^2 - \gamma^2)}}\, da - 2\pi a\, da\left(1 - \frac{x^2}{a^2} - \frac{y^2}{b^2} - \frac{z^2}{c^2}\right),$$

où l'on prend

$$J = \int_a^\infty \left(1 - \frac{x^2}{\rho^2} - \frac{y^2}{\rho^2 - \beta^2} - \frac{z^2}{\rho^2 - \gamma^2}\right) \frac{d\rho}{\sqrt{(\rho^2 - \beta^2)(\rho^2 - \gamma^2)}}.$$

14. Legendre, après avoir énoncé son théorème dans le Mémoire cité ci-dessus, l'a prouvé pour les ellipsoïdes de révolution ; plus tard, Laplace et Legendre l'ont démontré, chacun d'une manière très différente, dans le cas général; par conséquent, ainsi que l'ont déjà fait observer plusieurs géomètres allemands, c'est bien à tort que l'on donne souvent à ce théorème le nom de Maclaurin.

La théorie de l'attraction des ellipsoïdes homogènes a occupé Newton, Maclaurin, d'Alembert, Lagrange, Legendre, Laplace, Gauss, Ivory, Poisson, Chasles, Dirichlet. Mais deux Mémoires priment tous les travaux qui ont été faits à ce sujet : celui de Maclaurin (*De causa physica fluxus et refluxus maris*, 1740), où il résolvait complètement le problème de l'attraction d'un ellipsoïde sur un point intérieur ou sur un point de sa surface, et celui de Legendre qui déterminait l'attraction d'un ellipsoïde sur un point extérieur, en la ramenant à celle d'un autre ellipsoïde, homofocal avec le premier et dont la surface passe par ce point.

Potentiel d'une ellipse recouverte d'une couche infiniment mince et de densité constante.

15. Considérons une ellipse ayant pour demi-axes A et B et dont les équations sont

$$(1)\qquad Z = 0, \quad \frac{X^2}{A^2} + \frac{Y^2}{B^2} = 1,$$

X, Y, Z étant les coordonnées courantes, et supposons cette ellipse, recouverte d'une couche infiniment mince dont la densité est constante et égale à ρ.

Riemann a donné pour le potentiel de cette ellipse au point (x, y, z) la formule

$$(2)\quad V = 2\rho \int_\sigma^\infty \sqrt{1 - \frac{x^2}{A^2 + s} - \frac{y^2}{B^2 + s} - \frac{z^2}{s}} \frac{ds}{\sqrt{s\left(1 + \frac{s}{A^2}\right)\left(1 + \frac{s}{B^2}\right)}},$$

où la limite inférieure σ de l'intégrale désigne la racine positive de l'équation

$$\frac{x^2}{A^2 + \sigma} + \frac{y^2}{B^2 + \sigma} + \frac{z^2}{\sigma} = 1.$$

Cette formule peut être obtenue en regardant la couche elliptique comme la limite d'un corps ellipsoïdal terminé par la surface

$$(3)\qquad \frac{X^2}{A^2} + \frac{Y^2}{B^2} + \frac{Z^2}{C^2} = 1$$

et formé de couches homothétiques infiniment minces, lorsqu'on fait tendre le demi-axe C vers zéro.

Considérons un ellipsoïde intérieur à l'ellipsoïde (3) et qui lui est homothétique ; si nous posons

$$\frac{A}{B} = m, \quad \frac{A}{C} = n,$$

il aura pour équation

$$(4)\qquad X^2 + m^2 Y^2 + n^2 Z^2 = A^2 h^2,$$

h étant < 1 ; l'intersection de cette surface par le cylindre

$$(5)\qquad X^2 + m^2 Y^2 = A^2 k^2$$

se compose de deux ellipses parallèles au plan des x, y. On en conclut que deux cylindres infiniment petits, dont les bases seront égales et situées sur la courbe (5) tracée sur le plan des x, y, détacheront dans chaque couche des masses égales. Donc, si l'on suppose que C tende vers zéro, l'ellipsoïde deviendra une couche infiniment mince distribuée sur l'ellipse (1) et composée de bandes homothétiques infiniment étroites et homogènes.

16. On peut s'arranger pour que toutes ces bandes soient de même densité.

Prenons sur la courbe (5) une aire infiniment petite $d\omega$, que nous prenons pour la base d'un cylindre droit; il détachera dans le corps ellipsoïdal un volume qui aura pour valeur

$$2\,d\omega\int_0^{Z_1}\varphi(a)\,dZ,$$

Z_1 étant la coordonnée de l'ellipsoïde (3), et a d'après les équations (4) et (5) ayant pour valeur

$$a=\sqrt{n^2Z^2+A^2k^2}.$$

Comme on a aussi

$$Z_1=\frac{A}{n}\sqrt{1-k^2},$$

l'expression de ce volume devient

$$2\,d\omega\int_0^{\frac{A}{n}\sqrt{1-k^2}}\varphi\left(\sqrt{n^2Z^2+A^2k^2}\right)dZ.$$

Posons

$$Z=\frac{A}{n}\sqrt{1-k^2}\sin\theta,$$

nous aurons pour ce volume

$$\frac{2A}{n}\sqrt{1-k^2}\,d\omega\int_0^{\frac{\pi}{2}}\varphi\left[A\sqrt{1-(1-k^2)\cos^2\theta}\right]\cos\theta\,d\theta,$$

et si, désignant par g une constante, on pose

$$\varphi(a)=\frac{g}{\sqrt{A^2-a^2}},$$

cette expression se réduit à

$$\frac{\pi}{n}g\,d\omega.$$

Ainsi la densité de la couche sera égale à la constante ρ si l'on pose

$$\frac{\pi}{n} g = \rho \quad \text{ou} \quad g = \frac{n\rho}{\pi};$$

à la limite C sera infiniment petit et par conséquent g infiniment grand.

Nous avons vu (n° **11**) que le potentiel du corps ellipsoïdal a pour valeur

$$V = 2\pi \int_{t_1}^{\infty} \psi(a^2) \frac{dt}{D},$$

en prenant pour a^2 et $\psi(a^2)$ les expressions suivantes

$$a^2 = \frac{x^2}{1+t} + \frac{m^2 y^2}{1+m^2 t} + \frac{n^2 z^2}{1+n^2 t},$$

$$\psi(a^2) = F(A) - F(a) = \int_a^A \varphi(a) a\, da,$$

et t_1 étant la racine positive de l'équation

$$\frac{x^2}{1+t_1} + \frac{m^2 y^2}{1+m^2 t_1} + \frac{n^2 z^2}{1+n^2 t_1} = A^2.$$

On a

$$\psi'(a^2) = -\tfrac{1}{2}\varphi(a) = -\frac{g}{2} \frac{1}{\sqrt{A^2 - a^2}},$$

et il en résulte, pour le potentiel de l'ellipsoïde,

$$V = 2n\rho \int_{t_1}^{\infty} \sqrt{A^2 - \frac{x^2}{1+t} - \frac{m^2 y^2}{1+m^2 t} - \frac{n^2 z^2}{1+n^2 t}} \frac{dt}{\sqrt{(1+t)(1+m^2 t)(1+n^2 t)}}.$$

Pour obtenir le potentiel de la couche elliptique, faisons C infiniment petit ou n infiniment grand, et nous aurons

$$V = 2\rho \int_{t_1}^{\infty} \frac{\sqrt{A^2 - \dfrac{x^2}{1+t} - \dfrac{m^2 y^2}{1+m^2 t} - \dfrac{z^2}{t}}}{\sqrt{(1+t)(1+m^2 t)t}} dt,$$

et, en remplaçant t par $\frac{s}{A^2}$, nous obtiendrons la formule (2).

17. Nous allons vérifier la formule (2), ainsi que l'a fait Riemann.

En général, si une fonction V de x, y, z satisfait aux conditions suivantes :

1° V est une fonction continue de x, y, z, ainsi que ses dérivées du premier ordre en dehors d'une surface σ;

2° V satisfait à l'équation $\Delta V = 0$ dans tout l'espace, excepté sur cette surface;

3° Dans toute l'étendue de σ, on a

$$\frac{dV}{dN} + \frac{dV}{dN'} = -4\pi\rho,$$

dN et dN' étant les éléments de normale menés de part et d'autre de σ;

4° La quantité $V\sqrt{x^2 + y^2 + z^2}$ reste finie quand le point (x, y, z) s'éloigne à l'infini;

Alors V représente le potentiel d'une couche infiniment mince de matière distribuée sur σ et dont la densité est ρ en chaque point. Cette proposition se démontre absolument comme celle du n° **15** du Chapitre I.

Si l'on regarde x, y, z comme des coordonnées variables et σ comme un paramètre variable, l'équation

$$\frac{x^2}{A^2 + \sigma} + \frac{y^2}{B^2 + \sigma} + \frac{z^2}{\sigma} = 1 \tag{6}$$

représentera un système d'ellipsoïdes homofocaux dont les foyers sont sur les axes des x et des y, et la limite des plus petits ellipsoïdes sera précisément l'ellipse (1). Il est évident que cette équation en σ a une et une seule racine positive; les deux autres sont négatives et comprises, l'une entre $-\infty$ et $-A^2$, l'autre entre $-A^2$ et zéro.

L'équation (6) peut s'écrire

$$\sigma(\sigma + A^2)(\sigma + B^2) - \sigma(\sigma + B^2)x^2 - \sigma(\sigma + A^2)y^2 - (\sigma + A^2)(\sigma + B^2)z^2 = 0;$$

donc, quand $z = 0$, une des trois racines devient égale à zéro.

Si z n'est pas nul, le produit des trois racines est positif. Or, quand z est nul, le produit des deux racines autres que celle qui est nulle est

$$\alpha^2\beta^2 - \beta^2 x^2 - \alpha^2 y^2$$

et, par suite, négatif ou positif, suivant que le point (x, y) sera hors de l'ellipse (1) ou dans cette ellipse. D'après cela, la racine qui devient nulle est négative ou positive, suivant que le point (x, y) est en dehors ou en dedans de cette ellipse.

Donc, pour $z = 0$, la plus grande racine de l'équation (6), que nous désignerons alors par σ', est plus grande que zéro si le point (x, y, z) est en dehors du cylindre

$$\frac{X^2}{A^2} + \frac{Y^2}{B^2} = 1,$$

et σ' est égal à zéro si le point (x, y, z) est à l'intérieur de ce cylindre. Ces remarques nous serviront plus loin.

Posons, pour abréger,

$$1 - \frac{x^2}{s + A^2} - \frac{y^2}{s + B^2} - \frac{z^2}{s} = H,$$

nous aurons

$$V = 2\rho \int_{\sigma}^{\infty} \frac{\sqrt{H}\, ds}{\sqrt{s\left(1 + \frac{s}{A^2}\right)\left(1 + \frac{s}{B^2}\right)}}. \tag{7}$$

18. Pour éviter, dans le calcul des dérivées de V, les différentiations par rapport à la limite inférieure, Riemann remplace l'intégration prise pour des valeurs réelles par une intégration prise pour des valeurs imaginaires.

Soit posé $s = \xi + \eta\sqrt{-1}$ et regardons ξ comme l'abscisse et η comme l'ordonnée d'un point d'un plan, par rapport à des axes rec-

Fig. 6.

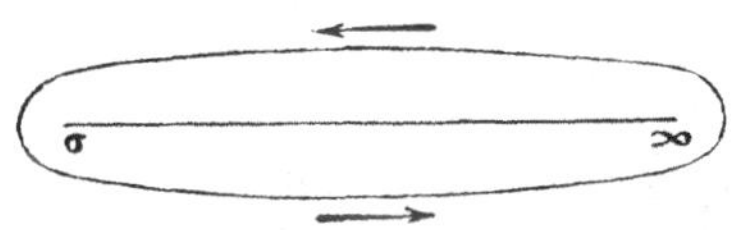

tangulaires. Menons la ligne droite qui va du point $s = \sigma$ au point $s = \infty$; puis menons une courbe L qui renferme cette droite et qui s'en écarte infiniment peu; nous pouvons regarder cette ligne comme fermée; elle ne renfermera ni le point $s = -A^2$, ni le point $s = -B^2$. Elle ne contiendra pas non plus le point $s = 0$, si nous supposons que l'on n'a pas $\sigma = \sigma' = 0$, ce qui ne peut avoir lieu que si le point (x, y, z) vient sur le plan des x, y et dans l'intérieur de l'ellipse

$$z = 0, \quad \frac{x^2}{A^2} + \frac{y^2}{B^2} = 1.$$

Le contour L ne renfermera donc qu'un point critique de la fonction soumise au signe d'intégration, savoir le point $s = \infty$, autour duquel la fonction change de signe par le facteur $\frac{1}{\sqrt{s}}$; donc l'intégrale prise le long du contour L est égale à deux fois cette intégrale prise le long de la ligne droite qui va de $s = \sigma$ à $s = \infty$. Ainsi nous pouvons écrire

$$V = \rho \int \frac{\sqrt{H}\, ds}{\sqrt{s\left(1 + \frac{s}{A^2}\right)\left(1 + \frac{s}{B^2}\right)}},$$

en regardant l'intégrale comme prise le long du contour L.

Posons

$$s\left(1 + \frac{s}{A^2}\right)\left(1 + \frac{s}{B^2}\right) = P,$$

nous trouverons

$$\Delta\left(H^{\frac{1}{2}}\right) = -H^{-\frac{3}{2}}\left[\frac{x^2}{(s + A^2)^2} + \frac{y^2}{(s + B^2)^2} + \frac{z^2}{s^2}\right]$$
$$- H^{-\frac{1}{2}}\left(\frac{1}{s + A^2} + \frac{1}{s + B^2} + \frac{1}{s}\right).$$

Or on a

$$\frac{dH}{ds} = \frac{x^2}{(s + A^2)^2} + \frac{y^2}{(s + B^2)^2} + \frac{z^2}{s^2},$$
$$\frac{d \log P}{ds} = \frac{1}{s + A^2} + \frac{1}{s + B^2} + \frac{1}{s};$$

il en résulte

$$\Delta\left(H^{\frac{1}{2}}\right) = -H^{-\frac{3}{2}}\frac{dH}{ds} - H^{-\frac{1}{2}}\frac{d \log P}{ds} = -H^{-\frac{1}{2}}\frac{d \log(HP)}{ds}.$$

On a donc

$$\Delta V = -\rho \int \frac{1}{\sqrt{HP}} \frac{d \log(HP)}{ds}\, ds = -\rho \int (HP)^{-\frac{3}{2}} d(HP).$$

L'intégrale indéfinie a pour valeur $\frac{-2}{\sqrt{HP}}$, expression qui a une valeur parfaitement déterminée pour chaque valeur de s appartenant au contour L; donc l'intégrale prise le long de ce contour est nulle et l'on a $\Delta V = 0$, ce qui est la deuxième condition exigée.

19. On voit facilement que $V, \frac{dV}{dx}, \frac{dV}{dy}$ sont partout continus.

Examinons ensuite la dérivée

$$\frac{dV}{dz} = -\rho z \int \frac{ds}{s\sqrt{HP}},$$

où l'intégrale s'étend à toute la ligne L.

Supposons d'abord que le point (x, y, z) soit situé en dehors du cylindre

$$(a) \qquad \frac{X^2}{A^2} + \frac{Y^2}{B^2} = 1.$$

Pour $z = 0$, on a $\sigma = \sigma' > 0$ et $H = 0$; la fonction soumise au signe d'intégration renferme le facteur $\frac{1}{\sqrt{s - \sigma'}}$, qui devient infini pour $s = \sigma'$, mais il n'en résulte aucun élément infini pour l'intégrale; donc l'intégrale a une valeur finie et $\frac{dV}{dz}$ s'annule par le facteur z qui est nul. Donc, en désignant par ε un infiniment petit, on a

$$\left(\frac{dV}{dz}\right)_{z=\varepsilon} - \left(\frac{dV}{dz}\right)_{z=-\varepsilon} = 0;$$

ainsi $\frac{dV}{dz}$ est une fonction continue sur toute la partie du plan des x, y située en dehors de l'ellipse (a).

Supposons ensuite que le point (x, y, z) soit situé à l'intérieur du cylindre (a). Alors, pour $z = 0$, on a $\sigma = \sigma' = 0$ et la fonction soumise au signe d'intégration est infinie pour le point $s = 0$, qui est maintenant renfermé dans L. Dans ce contour, menons la ligne AIB (*fig.* 7) infiniment voisine de ce point et qui partage en deux parties la surface renfermée par L. Alors le contour d'intégration pourra être remplacé : 1° par la ligne AIBEA qui s'étend à l'infini; 2° par le contour infiniment petit BIADB; car la ligne AIB est parcourue en sens opposé dans les deux nouveaux contours. L'intégrale relative au premier de ces deux contours est finie et, multipliée par le facteur z, sera nulle; il reste donc à nous occuper de l'intégrale prise le long de BIADB.

Posant $i = \sqrt{-1}$, on a

$$\int \frac{ds}{s\sqrt{H}\sqrt{P}} = \int \frac{i\,ds}{s\sqrt{z^2 - s - \frac{sx^2}{s+A^2} - \frac{sy^2}{s+B^2}}\sqrt{\left(1+\frac{s}{A^2}\right)\left(1+\frac{s}{B^2}\right)}}.$$

Quand le premier contour aura été parcouru et que l'on reviendra au point B, $\sqrt{H}$ aura changé de signe. Prenons donc cette intégrale précé-

Fig. 7.

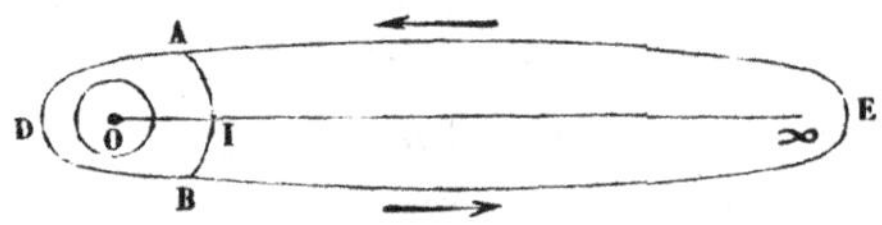

dée du signe $-$ pour le second contour; celui-ci, pour l'intégration, peut être remplacé par un cercle infiniment petit décrit du point $s = 0$ comme centre. Posons donc

$$s = re^{\theta i},$$

en désignant par r le rayon du cercle; si nous supposons que r est un infiniment petit d'ordre supérieur à celui de z^2, nous trouverons, pour cette intégrale,

$$\int_0^{2\pi} \frac{d\theta}{\sqrt{z^2}} = \frac{2\pi}{\sqrt{z^2}}.$$

On aura donc

$$\frac{dV}{dz} = -\rho z \frac{2\pi}{\sqrt{z^2}}.$$

Suivant que z est positif ou négatif, on a $\sqrt{z^2} = +z$ ou $= -z$, et $\frac{dV}{dz}$ est égal à $-2\pi\rho$ ou à $+2\pi\rho$. Ainsi l'on a

$$\left(\frac{dV}{dz}\right)_{z=\varepsilon} - \left(\frac{dV}{dz}\right)_{z=-\varepsilon} = -4\pi\rho,$$

sur la surface de l'ellipse.

20. Il est évident que $\frac{dV}{dz}$ est une fonction continue dans tout le reste de l'espace. Il reste donc à prouver que

$$\lim V\sqrt{x^2+y^2+z^2}$$

a une valeur finie quand le point (x, y, z) s'éloigne à l'infini.

On a d'abord

$$P = s\left(1+\frac{s}{A^2}\right)\left(1+\frac{s}{B^2}\right) > \frac{s^3}{A^2B^2}, \quad \frac{1}{\sqrt{P}} < ABs^{-\frac{3}{2}},$$

et la quantité

$$H = 1 - \frac{x^2}{s+A^2} - \frac{y^2}{s+B^2} - \frac{z^2}{s},$$

s'annulant pour $s=\sigma$, varie de zéro à l'unité quand s, en restant réel, croît depuis σ jusqu'à l'infini; donc, en remplaçant H par l'unité dans la formule (7), nous aurons

$$V < 2\rho\int_\sigma^\infty \frac{ds}{\sqrt{P}} < 2\rho AB\int_\sigma^\infty s^{-\frac{3}{2}}ds$$

ou

$$V < 4\rho AB\sigma^{-\frac{1}{2}},$$

$$(a) \qquad V\sqrt{\sigma} < 4\rho AB.$$

On a ensuite

$$\lim\frac{x^2+y^2+z^2}{\sigma} = \lim\left(\frac{x^2}{\sigma+A^2}+\frac{y^2}{\sigma+B^2}+\frac{z^2}{\sigma}\right) = 1$$

ou

$$(b) \qquad \lim\frac{\sqrt{x^2+y^2+z^2}}{\sigma} = 1.$$

Enfin, d'après (a) et (b), on a

$$\lim V\sqrt{x^2+y^2+z^2} < 4\rho AB.$$

Potentiel d'une couche elliptique composée de bandes infiniment étroites homogènes et homothétiques.

21. Nous avons vu (n° **15**) qu'une telle couche peut être considérée comme la limite d'un corps ellipsoïdal composé de couches homogènes et homothétiques, lorsque l'axe $2C$ devient infiniment petit, et ce corps a pour potentiel (n° 16)

$$V = 2\pi \int_{t_1}^{\infty} \psi(a^2) \frac{dt}{D},$$

en faisant

$$a^2 = \frac{x^2}{1+t} + \frac{m^2 y^2}{1+m^2 t} + \frac{n^2 z^2}{1+n^2 t}, \quad D = \sqrt{(1+t)(1+m^2 t)(1+n^2 t)}.$$

On a donc aussi, pour le potentiel de la couche examinée,

$$V = \frac{2\pi}{n} \int_{t_1}^{\infty} \psi(a^2) \frac{dt}{\sqrt{t(1+t)(1+m^2 t)}},$$

en posant

$$a^2 = \frac{x^2}{1+t} + \frac{m^2 y^2}{1+m^2 t} + \frac{z^2}{t}.$$

Supposons que la densité de la couche soit une fonction donnée $\chi(a)$ et déterminons la fonction $\frac{1}{n}\psi(a^2)$.

D'après le n° 16, nous avons, pour la densité de la couche,

$$(\alpha) \qquad \chi(a) = \frac{2A}{n}\sqrt{1-k^2} \int_0^{\frac{\pi}{2}} \varphi\left[A\sqrt{1-(1-k^2)\cos^2\theta}\right] \cos\theta \, d\theta;$$

nous avons aussi

$$\varphi(a) = -2\psi'(a^2);$$

posons, pour simplifier,

$$(\beta) \qquad \frac{1}{n}\psi'[A^2(1-x)] = -\frac{1}{4A} f'(x),$$

et faisons, de plus,

$$1 - k^2 = u;$$

comme on a

$$a = Ak = A\sqrt{1-u},$$

$\chi(a)$ est une fonction de u, $\varpi(u)$, et l'équation (α) devient

$$\varpi(u) = \sqrt{u} \int_0^{\frac{\pi}{2}} f'(u\cos^2\theta) \cos\theta \, d\theta;$$

il faut en tirer la fonction f.

Changeons la variable θ, en posant

$$u\cos^2\theta = v,$$

et nous aurons

$$\varpi(u) = \frac{1}{2}\int_0^u f'(v)\frac{dv}{\sqrt{u-v}}.$$

Multiplions par $\frac{du}{\sqrt{\alpha - u}}$ et intégrons de zéro à α; nous aurons

$$\int_0^\alpha \frac{\varpi(u)\,du}{\sqrt{\alpha-u}} = \frac{1}{2}\int_0^\alpha \frac{du}{\sqrt{\alpha-u}}\int_0^u f'(v)\frac{dv}{\sqrt{u-v}}.$$

L'intégration peut s'effectuer par rapport à u et, comme on a évidemment, en général,

$$\int_0^a dx\int_0^x f(x,y)\,dy = \int_0^a dy\int_y^a f(x,y)\,dx,$$

puisque ces deux intégrales doubles représentent un même volume, on obtient, par l'application de cette formule,

$$\int_0^\alpha \frac{\varpi(u)\,du}{\sqrt{\alpha-u}} = \frac{1}{2}\int_0^\alpha f'(v)\,dv\int_v \frac{du}{\sqrt{(\alpha-u)(u-v)}};$$

α étant $> v$, on a

$$\int \frac{du}{\sqrt{(\alpha-u)(u-v)}} = \arccos\frac{\alpha+v-2u}{\alpha-v};$$

il en résulte

$$\int_0^\alpha \frac{\varpi(u)\,du}{\sqrt{\alpha-u}} = \frac{\pi}{2}\int_0^\alpha f'(v)\,dv$$

ou

$$(\gamma) \qquad f(\alpha) = \frac{2}{\pi}\int_0^\alpha \frac{\varpi(u)\,du}{\sqrt{\alpha-u}} + \text{const.}$$

De la formule (β) on tire

$$\frac{1}{n}\psi[A^2(1-x)] = \frac{A}{4}f(x)$$

ou

$$\frac{1}{n}\psi(a^2) = \frac{A}{4}f\left(\frac{A^2 - a^2}{A^2}\right).$$

Comme $\psi(a^2)$ s'annule pour $a = A$, la constante arbitraire de la formule (γ) doit être supprimée ; on a donc

$$\frac{1}{n}\psi(a^2) = \frac{A}{2\pi}\int_0^{\frac{A^2-a^2}{A^2}} \frac{\varpi(u)\,du}{\sqrt{\frac{A^2-a^2}{A^2} - u}}$$

ou, en remplaçant u par $\frac{A^2 - s^2}{A^2}$,

$$\frac{1}{n}\psi(a^2) = \frac{1}{\pi}\int_a^A \frac{\chi(s)\,s\,ds}{\sqrt{s^2 - a^2}}.$$

Ce calcul se trouve dans l'Ouvrage de M. Betti (*Teorica delle forze newtoniane*).

Sur l'inversion des intégrations dans une intégrale définie double.

22. Supposons deux quantités a et t liées par l'équation

$$(\alpha) \qquad a = \lambda(t);$$

désignons par t' la valeur de t pour $a = 0$ et par t_1 la valeur de t pour $a = A$.

Regardons a comme l'abscisse et t comme l'ordonnée rectangulaire d'une courbe. Le cas le plus simple de notre problème sera celui où l'arc de la courbe compris entre les points $(0, t')$ et (A, t_1) ne sera rencontré qu'en un point par une droite menée parallèlement à l'un ou l'autre des axes de coordonnées. Alors on a cette formule, qui sert à intervertir l'ordre des intégrations,

$$(\beta) \qquad \int_0^A da \int_t^{t'} \Phi(a, t)\,dt = \int_{t_1}^{t'} dt \int_{\lambda(t)}^{A} \Phi(u, t)\,du.$$

Pour démontrer cette formule, prenons les différentielles des deux membres par rapport à A, nous aurons, pour le premier,

$$dA \int_{t_1}^{t'} \Phi(A, t)\, dt$$

et, pour le second,

$$dA \int_{t_1}^{t'} \Phi(A, t)\, dt - \frac{dt_1}{dA} \int_{\lambda(t_1)}^{A} \Phi(u, t)\, du.$$

Le dernier terme est nul, puisque $\lambda(t_1)$ est égal à A. Les deux intégrales (β) sont donc composées d'éléments identiques et il ne reste plus qu'à remarquer qu'elles s'annulent pour $A = 0$; cela est évident pour la première, et la seconde s'annule aussi, puisque, pour $A = 0$, on a $t_1 = t'$.

Il est facile de voir pourquoi le raisonnement qui précède est en défaut, lorsque l'arc de courbe qui joint les deux points $(0, t')$ et (A, t_1) est rencontré en plusieurs points par une parallèle à l'un des axes de coordonnées.

En général, dans une intégrale telle que la première (β), prise entre les deux constantes zéro et A, da est considéré comme ayant constamment le même signe et celui de A; de même, dans la seconde, dt est généralement considéré comme ayant constamment le signe de $t' - t_1$. Or, d'après la démonstration qui en a été donnée, la formule (β) sera applicable, pourvu que l'on regarde da, dans la première intégrale, et dt, dans la seconde, comme prenant des signes variables.

Soit MB_1B_2P (*fig.* 8) l'arc de la courbe (α) compris entre les deux

Fig. 8.

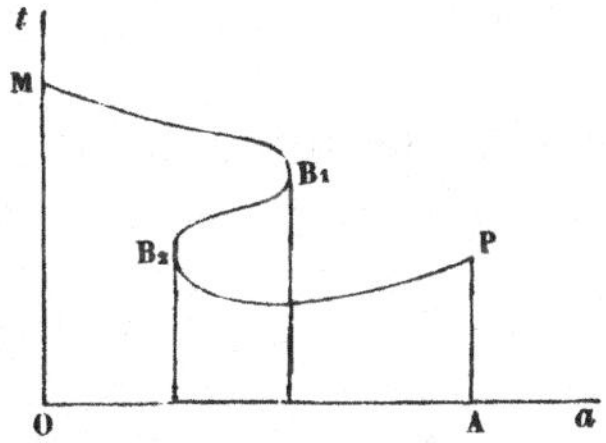

points (O, t') et (A, t_1) et soient B_1 et B_2 deux points de cet arc en lesquels la tangente est parallèle à l'axe des t. Si nous supposons qu'un point parcoure cet arc dans le sens MB_1B_2P, da sera positif sur MB_1, négatif sur B_1B_2, positif sur B_2P. Désignons par α_1 et α_2 les abscisses de B_1 et B_2 et représentons les valeurs de t sur MB_1, B_1B_2 et B_2P respectivement par $\chi_1(a)$, $\chi_2(a)$, $\chi_3(a)$. La première intégrale (β) pourra se décomposer ainsi

$$\int_0^A \Pi(a, t)\,da = \int_0^{\alpha_1} \Pi[a, \chi_1(a)]\,da + \int_{\alpha_1}^{\alpha_2} \Pi[a, \chi_2(a)]\,da + \int_{\alpha_2}^{A} \Pi[a, \chi_3(a)]\,da.$$

23. Considérons, parce que nous en aurons besoin plus loin, le cas particulier où l'arc n'est coupé qu'en un point par une parallèle à l'axe

Fig. 9.

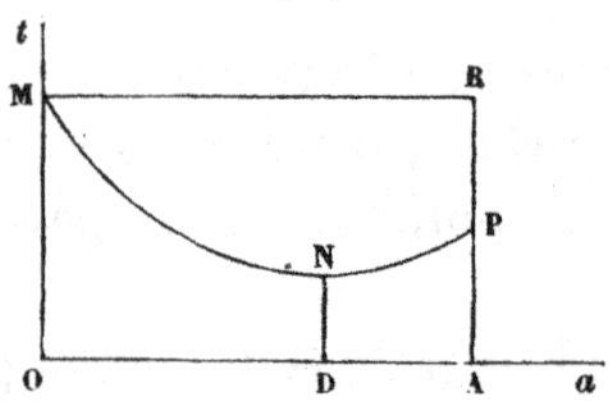

des t, mais peut être coupé en deux points par une parallèle à l'axe des a (*fig.* 9).

Alors l'intégrale du premier membre de (β) s'expliquera parfaitement, sans qu'on soit obligé de faire la convention précédente, puisque a va constamment en croissant quand un point parcourt l'arc MNP sans rebrousser chemin.

On voit facilement que cette intégrale représente le volume d'un corps prismatique ayant pour base MNPR et terminé à la surface $Z = \Phi(a, t)$.

Examinons ensuite la seconde intégrale (β). Désignons par m la plus petite valeur de t représentée par ND sur la figure; cette intégrale pourra se décomposer ainsi

$$\int_{t_1}^{t'} \Psi(t, a)\,dt = \int_{t_1}^{m} \Psi(t, a)\,dt + \int_{m}^{t'} \Psi(t, a)\,dt.$$

Désignons par $\lambda_1(t)$ et $\lambda_2(t)$ les valeurs de a sur l'arc NP et sur l'arc NM; nous aurons

$$\int_{t_1}^{t'} \Psi(t,a)\,dt = \int_{t_1}^{m} \Psi[t,\lambda_1(t)]\,dt + \int_{m}^{t'} \Psi[t,\lambda_2(t)]\,dt$$

$$= \int_{t_1}^{t'} \Psi[t,\lambda_2(t)]\,dt + \int_{m}^{t_1} \Psi\{[t,\lambda_2(t)] - \Psi[t,\lambda_1(t)]\}\,dt.$$

24. Nous aurons encore à considérer le cas particulier où $\Phi(a,t)$ est de la forme

$$\varphi(a)\psi[a,\lambda(t)]F(t$$

Alors la formule (β) deviendra

$$\int_0^{A} \varphi(a)\,da \int_{t}^{t'} \psi[a,\lambda(t)]F(t)\,dt$$

$$= \int_{t_1}^{t'} F(t)\,dt \int_{\lambda(t)}^{A} \psi[u,\lambda(t)]\varphi(u)\,du$$

ou

$$= \int_{t_1}^{t'} F(t)\,dt \int_{a}^{A} \psi(u,a)\varphi(u)\,du.$$

Potentiel d'un cylindre elliptique droit de longueur finie.

25. Soit un corps homogène compris entre le cylindre elliptique

$$\frac{x^2}{a^2} + \frac{y^2}{b^2} = 1$$

et les deux plans

$$z = 0, \quad z = H.$$

Prenons la densité du corps pour unité et divisons-le en tranches parallèles au plan des x, y et dont la hauteur infiniment petite soit dh. D'après ce qui a été vu (nº 15), le potentiel de la tranche située sur le plan des x, y a pour valeur

$$2\,dh \int_s^{\infty} \sqrt{1 - \frac{x^2}{s+a^2} - \frac{y^2}{s+b^2} - \frac{z^2}{s}}\,\frac{ds}{D},$$

en posant

$$D = \sqrt{s\left(1+\frac{s}{a^2}\right)\left(1+\frac{s}{b^2}\right)},$$

et la limite inférieure s étant la racine positive de l'équation

$$\frac{x^2}{s+a^2}+\frac{y^2}{s+b^2}+\frac{z^2}{s}=1.$$

Pour avoir le potentiel v de la tranche située à la hauteur h, il faudra changer z en $z-h$ dans l'expression précédente, et nous aurons

$$v = 2\,dh\int_s^\infty \sqrt{1-\frac{x^2}{s+a^2}-\frac{y^2}{s+b^2}-\frac{(z-h)^2}{s}}\,\frac{ds}{D},$$

la limite inférieure s étant la racine positive de l'équation

$$(1)\qquad \frac{x^2}{s+a^2}+\frac{y^2}{s+b^2}+\frac{(z-h)^2}{s}=1.$$

Nous aurons donc, pour le potentiel du cylindre compris entre les plans $z=0$ et $z=H$,

$$V = 2\int_0^H dh\int_s^\infty \sqrt{1-\frac{x^2}{s+a^2}-\frac{y^2}{s+b^2}-\frac{(z-h)^2}{s}}\,\frac{ds}{D},$$

où l'intégration doit s'effectuer d'abord par rapport à s, puis par rapport à h; mais, comme l'intégration indéfinie peut s'effectuer par rapport à h et point par rapport à s, nous allons intervertir l'ordre des intégrations.

Si nous posons

$$\theta(s) = \sqrt{s\left(1-\frac{x^2}{s+a^2}-\frac{y^2}{s+b^2}\right)},$$

l'équation (1) pourra s'écrire

$$(2)\qquad h = z \pm \theta(s).$$

Représentons le second membre par $\lambda(s)$, nous aurons

$$V = 2\int_0^H dh\int_s^\infty \sqrt{\frac{[\lambda(s)-z]^2-(h-z)^2}{s}}\,\frac{ds}{D}.$$

Désignons par s' la valeur de s pour $h = 0$; V pourra se décomposer en deux parties de la manière suivante :

$$V = 2\int_0^{\mathrm{H}} dh \int_s^{s'} \Phi(h, s)\, ds + 2\int_0^{\mathrm{H}} dh \int_{s'}^{\infty} \Phi(h, s)\, ds;$$

les limites de la seconde intégrale étant constantes, on peut y intervertir l'ordre des intégrations sans en changer les limites, et la première intégrale peut être transformée par la formule du n° **24**; nous aurons donc

$$(3)\quad \left\{ \begin{aligned} V = {} & 2\int_\sigma^{s} \frac{ds}{s\sqrt{\left(1 + \frac{s}{a^2}\right)\left(1 + \frac{s}{b^2}\right)}} \int_h^{\mathrm{H}} \sqrt{(h - z)^2 - (u - z)^2}\, du \\ & + 2\int_{s'}^{\infty} \frac{ds}{s\sqrt{\left(1 + \frac{s}{a^2}\right)\left(1 + \frac{s}{b^2}\right)}} \int_0^{\mathrm{H}} \sqrt{\theta(s)^2 - (h - z)^2}\, dh, \end{aligned} \right.$$

la limite inférieure σ de la première intégrale étant la valeur de s pour $h = \mathrm{H}$, c'est-à-dire la racine positive de l'équation

$$\frac{x^2}{\sigma + a^2} + \frac{y^2}{\sigma + b^2} + \frac{(z - \mathrm{H})^2}{\sigma} = 1.$$

Mais il faut avoir soin de comprendre la première des deux intégrales doubles selon ce qui a été dit (n° **22**); ce qui nécessite les considérations suivantes.

26. Dans l'équation (1) posons $z - h = z'$; nous aurons

$$(4)\qquad \frac{x^2}{s + a^2} + \frac{y^2}{s + b^2} + \frac{z'^2}{s} = 1,$$

et représentons la racine positive de cette équation par

$$s = \psi(z'^2).$$

Si l'on regarde x, y, z' comme des coordonnées courantes et s comme un paramètre, l'équation (4) représente des ellipsoïdes homofocaux dont les dimensions grandissent avec s. Donc, x et y étant supposés constants, quand z' grandit, s va aussi en croissant. Remettons $h - z$ au lieu de z'; nous aurons

$$s = \psi[(h-z)^2] = \chi(h);$$

donc s aura sa plus petite valeur pour $h = z$ et il ira constamment en croissant depuis cette valeur de h jusqu'à $h = \pm\infty$.

Construisons la courbe dont h est l'abscisse et s l'ordonnée (*fig.* 10); soit B son point le plus bas qui correspond à l'abscisse $OA = z$; la courbe est symétrique par rapport à la droite BA.

Fig. 10.

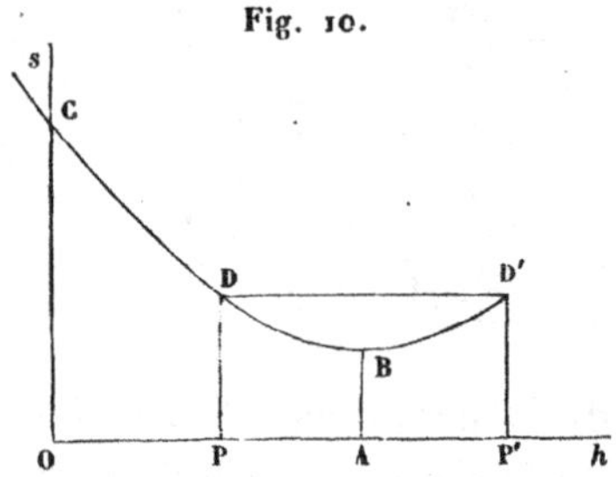

Distinguons deux cas suivant que le point (x, y, z) est situé en dehors de l'espace compris entre les plans prolongés des deux bases du cylindre ou qu'il est situé dans cet espace. Dans le premier cas, on peut supposer $z > H$; dans le second cas, z est compris entre o et H.

Supposons d'abord $H < z$; prenons $OP = H$; soit PD l'ordonnée correspondante de la courbe. On a $PD = \sigma$ et $OC = s'$. Si un point se meut sur la courbe depuis D jusqu'à C, ds reste constamment positif; donc aussi ds est constamment positif dans la première intégrale (3).

Supposons ensuite $H > z$; prenons l'abscisse $OP' = H$. Soit $P'D' = \sigma$. Si un point se meut sur la courbe et va de D' en C, ds sera négatif de D' en B et positif de B en C.

27. On a

$$2\int\sqrt{(h-z)^2 - (u-z)^2}\,du$$
$$= (u-z)\sqrt{(h-z)^2-(u-z)^2} + (h-z)^2 \arcsin\frac{u-z}{\sqrt{(h-z)^2}}$$

Si z est $> \mathrm{H}$, il sera aussi $> h$ et il faudra constamment prendre le signe $-$ dans la formule (2); ainsi nous aurons

$$2\int_h^{\mathrm{H}} \sqrt{(h-z)-(u-z)^2}\,du$$
$$= (\mathrm{H}-z)\sqrt{(h-z)^2-(\mathrm{H}-z)^2} + (h-z)^2 \arcsin\frac{\mathrm{H}-z}{z-h} + (h-z)^2\frac{\pi}{2}$$

ou, en remplaçant $h-z$ par $-\theta(s)$,

$$2\int_h^{\mathrm{H}} \sqrt{(h-z)^2-(u-z)^2}\,du$$
$$= (\mathrm{H}-z)\sqrt{\theta(s)^2-(\mathrm{H}-z)^2} + \theta(s)^2\left[\arcsin\frac{\mathrm{H}-z}{\theta(s)} + \frac{\pi}{2}\right].$$

Donc, si z est $> \mathrm{H}$, on a

$$\mathrm{V} = \int_\sigma^{s'} \frac{ds}{s\sqrt{\left(1+\frac{s}{a^2}\right)\left(1+\frac{s}{b^2}\right)}}\left[(\mathrm{H}-z)\sqrt{\theta(s)^2-(\mathrm{H}-z)^2} + \theta(s)^2 \arccos\frac{z-\mathrm{H}}{\theta(s)}\right] + \mathrm{U},$$

en posant

$$\mathrm{U} = \int_{s'}^{\infty} \frac{ds}{s\sqrt{\left(1+\frac{s}{a^2}\right)\left(1+\frac{s}{b^2}\right)}}\left\{\begin{array}{l}(\mathrm{H}-z)\sqrt{\theta(s)^2-(\mathrm{H}-z)^2} + z\sqrt{\theta(s)^2-z^2}\\ \quad + \theta(s)^2\left[\arcsin\frac{\mathrm{H}-z}{\theta(s)} + \arcsin\frac{z}{\theta(s)}\right]\end{array}\right\}.$$

Si z est compris entre zéro et H, il faudra prendre dans la formule (2) le signe $+$ ou $-$ suivant que h sera plus grand ou plus petit que z.

Dans la première intégrale (3), il faut alors admettre que la variable s, par rapport à laquelle on intègre, va de σ à m, valeur minimum de s, puis de m à s', et nous pourrons décomposer ainsi cette intégrale

$$\int_\sigma^m \Pi(h,s)\,ds + \int_m^{s'} \Pi(h,s)\,ds,$$

en posant

$$\Pi(h,s) = \frac{1}{s\sqrt{\left(1+\frac{s}{a^2}\right)\left(1+\frac{s}{b^2}\right)}}\,2\int_h^{\mathrm{H}} \sqrt{(h-z)^2-(u-z)^2}\,du;$$

pour la première partie, il faudra prendre h dans (2) avec le signe $+$, pour la seconde avec le signe $-$; ainsi cette expression deviendra

$$\int_\sigma^m \Pi[z+\theta(s), s]\,ds + \int_m^s \Pi[z-\theta(s), s]\,ds$$

$$= \int_\sigma^{s'} \Pi[z-\theta(s), s]\,ds + \int_m^\sigma \big\{\Pi[z-\theta(s), s] - \Pi[z+\theta(s), s]\big\}\,ds.$$

Suivant que z est $< h$ ou $> h$, on a

$$2\int_h^H \sqrt{(h-z)^2-(u-z)^2}\,du = (H-z)\sqrt{\theta(s)^2-(H-z)^2} + \theta(s)^2\left[\arc\sin\frac{H-z}{\theta(s)} \mp \frac{\pi}{2}\right]$$

et par suite on a

$$\Pi[z-\theta(s), s] - \Pi[z+\theta(s), s] = \frac{\pi\theta(s)^2}{s\sqrt{\left(1+\frac{s}{a^2}\right)\left(1+\frac{s}{b^2}\right)}}.$$

Donc, si z est compris entre o et H, on obtient

$$V = \int_\sigma^{s'} \frac{ds}{s\sqrt{\left(1+\frac{s}{a^2}\right)\left(1+\frac{s}{b^2}\right)}}\left[(H-z)\sqrt{\theta(s)^2-(H-z)^2} - \theta(s)^2 \arccos\frac{H-z}{\theta(s)}\right]$$

$$+ \pi\int_m^\sigma \frac{\theta(s)^2\,ds}{s\sqrt{\left(1+\frac{s}{a^2}\right)\left(1+\frac{s}{b^2}\right)}} + U.$$

La dernière intégrale peut se calculer exactement, puisque l'on a

$$\int \frac{\theta(s)^2\,ds}{s\sqrt{\left(1+\frac{s}{a^2}\right)\left(1+\frac{s}{b^2}\right)}} = ab\log\left[\frac{a^2+b^2}{2} + s + \sqrt{(a^2+s)(b^2+s)}\right]$$

$$- \frac{2abx^2}{a^2-b^2}\left(\frac{b^2+s}{a^2+s}\right)^{\frac{1}{2}} + \frac{2aby^2}{a^2-b^2}\left(\frac{a^2+s}{b^2+s}\right)^{\frac{1}{2}}.$$

Sur la détermination des lignes de force.

28. Les lignes de force, provenant d'un système de masses, sont, en chacun de leurs points, tangentes à la résultante des forces qui agissent en ce point. D'après cela, si x, y, z sont les coordonnées rectangulaires d'un point d'une ligne de force et si dx, dy, dz sont les projections d'un élément de cette ligne, nous aurons les équations

$$\frac{dx}{\frac{dV}{dx}} = \frac{dy}{\frac{dV}{dy}} = \frac{dz}{\frac{dV}{dz}}, \tag{1}$$

et ce sont les équations différentielles de ces lignes.

Il est aisé de rapporter ces équations à un système de coordonnées curvilignes, provenant d'un triple système de surfaces orthogonales. Désignons par s, s_1, s_2 les trois lignes d'intersection de ces surfaces qui passent par le point (x, y, z). En considérant les composantes de la force suivant les tangentes en ce point à ces trois lignes, nous aurons les équations toutes semblables aux équations (1)

$$\frac{ds}{\frac{dV}{ds}} = \frac{ds_1}{\frac{dV}{ds_1}} = \frac{ds_2}{\frac{dV}{ds_2}},$$

et, en introduisant les variables ρ, ρ_1, ρ_2, selon ce qui a été dit (Chap. IV, n° **21**), nous aurons ces équations

$$\frac{d\rho}{h^2\frac{dV}{d\rho}} = \frac{d\rho_1}{h_1^2\frac{dV}{d\rho_1}} = \frac{d\rho_2}{h_2^2\frac{dV}{d\rho_2}},$$

oue l'on peut écrire ainsi

$$\frac{d\rho}{\frac{h}{h_1 h_2}\frac{dV}{d\rho}} = \frac{d\rho_1}{\frac{h_1}{h_2 h}\frac{dV}{d\rho_1}} = \frac{d\rho_2}{\frac{h_2}{h h_1}\frac{dV}{d\rho_2}}. \tag{2}$$

D'ailleurs V satisfait à l'équation $\Delta V = 0$, qui, d'après le même numéro, peut s'écrire

$$(3)\qquad \frac{d}{d\rho}\left(\frac{h}{h_1 h_2}\frac{dV}{d\rho}\right)+\frac{d}{d\rho_1}\left(\frac{h_1}{h_2 h}\frac{dV}{d\rho_1}\right)+\frac{d}{d\rho_2}\left(\frac{h_2}{h h_1}\frac{dV}{d\rho_2}\right)=0.$$

Or on a le théorème suivant, que Jacobi a appelé le *principe du dernier multiplicateur :*

Si, dans les équations différentielles simultanées,

$$(A)\qquad \frac{d\rho}{U}=\frac{d\rho_1}{U_1}=\frac{d\rho_2}{U_2},$$

U, U_1, U_2 *sont des fonctions de* ρ, ρ_1, ρ_2 *qui satisfont à l'équation*

$$\frac{dU}{d\rho}+\frac{dU_1}{d\rho_1}+\frac{dU_2}{d\rho_2}=0,$$

et si, de plus, on connaît une intégrale du système (A)

$$(B)\qquad f(\rho,\rho_1,\rho_2)=c_1,$$

où c_1 *désigne une constante arbitraire, on obtiendra immédiatement l'autre intégrale, en posant l'équation*

$$\int \frac{d\rho_2}{dc_1}(U_1\, d\rho - U\, d\rho_1)=c_2,$$

dans laquelle c_2 *est une constante arbitraire et où* ρ_2 *est supposé exprimé en fonction de* ρ, ρ_1, c_1, *au moyen de l'équation* (B).

Il suit de là que, si l'on connaît une intégrale des équations (2), on obtiendra la seconde en posant

$$\int \frac{d\rho_2}{dc_1}\left(\frac{h_1}{h_2 h}\frac{dV}{d\rho_1}d\rho-\frac{h}{h_1 h_2}\frac{dV}{d\rho}d\rho_1\right)=c_2$$

et en effectuant la quadrature.

29. Il y a deux cas qui peuvent être traités de cette sorte : celui où l'équation

$$(4)\qquad V=\text{const.}$$

représente des cylindres indéfinis parallèles et celui où elle représente des surfaces de révolution autour d'un même axe. En effet, l'une des intégrales sera l'équation d'un plan, puisque, dans le premier cas, ces lignes seront dans un plan perpendiculaire aux cylindres et, dans le second cas, elles seront dans un plan passant par l'axe de révolution. Mais on peut traiter ces deux cas directement.

Supposons que l'équation (4) représente des cylindres indéfinis parallèles à l'axe des z. La fonction V ne renfermera pas z et les équations (1) deviendront

$$\frac{dV}{dy}dx - \frac{dV}{dx}dy = 0, \quad dz = 0; \tag{5}$$

on aura donc l'intégrale

$$z = c_1,$$

et, comme on a

$$\frac{d^2V}{dx^2} + \frac{d^2V}{dy^2} = 0,$$

le premier membre de l'équation (5) est une différentielle exacte et il reste à faire une quadrature.

Supposons que l'équation (4) représente des surfaces de révolution autour de l'axe des z; posons

$$x^2 + y^2 = u^2$$

et désignons par θ l'angle d'un plan méridien avec le plan des zx, alors

$$\theta = c_1 \tag{6}$$

sera l'une des intégrales des lignes de force. Ensuite l'équation des trajectoires orthogonales des courbes représentées par (4) et (6) est

$$\frac{dV}{dz}du - \frac{dV}{du}dz = 0. \tag{7}$$

Or l'équation $\Delta V = 0$ devient

$$\frac{d^2V}{dz^2} + \frac{d^2V}{du^2} + \frac{1}{u}\frac{dV}{du} = 0$$

ou

$$\frac{d\left(u\dfrac{dV}{dz}\right)}{dz} = -\frac{d\left(u\dfrac{dV}{du}\right)}{du}.$$

Donc, si l'on multiplie le premier membre de l'équation (7) par u, il devient une différentielle exacte et l'on a pour les lignes de force

$$\theta = c_1, \quad \int u\left(\frac{dV}{dz}du - \frac{dV}{du}dz\right) = c_2.$$

Lignes de force d'un ellipsoïde de révolution.

30. Supposons un ellipsoïde de révolution formé de couches homothétiques. Faisons $b = a$ ou $m = 1$ dans les formules du n° **11** et nous aurons pour le potentiel de ce corps sur un point extérieur

$$V = 2\pi \int_{t_1}^{\infty} \psi(K)\frac{dt}{D},$$

en posant

$$D = (1+t)\sqrt{1+n^2 t}, \quad u^2 = x^2 + y^2,$$

$$K = a^2 = \frac{u^2}{1+t} + \frac{n^2 z^2}{1+n^2 t},$$

$$\psi(a^2) = 2\int_a^A \varphi(a)\, a\, da$$

et t_1 étant la racine positive de l'équation

$$(a) \qquad \frac{u^2}{1+t_1} + \frac{n^2 z^2}{1+n^2 t_1} = A^2.$$

Formons l'équation (7) du numéro précédent en la multipliant par u, et, remarquant que $\psi(A^2) = 0$, nous aurons l'équation

$$(b) \qquad 2u\,du\int_{t_1}^{\infty} \psi'(K)\frac{n^2 z}{1+n^2 t}\frac{dt}{D} - 2u\,dz\int_{t_1}^{\infty}\psi'(K)\frac{u}{1+t}\frac{dt}{D} = 0,$$

dont le premier membre est une différentielle exacte.

Or on sait que, si l'on a

$$dU = F(x,y)\,dx + F_1(x,y)\,dy,$$

on en conclura, en désignant par α, β deux constantes arbitraires,

$$U = \int_{\alpha}^{x} F(x,y)\,dx + \int_{\beta}^{y} F_1(\alpha, y)\,dy,$$

et l'on peut souvent choisir α de manière que la seconde intégrale s'annule.

Donc, si nous désignons par dU le premier membre de l'équation (b), nous obtiendrons

$$U = z\int_0^u du \int_{t_1}^{\infty} \psi'(K) \frac{2u}{\frac{1}{n^2}+t}\frac{dt}{D},$$

et, comme on a

$$\psi'(K)\frac{2u}{1+t} = \psi'(K)\frac{dK}{du} = \frac{d\psi(K)}{du},$$

il en résulte

$$\begin{aligned} U &= n^2 z\int_0^u du \int_{t_1}^{\infty} \frac{d\psi(K)}{du}\,\frac{1+t}{1+n^2 t}\,\frac{dt}{D} \\ &= n^2 z\int_0^u du \int_{t_1}^{\infty} \frac{d\psi(K)}{du}\,\frac{dt}{(1+n^2 t)^{\frac{3}{2}}}. \end{aligned}$$

Cette intégrale double peut être remplacée par une intégrale simple. En effet, posons

$$\int_0^u du \int_{t_1}^{\infty} \frac{d\psi(K)}{du}\,\frac{dt}{(1+n^2 t)^{\frac{3}{2}}} = \int_{t_1}^{\infty} \varphi(K)\chi(t)\,dt + \Lambda(z),$$

$\varphi(K)$, $\chi(t)$, $\Lambda(z)$ étant des fonctions à déterminer; puis différentions les deux membres par rapport à u et nous aurons

$$\int_{t_1}^{\infty} \frac{d\psi(K)}{du}\,\frac{dt}{(1+n^2 t)^{\frac{3}{2}}} = \int_{t_1}^{\infty} \frac{d\varphi(K)}{du}\chi(t)\,dt - \varphi(K_1)\chi(t_1)\frac{dt_1}{du},$$

K_1 étant la valeur de K pour $t = t_1$. On satisfera à cette équation en posant

$$\varphi(K) = \psi(K), \quad \chi(t) = \frac{1}{(1+n^2 t)^{\frac{3}{2}}};$$

car on aura alors

$$\varphi(K_1) = \psi(K_1) = \psi(A^2) = 0.$$

Il en résulte

$$U = n^2 z\int_{t_1}^{\infty} \psi(K) - \frac{dt}{(1+n^2 t)^{\frac{3}{2}}} + \lambda(z).$$

Pour obtenir $\lambda(z)$, formons la différentielle de U par rapport à z, et égalons-la au second terme de la formule (b); nous trouvons ainsi que $\lambda(z)$ est nul. Nous avons donc enfin pour l'équation des lignes de force dans leur plan méridien

$$(c) \qquad z\int_{t_1}^{\infty} \psi(K)\frac{dt}{(1+n^2t)^{\frac{3}{2}}} = \text{const.},$$

t_1 étant une fonction de u et z, fournie par l'équation (a).

Cette formule a été donnée par M. Betti. Si l'on suppose que n soit infiniment grand, l'ellipsoïde se changera en une couche circulaire infiniment mince dont la densité variera avec la distance au centre (n^{os} **15** et **21**). On aura alors

$$K = \frac{n^2}{1+t} + \frac{z^2}{t};$$

la fonction $\frac{1}{n}\psi(a^2)$ sera déterminée d'après le n° **21**, et l'équation (c) deviendra

$$z\int_{t_1} \frac{\psi(K)}{n}\frac{dt}{t^{\frac{3}{2}}} = \text{const.}$$

Cette équation avait été donnée avant l'équation (c), par M. Beltrami.

31. Si l'ellipsoïde est entièrement homogène, l'équation (c) des lignes de force deviendra

$$z\int_{t_1}^{\infty}\left(A^2 - \frac{u^2}{1+t} - \frac{n^2z^2}{1+n^2t}\right)\frac{dt}{(1+n^2t)^{\frac{3}{2}}} = \text{const.}$$

ou, si l'on pose, en supposant l'ellipsoïde aplati,

$$t = \frac{\rho^2}{A^2} - 1, \quad A^2 - \frac{A^2}{n^2} = \gamma^2, \quad t_1 = \frac{\rho_1^2}{A^2} - 1,$$

$$(d) \qquad z\int_{\rho_1}^{\infty}\left(1 - \frac{u^2}{\rho^2} - \frac{z^2}{\rho^2-\gamma^2}\right)\frac{\rho\, d\rho}{(\rho^2-\gamma^2)^{\frac{3}{2}}} = \text{const.}$$

Décomposons cet ellipsoïde en couches homofocales. L'attraction de toutes ces couches sur un point extérieur aura une même direction et sera proportionnelle à leurs masses; chacune de ces couches a donc les mêmes lignes de force. De même un ellipsoïde formé de couches homofocales homogènes aura des lignes de force fournies par l'équation (d), qui devient, si l'on effectue la quadrature,

$$\frac{z}{\sqrt{\rho_1^2-\gamma^2}}\left[1-\frac{u^2}{\gamma^2}-\frac{z^2}{3(\rho_1^2-\gamma^2)}+\frac{u^2\sqrt{\rho_1^2-\gamma^2}}{\gamma^3}\operatorname{arc\,tang}\frac{\gamma}{\sqrt{\rho_1^2-\gamma^2}}\right]=\text{const.},$$

ρ_1 étant la racine positive de l'équation

$$\frac{u^2}{\rho_1^2}+\frac{z^2}{\rho_1^2-\gamma^2}=1.$$

Si l'ellipsoïde est allongé, on changera γ^2 en $-\gamma^2$, en remarquant que l'on a

$$\frac{1}{\sqrt{-1}}\operatorname{arc\,tang}(x\sqrt{-1})=\frac{1}{2}\log\left(\frac{1+x}{1-x}\right),$$

et l'on obtiendra pour l'équation des lignes de force

$$\frac{z}{\sqrt{\rho_1^2+\gamma^2}}\left[1+\frac{u^2}{\gamma^2}-\frac{z^2}{3(\rho_1^2+\gamma^2)}-\frac{u^2\sqrt{\rho_1^2+\gamma^2}}{\gamma^3}\log\frac{\sqrt{\rho_1^2+\gamma^2}+\gamma}{\sqrt{\rho_1^2+\gamma^2}-\gamma}\right]=\text{const.},$$

ρ_1 étant la racine positive de l'équation

$$\frac{u^2}{\rho_1^2}+\frac{z^2}{\rho_1^2+\gamma^2}=1.$$

Lignes de force d'un cylindre elliptique indéfini.

32. Supposons un cylindre elliptique, composé de couches homogènes homothétiques. Ce cylindre peut être considéré comme un ellipsoïde dont un des axes est infini. Son potentiel est infini, mais les composantes de son attraction sont finies et l'on peut les déduire des composantes de l'attraction d'un ellipsoïde formé de couches homothétiques. Dans le n° **11** faisons $c=\infty$, $n=0$; alors, en posant

$$\mathrm{D}=\sqrt{(1+t)(1+m^2t)},$$
$$\mathrm{K}=a^2=\frac{x^2}{1+t}+\frac{m^2y^2}{1+m^2t},$$

et désignant par t_1 la racine positive de l'équation

$$(a) \qquad \frac{x^2}{1+t_1} + \frac{m^2 y^2}{1+m^2 t_1} = A^2,$$

nous aurons pour les composantes de l'attraction du cylindre suivant les axes des x et des y

$$(b) \qquad \frac{dV}{dx} = 4\pi x \int_{t_1}^{\infty} \frac{\psi'(K)}{1+t}\frac{dt}{D}, \quad \frac{dV}{dy} = 4\pi y \int_{t_1}^{\infty} \psi'(K)\frac{m^2}{1+m^2 t}\frac{dt}{D}.$$

Les lignes de force sont parallèles au plan des x, y, et ont pour équation différentielle

$$\frac{dV}{dy}dx - \frac{dV}{dx}dy = 0$$

ou

$$(c) \qquad \int_{t_1}^{\infty} \psi'(K)\left(\frac{m^2 y\, dx}{1+m^2 t} - \frac{x\, dy}{1+t}\right)\frac{dt}{D} = 0.$$

Le premier membre est la différentielle exacte d'une fonction U de x et y, et nous aurons

$$(d) \qquad U = y\int_0^x dx \int_{t_1}^{\infty} \frac{m^2}{1+m^2 t}\psi'(K)\frac{dt}{D}.$$

Si l'on intègre par parties, cette formule devient

$$U = y\left[x\int_{t_1}^{\infty} \frac{m^2}{1+m^2 t}\psi'(K)\frac{dt}{D} + m^2\psi'(K_1)\int_{\frac{y^2}{A^2}-\frac{1}{m^2}}^{t_1} \frac{\sqrt{A^2(1+m^2 t_1) - m^2 y^2}}{(1+m^2 t_1)^2}\,dt_1\right],$$

K_1 étant la valeur de K pour $t = t_1$ et étant égal à A^2.

Or on trouve facilement

$$y m^2 \int_{\frac{y^2}{A^2}-\frac{1}{m^2}}^{t_1} \frac{\sqrt{A^2(1+m^2 t) - m^2 y^2}}{(1+m^2 t)^2}\,dt$$

$$= \frac{A^2}{m}\,\text{arc tang}\,\frac{\sqrt{A^2(1+m^2 t_1) - m^2 y^2}}{my} - y\,\frac{\sqrt{A^2(1+m^2 t_1) - m^2 y^2}}{1+m^2 t_1}$$

et, en se servant de l'équation (a),

$$= \frac{A^2}{m} \operatorname{arc\,tang} \frac{x\sqrt{\frac{1}{m^2}+t_1}}{y\sqrt{1+t_1}} - \frac{xy}{\sqrt{(1+t_1)(1+m^2t_1)}}.$$

Nous avons donc

$$\begin{aligned} U = xy\int_{t_1}^{\infty} \psi'(K)\, \frac{m^2}{1+m^2t}\, \frac{dt}{D} \\ - xy\frac{\psi'(A^2)}{\sqrt{(1+t_1)(1+m^2t_1)}} + \frac{A^2}{m}\psi'(A^2) \operatorname{arc\,tang} \frac{x\sqrt{\frac{1}{m^2}+t_1}}{y\sqrt{1+t_1}}. \end{aligned}$$

Dans cette formule, où t_1 dépend de x et de y, les deux variables x et y ne se présentent pas de la même manière; modifions donc la forme de l'expression de U.

On a l'équation

$$\frac{d^2V}{dx^2} + \frac{d^2V}{dy^2} = 0;$$

prenons, d'après cela, les dérivées des expressions (b), la première par rapport à x, la seconde par rapport à y, et égalons leur somme à zéro; nous aurons

$$\begin{aligned} \int_{t_1}^{\infty} \psi'(K)\, \frac{1}{1+t}\, \frac{dt}{D} \qquad - x\,\psi'(A^2)\,\frac{1}{1+t_1}\,\frac{1}{D_1}\,\frac{dt_1}{dx} \\ + \int_{t_1}^{\infty} \psi'(K)\,\frac{1}{\frac{1}{m^2}+t}\,\frac{dt}{D} - y\,\psi'(A^2)\,\frac{1}{\frac{1}{m^2}+t_1}\,\frac{1}{D_1}\,\frac{dt_1}{dy} = 0 \end{aligned}$$

ou

$$\begin{aligned} \int_{t_1}^{\infty} \psi'(K)\,\frac{1}{1+t}\,\frac{dt}{D} + \int_{t_1}^{\infty} \psi'(K)\,\frac{m^2}{1+m^2t}\,\frac{dt}{D} \\ = \psi'(A^2)\,\frac{1}{D_1}\left(\frac{x}{1+t_1}\,\frac{dt_1}{dx} + \frac{m^2y}{1+m^2t_1}\,\frac{dt_1}{dy}\right) = \frac{2}{D_1}\,\psi'(A^2). \end{aligned}$$

Il en résulte

$$\int_{t_1}^{\infty} \psi'(\mathrm{K}) \frac{m^2}{1+m^2 t} \frac{dt}{\mathrm{D}} = -\int_{t_1}^{\infty} \psi'(\mathrm{K}) \frac{1}{1+t} \frac{dt}{\mathrm{D}} + \frac{2}{\mathrm{D}_1} \psi'(\mathrm{A}^2).$$

Partageons le premier terme de U en deux termes égaux à

$$\frac{xy}{2} \int_{t_1}^{\infty} \psi'(\mathrm{K}) \frac{m^2}{1+m^2 t} \frac{dt}{\mathrm{D}}$$

et, dans l'un de ces termes seulement, remplaçons l'intégrale par la valeur précédente; nous obtiendrons

$$\mathrm{U} = \frac{xy}{2} \int_{t_1}^{\infty} \psi'(\mathrm{K}) \frac{m^2}{1+m^2 t} \frac{dt}{\mathrm{D}}$$
$$- \frac{xy}{2} \int_{t_1}^{\infty} \psi'(\mathrm{K}) \frac{1}{1+t} \frac{dt}{\mathrm{D}} + \frac{\mathrm{A}^2}{m} \psi'(\mathrm{A}^2) \operatorname{arc\,tang} \frac{x\sqrt{\frac{1}{m^2}+t_1}}{y\sqrt{1+t_1}}$$

ou

$$\mathrm{U} = \frac{xy}{2}(m^2-1) \int_{t_1}^{\infty} \psi'(\mathrm{K}) \frac{dt}{\mathrm{D}^3} + \frac{\mathrm{A}^2}{m} \psi'(\mathrm{A}^2) \operatorname{arc\,tang} \frac{x\sqrt{\frac{1}{m^2}+t_1}}{y\sqrt{1+t_1}},$$

et l'équation $\mathrm{U} = \text{const.}$ sera celle des lignes de force.

33. Si le cylindre qui a pour demi-axes A et B est entièrement homogène, il faudra faire $\psi'(\mathrm{K}) = -1$, et, si l'on pose

$$\mathrm{A}^2(t+1) = \rho^2, \quad \mathrm{A}^2 - \mathrm{B}^2 = \beta^2,$$

et qu'on désigne par ρ_1 la racine positive de l'équation

$$\frac{x^2}{\rho_1^2} + \frac{y^2}{\rho_1^2 - \beta^2} = 1,$$

on aura

$$\frac{-1}{\mathrm{AB}} \mathrm{U} = \beta^2 xy \int_{\rho_1}^{\infty} \frac{d\rho}{\rho^2(\rho^2-\beta^2)^{\frac{3}{2}}} + \operatorname{arc\,tang} \frac{x\sqrt{\rho_1^2-\beta^2}}{y\rho_1}.$$

En effectuant la quadrature, on obtient

$$\frac{xy}{\beta^2}\left(\frac{2\rho_1^2-\beta^2}{\rho_1\sqrt{\rho_1^2-\beta^2}}-1\right)+\operatorname{arc\,tang}\frac{x\sqrt{\rho_1^2-\beta^2}}{y\rho_1}=\text{const.}$$

pour l'équation des lignes de force du cylindre elliptique homogène dont la distance des foyers de la section droite est égale à 2β. Ce sera aussi l'équation de ces lignes pour une couche elliptique homofocale.

FIN.

TABLE DES MATIÈRES.

Pages

Préface v

CHAPITRE I.

PROPRIÉTÉS GÉNÉRALES DU POTENTIEL.

Définition du potentiel. — Surfaces de niveau 1
Conditions de continuité auxquelles satisfait le potentiel V d'une masse 4
Théorème de Laplace 6
Sur l'intégration par parties appliquée à une intégrale triple 7
Valeur de ΔV pour un point intérieur à la masse 9
Énoncé des propriétés caractéristiques du potentiel, d'une ou de plusieurs masses continues 12
Formule dite de Green. — Comment elle s'est présentée dans la théorie de la chaleur 13
Valeur moyenne de la composante normale de la force sur une surface fermée 16
Conditions pour lesquelles une fonction des coordonnées d'un point se réduit au potentiel d'une masse continue 19
Principe de Dirichlet 21
Potentiel d'une couche sphérique uniforme 23
Moyenne du potentiel sur la surface d'une sphère et valeurs extrêmes qu'il prend dans un espace extérieur aux masses 23
Énergie d'un système de masses 27

CHAPITRE II.

POTENTIEL DE COUCHES DE MATIÈRE DISTRIBUÉES SUR DES SURFACES.

Attraction du segment d'une couche, déterminé par un plan tangent mené à la surface intérieure. — Influence des courbures principales de la surface. — Formule qui donne la densité d'une couche 32
Démonstration de la formule de la densité d'une couche, présentée par Poisson 41
Fonctions des coordonnées d'un point qui peuvent être représentées par les potentiels de couches distribuées sur des surfaces 43

Pages
Cas où ces fonctions représentent le potentiel d'une masse continue.................... 49
Sur la fonction de Green.................... 50
Potentiel d'une couche sphérique. — Calcul de sa densité.................... 53

CHAPITRE III.

POTENTIEL LOGARITHMIQUE. — POTENTIEL CALORIFIQUE. — SECOND POTENTIEL.

Potentiel logarithmique.................... 58

Préliminaires.................... 58
Valeur de ΔV à l'intérieur de la masse.................... 60
Énoncé des propriétés caractéristiques du potentiel logarithmique.................... 61
Fonctions qui peuvent être représentées par le potentiel logarithmique de couches mises sur des lignes fermées.................... 62
Fonction analogue à la fonction de Green.................... 64

Potentiel calorifique.................... 65

Considérations générales.................... 65
Sur la solution de l'équation $\Delta v = \alpha^2 v$.................... 68
Solution de l'équation $\Delta u = -\alpha^2 u$.................... 72
Solution de cette équation, lorsque u ne dépend que des deux coordonnées d'un point d'un plan.................... 73

Second potentiel.................... 77

Formules relatives à l'expression $\Delta\Delta u$.................... 77
Définition et propriétés du second potentiel.................... 78
Sur une solution de l'équation $\Delta\Delta u = 0$.................... 80
Solution générale de cette équation.................... 81
Sur l'équation $\Delta\Delta u = 0$ réduite à deux coordonnées.................... 83

CHAPITRE IV.

COMPARAISON DE LA THÉORIE DU POTENTIEL AVEC CELLE DE LA CHALEUR.

Démonstration de la formule $\Delta V = -4\pi\rho$.................... 86
Identité des fonctions qui représentent le potentiel et la température d'équilibre.................... 88
Surfaces isothermes ou de niveau.................... 89
Cônes isothermes ou de niveau.................... 92
Système de lignes isothermes correspondant à deux courbes données ou à une seule.................... 94
Lignes nodales d'une membrane.................... 99
Système de surfaces isothermes ou de niveau, correspondant à deux surfaces données ou à une seule.................... 102
Digression sur la différentiation par rapport à des arcs.................... 103
Expression de ΔV où l'on fait entrer le paramètre d'un système de surfaces de niveau.................... 113

Pages
Potentiel dans les corps cristallisés 116

Définitions 119
Propriétés de la fonction qui satisfait à l'équation $\Delta' V = 0$ 118
Valeur de $\Delta' V$ à l'intérieur de la masse 122
Valeur moyenne du flux de force sur une surface fermée 124

CHAPITRE V.

SUR L'ATTRACTION DE DIFFÉRENTS CORPS DÉRIVÉS DES SURFACES DU SECOND ORDRE.

Emploi des surfaces de niveau pour déterminer l'attraction d'un corps. — Cas où ce corps est un ellipsoïde 126
Attraction d'une couche ellipsoïdale sur un point de sa surface extérieure 129
Composantes de l'attraction d'un ellipsoïde homogène sur un point 130
Potentiel d'un ellipsoïde plein homogène 134
Potentiel d'une couche homogène comprise entre deux ellipsoïdes homothétiques 138
Potentiel d'un ellipsoïde formé de couches, telles que la précédente 139
Théorème de Legendre. — Potentiel d'un ellipsoïde formé de couches homogènes infiniment minces et homofocales. — Potentiel d'une couche homofocale en un point de sa cavité 141
Potentiel d'une ellipse recouverte d'une couche infiniment mince et de densité constante 144
Potentiel d'une couche elliptique composée de bandes infiniment étroites, homogènes et homothétiques 153
Sur l'inversion des intégrations dans une intégrale définie double 156
Potentiel d'un cylindre elliptique droit de longueur finie 159
Sur la détermination des lignes de force 165
Lignes de force d'un ellipsoïde de révolution formé de couches homothétiques ou homofocales 168
Lignes de force d'un cylindre elliptique indéfini, formé de couches homothétiques ou homofocales 171

10188 Paris. — Imprimerie Gauthier-Villars, quai des Augustins, 55.

THÉORIE

DU POTENTIEL.

OUVRAGES DE M. ÉMILE MATHIEU.

Dynamique analytique. In-4; 1878 .... 15 fr.

Tous les Ouvrages de Mécanique commencent par l'exposition des mêmes principes; mais ils se séparent bientôt selon que l'auteur a voulu faire un Traité de Mécanique rationnelle ou s'est proposé surtout la théorie des Machines. Quant aux Ouvrages de Mécanique rationnelle, ordinairement ils renferment, surtout comme applications, des problèmes peu réalisables, tandis que la puissance de la Mécanique rationnelle se montre principalement dans l'étude du mouvement des corps célestes. Aussi est-ce vers ce côté que sont dirigées les théories de la *Dynamique analytique* de M. Mathieu, qui pourrait être intitulée *Prodrome de Mécanique céleste*. On peut citer deux Ouvrages qui ont été faits dans le même but : la *Mécanique analytique* de Lagrange et les *Vorlesungen über Dynamik* de Jacobi, qui sont de date beaucoup plus récente. Mais, bien que M. Mathieu ait utilisé tous les résultats acquis à la Science dans cette branche des Mathématiques, c'est avec celui de Lagrange que son Ouvrage a, par l'exposition, le plus d'analogie.

Traité de Physique mathématique.

I. Cours de Physique mathématique. In-4; 1873 .... 15 fr.

II. Théorie de la capillarité. In-4; 1883 .... 10 fr.

III. Théorie du potentiel et ses applications a l'Électrostatique et au Magnétisme.

Première Partie. — *Théorie du potentiel.* In-4; 1885 .... 9 fr.

Deuxième Partie. — *Électrostatique et Magnétisme.* In-4; 1886 .... 12 fr.

11342 Paris. — Imprimerie de Gauthier-Villars, quai des Augustins, 55.

THÉORIE

DU POTENTIEL

ET SES APPLICATIONS

A L'ÉLECTROSTATIQUE ET AU MAGNÉTISME,

PAR

M. ÉMILE MATHIEU,

PROFESSEUR A LA FACULTÉ DES SCIENCES DE NANCY.

SECONDE PARTIE.

ÉLECTROSTATIQUE ET MAGNÉTISME.

PARIS,

GAUTHIER-VILLARS, IMPRIMEUR-LIBRAIRE

DU BUREAU DES LONGITUDES, DE L'ÉCOLE POLYTECHNIQUE,

SUCCESSEUR DE MALLET-BACHELIER,

Quai des Augustins, 55.

1886

PRÉFACE.

Dans la première Partie de cet Ouvrage, j'ai étudié les propriétés du potentiel, en faisant abstraction de toute application. Si je n'avais eu en vue que les théories mathématiques de l'électrostatique et du magnétisme, j'aurais pu abréger un peu l'exposition de la *Théorie du potentiel*. Mais je tenais à la présenter avec les développements qu'elle comporte et à lui conserver la rigueur que les géomètres, depuis Gauss, ont voulu lui donner. D'ailleurs, dans la première Partie, il n'y a réellement que le Chapitre III qui traite de questions étrangères à la seconde Partie et qui se rapporte à d'autres sujets de Physique mathématique.

Je ne veux point faire ici un historique du sujet actuel, dont on trouvera d'ailleurs les principaux traits dans le corps de ce Livre. Toutefois je ferai remarquer le grand rôle qu'y remplit Poisson, dont les Mémoires les plus importants sur ces matières sont ceux qu'il a publiés en 1811 sur la distribution de l'électricité à la surface des conducteurs et, en 1821-1822, sur la théorie du magnétisme.

Néanmoins, depuis cette époque, les idées se sont beaucoup

modifiées dans ces questions et surtout dans l'électricité statique.

Le potentiel, pour Poisson, était une quantité purement mathématique, à laquelle il n'avait pas même jugé à propos de donner un nom particulier. C'était pour lui une quantité auxiliaire qui lui servait à calculer la force électrique ou magnétique et à déterminer la distribution de l'électricité ou du magnétisme. Maintenant le potentiel de l'électricité est une quantité physique que l'on détermine avec une grande précision par les instruments de W. Thomson.

Maintenant aussi l'on se représente autrement qu'alors la résistance de l'air sur l'électricité d'un conducteur et l'on peut regarder comme entièrement nouvelles les connaissances que l'on a sur l'induction et la polarisation d'un corps isolant.

Je ferai observer que, dans ce second Volume, j'ai évité d'entrer dans des développements de calculs, qui pourraient avoir de l'intérêt sous le rapport analytique, mais dont l'utilité serait presque nulle pour la Physique. Je laisse d'ailleurs au lecteur à juger ce qui m'appartient dans cet Ouvrage.

Nancy, le 11 janvier 1886.

ÉLECTROSTATIQUE

ET MAGNÉTISME.

CHAPITRE I.

PRINCIPES GÉNÉRAUX DE L'ÉLECTROSTATIQUE.

Nous n'avons point à décrire ici les phénomènes élémentaires par lesquels se manifeste l'électricité, dont nous nous proposons d'étudier les lois de l'équilibre. Mais nous rappellerons qu'on distingue deux espèces d'électricité : l'une positive ou vitrée, et l'autre négative ou résineuse. Les électricités de même nom se repoussent, celles de nom contraire s'attirent. Deux quantités de ces deux électricités dont les effets se détruisent, quand elles sont réunies, sont regardées comme égales et de signes contraires. Comme les deux électricités sont susceptibles de mesure, si l'électricité positive, par exemple, est prise en quantité deux fois ou trois fois plus grande, etc., on dit qu'elle a une masse double ou triple, etc. En donnant à ces deux électricités le nom de *fluides électriques*, il est évident qu'on n'admet *a priori* aucune similitude entre l'électricité et les corps fluides ; le mot *fluide* dans cette théorie doit son origine à la facilité très grande de l'électricité de s'écouler sur certains corps.

Suivant une loi reconnue et démontrée expérimentalement par Coulomb, l'action d'un élément de fluide électrique sur un autre élément de ce fluide a lieu en raison directe de leurs masses et en raison inverse du carré de leurs distances.

Tous les phénomènes de l'Électrostatique s'effectuent comme si tout corps à l'état neutre, c'est-à-dire non électrisé, possédait une quantité excessivement grande et comme indéfinie des deux électricités et en égale quantité dans chaque élément de ce corps.

Un corps électrisé renferme, outre une même quantité très grande de chacune des deux électricités, une quantité de l'une seulement des électricités, qui est appelée *électricité libre*.

On divise les corps en bons et en mauvais conducteurs de l'électricité. Dans les corps bons conducteurs, l'électricité se transmet dans tous les points avec une extrême rapidité. Dans certains corps, au contraire, l'électricité ne se meut que très lentement, et, bien que l'ensemble de sa masse ne soit pas en équilibre dans ces corps, on peut néanmoins regarder cette électricité comme sensiblement fixe pendant un certain temps.

Si l'on communique de l'électricité à un corps conducteur isolé, elle prend dans un temps extrêmement court l'état de distribution qu'elle doit affecter, et l'on démontre très facilement, comme nous le verrons, que l'électricité doit se porter à la surface du corps.

La couche extrêmement mince que l'électricité forme sur la surface se trouve retenue sur le conducteur par la résistance de l'air, qu'il ne faut pas toutefois confondre avec la pression de l'air. En effet, bien que la résistance de l'air diminue quand la pression décroît depuis la pression atmosphérique jusqu'à 3^{mm} de mercure environ, cette résistance croît ensuite très rapidement quand la raréfaction de l'air est continuée jusqu'aux limites qu'on sait atteindre, et il y a tout lieu de penser que le vide absolu offrirait une résistance encore plus grande.

L'action de la couche électrique d'un conducteur, isolé et éloigné de toute influence, sur tout point intérieur, doit être nulle pour l'équilibre; car autrement elle décomposerait le fluide neutre qui se trouve en ce point, et l'équilibre n'existerait pas.

Si l'on suppose plusieurs conducteurs isolés, chargés d'électricité et mis en présence, ils s'influenceront réciproquement, et l'électricité se mettra en équilibre. Il faudra donc encore que l'action totale des couches électriques sur un point de l'intérieur d'un quelconque des conducteurs soit nulle. Ainsi, comme Poisson l'a dit le premier, le potentiel de l'électricité de toutes ces couches sera constant dans l'intérieur de chaque conducteur, et ces conditions sont toujours remplies, dès qu'elles le sont sur les surfaces; d'ailleurs cette valeur constante du potentiel variera en général d'un conducteur à un autre.

Un corps non conducteur ou diélectrique, lorsqu'il est électrisé, renferme généralement de l'électricité à son intérieur, et l'on appelle *densité électrique* le rapport de la quantité d'électricité renfermée dans un élément de volume à cet élément. Mais, quand une couche électrique se trouve à la surface d'un corps, comme cela a lieu pour les conducteurs électrisés, on appelle *densité de la couche* le rapport de la masse électrique située sur chaque élément de surface à cet élément.

Potentiel de l'électricité.

1. Si nous désignons par m et m' deux masses d'électricité que nous imaginons concentrées en deux points dont la distance est r, l'attraction ou la répulsion entre ces deux points est dirigée suivant la droite qui les joint et a pour grandeur

$$hmm'\frac{1}{r^2},$$

h étant un coefficient constant. L'unité de longueur et l'unité de force étant supposées choisies, alors, afin que le coefficient h se réduise à l'unité, nous prendrons pour unité d'électricité la masse d'électricité positive qui, placée à l'unité de distance d'une masse égale, la repousse avec l'unité de force.

Désignons, en général, par r la distance du point (x, y, z) à chaque point (a, b, c) d'une masse électrique; le potentiel de cette électricité au point (x, y, z) sera

$$V = \iiint \frac{1}{r} D \, da\, db\, dc,$$

D étant la densité positive ou négative de l'électricité au point (a, b, c).

Si l'électricité se trouve distribuée en couches excessivement minces sur une ou plusieurs surfaces, en désignant par ρ la densité sur chaque élément $d\sigma$ de ces surfaces et par r la distance de $d\sigma$ au point (x, y, z), on aura, pour le potentiel de l'électricité,

$$V = \int \frac{1}{r} \rho \, d\sigma,$$

l'intégrale étant étendue à toutes les surfaces recouvertes de couches électriques.

Comme nous l'avons déjà dit (Ire Partie, Chap. I, n° 1), les composantes de l'action électrique sur le point (x, y, z), où l'on suppose concentrée une masse m d'électricité qui porte en soi son signe, ont pour valeurs

$$-m\frac{dV}{dx}, \quad -m\frac{dV}{dy}, \quad -m\frac{dV}{dz}.$$

Concevons une force appliquée au point (x, y, z) qui ait pour composantes

$$-\frac{dV}{dx}, \quad -\frac{dV}{dy}, \quad -\frac{dV}{dz};$$

elle sera dite la *force électrique* en ce point.

Couche électrique d'un corps conducteur.

2. Supposons un conducteur isolé et électrisé, et soient X, Y, Z les composantes de la force électrique, provenant de ce corps et de corps voisins, au point (x, y, z) situé à l'intérieur du conducteur; nous aurons

$$X = -\frac{dV}{dx}, \quad Y = -\frac{dV}{dy}, \quad Z = -\frac{dV}{dz},$$

V étant le potentiel de toute l'électricité, et si nous désignons par D la densité électrique au même point, nous aurons

$$\Delta V = \frac{d^2V}{dx^2} + \frac{d^2V}{dy^2} + \frac{d^2V}{dz^2} = -4\pi D$$

(Ire Partie, Chap. I, n° 7).

Le corps étant parfait conducteur, et l'équilibre étant établi, les composantes X, Y, Z sont nulles dans tous les points intérieurs du corps, dans lesquels on a, par conséquent,

$$\frac{dV}{dx} = 0, \quad \frac{dV}{dy} = 0, \quad \frac{dV}{dz} = 0,$$

et, par suite, V est constant dans tous les points du corps. Il en résulte aussi que ΔV y est nul et, par suite, D l'est également.

Donc toute l'électricité se porte à la surface du corps conducteur, où elle ne peut être retenue que par la résistance du milieu ambiant.

La force est nulle à la surface intérieure de la couche, et elle a pour valeur à la surface extérieure

$$(a) \qquad -\frac{dV}{dn} = 4\pi\rho,$$

dn étant l'élément de normale extérieure et ρ la densité de la couche (Ire Partie, Chap. II, n° 8, ou Chap. IV, n° 2).

3. Si un conducteur isolé A est chargé d'électricité et qu'il soit influencé par l'électricité de corps diélectriques B, C, ..., le potentiel de la couche située sur A est la somme 1° du potentiel V_1 dû à sa charge M répartie dans la supposition que les diélectriques sont supprimés, 2° du potentiel V_2 de la couche induite sur A par les corps B, C, ... dans la supposition que la charge de A soit nulle.

En effet, nous avons d'abord

$$V_1 = \text{const.}$$

à l'intérieur du corps A. Désignons par U le potentiel de l'électricité des diélectriques, que nous regardons comme fixée dans ces corps; nous aurons aussi

$$V_2 + U = \text{const.}$$

à l'intérieur du corps A. On a donc de même dans ce corps

$$V_1 + V_2 + U = \text{const.}$$

Comme V_2 est le potentiel d'une couche de masse nulle, $V_1 + V_2$ est le potentiel d'une couche de masse M, formée de la superposition des deux couches imaginées, et elle est en équilibre d'après la dernière équation.

4. On peut remarquer qu'il n'y a aucune portion de la surface d'un conducteur électrisé qui soit dépourvue d'électricité.

En effet, le potentiel a une valeur constante dans ce conducteur; mais, si les espaces intérieur et extérieur à la surface σ n'étaient pas séparés partout par de l'électricité, le potentiel de toute l'électricité aurait la même valeur constante en dehors de σ, tant que le point (x, y, z) ne rencontrerait pas d'électricité (Chap. I, nº 19); il aurait donc cette même valeur sur les deux faces de la couche. Donc, d'après la formule (a), la densité ρ serait nulle sur toute la surface du conducteur.

5. Calculons la pression électrostatique, c'est-à-dire la force avec laquelle la masse électrique est poussée en dehors sur chaque élément de la surface du conducteur.

La densité D du fluide de la couche étant supposée variable, si nous désignons par e son épaisseur, nous aurons

$$\rho = \int_0^e \mathrm{D}\, dn.$$

Si nous plaçons l'axe des x suivant la normale menée à la surface intérieure et que nous appliquions l'équation

$$\frac{d^2\mathrm{V}}{dx^2} + \frac{d^2\mathrm{V}}{dy^2} + \frac{d^2\mathrm{V}}{dz^2} = -4\pi\mathrm{D},$$

on voit facilement que $\frac{d^2\mathrm{V}}{dy^2}$ et $\frac{d^2\mathrm{V}}{dz^2}$ sont négligeables, et il reste

$$(b) \qquad \frac{d^2\mathrm{V}}{dn^2} = -4\pi\mathrm{D}.$$

La force répulsive $\mathrm{P}\,d\sigma$, produite sur l'élément $d\sigma$ de la surface du conducteur, se compose de toutes les actions normales qui ont lieu sur cet élément, et, $-\frac{d\mathrm{V}}{dn}$ étant la force électrique dans la masse de la couche, on obtient

$$P\,d\sigma = d\sigma \int_0^e \left(-\frac{dV}{dn}\right) D\,dn = \frac{d\sigma}{4\pi}\int_0^e \frac{dV}{dn}\frac{d^2V}{dn^2}\,dn = \frac{d\sigma}{8\pi}\left[\left(\frac{dV}{dn}\right)^2\right]_{n=e} = 2\pi\rho^2\,d\sigma.$$

Donc, comme Poisson l'a dit le premier, la pression électrostatique ou tension électrique P est proportionnelle au carré de la densité de la couche ou au carré de la force électrique à la surface extérieure de la couche. Et pour que la couche demeure en équilibre, il faut que cette tension soit détruite par la résistance du milieu ambiant.

D'après le raisonnement même qui a été fait (n° 2) pour prouver que l'électricité se porte sur la surface du corps, il semble que la couche doit revêtir cette surface, en lui étant entièrement extérieure.

La manière la plus simple de se représenter géométriquement la couche électrique est de supposer D constant dans toute l'étendue de la couche. Alors, par exemple, si le conducteur est éloigné de toute influence et s'il a pour surface un ellipsoïde, la surface extérieure de la couche sera un ellipsoïde homothétique avec le premier, puisqu'on sait qu'une pareille couche n'a pas d'action sur tout point intérieur.

Si l'on suppose D constant, on obtient, en intégrant la formule (*b*),

$$\frac{dV}{dn} = -4\pi D n,$$

et il n'y a pas lieu d'ajouter de constante arbitraire, puisque, pour $n = 0$ ou sur la surface intérieure, $\frac{dV}{dn}$ est nul. En intégrant de nouveau et désignant par V_0 la valeur de V sur la surface intérieure, on obtient

$$V = V_0 - 2\pi D e^2$$

pour le potentiel sur la surface extérieure de la couche.

Comparaison de deux états électriques d'un système de conducteurs qui s'influencent mutuellement.

6. Si deux conducteurs chargés d'électricité sont réunis par un fil conducteur très fin, leur potentiel est le même. Or le potentiel d'une couche cylindrique est proportionnel au logarithme de son rayon. Donc, puisque le potentiel du fil est le même que celui des deux corps, la quantité d'électricité du fil est très faible. En général, quand on suppose un conducteur réuni à la Terre par un fil métallique, son potentiel est zéro et l'électricité du fil est négligeable.

Considérons maintenant plusieurs conducteurs A_1, A_2, ..., A_n chargés d'électricité; désignons par V le potentiel total de cette électricité et par ρ_1, ρ_2, ..., ρ_n les fonctions qui donnent la densité électrique sur les surfaces σ_1, σ_2, ..., σ_n de ces conducteurs.

Supposons, en second lieu, que, sans modifier les positions de ces conducteurs, on les charge d'une autre manière. Soit U le potentiel total des nouvelles charges, et soient τ_1, τ_2, ... les densités respectives sur les conducteurs.

Exprimons le potentiel de toute la masse d'électricité du second état sur celle du premier et désignons, en général, par V_i, U_i les valeurs des V et U sur σ_i. On peut obtenir cette quantité sous deux formes différentes (Ire Partie, Chap. I, n° 25) et, en égalant ses deux expressions, on obtient

$$\int V_1\tau_1\,d\sigma_1+\int V_2\tau_2\,d\sigma_2+\ldots=\int U_1\rho_1\,d\sigma_1+\int U_2\rho_2\,d\sigma_2+\ldots.$$

Or V et U sont constants sur les surfaces σ; donc cette égalité devient

$$(\alpha)\qquad V_1\int\tau_1\,d\sigma_1+V_2\int\tau_2\,d\sigma_2+\ldots=U_1\int\rho_1\,d\sigma_1+U_2\int\rho_2\,d\sigma_2+\ldots.$$

Prenons le cas particulier où V_1, V_2, ... et U_1, U_2, ... sont tous nuls, excepté V_1 et U_2, et supposons

$$V_1=U_2,$$

il en résultera

$$\int\tau_1\,d\sigma_1=\int\rho_2\,d\sigma_2.$$

On en conclut ce théorème :

Si plusieurs conducteurs A_3, A_4, ..., A_n *sont mis en communication avec le sol, mais qu'à l'un des deux autres,* A_1 *ou* A_2, *on donne le potentiel* V_1 *en le mettant en communication avec une source indéfinie à ce potentiel, tandis que le second est mis en communication avec le sol, alors ce dernier corps, qu'il soit* A_1 *ou* A_2, *se couvrira de la même quantité d'électricité.*

Supposons ensuite deux autres états électriques des conducteurs, dans lesquels A_3, A_4, ..., A_n sont sans charge; mais, dans l'un de ces états, A_1 a la charge M et A_2 la charge o; dans l'autre, A_1 a la charge o et A_2 la charge M. Alors l'équation (α) donnera $V_2 = U_1$. Ainsi le potentiel du second corps dans le premier état électrique sera égal au potentiel du premier corps dans le second état.

Sur la stabilité de l'équilibre de l'électricité sur les conducteurs.

7. Nous avons admis, comme un fait d'expérience, que si l'on communique de l'électricité à des conducteurs, l'électricité prend, dans un temps inappréciable, la disposition qu'elle doit avoir pour se trouver en équilibre. Il en résulte que l'électricité accomplit des oscillations excessivement rapides et détruites dans un temps excessivement court par les résistances et qu'elle se fixe dans un état d'équilibre stable. Il s'agit de démontrer par l'analyse la stabilité de cet équilibre, qui est une propriété fondamentale de l'Électrostatique. Je vais reproduire la démonstration que j'en ai donnée dans le *Journal de Borchardt* (t. 85, mai 1878).

Le potentiel d'une couche distribuée sur une surface σ par rapport à un point P est

$$V = \int \frac{1}{r} \rho \, d\sigma,$$

en désignant par r la distance du point P à l'élément $d\sigma$. Posons ensuite

$$\Omega = \int V \rho \, d\sigma,$$

en étendant encore l'intégrale à toute la surface σ. Si l'on suppose que la densité ρ reste constamment positive, il est facile de voir que Ω aura un minimum.

Supposons, en effet, que la masse donnée de la couche soit égale à M; désignons par R la plus grande distance entre deux points de σ, V en chaque point de la surface sera plus grand que $\frac{M}{R}$. Ainsi Ω est plus grand que $\frac{M}{R}\int \rho\, d\sigma = \frac{M^2}{R}$. Il existe donc un mode de distribution pour lequel Ω est un minimum.

8. L'expression de Ω peut se mettre sous cette forme

$$\Omega = \int\int \frac{1}{r}\rho\, d\sigma\, \rho'\, d\sigma',$$

en désignant par $d\sigma'$ un second élément de la surface, par ρ' la densité sur cet élément et par r la distance entre $d\sigma$ et $d\sigma'$.

Si nous supposons un changement infiniment petit dans la distribution de la matière, ρ se changera en $\rho + \delta\rho$, et si nous désignons par $\delta\Omega$ l'accroissement correspondant de Ω, nous obtiendrons

$$\Omega + \delta\Omega = \int\int \frac{1}{r}(\rho + \delta\rho)(\rho' + \delta\rho')\, d\sigma\, d\sigma'$$

et, par suite,

$$\delta\Omega = \int\int \frac{1}{r}\delta\rho\, d\sigma\, \rho'\, d\sigma' + \int\int \frac{1}{r}\delta\rho'\, d\sigma'\, \rho\, d\sigma + \int\int \frac{1}{r}\delta\rho\, d\sigma\, \delta\rho'\, d\sigma'.$$

Les deux premiers termes du second membre sont égaux chacun à l'intégrale

$$\int V\, \delta\rho\, d\sigma,$$

et l'on a ainsi

$$\delta\Omega = 2\int V\, \delta\rho\, d\sigma + \int\int \frac{1}{r}\delta\rho\, d\sigma\, \delta\rho'\, d\sigma'. \tag{a}$$

Comme $\delta\rho$ est un infiniment petit, la première partie de $\delta\Omega$ est un infiniment petit du premier ordre et la seconde un infiniment petit du second ordre. Pour rendre Ω minimum, nous devons poser

$$\int V\, \delta\rho\, d\sigma = 0;$$

mais, comme la masse est donnée, on a

$$\int \delta\rho\, d\sigma = 0.$$

Multiplions cette équation par une constante $-c$ et ajoutons-la à la précédente; nous aurons

$$\int (V - c)\, \delta\rho\, d\sigma = 0.$$

D'après un principe du calcul des variations, $\delta\rho$ peut être considéré comme arbitraire dans cette équation, et l'on en conclut

$$V = c.$$

Mais, pour que Ω prenne effectivement une valeur minimum, il faut de plus que cette partie de Ω

$$T = \int\int \frac{1}{r}\, \delta\rho\, d\sigma\, \delta\rho'\, d\sigma'$$

soit positive. Or, d'après ce qui a été démontré ci-dessus, si la densité est supposée partout positive, Ω a un minimum et nous venons de voir de plus que ce minimum correspond à

$$V = \text{const.}$$

Donc, dans ce cas, T est positif, quel que soit le signe que prenne $\delta\rho$ en chaque point de la surface.

Revenons à l'équation (a). Son dernier terme est évidemment toujours positif, quel que soit le signe de ρ sur chaque élément de la surface. Donc, sans avoir à se préoccuper du signe de ρ, on peut dire que Ω est toujours susceptible d'un minimum et qu'il le prend lorsque V est constant.

Au reste, si V est une constante c positive, cette fonction décroît dans l'espace extérieur depuis c jusqu'à zéro et la densité

$$\rho = -\frac{1}{4\pi}\frac{dV}{dn}$$

est, par suite, positive en tous les points de σ. Si V était constant et négatif sur σ, ρ serait de même négatif sur toute cette surface.

9. Si nous supposons que la couche soit formée d'une véritable matière dont tous les éléments s'attirent suivant la loi de Newton et que la surface σ exerce une réaction normale qui ne permette à la matière

que de glisser sur cette surface, la couche examinée sera en équilibre instable. En effet, dans un déplacement infiniment petit de la matière, le travail produit sera $\frac{1}{2}\delta\Omega$ ou $\frac{1}{2}T$, qui est positif. On peut ajouter que cet équilibre sera tout à fait instable. En effet, l'équilibre d'un système est instable, dès qu'on peut déplacer les éléments du système de très petites longueurs, de manière qu'ils ne puissent plus revenir à leur position primitive; mais, dans le cas actuel, $\frac{1}{2}\delta\Omega$ étant toujours positif, le système ne reviendra plus à sa position, quel que soit le dérangement produit.

Au contraire, si l'on remplace la couche de matière par du fluide électrique, comme les électricités de même nom se repoussent et que celles de nom contraire s'attirent, le travail provenant du déplacement sera représenté par $-\frac{1}{2}\delta\Omega$ et sera négatif. Donc l'équilibre sera stable.

Remarquons que l'expression

$$\Omega = \int\int \frac{1}{r} \rho \, d\sigma \, \rho' \, d\sigma'$$

est positive, puisque T est toujours positif et qu'il suffit de multiplier $\delta\rho$ par une quantité a très grande ou T par a^2, pour obtenir une expression telle que Ω.

10. Supposons ensuite que le corps conducteur électrisé subisse l'influence d'un ou de plusieurs corps non conducteurs, dans lesquels l'électricité est regardée comme absolument fixe. Désignons toujours par V le potentiel de l'électricité du conducteur et représentons par $-$ U le potentiel de l'électricité des diélectriques pris sur la surface σ; U est donc une fonction connue en chaque point de σ.

Désignons par Ω_1 le double du potentiel de toute l'électricité sur l'électricité du conducteur; nous aurons (Ire Partie, Chap. I, n° 25)

$$\Omega_1 = \int (V - 2U) \rho \, d\sigma,$$

et nous en concluons

$$\delta\Omega_1 = \delta\Omega - 2\int U \, \delta\rho \, d\sigma,$$

$$(b) \qquad \delta\Omega_1 = 2\int (V - U) \, \delta\rho \, d\sigma + T.$$

Pour obtenir le minimum de Ω_1, nous devons poser

$$\int (V - U)\,\delta\rho\, d\sigma = 0,$$

et, comme la masse de la couche est constante, on en conclut, comme ci-dessus, que le coefficient de $\delta\rho$, dans cette intégrale, est constant; on a donc sur toute la surface

$$(c) \qquad V - U = \text{const.}$$

De plus, le dernier terme de la formule (*b*) étant toujours positif, l'équation (*c*) correspond toujours à un minimum de Ω_1.

Si l'on suppose un déplacement infiniment petit de la masse électrique sur le conducteur, le travail qui en résultera sera $-\frac{1}{2}\delta\Omega_1$ et sera négatif, et il en résulte que l'équilibre de la couche est encore stable.

Gauss avait considéré la fonction Ω_1, afin de prouver que l'on peut toujours distribuer sur une surface σ une couche de matière de masse donnée, de sorte que le potentiel soit, en chaque point de σ, égal à une fonction donnée U à une constante près. Mais l'illustre géomètre n'était pas parvenu à démontrer que Ω_1 est toujours susceptible d'un minimum.

11. J'ai donné la démonstration qui précède dans le *Journal de Borchardt*. Il est maintenant bien aisé de l'étendre à un nombre quelconque de conducteurs séparés les uns des autres.

Remarquons d'abord que $\frac{1}{2}\Omega$ est le potentiel d'une masse sur elle-même et, d'après le n° 26 du Chapitre I (Ire Partie), nous aurions pu conclure immédiatement que Ω et T sont toujours positifs.

Désignons par $-U_1$, $-U_2$, ... les valeurs du potentiel de l'électricité des diélectriques sur les surfaces σ_1, σ_2, ... des conducteurs, et soient ρ_1, ρ_2, ... les fonctions qui représentent la densité de l'électricité sur ces surfaces; enfin, soit V le potentiel de toute l'électricité des conducteurs. Considérons l'expression suivante, qui représente le double du potentiel de toute l'électricité sur l'électricité des conducteurs :

$$\Omega_1 = \int (V - 2U_1)\rho_1\, d\sigma_1 + \int (V - 2U_2)\rho_2\, d\sigma_2 + \ldots.$$

Nous aurons, d'après le numéro précédent,

$$(h) \qquad \delta\Omega_1 = 2\int (V - U_1)\,\delta\rho_1\,d\sigma_1 + 2\int (V - U_2)\,\delta\rho_2\,d\sigma_2 + \ldots + T,$$

en posant

$$T = \int\int \frac{1}{r}\,\delta\rho\,d\sigma\,\delta\rho'\,d\sigma',$$

$\rho\,d\sigma$, $\rho'\,d\sigma'$ étant deux éléments des masses situées sur les surfaces σ_1, σ_2, ... et r leur distance. D'après ce que nous venons de dire, T est positif. Comme la masse de chacune des couches est constante, on a

$$\int \delta\rho_1\,d\sigma_1 = 0, \quad \int \delta\rho_2\,d\sigma_2 = 0, \quad \ldots.$$

Multiplions ces équations respectivement par des constantes $-2C_1$, $-2C_2$, ... et ajoutons à (h), nous aurons

$$\delta\Omega_1 = 2\int (V - U_1 - C_1)\,\delta\rho_1\,d\sigma_1 + 2\int (V - U_2 - C_2)\,\delta\rho_2\,d\sigma_2 + \ldots + T.$$

D'après une règle bien connue du calcul des variations, les quantités $\delta\rho_1$, $\delta\rho_2$, ... doivent être considérées comme complètement arbitraires, et il en résulte, pour le minimum de Ω_1, ces équations

$$V - U_1 = C_1, \quad V - U_2 = C_2, \quad \ldots,$$

qui ont lieu respectivement sur les surfaces σ_1, σ_2, ... Les constantes C_1, C_2, ... sont déterminées par la condition que la masse est donnée sur chacune de ces surfaces, et nous montrerons ci-dessous comment on doit les calculer. Ainsi, Ω_1 est minimum, et, comme le travail dû à un déplacement infiniment petit des masses électriques sur les conducteurs est $-\frac{1}{2}\delta\Omega_1$, l'équilibre est stable.

12. Il est très aisé de démontrer qu'il n'existe qu'un état d'équilibre de l'électricité. En effet, supposons qu'il y en ait deux et soient v et v' les valeurs de V dans les deux cas, m et m' les valeurs de ρ. Sur une quelconque des surfaces σ_i, nous aurons

$$v - U_i = \text{const.}, \quad v' - U_i = \text{const.}$$

Les couches réparties sur les surfaces σ_i, dont la densité serait $m - m'$, auraient une masse totale égale à zéro et elles auraient un potentiel $v - v'$ qui serait constant sur ces surfaces. Alors désignons par $A_1, A_2, \ldots$ les valeurs constantes de ce potentiel sur $\sigma_1, \sigma_2, \ldots$; si A_1 est la plus grande de ces quantités, nous savons (Ire Partie, Chap. I, n° 20) que la plus grande valeur du potentiel $v - v'$ dans tout l'espace aura lieu sur σ_1; donc $\frac{d(v-v')}{dn}$ serait partout négatif sur σ_1 et la densité y serait partout positive, tandis que toute la masse y est nulle. On a donc $A_1 = A_2 = \ldots = 0$ et $m - m' = 0$ sur toutes les surfaces.

Détermination des valeurs du potentiel à l'intérieur des conducteurs.

13. Supposons un système de n conducteurs qui s'influencent réciproquement et qui sont de plus influencés par des diélectriques. Comme dans les numéros précédents, désignons par $-U_1, -U_2, \ldots$ les valeurs du potentiel des diélectriques sur les surfaces $\sigma_1, \sigma_2, \ldots$ des conducteurs, par $V_1, V_2, \ldots$ les valeurs du potentiel V des conducteurs sur ces surfaces, et enfin par $C_1, C_2, \ldots$ les valeurs constantes du potentiel total dans les conducteurs. Ainsi nous avons les équations

$$V_1 - U_1 = C_1, \quad V_2 - U_2 = C_2, \quad \ldots, \quad V_n - U_n = C_n.$$

$U_1, U_2, \ldots$ sont des fonctions données et il s'agit de déterminer les quantités $C_1, C_2, \ldots$ d'après les masses d'électricité $M_1, M_2, \ldots$ mises sur les conducteurs. Écrivons ainsi ces équations :

$$V_1 = U_1 + C_1, \quad V_2 = U_2 + C_2, \quad \ldots.$$

Recouvrons les surfaces $\sigma_1, \sigma_2, \ldots$ de couches dont les potentiels sont respectivement $U_1, U_2, \ldots$; nous savons (Ire Partie, Chap. II, n° 15) que ce problème est toujours susceptible d'une solution et d'une seule. Si $C_1, C_2, \ldots$ étaient connus, en formant encore sur $\sigma_1, \sigma_2, \ldots$ des couches dont les potentiels fussent $C_1, C_2, \ldots$, on aurait sur ces surfaces des couches totales dont les potentiels seraient $V_1, V_2, \ldots$.

Cela posé, admettons qu'on ait résolu les problèmes suivants qui sont chacun parfaitement déterminés, d'après un théorème que nous venons de rappeler : *Couvrir les surfaces de couches, en sorte que*

1° $V = 1$ sur σ_1, $V = 0$ sur σ_2, σ_3, ...;
2° $V = 1$ sur σ_2, $V = 0$ sur σ_1, σ_3, ...;
............, ..., ...

Désignons les masses des couches par $m_{1,1}$, $m_{1,2}$, $m_{1,3}$, ... dans le premier système, par $m_{2,1}$, $m_{2,2}$, $m_{2,3}$, ... dans le deuxième, etc. Si l'on veut que dans ces systèmes les potentiels égaux à 1 deviennent respectivement $V_1 = C_1$, $V_2 = C_2$, ..., les masses de chaque système seront multipliées respectivement selon le système par C_1, C_2, ... Superposons ensuite ces systèmes de couches et nous aurons sur les surfaces σ_1, σ_2, ... les potentiels C_1, C_2, ... et les couches

$$m_{1,1}C_1 + m_{2,1}C_2 + m_{3,1}C_3 + \ldots,$$
$$m_{1,2}C_1 + m_{2,2}C_2 + m_{3,2}C_3 + \ldots,$$
$$\ldots\ldots\ldots\ldots\ldots\ldots\ldots\ldots$$

Désignons par μ_1, μ_2, ... les masses des couches lorsque les potentiels sont U_1, U_2, ... En ajoutant ces masses aux précédentes, nous devons avoir les masses M_1, M_2, ... distribuées effectivement sur les conducteurs. On a donc les n équations

$$(a) \quad \begin{cases} m_{1,1}C_1 + m_{2,1}C_2 + m_{3,1}C_3 + \ldots + \mu_1 = M_1, \\ m_{1,2}C_1 + m_{2,2}C_2 + m_{3,2}C_3 + \ldots + \mu_2 = M_2, \\ \ldots\ldots\ldots\ldots\ldots\ldots\ldots\ldots\ldots\ldots \end{cases}$$

pour déterminer les constantes C. Le problème devant avoir toujours une solution et une seule (n°s 11 et 12), le système de ces équations sera toujours compatible.

14. Remarquons que l'on a, d'une manière générale,

$$(b) \qquad m_{i,s} = m_{s,i}.$$

En effet, $m_{s,i}$ est la masse d'électricité dont est couverte σ_i quand σ_s est au potentiel 1 et toutes les surfaces σ, autres que σ_s, au potentiel zéro; de même $m_{i,s}$ est la masse d'électricité dont se couvre σ_s quand σ_i est au potentiel 1 et toutes les autres surfaces σ au potentiel zéro. Donc, d'après le n° 6 de ce Chapitre, ces deux quantités sont égales.

Si nous posons

$$M_i - \mu_i = g_i,$$

et que nous résolvions les équations (a), nous aurons des expressions de la forme

$$C_s = \alpha_{1,s} g_1 + \alpha_{2,s} g_2 + \ldots + \alpha_{n,s} g_n,$$

où les quantités $\alpha_{i,s}$ forment un système de n^2 coefficients qui satisfont aux équations telles que

$$\alpha_{i,s} = \alpha_{s,i},$$

et qui résultent des équations (b), d'après un théorème général sur les équations du premier degré. Cette égalité peut, d'ailleurs, se démontrer directement, en remarquant que $\alpha_{i,s}$ est le potentiel de σ_s quand la charge de σ_i est 1 et que celles des surfaces différentes de σ_i sont nulles, et en se servant du n° 6.

Tous les coefficients $\alpha_{i,s}$ sont positifs, et, si i est différent de s, on a $\alpha_{i,s} < \alpha_{s,s}$. Cela revient à dire que, si n conducteurs s'influencent réciproquement, que l'un seulement ait une charge égale à l'unité, tandis que les autres n'ont pas de charge, tous leurs potentiels seront positifs et le plus grand potentiel sera celui du corps chargé. Cette proposition sera prouvée plus loin.

Tous les coefficients $m_{i,s}$ sont négatifs, excepté ceux pour lesquels les deux indices sont égaux et qui sont positifs, et l'on a de plus

$$m_{s,s} < -m_{1,s} - m_{2,s} - \ldots - m_{s-1,s} - m_{s+1,s} - \ldots - m_{n,s}.$$

Cela revient à dire que l'électricité induite par un conducteur au potentiel 1 sur des conducteurs au potentiel zéro est de signe contraire à l'électricité inductrice, et que la somme des électricités induites est moindre que l'électricité inductrice.

Cette proposition sera aussi démontrée plus loin.

15. *Énergie du système des conducteurs quand il n'y a pas de diélectriques.* — Alors toutes les quantités μ sont nulles, et l'on a pour

l'énergie

$$W = \frac{1}{2}\sum\int V\rho\,d\sigma = \frac{1}{2}\sum V_i\int \rho_i\,d\sigma_i,$$

$$W = \frac{1}{2}\sum_i C_i M_i.$$

Si l'on remplace les quantités C_i par leurs valeurs, on obtient

$$W = \frac{1}{2}\sum_i M_i(\alpha_{1,i}M_1 + \alpha_{2,i}M_2 + \ldots + \alpha_{n.i}M_n),$$

$$W = \frac{1}{2}(\alpha_{1,1}M_1^2 + 2\alpha_{1,2}M_1M_2 + \ldots).$$

Si l'on remplace les quantités M_i par leurs valeurs, on a

$$W = \frac{1}{2}\sum_i C_i(m_{1,i}C_1 + m_{2,i}C_2 + \ldots + m_{n,i}C_n),$$

$$W = \frac{i}{2}(m_{1,1}C_1^2 + 2m_{1,2}C_1C_2 + \ldots).$$

La quantité W est, comme on sait, toujours positive (Ire Partie, Chap. I, n° 26).

Théorèmes généraux sur les conducteurs creux.

16. THÉORÈME I. — *Si un conducteur électrisé, influencé ou non, contient un espace creux, la surface intérieure de la cavité ne possède aucune électricité.*

En effet, le potentiel est constant dans le corps conducteur et, par suite, à la surface intérieure. Étant constant à cette surface, il a la même valeur dans la partie creuse; donc la densité de l'électricité est nulle à la surface intérieure.

THÉORÈME II. — *Si un conducteur est creux et renferme dans sa cavité une quantité d'électricité* M *fixée dans un diélectrique ou mobile dans un autre conducteur, la surface de la cavité se couvrira d'une masse d'électricité égale à* — M.

σ et σ_1 étant les surfaces extérieure et intérieure du conducteur, menons une surface σ' intérieure à σ et qui enveloppe σ_1. Désignons par

B la masse d'électricité intérieure à σ'; nous aurons (Ire Partie, Chap. I, n° 12)

$$\int \frac{dV}{dn} d\sigma' = -4\pi B,$$

l'intégrale étant étendue à toute la surface σ' et dn étant l'élément de normale extérieure. Or V est constant entre σ et σ_1 : le premier membre de l'équation est donc nul et l'on a $B = 0$. Donc la masse d'électricité qui revêt σ_1 est égale à $-M$.

Si l'on met la surface extérieure σ en communication avec la Terre, le potentiel y sera nul. Il sera donc nul à la fois à l'extérieur et à l'intérieur de σ jusqu'à la surface σ_1. Donc la densité de l'électricité qui a pour valeur $-\frac{1}{4\pi}\frac{dV}{dn}$ sur σ est nulle. Ainsi la couche située sur σ_1 fera équilibre à la masse intérieure et le potentiel de ces deux masses est nul en tous les points extérieurs à σ_1.

Théorème III. — *Si un conducteur creux, influencé ou non, renferme dans sa cavité une quantité* M *d'électricité et si l'on a communiqué à ce conducteur la charge* A, *la masse électrique qui se trouvera sur la surface extérieure sera égale à* $A + M$, *et s'y distribuera comme si le conducteur ne renfermait pas d'autre électricité. De plus, l'action extérieure du conducteur et de l'électricité renfermée dans sa cavité sera la même que si le corps était plein et qu'on lui eût communiqué la quantité* $A + M$ *d'électricité.*

En effet, considérons la couche de masse $-M$ qui se forme sur σ_1, quand le potentiel est nul sur σ; jointe à la masse intérieure M, elle a pour potentiel zéro à l'extérieur de σ_1 et leur action est nulle en tous les points extérieurs à cette surface.

Imaginons que ces deux masses soient fixées. On a communiqué une masse A d'électricité au conducteur et, puisqu'il est couvert d'une masse $-M$ à sa surface intérieure, il se couvrira de la masse $A + M$ à sa surface extérieure, et cette masse, n'étant pas sollicitée par l'électricité intérieure, se distribuera sur σ, comme si cette électricité intérieure n'existait pas.

L'ensemble de ces masses est maintenant évidemment en équilibre et l'action extérieure se réduit à celle de la couche située sur σ.

Les deux derniers théorèmes ont été vérifiés par Faraday au moyen d'expériences ingénieuses. Mais il est utile de faire remarquer que Poisson les a reconnus et démontrés la première fois pour une sphère creuse, dans laquelle se trouve de l'électricité disposée arbitrairement (*Bulletin de la Société philomathique*, 1824).

Ainsi c'est à Poisson que l'on doit le procédé de la détermination de la quantité d'électricité renfermée dans un diélectrique, qui consiste à placer ce corps dans une sphère creuse et à évaluer la couche d'électricité qui apparaît sur sa surface, avec une densité constante.

Électricité induite par un point électrique sur la surface d'un conducteur.

17. Supposons un conducteur creux et considérons l'électricité induite par un point électrique I situé dans la cavité et dont la masse est -1. La masse induite sur la surface intérieure σ_1 est $+1$. Désignons par v le potentiel de cette couche en un point quelconque E extérieur à σ_1 et par r la distance de ce point au point I; nous aurons

$$v - \frac{1}{r} = 0;$$

car, d'après ce qui vient d'être démontré, le potentiel de la couche et du point I est nul en dehors de σ_1.

Cette couche est celle qui a été considérée (Ire Partie, Chap. II, n° 17) et, d'après ce que nous avons vu, le potentiel de cette couche en un point intérieur I′ est égal au potentiel en I de la couche induite par le point I′, en lequel serait concentrée la masse -1 d'électricité.

Mettons un conducteur en communication avec la terre et considérons l'électricité induite sur sa surface extérieure σ par un point extérieur E dont la charge est -1. Le potentiel du conducteur est égal à zéro; donc, si l'on désigne par r la distance du point E à un point quelconque I intérieur au conducteur et par v le potentiel de la couche induite, pris au point I, on aura

$$v - \frac{1}{r} = 0.$$

D'après ce qui a été vu au n° 19 du Chapitre cité, le conducteur étant mis en communication avec le sol, le potentiel au point extérieur E′ de la couche induite par la masse — 1 concentrée au point extérieur E est égal au potentiel en E de la couche induite par la masse — 1 concentrée en E′.

Couches homogènes et hétérogènes.

18. Nous appellerons *couches homogènes* celles qui ne renferment qu'une seule espèce d'électricité et *couches hétérogènes* celles qui contiennent les deux électricités. Nous avons déjà remarqué que si un conducteur électrisé n'est pas influencé, la couche qui le recouvre est homogène; car le potentiel V aura à l'extérieur sa plus grande ou sa plus petite valeur sur la surface et

$$\rho = -\frac{1}{4\pi}\frac{dV}{dn} \tag{a}$$

y aura, par suite, partout le même signe. Il est évident que, si la masse totale de la couche prend différentes valeurs, la quantité ρ variera proportionnellement.

Nous allons examiner d'autres cas d'homogénéité dont la plupart se trouvent dans le Livre de M. Carl Neumann (*Untersuchungen über das Potential*).

Théorème I. — *Si deux conducteurs, qui ne subissent que leur influence réciproque, sont chargés d'électricité, l'un au moins sera couvert d'une couche homogène.*

En effet, soient C et C′ les valeurs constantes, que prend le potentiel de toute l'électricité, sur les deux conducteurs A et B. Les deux valeurs extrêmes de V à l'extérieur de A et B sont deux des trois quantités

$$C,\ C',\ 0$$

(Ire Partie, Chap. I, n° 22); donc, l'une de ces deux valeurs sera C ou C′, C par exemple. Ainsi V, en dehors de A, sera toujours plus grand ou toujours plus petit que C; donc, d'après la formule (a), la densité à la surface de A aura un signe constant.

Remarque. — Si l'on a $C = C'$, les deux couches sont homogènes et de même signe. Si l'on a $C > 0 > C'$, les deux couches sont homogènes et de signes contraires, la première positive, la seconde négative.

Corollaire. — Si, le conducteur A étant chargé d'électricité, on en approche un conducteur B d'abord à l'état neutre, la couche du conducteur A sera homogène.

En effet, la densité sur B n'est pas partout de même signe, puisque la couche y a une masse totale nulle. Donc, d'après le théorème précédent, A est couvert d'une couche homogène.

19. THÉORÈME II. — *Si deux conducteurs* A *et* B *possèdent des charges égales et de signes contraires* $+M$ *et* $-M$ *et qu'ils ne soient soumis qu'à leur influence réciproque, il en résulte sur les deux conducteurs des couches homogènes qui sont de signe différent.*

A l'extérieur des deux conducteurs, le potentiel a des valeurs positives et d'autres négatives; car, si l'on imagine une sphère de rayon R qui renferme les surfaces σ et σ' des deux conducteurs, l'intégrale

$$\frac{1}{4\pi R}\int V\,d\omega,$$

étendue à tous les éléments $d\omega$ de la surface de la sphère, sera égale à la somme des masses qu'elle renferme, c'est-à-dire à zéro (Ire Partie, Chap. I, n° 18); donc V y aura des valeurs des deux signes. Soient C et C' les valeurs constantes de V à l'intérieur de A et B. Deux des quantités

$$C,\ C',\ 0$$

sont des valeurs extrêmes de V en dehors de A et de B; mais zéro n'est pas une de ces valeurs, puisque V prend les deux signes; donc C et C' sont de signe différent et sont ces valeurs extrêmes. On a ensuite, pour les densités des deux couches,

$$\rho = -\frac{1}{4\pi}\frac{dV}{dn}, \quad \rho' = -\frac{1}{4\pi}\frac{dV}{dn'},$$

dn, dn' étant les éléments de normale extérieure menés à σ et σ'; $\frac{dV}{dn}$, $\frac{dV}{dn'}$ ont un signe constant et différent; il en est donc de même de ρ et ρ'

et, puisque l'on a

$$\int \rho\, d\sigma = \mathrm{M}, \quad \int \rho'\, d\sigma' = -\mathrm{M},$$

ρ est positif et ρ' négatif.

Corollaire. — Si un conducteur possède la charge $+m$, la couche induite par un point extérieur de masse $-m$ sera homogène.

En effet, remplaçons le point par un conducteur infiniment petit et cela résulte du théorème précédent.

20. Théorème III. — *Si un conducteur possède la charge* M + 1, M *étant positif, la couche qui y sera induite par un point extérieur de masse* — 1 *sera homogène.*

Remplaçons le point par un conducteur infiniment petit B, couvert d'une couche dont la masse est — 1. Le potentiel total V dans B est — L, L étant une quantité positive infiniment grande. Les valeurs extrêmes de V sont donc renfermées dans

$$\mathrm{C}, \quad -\mathrm{L}, \quad 0.$$

Or V peut évidemment acquérir des valeurs positives; car, à une distance très grande, il se réduit sensiblement à $\frac{\mathrm{M}+1}{r} - \frac{1}{r} = \frac{\mathrm{M}}{r}$, r étant la distance de ce point très éloigné au point électrique; donc, zéro n'est pas une valeur extrême de V et sa plus grande valeur est C, qui est par suite positif. Dans la formule (a), la dérivée de V est négative et ρ est positif sur toute la surface σ.

21. Théorème IV. — *Si un système de conducteurs est isolé, que l'un* A_1 *seulement soit chargé d'électricité, tandis que tous les autres* A_2, A_3, ... *sont sans charge, tous ces corps auront un potentiel de même signe que celui de* A_1 *et le potentiel de* A_1 *sera le plus grand, abstraction faite du signe.*

Supposons, par exemple, que l'électricité de A_1 soit positive et démontrons que le potentiel d'un corps non chargé A_2 ne peut être ni maximum ni minimum.

Sur la surface du conducteur A_2, il y a de l'électricité positive et de l'électricité négative séparées. En un point de cette surface où la densité est négative, V va en croissant à partir de la surface; donc V ne peut y être maximum. En considérant des points où la densité est positive, on voit de même que V ne peut être minimum sur la surface de A_2.

Ainsi V ne peut être maximum ni minimum sur les conducteurs A_2, A_3, ... Comme il ne peut devenir maximum qu'en un point où se trouve de la matière, ce maximum a lieu sur A_1 et le minimum ne peut se trouver qu'à l'infini où V est nul. Donc les potentiels de A_2, A_3, ... sont compris entre ces valeurs extrêmes de V et sont positifs.

22. Théorème V. — *Si un conducteur* B *chargé d'électricité induit un conducteur* A *en communication avec la terre, le corps* A *se chargera d'une masse d'électricité de nom contraire et de grandeur moindre.*

Soient V et V′ les potentiels de B et A, ρ et ρ' les densités sur les surfaces σ et σ' de B et A.

Soient U et U′ les potentiels de B et A dans un autre état d'équilibre d'électricité, τ et τ' ce que deviennent les densités sur σ et σ'.

On aura (nº 6)

$$V\int \tau\, d\sigma + V'\int \tau'\, d\sigma' = U\int \rho\, d\sigma + U'\int \rho'\, d\sigma'.$$

Par hypothèse, $V' = 0$; supposons de plus que $\int \tau\, d\sigma$ soit nul de sorte que B n'est pas chargé dans le second état d'équilibre. L'équation précédente se réduira à

$$U\int \rho\, d\sigma = -U'\int \rho'\, d\sigma'.$$

D'après le théorème précédent, U et U′ sont positifs si $\int \tau'\, d\sigma'$ est positif et U′ est $> U$; donc $\int \rho'\, d\sigma'$ est d'un signe contraire à celui de $\int \rho\, d\sigma$ et est plus petit que cette masse inductrice.

23. Théorème VI. — *Si un conducteur* B, *chargé d'électricité, induit plusieurs conducteurs* A_1, A_2, ... *mis en communication avec le sol, ces corps se chargeront de couches homogènes d'électricité de nom contraire à*

celle de la couche de B *et dont la somme des masses sera moindre que celle de* B.

Supposons d'abord que les corps induits se réduisent à un seul A et prenons, par exemple, positive l'électricité de B.

Soit C la valeur de V dans B; V est d'ailleurs nul dans A qui communique avec la terre. Ainsi les valeurs extrêmes de V sont C et zéro; donc la densité sur B est partout de même signe, par suite partout positive, et sur A elle est partout négative.

La masse de la couche de A est, d'ailleurs, moindre que celle de B d'après le théorème précédent.

Pour étendre ces résultats à plusieurs conducteurs induits A_1, A_2, ..., il suffit de remarquer qu'ils peuvent être considérés comme reliés entre eux et ne formant qu'un seul conducteur au potentiel zéro.

Théorème VII. — *Si un conducteur creux* A, *influencé ou non à l'extérieur, renferme dans sa cavité un conducteur* B, *la couche qui revêt* B *et la couche intérieure de* A *sont homogènes et de signes contraires.*

Soient C et C' les valeurs du potentiel dans A et B; ce sont les valeurs extrêmes du potentiel dans l'intervalle des deux corps. On en conclut, comme précédemment, que les deux couches sont homogènes; nous savons, d'ailleurs, que leurs masses sont égales et de signes contraires.

CHAPITRE II.

PROBLÈMES PARTICULIERS D'ÉLECTROSTATIQUE.

Nous allons appliquer les théorèmes généraux obtenus dans le premier Chapitre à différents problèmes particuliers d'Électrostatique et nous commencerons par examiner quelques questions où un corps conducteur a la forme sphérique.

POTENTIEL D'UNE COUCHE SPHÉRIQUE.

1. On passe des coordonnées rectilignes rectangulaires x, y, z à des coordonnées sphériques r, θ, ψ qui ont la même origine O par les formules

$$z = r\cos\theta, \quad x = r\sin\theta\cos\psi, \quad y = r\sin\theta\sin\psi.$$

L'expression de ΔV a été transformée dans ce système de coordonnées (Ire Partie, Chap. IV, n° 21) et l'on a obtenu

$$r^2\sin\theta.\Delta V = \sin\theta\,\frac{d\left(r^2\dfrac{dV}{dr}\right)}{dr} + \frac{d\left(\sin\theta\dfrac{dV}{d\theta}\right)}{d\theta} + \frac{1}{\sin\theta}\,\frac{d^2V}{d\psi^2}.$$

Posons $\cos\theta = \mu$, et l'équation $\Delta V = 0$ deviendra

$$(1) \qquad \frac{1}{1-\mu^2}\,\frac{d^2V}{d\psi^2} + \frac{d\left[(1-\mu^2)\dfrac{dV}{d\mu}\right]}{d\mu} + \frac{d\left(r^2\dfrac{dV}{dr}\right)}{dr} = 0.$$

La résolution de cette équation a été obtenue d'abord par Laplace; elle se trouve exposée dans mon *Cours de Physique mathématique* (n°s 81 et suivants). Je vais résumer la solution.

2. Supposons d'abord que V doive satisfaire à l'équation $\Delta V = 0$ dans l'intérieur d'une sphère de rayon a et dont le centre est en O. Posons, n étant entier et positif,

$$V = r^n Y_n, \tag{2}$$

Y_n étant fonction seulement de θ et ψ; nous aurons l'équation

$$\frac{1}{1-\mu^2}\frac{d^2 Y_n}{d\psi^2} + \frac{d\left[(1-\mu^2)\dfrac{dY_n}{d\mu}\right]}{d\mu} + n(n+1)Y_n = 0. \tag{3}$$

Nous aurons une solution particulière en posant

$$Y_n = (A\cos l\psi + B\sin l\psi)\Theta,$$

A, B étant deux constantes et Θ une fonction qui ne dépend que de μ, et il en résultera

$$\frac{d\left[(1-\mu^2)\dfrac{d\Theta}{d\mu}\right]}{d\mu} + \left[n(n+1) - \frac{l^2}{1-\mu^2}\right]\Theta = 0.$$

Comme Y doit rester invariable quand on augmente ψ de 2π, puisqu'on reste au même point de l'espace, il faut supposer que l est un nombre entier. Assujettissons de plus l à être positif, plus petit que n ou au plus égal à n et nous satisferons à l'équation en Θ, en posant

$$\Theta_{n,l} = (1-\mu^2)^{\frac{l}{2}}\left[\mu^{n-l} - \frac{(n-l)(n-l-1)}{2(2n-1)}\mu^{n-l-2} + \frac{(n-l)(n-l-1)(n-l-2)(n-l-3)}{2.4(2n-1)(2n-3)}\mu^{n-l-4} - \ldots\right],$$

les indices n, l servant à indiquer les deux nombres entiers qui entrent dans Θ. La série entre parenthèses se termine d'elle-même et représente un polynôme entier.

Nous avons donc une solution de l'équation (3), en prenant pour Y_n

$$(A\cos l\psi + B\sin l\psi)\Theta_{n,l},$$

où l est susceptible des valeurs $0, 1, 2, \ldots, n$. Nous obtiendrons encore une autre solution, en faisant la somme de toutes ces solutions, et nous aurons ainsi

$$(4)\qquad Y_n = \sum_{l=0}^{l=n} (A_l \cos l\psi + B_l \sin l\psi)\Theta_{n,l}.$$

Pour $l = 0$, on peut supprimer le coefficient B; donc cette expression ne renferme que $2n+1$ constantes arbitraires.

On satisfait donc à l'équation (1) en posant la formule

$$V = \frac{r^n}{a^n} Y_n,$$

où Y_n a la valeur (4). De plus on a la valeur la plus générale qui satisfait à l'équation

$$\Delta V = 0$$

dans l'intérieur de la sphère du rayon a, en y restant finie et continue ainsi que ses dérivées du premier ordre, si l'on prend la somme des expressions précédentes pour toutes les valeurs de n et que l'on pose la série

$$(5)\qquad V = Y_0 + Y_1 \frac{r}{a} + Y_2 \frac{r^2}{a^2} + \ldots + Y_n \frac{r^n}{a^n} + \ldots.$$

On sait que la fonction V est complètement déterminée, quand on donne sa valeur en chaque point de la surface de la sphère. Cette condition devra servir à déterminer les coefficients qui entrent dans chaque fonction Y_n, et l'on résoudra ainsi un problème qui a déjà été traité d'une autre manière (Ire Partie, Chap. II, n° 20).

3. Occupons-nous ensuite du potentiel extérieur d'une couche située sur la surface de la sphère ou d'une masse située à l'intérieur de cette surface; Vr, comme nous savons, doit rester fini pour $r = \infty$.

Dans ce cas, pour trouver d'abord une solution particulière de l'équation (1), nous poserons

$$V = r^{-n} Y,$$

n étant encore un nombre entier positif, et Y satisfera à l'équation (3), où $n(n+1)$ sera changé en $-n(-n+1)$ ou $n(n-1)$; on satisfera donc à l'équation (1) en prenant $Y = Y_{n-1}$ et posant

$$V = \left(\frac{a}{r}\right)^n Y_{n-1},$$

et l'on aura pour solution générale

$$(6) \qquad V = \frac{a}{r} Y_0 + \frac{a^2}{r^2} Y_1 + \ldots + \frac{a^n}{r^n} Y_{n-1} + \ldots.$$

Ce sera bien la solution générale, puisque V peut être déterminé de manière à avoir une valeur donnée en chaque point de la surface de la sphère. La limite de Vr pour $r = \infty$, ou aY_0, représente la masse totale qui a le potentiel V.

Si V représente le potentiel d'une couche infiniment mince distribuée sur la surface de la sphère, il sera représenté par la formule (5) dans l'intérieur de la sphère et par la formule (6) à l'extérieur, en sorte qu'il prenne la même valeur pour $r = a$, et si V a une valeur donnée $F(\theta, \psi)$ sur la surface de la sphère, on aura l'équation

$$(7) \qquad Y_0 + Y_1 + Y_2 + \ldots + Y_n + \ldots = F(\theta, \psi),$$

qui servira à déterminer les coefficients qui entrent dans les fonctions Y_n.

4. Indiquons ensuite comment on peut calculer les fonctions Y_n. Posons

$$p = \cos\theta \cos\theta' + \sin\theta \sin\theta' \cos(\psi - \psi')$$

et, α étant supposé < 1, développons suivant les puissances de α l'expression

$$(8) \qquad \frac{1}{(1 - 2\alpha p + \alpha^2)^{\frac{1}{2}}} = 1 + \alpha X_1 + \alpha^2 X_2 + \ldots + \alpha^n X_n + \ldots;$$

elle représente l'inverse de la distance de deux points et elle satisfera à l'équation (1) si l'on y remplace r par α; on en conclut que les fonctions X_n satisfont à l'équation (3) et qu'elles sont un cas particulier des fonctions Y_n. Elles ont pour valeur

$$X_n = \frac{1.3.5\ldots(2n-1)}{1.2.3\ldots n}\left[p^n - \frac{n(n-1)}{2(2n-1)}p^{n-2} + \frac{n(n-1)(n-2)(n-3)}{2.4(2n-1)(2n-3)}p^{n-4} - \ldots\right].$$

Si l'on a l'équation (7), Y_n se calculera par la formule

$$Y_n = \frac{2n+1}{4\pi}\int_0^{\pi}\int_0^{2\pi} X_n\,F(\theta', \psi')\sin\theta'\,d\theta'\,d\psi'$$

(*Cours de Physique mathématique*, n° 84).

5. La fonction V se présente sous une forme beaucoup plus simple, quand la masse à laquelle elle se rapporte est de révolution autour de l'axe polaire; alors V est indépendant de ψ et les Y_n de son développement satisfont à l'équation plus simple que (3)

$$\frac{d\left[(1-\mu^2)\frac{dY_n}{d\mu}\right]}{d\mu} + n(n+1)Y_n = 0;$$

ils se réduisent donc à $\Theta_{n,0}$ ou, à un coefficient près, à X_n où l'on fera $p = \mu = \cos\theta$.

Ainsi, par exemple, au lieu de l'équation (6), nous poserons

$$(9) \qquad V = A_0\frac{a}{r} + A_1 X_1\frac{a^2}{r^2} + A_2 X_2\frac{a^3}{r^3} + \ldots,$$

$A_0, A_1, A_2, \ldots$ étant des coefficients à déterminer. Si la fonction V est donnée égale à $\varphi(\mu)$ pour $r = a$, nous aurons

$$A_0 + A_1X_1 + A_2X_2 + \ldots = \varphi(\mu);$$

multiplions les deux membres par $X_n\,d\mu$, intégrons de -1 à $+1$ et employons les équations

$$\int_{-1}^{+1} X_n X_{n'}\,d\mu = 0, \quad \int_{-1}^{1} X_n^2\,d\mu = \frac{2}{2n+1},$$

nous aurons

$$A_n = \frac{2n+1}{2} \int_{-1}^{1} X_n \varphi(\mu) \, d\mu.$$

La formule (9) avait été donnée par Legendre, avant les recherches de Laplace sur ce sujet, dans son Mémoire sur l'attraction des sphéroïdes (*Mémoire des Savants étrangers,* p. 422; 1785). Il en conclut ce théorème : *De l'attraction d'un sphéroïde sur les points extérieurs de son axe de révolution on peut déduire son attraction sur un point extérieur quelconque.*

En effet, sur l'axe de révolution, X_1, X_2, ... sont égaux à l'unité, ainsi qu'il résulte de l'équation (8). Si l'on suppose connue la valeur de $\frac{dV}{dr}$ sur l'axe, on en conclura la fonction V sur cet axe à une constante près; développons cette fonction suivant les puissances de $\frac{1}{r}$, puis multiplions les termes de la série respectivement par X_1, X_2, ..., à partir du deuxième, nous aurons l'expression de V dans le cas général.

Détermination de la densité d'une couche sphérique dont le potentiel est donné en chaque point de la surface.

6. Ce problème a été résolu (Ire Partie, Chap. II, n° 21). On peut le traiter de la manière suivante au moyen des fonctions de Laplace.

Soit $F(\theta, \psi)$ la valeur que prend pour $r = a$ le potentiel d'une couche placée sur la sphère de rayon a. Développons cette fonction suivant la série de Laplace, et posons

$$Y_0 + Y_1 + Y_2 + \ldots + Y_n + \ldots = F(\theta, \psi),$$

en déterminant les termes d'après la formule du n° 4. D'après ce que nous avons vu, nous aurons pour le potentiel de la couche, respectivement à l'intérieur et à l'extérieur,

$$V = Y_0 + Y_1 \frac{r}{a} + \ldots + Y_n \frac{r^n}{a^n} + \ldots,$$

$$V' = Y_0 \frac{a}{r} + Y_1 \frac{a^2}{r^2} + \ldots + Y_n \frac{a^{n+1}}{r^{n+1}} + \ldots.$$

Ainsi, en appliquant la formule

$$-4\pi\rho = \frac{dV'}{dr} - \frac{dV}{dr},$$

où l'on doit faire $r = a$ dans le second membre, on obtient, pour la densité cherchée,

$$\rho = \frac{1}{4\pi a}[Y_0 + 3Y_1 + \ldots + (2n+1)Y_n + \ldots].$$

Remarquons que, si l'on pose

$$Y_0 + Y_1 x + Y_2 x^2 + \ldots = \varphi(x),$$

en n'indiquant pas les deux variables θ, ψ qui entrent dans $\varphi(x)$, nous aurons

$$V = \varphi\left(\frac{r}{a}\right), \quad V' = \frac{a}{r}\varphi\left(\frac{a}{r}\right),$$

$$\rho = \frac{1}{4\pi a}\left[2\frac{d\varphi(x)}{dx} + \varphi(x)\right] \quad \text{pour} \quad x = 1.$$

Réciproquement, si l'on nous donne la densité de la couche, développons la fonction qui la représente suivant la série de Laplace, et posons

$$\rho = Z_0 + Z_1 + Z_2 + \ldots;$$

nous aurons pour le potentiel

$$V = 4\pi a\left(Z_0 + \frac{r}{3a}Z_1 + \frac{r^2}{5a^2}Z_2 + \ldots\right),$$

$$V' = \frac{4\pi a^2}{r}\left(Z_0 + \frac{a}{3r}Z_1 + \frac{a^2}{5r^2}Z_2 + \ldots\right).$$

Sphère induite par une quantité d'électricité fixée dans un diélectrique.

7. Désignons par V le potentiel de la couche induite sur une sphère conductrice A par un diélectrique B qui renferme de l'électricité regardée comme fixe. L'état électrique du corps B est supposé connu; concevons donc qu'on ait déterminé son potentiel T en fonction de coordonnées sphériques dont l'origine est au centre de la sphère A.

Soit $F(\theta, \psi)$ la valeur de T sur la surface de la sphère; on pourra développer $F(\theta, \psi)$ en la série

$$Y_0 + Y_1 + \ldots + Y_n + \ldots,$$

et l'on aura ensuite, pour tous les points intérieurs à la sphère,

$$T = \sum_{n=0}^{n=\infty} \frac{r^n}{a^n} Y_n.$$

Or, pour les points intérieurs, on doit avoir

(1) $$V + T = \text{const.},$$

puisque l'action totale de la couche et du corps B y est nulle.

Donc, C étant une constante, nous obtenons, en supprimant le terme Y_0 de la série des Y_n, qui est constant,

$$V = C - \sum_{n=1}^{n=\infty} \frac{r^n}{a^n} Y_n.$$

La constante C représente (n° 3) la masse de la couche divisée par le rayon de la sphère. Désignons par M la charge connue de la sphère, nous aurons

(2) $$V = \frac{M}{a} - \sum_{n=1}^{\infty} \frac{r^n}{a^n} Y_n;$$

puis, d'après le numéro précédent, nous aurons, pour le potentiel extérieur,

(3) $$V' = \frac{M}{r} - \sum_{n=1}^{n=\infty} \frac{a^{n+1}}{r^{n+1}} Y_n,$$

et pour la densité de la couche,

(4) $$\rho = \frac{1}{4\pi a}\left[\frac{M}{a} - \sum_{n=1}^{\infty}(2n+1) Y_n\right].$$

8. Si le corps inducteur B est placé à une distance très grande par rapport au rayon de la sphère, son attraction peut être considérée comme constante dans toute l'étendue de la sphère. Supposons que le centre de gravité de la masse électrique de B soit sur l'axe polaire; son potentiel pourra être représenté en un point de la surface de la sphère, à une constante près, par

$$T = hz = ha\cos\theta,$$

et l'on aura sur cette surface

$$V = C - ha\cos\theta,$$

en désignant par C une constante. De la sorte, V sur la surface est mis sous la forme $Y_0 + Y_1 + Y_2 + \ldots$, où l'on fait

$$Y_0 = C = \frac{M}{a}, \quad Y_1 = -ha\cos\theta,$$

et où l'on suppose nuls les autres termes. On a donc

$$V = \frac{M}{a} - hr\cos\theta, \quad V' = \frac{M}{r} - \frac{a^3}{r^2}h\cos\theta,$$

$$\rho = \frac{1}{4\pi a}\left(\frac{M}{a} - 3ha\cos\theta\right).$$

Remarque. — Revenons au cas général et supposons que la sphère soit mise en communication avec le sol. L'équation (1) sera remplacée par

$$V + T = 0,$$

et l'on aura, au lieu de l'équation (2), la première des trois équations

$$V = -\sum_{n=0}^{\infty}\frac{r^n}{a^n}Y_n, \quad V' = -\sum_{n=0}^{\infty}\frac{a^{n+1}}{r^{n+1}}Y_n, \quad \rho = -\frac{1}{4\pi a}\sum_{n=0}^{\infty}(2n+1)Y_n,$$

où il faut sommer maintenant à partir de $n = 0$. Les deux autres équations se déduisent de la première.

Sphère induite par un point électrisé extérieur.

9. Traitons le problème précédent dans le cas particulier où le corps inducteur se réduit à un point B que nous supposerons chargé de l'unité d'électricité.

Pour plus de simplicité, supposons le point B situé sur l'axe polaire et désignons par b sa distance au centre de la sphère. Nous aurons, pour le potentiel du point B, en un point intérieur à la sphère (n° 4),

$$T = \frac{1}{\sqrt{b^2 - 2rb\cos\theta + r^2}} = \frac{1}{b}\sum_{n=0}^{\infty} \frac{r^n}{b^n} X_n(\cos\theta),$$

et nous en concluons

$$Y_n = \frac{a^n}{b^{n+1}} X_n(\cos\theta).$$

Donc, d'après la formule (4), on a, pour l'expression de la densité de la couche induite,

$$\begin{aligned} \rho &= \frac{M}{4\pi a^2} - \frac{1}{4\pi a}\sum_1^{\infty}(2n+1)\frac{a^n}{b^{n+1}} X_n(\cos\theta) \\ &= \frac{M}{4\pi a^2} + \frac{1}{4\pi ab}\left[1 - \sum_0^{\infty}(2n+1)\frac{a^n}{b^n} X_n(\cos\theta)\right]. \end{aligned}$$

Cette série est facile à sommer. En effet, si α est < 1, on a

$$(a) \qquad \sum_0^{\infty} \alpha^n X_n(\cos\theta) = \frac{1}{\sqrt{1 - 2\alpha\cos\theta + \alpha^2}};$$

différentions par rapport à α, puis multiplions par 2α, nous avons

$$\sum_0^{\infty} 2n\alpha^n X_n(\cos\theta) = \frac{2\alpha\cos\theta - 2\alpha^2}{(1 - 2\alpha\cos\theta + \alpha^2)^{\frac{3}{2}}}$$

et, en ajoutant à la formule précédente,

$$\sum_0^{\infty}(2n+1)\alpha^n X_n(\cos\theta) = \frac{1 - \alpha^2}{(1 - 2\alpha\cos\theta + \alpha^2)^{\frac{3}{2}}}.$$

Désignons donc par D la distance d'un point m de la surface de la sphère au point B, et nous aurons, pour l'expression de la densité en m, cette formule très simple, donnée pour la première fois par Poisson,

$$\rho = \frac{M}{4\pi a^2} + \frac{1}{4\pi a}\left(\frac{1}{b} - \frac{b^2 - a^2}{D^3}\right).$$

Si la charge M de la sphère est nulle, on a

$$\rho = \frac{1}{4\pi a}\left(\frac{1}{b} - \frac{b^2 - a^2}{D^3}\right),$$

et l'on trouve que la densité ρ est nulle sur le cercle déterminé par l'équation

$$\cos\theta = \frac{b^2 + a^2 - (b^2 - a^2)^{\frac{2}{3}} b^{\frac{2}{3}}}{2ab};$$

ce cercle sépare l'électricité négative de l'électricité positive.

10. Supposons ensuite que la sphère conductrice soit mise en communication avec la terre. D'après la fin du n° 8, nous aurons

$$\rho = -\frac{1}{4\pi ab}\sum_0^\infty (2n+1)\frac{a^n}{b^n} X_n(\cos\theta)$$

ou

$$\rho = -\frac{b^2 - a^2}{4\pi a D^3}.$$

La masse totale induite sur la sphère sera $-aY_0 = -\frac{a}{b}$.

Nous aurons, pour le potentiel V′ de cette couche pris en un point extérieur P,

$$V' = -\sum_{n=0}^\infty \frac{a^{n+1}}{r^{n+1}} Y_n = -\frac{a}{br}\sum_0^\infty \frac{a^{2n}}{b^n r^n} X_n(\cos\theta),$$

et, en faisant $\alpha = \frac{a^2}{br}$ dans la formule (a), on obtient

$$V' = -\frac{a}{b}\frac{1}{\sqrt{r^2 - \frac{2a^2}{b} r\cos\theta + \frac{a^4}{b^2}}}.$$

Joignons le centre O de la sphère au point inducteur B. Sur la droite OB prenons $OB' = \frac{a^2}{b}$. Alors le radical précédent représentera la distance PB′, et l'on aura

$$V' = -\frac{a}{b}\frac{1}{PB'}.$$

Donc le potentiel de la couche en un point extérieur est le même que celui d'un point intérieur, placé en B' et chargé d'une quantité d'électricité égale à $-\frac{a}{b}$.

Revenons au problème du numéro précédent. Le potentiel de la sphère induite, supposée isolée et chargée d'une masse M, est, d'après la formule [(3), n° 7],

$$V' = \frac{1}{r}\left(M + \frac{a}{b}\right) - \sum_0^\infty \frac{a^{n+1}}{r^{n+1}} Y_n.$$

Il est donc égal au potentiel précédent, augmenté du potentiel d'une masse égale à $M + \frac{a}{b}$ et placée au centre de la sphère.

Sphère creuse induite par un corps diélectrique placé à son intérieur.

11. Le problème de la sphère creuse induite par de l'électricité fixe placée à son intérieur peut être traité d'une manière directe, ainsi que l'a fait Poisson (*Bulletin de la Société philomathique*, 1824). Mais on en obtient immédiatement la solution d'après le théorème III du n° 16 du Chapitre I.

Soient a le rayon extérieur du conducteur et b son rayon intérieur. Soient aussi A la charge qui lui est communiquée et M la masse de l'électricité placée dans la cavité. La surface intérieure se couvrira d'une quantité d'électricité égale à $-M$ et la surface extérieure d'une quantité égale à $A + M$ qui s'y distribuera comme si elle existait seule. Ainsi la densité sur cette surface sera

$$\rho = \frac{A + M}{4\pi a^2}.$$

Le potentiel T de l'électricité située dans la cavité est censé connu; soit

$$T = \sum_{n=0}^\infty Y_n \frac{b^{n+1}}{r^{n+1}}$$

son développement en dehors de la sphère de rayon b. Le potentiel V de la couche intérieure pour tous les points extérieurs à cette couche doit être égal à $-$ T. Ainsi l'on a

$$V = -\sum_{n=0}^{\infty} Y_n \frac{b^{n+1}}{r^{n+1}},$$

et, comme au n° 7, on obtient, pour la densité ρ' de cette couche,

$$\rho' = \frac{1}{4\pi b}\left[-\frac{M}{b} - \sum_{n=1}^{\infty}(2n+1)Y_n\right].$$

Cas où le corps inducteur se réduit à un point. — Supposons que le corps non conducteur se réduise à un point B chargé de l'unité d'électricité que nous pouvons prendre sur l'axe polaire et désignons par c sa distance au centre. Nous aurons

$$T = \frac{1}{\sqrt{c^2 - 2cr\cos\theta + r^2}} = \frac{1}{r}\sum_{n=0}^{\infty}\frac{c^n}{r^n} X_n(\cos\theta);$$

la masse d'électricité sur la surface intérieure sera -1 et, en raisonnant comme au n° 9, nous aurons

$$\rho' = \frac{1}{4\pi b}\left[-\frac{1}{b} - \frac{1}{b}\sum_{n=1}^{\infty}(2n+1)\frac{c^n}{b^n} X_n(\cos\theta)\right]$$
$$= -\frac{1}{4\pi b^2}\sum_{0}^{\infty}(2n+1)\frac{c^n}{b^n} X_n(\cos\theta) = -\frac{b^2 - c^2}{4\pi b D^3},$$

D étant la distance du point de la surface intérieure au point B.

De même, si la sphère est mise en communication avec la terre, on aura

$$\rho' = -\frac{b^2 - c^2}{4\pi b D^3},$$

et il n'y aura plus d'électricité sur la surface extérieure.

Joignons le centre O de la sphère au point B par la droite OB; puis, sur cette droite prolongée prenons $OB' = \frac{b^2}{c}$. On voit facilement, comme au n° 10, que le potentiel de cette couche induite en un point intérieur sera le même que le potentiel du point B′ chargé de la quantité $-\frac{b}{c}$ d'électricité.

Cherchons ensuite l'induction d'un point B chargé de l'unité d'électricité sur un plateau indéfini mis en communication avec le sol. Pour cela, supposons, dans le problème précédent, que la différence $b-c$ ne change pas, mais que le rayon b devienne infini, et écrivons ainsi la formule précédente

$$\rho' = -\frac{1}{4\pi}\frac{b+c}{b}\frac{b-c}{D^3}.$$

A la limite $\frac{b+c}{b}$ sera égal à 2, $b-c$ sera la distance p du point B au plateau et D la distance de ce point à un point quelconque de la surface antérieure du plateau, et l'on aura

$$\rho' = -\frac{p}{2\pi D^3}.$$

Remarquons que le potentiel total est nul dans tout l'espace situé du côté du plateau opposé à celui où se trouve le point inducteur.

POUVOIR DES POINTES.

12. Nous allons démontrer que, si un conducteur chargé d'électricité porte une pointe ou un tranchant, la densité de l'électricité sera infiniment grande sur ces parties.

Pour cela, nous chercherons l'équilibre de l'électricité sur un conducteur muni d'un tranchant ou d'une pointe, dans l'hypothèse qu'il se trouve dans un milieu dont la résistance soit infinie ou au moins suffisamment grande.

Soient d'abord deux conducteurs en forme de cônes de révolution, dont les sommets soient au même point et les axes dirigés en sens contraire. Nous supposons que ces deux conducteurs sont chargés d'électricité de signes contraires et que, sous leur influence réciproque, ils sont à des potentiels différents K et K'. Sur tout cône de révolution qui aura le même sommet et le même axe que les conducteurs, le potentiel V n'aura qu'une seule valeur, l'équation $\Delta V = 0$ se réduira donc à

$$\frac{d\left(\sin\theta\,\frac{dV}{d\theta}\right)}{d\theta} = 0,$$

θ étant l'angle de la génératrice du cône avec son axe. On en conclut

$$\frac{dV}{d\theta} = \frac{C}{\sin\theta}, \quad V = C \log \operatorname{tang} \frac{\theta}{2} + C',$$

C et C' étant deux constantes arbitraires. On détermine les deux constantes arbitraires C et C' d'après la condition que V se réduise à K et K' respectivement pour $\theta = \alpha$ et $\theta = \pi - \beta$, et il en résulte

$$C = \frac{K - K'}{\log\left(\operatorname{tang}\frac{\alpha}{2}\operatorname{tang}\frac{\beta}{2}\right)}, \quad C' = \frac{\log\left[\left(\operatorname{tang}\frac{\alpha}{2}\right)^{K'}\left(\operatorname{tang}\frac{\beta}{2}\right)^{K}\right]}{\log\left(\operatorname{tang}\frac{\alpha}{2}\operatorname{tang}\frac{\beta}{2}\right)}.$$

Désignons par r la distance d'un point quelconque au sommet des cônes, on aurait, pour les densités ρ et ρ' de l'électricité sur les deux conducteurs,

$$\rho = -\frac{1}{4\pi}\frac{1}{r}\frac{dV}{d\theta} = -\frac{1}{4\pi}\frac{C}{r\sin\alpha},$$

$$\rho' = \frac{1}{4\pi}\frac{1}{r}\frac{dV}{d\theta} = \frac{1}{4\pi}\frac{C}{r\sin\beta}.$$

Ainsi sur chaque conducteur les densités ρ et ρ' varient en raison inverse de la distance r au sommet et elles sont infinies en ce point.

Supposons plus généralement que les deux conducteurs soient deux cônes dont les sommets sont encore au même point et qui appartiennent à une famille de cônes isothermes ou de niveau que l'on sache déterminer (Ire Partie, Chap. IV, n° 7). Soient α le paramètre thermométrique de ces cônes et β celui des cônes orthogonaux sur les premiers. Le potentiel V en dehors des deux conducteurs satisfera à l'équation

$$\Delta V = 0 \quad \text{ou} \quad \frac{d^2V}{d\alpha^2} + \frac{d^2V}{d\beta^2} = 0,$$

et les équations des surfaces des deux conducteurs seront

$$\alpha = \alpha_1, \quad \alpha = \alpha_2,$$

α_1 et α_2 étant deux constantes. Les deux conducteurs étant aux potentiels constants K et K′, V est indépendant de β, et l'on a

$$\frac{d^2V}{d\alpha^2}=0, \quad V=C\alpha+C',$$

C et C′ se détermineront comme précédemment. La formule qui donne la densité de l'électricité est

$$\rho=-\frac{1}{4\pi}\frac{dV}{dn},$$

dn étant l'élément de normale extérieure aux conducteurs. Si l'on prend dV constant, *dn* sera la distance au cône de niveau infiniment voisin; *dn* varie donc sur une même génératrice proportionnellement à la distance r au sommet du cône et ρ varie en raison inverse de r.

On obtient des résultats beaucoup moins simples, quand on a un seul conducteur terminé par un tranchant ou par un cône.

Conducteur à tranchant.

13. Considérons un conducteur terminé par deux faces planes OA, OB (*fig.* 1), qui se coupent sous l'angle γ; nous le supposons indéfini per-

Fig. 1.

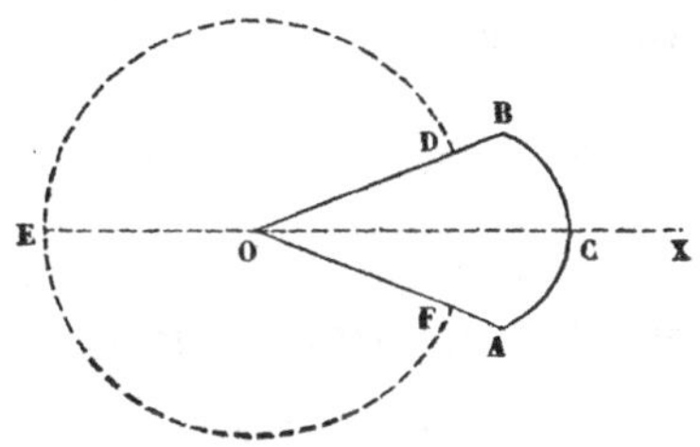

pendiculairement au plan AOB; mais il est terminé par la surface cylindrique BCA. Pour simplifier un peu, prenons cette surface cylindrique symétrique par rapport au plan OX bissecteur de l'angle dièdre AOB.

En prenant dans le plan AOB des coordonnées polaires r et θ dont l'origine est au point O, l'équation $\Delta V=0$ pourra s'écrire

$$\frac{d^2V}{dr^2}+\frac{1}{r}\frac{dV}{dr}+\frac{1}{r^2}\frac{d^2V}{d\theta^2}=0;$$

on y satisfait en posant

$$V = A r^n \sin n\theta.$$

Faisons commencer l'angle θ à partir de OB; si nous voulons que V s'annule non seulement sur OB ou pour $\theta = 0$, mais encore sur OA ou pour $\theta = 2\pi - \gamma$, nous poserons

$$n(2\pi - \gamma) = k\pi \quad \text{ou} \quad n = \frac{k\pi}{2\pi - \gamma},$$

k étant un nombre entier; nous obtenons ainsi

$$(a) \qquad V = A r^{\frac{k\pi}{2\pi-\gamma}} \sin \frac{k\pi}{2\pi - \gamma}\theta.$$

Désignons par K le potentiel constant du conducteur et, pour simplifier l'écriture, posons

$$\frac{\pi}{2\pi - \gamma} = p;$$

puis décrivons une surface cylindrique de révolution DEF autour de l'arête du conducteur, mais en dehors du conducteur et avec un rayon R plus petit que OB où se terminent les faces planes.

Dans l'espace ODEFO le potentiel peut être représenté par la somme de la constante K et d'une infinité de solutions telles que (a); ainsi dans cet espace on peut poser

$$V = K + A_1 r^p \sin p\theta + A_2 r^{3p} \sin 3p\theta + A_3 r^{5p} \sin 5p\theta + \ldots.$$

On a pu supprimer tout de suite les termes qui dépendent des multiples pairs de l'arc $p\theta$, en remarquant que V doit prendre la même valeur pour $\theta = u$ et $\theta = 2\pi - \gamma - u$, quel que soit u.

Soit, en général, $f(x)$ une fonction donnée entre $x = 0$ et $x = l$; on peut calculer les coefficients de la série

$$a_1 \sin \frac{\pi x}{l} + a_2 \sin \frac{2\pi x}{l} + a_3 \sin \frac{3\pi x}{l} + \ldots,$$

de manière que dans cet intervalle elle représente la fonction $f(x)$ (*Cours de Physique mathématique*, n° 14). Il en résulte que l'expression obtenue pour V a toute la généralité désirable.

Supposons que l'on ait déterminé par l'expérience la valeur de V sur le contour d'une section droite du cylindre DEF et que cette valeur soit $f(\theta)$, on déterminera les coefficients A_1, A_2, ... au moyen de l'équation

$$A_1 R^p \sin p\theta + A_2 R^{3p} \sin 3p\theta + A_3 R^{5p} \sin 5p\theta + \ldots = f(\theta) - K,$$

d'après une formule bien connue.

14. Pour obtenir la densité sur les deux faces planes du conducteur, appliquons maintenant la formule

$$\rho = \mp \frac{1}{4\pi r} \frac{dV}{d\theta},$$

et nous obtiendrons

$$\rho = -\frac{p}{4\pi}(A_1 r^{p-1} + 3A_2 r^{3p-1} + 5A_3 r^{5p-1} + \ldots).$$

Comme on a $p = \frac{\pi}{2\pi - \gamma}$, tous les exposants sont positifs à partir du deuxième terme; mais, comme l'angle γ du conducteur est supposé plus petit que π, l'exposant $p - 1$ ou $\frac{-\pi + \gamma}{2\pi - \gamma}$ est négatif, ρ est infini pour $r = 0$, c'est-à-dire sur l'arête du conducteur, et l'on voit de plus l'ordre de cet infini.

Si l'on veut calculer pour une des faces la pression électrostatique sur une longueur l de l'arête et depuis cette arête jusqu'à une petite distance r_1, on aura pour cette quantité (Chap. I, n° 5)

$$2\pi l \int_0^{r_1} \rho^2\, dr = \frac{2\pi l p^2}{16\pi^2} A_1^2 \int_0^{r_1} r^{2p-2}\, dr = \frac{\pi l}{8(2\pi - \gamma)} \frac{A_1^2}{\gamma} r_1^{\frac{\gamma}{2\pi-\gamma}},$$

en négligeant tous les termes de ρ après le premier terme. Il importe de remarquer que cette quantité n'est ni infinie, ni même très grande si l'angle γ n'est pas très petit. Il en résulte que les formules précédentes peuvent effectivement être appliquées à l'expérience si l'angle γ n'est pas très petit et si le milieu dans lequel se trouve le conducteur est suffisamment résistant, comme le serait un gaz extrêmement raréfié.

Si l'on suppose l'angle $\gamma > \pi$, les formules précédentes restent encore applicables. Mais alors l'exposant $p-1$ du premier terme de ρ est positif comme ceux des termes suivants. Donc, sur l'arête de l'angle rentrant du conducteur, la densité est nulle.

Conducteur conique.

15. Considérons ensuite un conducteur dont une partie ait la forme d'un cône de révolution. Soient BOA (*fig.* 2) la partie conique du con-

Fig. 2.

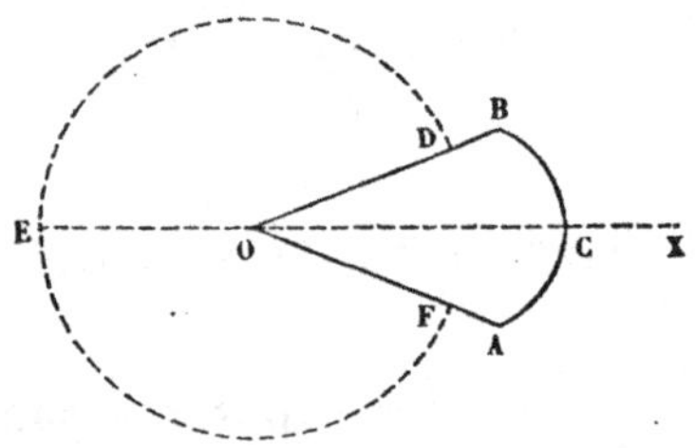

ducteur et BCA l'autre partie, que nous supposons toutes deux de révolution autour de OX. Ce conducteur est supposé à un potentiel constant K. Le potentiel V satisfait à l'extérieur du conducteur à l'équation $\Delta V = 0$, et doit présenter les mêmes valeurs dans tous les méridiens passant par OX; V est donc indépendant de l'angle ψ de chaque méridien avec un méridien fixe et il ne dépend que des deux coordonnées r et θ (n° 1). Donc l'équation $\Delta V = 0$ peut s'écrire

$$\sin\theta \frac{d\left(r^2 \frac{dV}{dr}\right)}{dr} + \frac{d\left(\sin\theta \frac{dV}{d\theta}\right)}{d\theta} = 0;$$

on obtient une solution particulière, en faisant

$$V = r^n T$$

et prenant pour T une fonction de θ qui satisfait à l'équation

$$\sin\theta \frac{d^2T}{d\theta^2} + \cos\theta \frac{dT}{d\theta} + n(n+1) T \sin\theta = 0,$$

et si l'on pose

$$\sin^2\theta = z,$$

cette équation devient

$$(1) \qquad z(1-z)\frac{d^2T}{dz^2} + \left(1 - \frac{3}{2}z\right)\frac{dT}{dz} + \frac{n(n+1)}{4}T = 0.$$

Elle est donc de la forme de l'équation

$$z(1-z)\frac{d^2P}{dz^2} + [\gamma - (\alpha+\beta+1)z]\frac{dP}{dz} - \alpha\beta P = 0,$$

qui a pour solution

$$P = F(\alpha, \beta, \gamma, z) = 1 + \frac{\alpha\beta}{1.\gamma}z + \frac{\alpha(\alpha+1)\beta(\beta+1)}{1.2\gamma(\gamma+1)}z^2 + \ldots,$$

et quand γ est > 1 ou $= 1$, l'autre solution est infinie pour $z = 0$. Dans le cas qui nous occupe, on a

$$\gamma = 1, \quad \alpha = -\frac{n}{2}, \quad \beta = \frac{n+1}{2};$$

donc on satisfait à l'équation (1), en posant

$$(2) \qquad T = F\left(-\frac{n}{2}, \frac{n+1}{2}, 1, \sin^2\theta\right),$$

et nous devons réduire T à cette solution particulière si nous ne voulons pas que T devienne infini pour $\theta = 0$, c'est-à-dire sur la droite OE à partir de laquelle nous compterons l'angle θ. De plus, la quantité $\gamma - \alpha - \beta$ étant positive, T restera fini pour $\sin\theta = 1$.

16. Au moyen de la formule (2) on connaît T depuis $\theta = 0$ jusqu'à $\theta = \frac{\pi}{2}$, mais non depuis cette dernière valeur de θ jusqu'à celle qui correspond à la surface du cône. Pour déterminer T dans ce dernier intervalle, employons cette formule de Gauss

$$\begin{aligned} F(\alpha, \beta, \gamma, z) &= \frac{\Pi(\gamma-1)\Pi(\gamma-\alpha-\beta-1)}{\Pi(\gamma-\alpha-1)\Pi(\gamma-\beta-1)}F(\alpha, \beta, \alpha+\beta+1-\gamma, 1-z) \\ &+ \frac{\Pi(\gamma-1)\Pi(\alpha+\beta-\gamma-1)}{\Pi(\alpha-1)\Pi(\beta-1)}(1-z)^{\gamma-\alpha-\beta}F(\gamma-\alpha, \gamma-\beta, \gamma-\alpha-\beta+1, 1-z), \end{aligned}$$

dans laquelle $\Pi(y)$ représente $\int_0^\infty e^{-x}x^y\,dx$ quand y est > -1, et, quand y est moindre, on ramène la valeur de $\Pi(y)$ au cas où y est > -1, en appliquant une ou plusieurs fois la formule

$$(3)\qquad (y+1)\Pi(y) = \Pi(y+1).$$

D'après cela, nous obtenons

$$\begin{aligned} T = {} & \frac{\Pi\left(-\frac{1}{2}\right)}{\Pi\left(\frac{n}{2}\right)\Pi\left(-\frac{n+1}{2}\right)} F\left(-\frac{n}{2}, \frac{n+1}{2}, \frac{1}{2}, \cos^2\theta\right) \\ & + \frac{\Pi\left(-\frac{3}{2}\right)}{\Pi\left(-\frac{n}{2}-1\right)\Pi\left(\frac{n-1}{2}\right)} \cos\theta\, F\left(\frac{n}{2}+1, -\frac{n}{2}+\frac{1}{2}, \frac{3}{2}, \cos^2\theta\right). \end{aligned}$$

Désignons par α le demi-angle au sommet du cône, et choisissons le nombre n de manière que l'on ait

$$(4)\qquad T = 0 \quad \text{pour} \quad \theta = \pi - \alpha,$$

c'est-à-dire sur la surface du cône.

Remarquons d'abord que pour $\alpha = \frac{\pi}{2}$ cette équation se réduit à

$$\frac{\Pi\left(-\frac{1}{2}\right)}{\Pi\left(\frac{n}{2}\right)\Pi\left(-\frac{n+1}{2}\right)} = 0 \quad \text{ou} \quad \Pi\left(-\frac{n+1}{2}\right) = \infty;$$

on en conclut que $\frac{n+1}{2}$ est un nombre entier positif ou que les racines n, dans ce cas particulier, sont les nombres impairs 1, 3, 5, ...

Pour simplifier l'équation (4), transformons le rapport p des coefficients de l'expression de T

$$p = \frac{\Pi\left(-\frac{3}{2}\right)}{\Pi\left(-\frac{1}{2}\right)} \frac{\Pi\left(\frac{n}{2}\right)}{\Pi\left(-\frac{n}{2}-1\right)} \frac{\Pi\left(-\frac{n-1}{2}-1\right)}{\Pi\left(\frac{n-1}{2}\right)};$$

en appliquant la formule (3) et la suivante

$$\Pi(-z-1) = -\frac{\pi}{\sin \pi z}\frac{1}{\Pi(z)},$$

nous aurons

$$p = 2\left[\frac{\Pi\left(\frac{n}{2}\right)}{\Pi\left(\frac{n-1}{2}\right)}\right]^2 \operatorname{tang}\frac{n\pi}{2}.$$

Ainsi l'équation (4), qui détermine n, devient

$$(5)\quad \left\{\begin{aligned} 0 = {} & F\left(-\frac{n}{2}, \frac{n+1}{2}, \frac{1}{2}, \cos^2\alpha\right) \\ & -2\left[\frac{\Pi\left(\frac{n}{2}\right)}{\Pi\left(\frac{n-1}{2}\right)}\right]^2 \operatorname{tang}\frac{n\pi}{2}\cos\alpha\, F\left(\frac{n}{2}+1, -\frac{n}{2}+\frac{1}{2}, \frac{3}{2}, \cos^2\alpha\right). \end{aligned}\right.$$

Remarquons que la première des deux fonctions F qui entrent dans cette équation est un polynôme entier par rapport à $\cos^2\alpha$ quand on prend pour n un nombre pair, et en désignant par F_1 cette fonction, on a

Pour $n = 0$....... $F_1 = 1$,

» $n = 2$....... $F_1 = 1 - 3\cos^2\alpha$,

» $n = 4$....... $F_1 = 1 - \frac{4.5}{2}\cos^2\alpha + \frac{5.7}{3}\cos^4\alpha$,

» ....

De même la seconde fonction F, que je désignerai par F_2, se réduit à un polynôme entier en $\cos^2\alpha$ pour $n = 1, 3, 5, \ldots$, et l'on a

Pour $n = 1$....... $F_2 = 1$,

» $n = 3$....... $F_2 = 1 - \frac{5}{3}\cos^2\alpha$,

» $n = 5$....... $F_2 = 1 - \frac{7.4}{2.3}\cos^2\alpha + \frac{7.9}{3.5}\cos^4\alpha$,

» ....

Désignons par P le second membre de l'équation (5) et par ε une quantité positive infiniment petite, les signes de P seront :

Pour $n = 0$.......... $P = +$,
» $n = 1 - \varepsilon$....... $P = -\infty$,
» $n = 1 + \varepsilon$....... $P = +\infty$,
» $n = 2$.......... $P = \pm$ suivant que $\cos^2\alpha \lessgtr \frac{1}{3}$,
» $n = 3 - \varepsilon$....... $P = \mp$ suivant que $\cos^2\alpha \lessgtr \frac{3}{5}$.

En continuant ainsi, on pourra séparer les racines de l'équation. D'après les substitutions précédentes, on voit qu'il existe toujours une racine comprise entre o et 1 et qu'il y aura une ou deux racines entre 1 et 3 suivant que $\cos^2\alpha$ sera $<$ ou $> \frac{3}{5}$. Désignons par $n_1, n_2, n_3, \ldots$ les racines en nombre infini de l'équation (5), rangées par ordre de grandeur, et désignons aussi par $T_1, T_2, \ldots$ les expressions correspondantes de T.

17. Du point O comme centre décrivons une surface sphérique DEF en dehors du cône et avec un rayon R plus petit que la génératrice OB de la surface conique. Dans l'espace ODEFO compris entre la sphère et le conducteur, le potentiel V est la somme de la constante K et de toutes les solutions

$$A_i r^{n_i} T_i,$$

qui viennent d'être considérées, affectées d'un coefficient A_i. Ainsi on posera

$$V = K + A_1 r^{n_1} T_1 + A_2 r^{n_2} T_2 + A_3 r^{n_3} T_3 + \ldots.$$

Supposons que l'on ait déterminé par l'expérience la valeur de V sur un méridien DEF de la surface sphérique; et représentons-la par $f(\theta)$; on déterminera alors facilement les coefficients $A_1, A_2, \ldots$ d'après l'équation de condition

$$A_1 R^{n_1} T_1 + A_2 R^{n_2} T_2 + \ldots = f(\theta) - K.$$

On aura ensuite pour la densité à la surface du conducteur la formule

$$\rho = \frac{1}{4\pi}\frac{1}{r}\frac{dV}{d\theta} = \frac{1}{4\pi}\left(A_1 r^{n_1 - 1}\frac{dT_1}{d\theta} + A_2 r^{n_2 - 1}\frac{dT_2}{d\theta} + \ldots\right),$$

où il faudra faire $\theta = \pi - \alpha$.

Dans cette formule, le premier exposant $n_1 - 1$ est négatif, tous les autres sont positifs; donc, pour $r = 0$, le premier terme devient infini et les autres sont nuls; il en résulte que la densité ρ est infinie au sommet du cône.

Calculons la tension électrique sur un élément de la surface du cône compris entre deux génératrices situées dans deux plans méridiens qui font un angle $d\psi$ et ne s'étendant depuis le sommet que jusqu'à une distance $r = r_1$, assez petite pour que tous les termes de ρ à partir du deuxième puissent être négligés devant le premier.

$\frac{dT_1}{d\theta}$ pour $\theta = \pi - \alpha$ renferme en facteur $\sin\alpha\cos\alpha$; posons, d'après cela,

$$\frac{dT_1}{d\theta} = H\sin\alpha\cos\alpha.$$

L'élément de la surface du cône a pour grandeur $r\,dr\sin\alpha\,d\psi$ et la tension électrique sur cet élément est

$$2\pi\sin\alpha\,d\psi\int_0^{r_1}\rho^2 r\,dr = \frac{A_1^2 H^2}{16\pi}\sin^3\alpha\cos^2\alpha\,d\psi\,\frac{r_1^{2n_1}}{n_1}.$$

Cette quantité n'est pas, en général, très grande, puisque l'exposant $2n_1$ est positif, de sorte que, si l'on ne considère que la tension électrique elle-même calculée ainsi, on ne voit pas la raison pour laquelle l'électricité s'écoule si rapidement par la pointe. Mais on doit supposer une épaisseur à la couche électrique; la perte de l'électricité doit donc provenir de ce que, lorsque ρ est infini ou très grand, l'épaisseur de la couche électrique n'est plus excessivement petite, comme cela a lieu ordinairement, et l'électricité s'éloigne ainsi du conducteur.

18. Dans ce qui précède, on a supposé que le conducteur présentait une pointe conique; mais les calculs précédents peuvent être appliqués avec une légère modification à un conducteur qui présenterait un cône rentrant.

Il faut alors supposer l'angle α obtus, ce qui change le signe du second terme de l'équation (5). Reprenons les substitutions qui ont été faites ci-dessus dans le second membre de cette équation, nous aurons

Pour $n=0$	$P=+$,
» $n=1-\varepsilon$	$P=+\infty$,
» $n=1+\varepsilon$	$P=-\infty$,
» $n=2$	$P=\pm$ suivant que $\cos^2\alpha \lesseqgtr \frac{1}{3}$,
» $n=3-\varepsilon$	$P=\pm$ suivant que $\cos^2\alpha \lesseqgtr \frac{3}{5}$.

Dans ce cas, il n'existe point de racine entre 0 et 1; la plus petite racine n_1 sera comprise entre 1 et 2 si $\cos^2\alpha$ est $< \frac{1}{3}$, elle sera comprise entre 2 et 3 si $\cos^2\alpha$ est compris entre $\frac{1}{3}$ et $\frac{3}{5}$; enfin, elle sera plus grande que 3 si $\cos^2\alpha$ est $> \frac{3}{5}$.

Mais remarquons surtout que la densité ρ est nulle au sommet du cône rentrant.

Calcul des exposants n_1, n_2, n_3, ... qui entrent dans l'expression du potentiel du conducteur conique.

19. Quand l'angle α sera compris entre 40° et 90°, on pourra facilement obtenir des valeurs approchées des racines n au moyen de l'équation (5) sans en changer la forme.

Lorsqu'on aura déterminé une valeur approchée d'une de ces racines, on la corrigera en y ajoutant l'expression

$$-P : \frac{dP}{dn},$$

où P désigne le second membre de l'équation (5), et en posant

$$\Pi\left(\frac{n}{2}\right) : \Pi\left(\frac{n-1}{2}\right) = \lambda,$$

on aura

$$\frac{dP}{dn} = \frac{dF_1}{dn} - 2\lambda^2 \operatorname{tang}\frac{n\pi}{2}\cos\alpha\,\frac{dF_2}{dn} - \frac{\pi}{\cos^2\frac{n\pi}{2}}\lambda^2\cos\alpha\, F_2$$
$$- 2\lambda^2 \operatorname{tang}\frac{n\pi}{2}\cos\alpha\left[\Psi\left(\frac{n}{2}\right) - \Psi\left(\frac{n-1}{2}\right)\right]F_2;$$

d'après la notation de Gauss, nous posons en général

$$\Psi(z) = \frac{1}{\Pi(z)} \frac{d\Pi(z)}{dz}.$$

Gauss a donné une Table des valeurs de cette fonction à la fin de son Mémoire intitulé : *Disquisitiones generales circa seriem infinitam*

$$1 + \frac{\alpha\beta}{1.\gamma} x + \frac{\alpha(\alpha+1)\beta(\beta+1)}{1.2\gamma(\gamma+1)} x^2 + \ldots$$

(t. III de ses *Œuvres*).

20. Lorsque l'angle α sera très petit, il faudra modifier la forme de l'équation (5). La transformation que je vais donner conviendra très bien quand α sera un angle compris entre 0° et 40°, et sera extrêmement commode quand α sera un très petit angle.

On a cette formule [*Determinatio seriei nostræ,* etc. (*Œuvres de Gauss,* t. III)]

$$\begin{aligned} &F(a, b, a+b, 1-x) \\ &= -\frac{\Pi(a+b-1)}{\Pi(a-1)\Pi(b-1)} [\log x + \Psi(a-1) + \Psi(b-1) - 2\Psi(0)] F(a, b, 1, x) \\ &\quad - \frac{\Pi(a+b-1)}{\Pi(a-1)\Pi(b-1)} \left[A \frac{ab}{1} x + (A+B) \frac{a(a+1)b(b+1)}{1.2.1.2} x^2 \right. \\ &\qquad\qquad \left. + (A+B+C) \frac{a(a+1)(a+2)b(b+1)(b+2)}{1.2.3.1.2.3} x^3 + \ldots \right], \end{aligned}$$

en posant

$$A = \frac{1}{a} + \frac{1}{b} - 2,$$

$$B = \frac{1}{a+1} + \frac{1}{b+1} - \frac{2}{2},$$

$$C = \frac{1}{a+2} + \frac{1}{b+2} - \frac{2}{3},$$

$$\ldots\ldots\ldots\ldots\ldots\ldots\ldots$$

On peut appliquer cette formule aux deux fonctions F qui entrent dans T (n° 16), et il en résulte

$$F\left(-\frac{n}{2}, \frac{n+1}{2}, \frac{1}{2}, \cos^2\theta\right)$$

$$= -\frac{\Pi\left(-\frac{1}{2}\right)}{\Pi\left(-\frac{n}{2}-1\right)\Pi\left(\frac{n-1}{2}\right)}\left\{\begin{aligned}&\left[\log\sin^2\theta+\Psi\left(-\frac{n}{2}-1\right)+\Psi\left(\frac{n-1}{2}\right)-2\Psi(0)\right]\\&\quad\times F\left(-\frac{n}{2}, \frac{n+1}{2}, 1, \sin^2\theta\right)\\&\quad+\left[\frac{1}{2}+\frac{n(n+1)}{2}\right]\sin^2\theta+\ldots\end{aligned}\right\},$$

$$F\left(\frac{n}{2}+1, -\frac{n}{2}+\frac{1}{2}, \frac{3}{2}, \cos^2\theta\right)$$

$$= -\frac{\Pi\left(\frac{1}{2}\right)}{\Pi\left(\frac{n}{2}\right)\Pi\left(-\frac{n+1}{2}\right)}\left\{\begin{aligned}&\left[\log\sin^2\theta+\Psi\left(\frac{n}{2}\right)+\Psi\left(-\frac{n+1}{2}\right)-2\Psi(0)\right]\\&\quad\times F\left(\frac{n}{2}+1, \frac{-n+1}{2}, 1, \sin^2\theta\right)\\&\quad+\left[\frac{3}{2}-\frac{(n+2)(1-n)}{2}\right]\sin^2\theta+\ldots\end{aligned}\right\}.$$

Substituons ces expressions dans T, faisons $\cos\theta = -\cos\alpha$, et remarquons la formule

$$\Pi\left(-\frac{3}{2}\right)\Pi\left(\frac{1}{2}\right) = -\Pi\left(-\frac{1}{2}\right)^2;$$

alors l'équation $T = 0$ prend la forme suivante :

$$\begin{aligned}&\left[\log\sin^2\alpha+\Psi\left(-\frac{n}{2}-1\right)+\Psi\left(\frac{n-1}{2}\right)-2\Psi(0)\right]\\&\quad\times\left[1-\frac{n(n+1)}{2.2}\sin^2\alpha+\ldots\right]\\&\quad+\cos\alpha\left[\log\sin^2\alpha+\Psi\left(\frac{n}{2}+1\right)+\Psi\left(-\frac{n+1}{2}\right)-2\Psi(0)\right]\\&\quad\times\left[1-\frac{(n+2)(n-1)}{2.2}\sin^2\alpha+\ldots\right]\\&\quad+\left[\frac{1}{2}+\frac{n(n+1)}{2}\right]\sin^2\alpha+\left[\frac{3}{2}-\frac{(n+2)(1-n)}{2}\right]\sin^2\alpha\cos\alpha+\ldots=0.\end{aligned}$$

Si α est très petit, on pourra réduire cette équation à cette forme

$$(a)\quad 4\log\sin\alpha-4\Psi(0)+\Psi\left(-\frac{n}{2}-1\right)+\Psi\left(\frac{n-1}{2}\right)+\Psi\left(\frac{n}{2}+1\right)+\Psi\left(-\frac{1+n}{2}\right)=0,$$

et l'on en tirera α par $\log \sin \alpha$, en supposant n connu. Si α n'est pas très petit, mais n'excède pas 30°, on obtiendra ainsi une valeur approchée de α correspondant à un nombre donné pour n, et cette valeur permettra de passer à une autre approximation plus grande. Si l'on se donne la valeur de n_1 et qu'on cherche la valeur de α correspondante, alors, en appliquant la formule

$$\Psi(z) = \Psi(z+1) - \frac{1}{z+1}$$

de manière à ne plus avoir que des fonctions $\Psi(z)$ pour lesquelles z est compris entre 0 et 1, l'équation (a) deviendra

$$4 \log \sin \alpha - 4\Psi(0) + \Psi\left(1 - \frac{n}{2}\right) + \Psi\left(\frac{n}{2}\right) + \Psi\left(\frac{1}{2} + \frac{n}{2}\right)$$
$$+ \Psi\left(\frac{1}{2} - \frac{n}{2}\right) + \frac{2}{n} - \frac{n}{1 - \frac{n^2}{4}} - \frac{4}{1 - n^2} = 0.$$

21. Je n'ai point formé précisément une Table de ces racines. Mais voici toutefois un Tableau qui donne avec une certaine approximation quelques racines n pour des valeurs déterminées de l'angle α et qui permettra au lecteur de s'orienter s'il se propose de calculer ces racines pour une certaine valeur de cet angle :

α.	n_1.	n_2.	n_3.	n_4.
0....................	0	1	2	3
36′36″..............	0,10	1,12	2,135	3,145
7°57′...............	0,20	1,28	2,33	3,37
18°54′..............	0,30	$\bar{1}$,41	»	»
30°9′...............	0,40	1,59	»	»
30°33′..............	»	»	»	4
39°14′..............	0,433	1,70	3	»
54°44′..............	0,551	2	»	»
57°25′..............	»	»	»	5
70°8′...............	0,72	2,34	4	»
90°.................	1	3		7

DISTRIBUTION DE L'ÉLECTRICITÉ SUR DEUX SPHÈRES QUI S'INFLUENCENT RÉCIPROQUEMENT.

Cas général.

22. Ce problème a été résolu pour la première fois par Poisson (*Mémoires de l'Académie des Sciences*, 1811).

Soient a et b les rayons de deux sphères A et B chargées d'électricité et c la distance de leurs centres; c est plus grand que $a+b$. Les couches qui recouvrent les sphères A et B ont la ligne des centres des sphères pour axe de symétrie. Développons la densité ρ de la première couche suivant la série des Y_n, qui se réduisent aux fonctions X_n (n° 5); nous aurons

$$\rho = A_0X_0 + A_1X_1 + \ldots + A_nX_n + \ldots,$$

A_0, A_1, A_2, ... étant des coefficients constants; puis nous obtiendrons pour les potentiels intérieur et extérieur de cette couche respectivement (n° 6)

$$V = 4\pi a\left[A_0X_0 + A_1X_1\frac{r}{3a} + \ldots + A_nX_n\frac{r^n}{(2n+1)a^n} + \ldots\right],$$

$$V' = \frac{4\pi a^2}{r}\left[A_0X_0 + A_1X_1\frac{a}{3r} + \ldots + A_nX_n\frac{a^n}{(2n+1)r^n} + \ldots\right].$$

X_1, X_2, ... sont des fonctions de $\mu = \cos\theta$, θ étant l'angle que fait avec la ligne des centres le rayon r mené du centre de A au point en lequel on prend le potentiel.

Remarquons que, si l'on pose

$$A_0X_0 + A_1X_1\frac{x}{3} + \ldots + A_nX_n\frac{x^n}{2n+1} + \ldots = \varphi(\mu, x),$$

on obtient

$$V = 4\pi a\,\varphi\left(\mu, \frac{r}{a}\right), \quad V' = \frac{4\pi a^2}{r}\varphi\left(\mu, \frac{a}{r}\right).$$

Or on sait que, dans le cas de $\mu = 1$, toutes les fonctions X se réduisent à l'unité. Si donc on désigne $\varphi(1, x)$ par $f(x)$, on obtient

$$f(x) = A_0 + A_1\frac{x}{3} + \ldots + A_n\frac{x^n}{2n+1} + \ldots.$$

On reconnaît ensuite que, si l'on parvient à déterminer $f(x)$, on connaîtra les coefficients A et par suite aussi les fonctions φ, V et V'.

Nous aurons de même pour la densité σ de la couche de la sphère B

$$\sigma = B_0 X'_0 + B_1 X'_1 + \ldots + B_n X'_n + \ldots,$$

les coefficients B_n étant constants et X'_n étant ce que devient X_n, quand on y remplace μ par μ', le cosinus de l'angle que fait avec la ligne des centres le rayon r' mené du centre de B au point en lequel on prend le potentiel. Nous aurons, pour les potentiels de cette couche à l'intérieur et à l'extérieur,

$$U = 4\pi b \sum_0^\infty B_n X'_n \frac{r'^n}{(2n+1)b^n},$$

$$U' = \frac{4\pi b^2}{r'} \sum_0^\infty B_n X'_n \frac{a^n}{(2n+1)r'^n}.$$

En posant

$$\sum B_n X'_n \frac{x^n}{2n+1} = \Phi(\mu', x),$$

nous obtiendrons

$$U = 4\pi b \Phi\left(\mu', \frac{r'}{b}\right), \quad U' = \frac{4\pi b^2}{r'} \Phi\left(\mu', \frac{b}{r'}\right),$$

et, pour déterminer les coefficients B_n, il suffira de calculer la fonction

$$F(x) = \Phi(1, x) = \sum_0^\infty B_n \frac{x^n}{2n+1}.$$

Le triangle formé par les trois lignes r, r' et c donne

$$(a) \qquad r\mu + r'\mu' = c.$$

La somme des potentiels des deux couches doit avoir une valeur constante à l'intérieur de chaque sphère; on a donc

$$V + U' = \text{const. à l'intérieur de A},$$
$$V' + U = \text{const. à l'intérieur de B},$$

ou, en désignant par C et G deux constantes,

$$a\,\varphi\left(\mu, \frac{r}{a}\right) + \frac{b^2}{r'}\,\Phi\left(\mu', \frac{b}{r'}\right) = \mathrm{C},$$

$$\frac{a^2}{r'}\,\varphi\left(\mu, \frac{a}{r}\right) + b\;\;\Phi\left(\mu', \frac{r'}{b}\right) = \mathrm{G}.$$

Si nous prenons le point attiré sur la ligne des centres, nous aurons $\mu = 1$, $\mu' = 1$, l'équation (a) deviendra $r + r' = c$, et en prenant ce point sur le prolongement de cette ligne $r - r' = c$ ou $r' - r = c$, et les deux fonctions φ et Φ se changeront en f et F, de sorte que nous aurons respectivement à l'intérieur de A et de B

$$a\,f\left(\frac{r}{a}\right) + \frac{b^2}{c - r}\,\mathrm{F}\left(\frac{b}{c - r}\right) = \mathrm{C},$$

$$\frac{a^2}{c - r'}\,f\left(\frac{a}{c - r'}\right) + b\,\mathrm{F}\left(\frac{r'}{b}\right) = \mathrm{G},$$

en regardant r et r' comme positifs ou négatifs.

D'après ce que nous avons dit, si nous calculons f et F au moyen de ces deux équations, nous achèverons facilement la solution du problème.

Si nous faisons

$$\frac{r}{a} = x, \quad \frac{r'}{b} = y,$$

nous aurons

$$a\,f(x) + \frac{b^2}{c - ax}\,\mathrm{F}\left(\frac{b}{c - ax}\right) = \mathrm{C},$$

$$\frac{a^2}{c - by}\,f\left(\frac{a}{c - by}\right) + b\mathrm{F}(y) = \mathrm{G},$$

et alors x et y seront compris entre -1 et $+1$. Éliminons la fonction F entre ces deux équations; pour cela changeons y en $\frac{b}{c - ax}$ qui est plus petit que l'unité; puis combinons les deux équations et, en faisant, pour simplifier l'écriture,

$$\frac{c^2 - b^2}{a} = k,$$

nous trouverons

$$(b) \qquad f(x) - \frac{b}{k - cx} f\left(\frac{c - ax}{k - cx}\right) = \frac{C}{a} - \frac{Gb}{a} \frac{1}{c - ax},$$

où, comme nous avons déjà dit, x est compris entre -1 et $+1$.

23. Si nous considérons d'abord l'équation (b), privée de second membre, c'est-à-dire

$$(c) \qquad f(x) - \frac{b}{k - cx} f\left(\frac{c - ax}{k - cx}\right) = 0,$$

nous trouverons facilement la solution

$$f(x) = \frac{H}{\sqrt{c - (k + a)x + cx^2}},$$

H étant une constante, et cette fonction est une partie de la solution de l'équation (b). Mais, pour $x = 1$, la quantité soumise au radical devient $2c - k - a = \frac{b^2 - (a - c)^2}{a}$ et a une valeur négative; pour $x = 0$, elle est au contraire positive : le radical devient donc nul et imaginaire entre $x = 0$ et $x = 1$; on doit donc faire $H = 0$.

On doit remarquer qu'on satisferait également à l'équation (c) au moyen de la même formule, dans laquelle on prendrait pour H, au lieu d'une constante, une fonction de x qui resterait invariable par le changement de x en $\frac{c - ax}{k - cx}$. Mais on voit aisément que cette nouvelle formule ne saurait non plus convenir et qu'il faut faire $H = 0$.

Nous allons ensuite résoudre l'équation (b) : 1° quand on réduit son second membre à $\frac{C}{a}$; 2° quand on le réduit à $-\frac{Gb}{a}\frac{1}{c - ax}$, et nous ajouterons ensuite les fonctions ainsi obtenues pour avoir la valeur de la fonction cherchée. Or, pour résoudre ces deux problèmes, il suffit de résoudre l'équation (b), dans laquelle on remplace le second membre par

$$\frac{1}{p - qx},$$

et de faire pour le premier problème $p = 1$, $q = 0$, et pour le second

$p = c$, $q = a$. On multipliera ensuite les deux résultats respectivement par $\frac{C}{a}$ et $-\frac{Gb}{a}$.

24. Pour résoudre l'équation

$$f(x) - \frac{b}{k-cx} f\left(\frac{c-ax}{k-cx}\right) = \frac{1}{p-qx},$$

posons

$$f(x) = \psi_0(x) + \psi_1(x) + \ldots + \psi_n(x) + \ldots,$$

et il nous suffira de faire

$$\psi_0(x) = \frac{1}{p-qx}, \quad \psi_{n+1}(x) = \frac{b}{k-cx} \psi_n\left(\frac{c-ax}{k-cx}\right).$$

Pour satisfaire à la dernière équation, nous poserons

$$\psi_n(x) = \frac{1}{p_n - q_n x},$$

p_n, q_n étant des constantes; ce qui nous donnera

$$\frac{1}{p_{n+1} - q_{n+1}x} = \frac{b}{kp_n - cq_n - (cp_n - aq_n)x},$$

et il en résulte

$$(d) \qquad \left\{ \begin{aligned} bp_{n+1} &= kp_n - cq_n, \\ bq_{n+1} &= cp_n - aq_n. \end{aligned} \right.$$

Dans la première de ces deux formules, changeons n en $n+1$, nous aurons

$$bp_{n+2} = kp_{n+1} - cq_{n+1}.$$

Enfin entre ces trois formules éliminons q_n et q_{n+1}; nous obtiendrons

$$bp_{n+2} - (k-a)p_{n+1} + bp_n = 0$$

ou

$$p_{n+2} - gp_{n+1} + p_n = 0,$$

en posant

$$\frac{k-a}{b} = \frac{c^2 - a^2 - b^2}{ab} = g.$$

On satisfera à cette dernière équation, en prenant

$$p_n = si^n + ti'^n,$$

où s et t sont indépendants de n et où i, i' sont les racines de l'équation du second degré

$$i^2 - gi + 1 = 0.$$

Ensuite on tirera de la première équation (d)

$$q_n = \frac{k - bi}{c} si^n + \frac{k - bi'}{c} ti'^n.$$

Pour déterminer les deux constantes s et t, on fera $n = 0$ dans les expressions de p_n, q_n, et l'on aura

$$s + t = p,$$

$$\frac{k - bi}{c} s + \frac{k - bi'}{c} t = q,$$

où p et q sont connus. On aura donc

$$s = \frac{qc - (k - bi')p}{b(i' - i)}, \quad t = \frac{-qc + (k - bi)p}{b(i' - i)}$$

et

$$i' = \frac{g}{2} + \sqrt{\frac{g^2}{4} - 1}, \quad i = \frac{g}{2} - \sqrt{\frac{g^2}{4} - 1}.$$

25. Désignons par p_n, q_n les valeurs de p_n, q_n, quand on y fait $p = c$, $q = a$ et par p'_n, q'_n les valeurs de p_n, q_n, quand on y fait $p = 1$, $q = 0$, et, d'après ces notations, nous aurons

$$f(x) = \frac{C}{a} \sum_0^\infty \frac{1}{p'_n - q'_n x} - \frac{Gb}{a} \sum_0^\infty \frac{1}{p_n - q_n x}.$$

Formons les quantités p'_n, q'_n, p_n, q_n. Nous aurons

$$p'_0 = 1, \quad q'_0 = 0, \quad s' = -\frac{k - bi'}{b(i' - i)}, \quad t' = \frac{k - bi}{b(i' - i)};$$

puis, en remarquant les égalités

$$i + i' = g, \quad ii' = 1,$$
$$(k - bi)(k - bi') = k^2 - kbg + b^2 = c^2,$$

nous trouverons

$$p'_n = s'i^n + t'i'^n = \frac{-(a+bi)i^n + (a+bi')i'^n}{b(i'-i)},$$
$$q'_n = \frac{k-bi}{c} s'i^n + \frac{k-bi'}{c} t'i'^n = \frac{c(i'^n - i^n)}{b(i'-i)}.$$

On obtiendra de même

$$p_0 = c, \quad q_0 = a, \quad s = -\frac{ci}{i'-i}, \quad t = \frac{ci'}{i'-i}, \quad p_n = si^n + ti'^n = \frac{c(i'^{n+1} - i^{n+1})}{i'-i},$$
$$q_n = \frac{k-bi}{c} si^n + \frac{k-bi'}{c} ti'^n = \frac{(a+bi)i'^{n+1} - (a+bi')i^{n+1}}{i'-i}.$$

Nous obtenons donc enfin cette formule

$$f(x) = \frac{Cb}{a} \sum_0^\infty \frac{i'-i}{(a+bi'-cx)i'^n - (a+bi-cx)i^n}$$
$$- \frac{Gb}{a} \sum_0^\infty \frac{i'-i}{[c-(a+bi)x]i'^{n+1} - [c-(a+bi')x]i^{n+1}};$$

nous en déduirons $F(y)$ en permutant les lettres a et b, C et G, et nous aurons

$$F(y) = \frac{Ga}{b} \sum_0^\infty \frac{i'-i}{(b+ai'-cy)i'^n - (b+ai-cy)i^n}$$
$$- \frac{Ca}{b} \sum_0^\infty \frac{i'-i}{[c-(b+ai)y]i'^{n+1} - [c-(b+ai')y]i^{n+1}}.$$

26. On déterminera les deux constantes C et G par les charges qui ont été communiquées aux deux sphères et que nous supposons connues. D'après la formule qui donne V', $4\pi a^2 A_0$ est la charge de la sphère A; ainsi A_0 est la densité moyenne sur cette sphère, et de même B_0 est la densité moyenne sur la sphère B, et ces deux quantités sont

connues. Or A_0 et B_0 représentent les valeurs de $f(x)$ et $F(x)$ pour $x = 0$; il en résulte, pour déterminer C et G, ces deux équations

$$A_0 = \frac{Cb}{a}\sum_0^\infty \frac{i'-i}{(a+bi')i'^n-(a+bi)i^n} - \frac{Gb}{ac}\sum_0^\infty \frac{i'-i}{i'^{n+1}-i^{n+1}},$$

$$B_0 = \frac{Ga}{b}\sum_0^\infty \frac{i'-i}{(b+ai')i'^n-(b+ai)i^n} - \frac{Ca}{bc}\sum_0^\infty \frac{i'-i}{i'^{n+1}-i^{n+1}}.$$

27. D'après ce que nous avons vu (nº 22), on passe de $f(x)$ à $\varphi(\mu, x)$, en développant $f(x)$ suivant les puissances de x et multipliant les termes de ce développement respectivement par les coefficients X_0, X_1, X_2, ... du développement de

$$(1-2\mu x + x^2)^{-\frac{1}{2}} = X_0 + X_1 x + X_2 x^2 + \ldots.$$

Or $f(x)$ a été décomposé en parties de la forme $\frac{1}{P-Qx}$, et l'on a

$$\frac{1}{P-Qx} = \frac{1}{P}\left(1 + \frac{Q}{P}x + \frac{Q^2}{P^2}x^2 + \ldots\right);$$

donc la partie correspondante de $\varphi(\mu, x)$ est

$$\frac{1}{P}\left(X_0 + X_1\frac{Q}{P}x + X_2\frac{Q^2}{P^2}x^2 + \ldots\right) = (P^2 - 2PQ\mu x + Q^2x^2)^{-\frac{1}{2}}.$$

Posons ensuite

$$\mathcal{A}_n = c(i'^{n+1} - i^{n+1}),$$
$$\mathcal{B}_n = (a+bi)i'^{n+1} - (a+bi')i^{n+1},$$
$$\mathcal{A}'_n = (a+bi')i'^n - (a+bi)i^n,$$

il en résultera

$$p_n = \frac{1}{i'-i}\mathcal{A}_n, \quad q_n = \frac{1}{i'-i}\mathcal{B}_n, \quad p'_n = \frac{1}{b(i'-i)}\mathcal{A}'_n, \quad q'_n = \frac{1}{b(i'-i)}\mathcal{A}_{n-1};$$

puis nous aurons

$$\begin{aligned}\varphi(\mu, x) = {} & \frac{Cb}{a}(i'-i)\sum_0^\infty \frac{1}{\sqrt{\mathcal{A}'^2_n - 2\mathcal{A}_{n-1}\mathcal{A}'_n\mu x + \mathcal{A}^2_{n-1}x^2}} \\ & - \frac{Gb}{a}(i'-i)\sum_0^\infty \frac{1}{\sqrt{\mathcal{A}^2_n - 2\mathcal{A}_n\mathcal{B}_n\mu x + \mathcal{B}_n x^2}}.\end{aligned}$$

Nous en pourrons conclure

$$V = 4\pi a\,\varphi\left(\mu, \frac{r}{a}\right), \quad V' = \frac{4\pi a^2}{r}\varphi\left(\mu, \frac{a}{r}\right).$$

La densité ρ, sur la sphère A, a pour valeur

$$\rho = -\frac{1}{4\pi}\left(\frac{dV'}{dr} - \frac{dV}{dr}\right) = 2\frac{d\varphi(\mu, x)}{dx} + \varphi(\mu, x) \quad \text{pour } x = 1.$$

Or, si l'on fait

$$\psi = (A - Bx + Cx^2)^{-\frac{1}{2}},$$

on trouve, pour $x = 1$,

$$2\frac{d\psi}{dx} + \psi = \frac{A - C}{(A - B + C)^{\frac{3}{2}}},$$

et l'on en conclut

$$\begin{aligned}\rho = {} & \frac{Cb}{a}(i' - i)\sum_0^\infty \frac{\mathcal{A}_n'^2 - \mathcal{A}_{n-1}^2}{(\mathcal{A}_n'^2 - 2\mathcal{A}_{n-1}\mathcal{A}'_n\mu + \mathcal{A}_{n-1}^2)^{\frac{3}{2}}} \\ & - \frac{Gb}{a}(i' - i)\sum_0^\infty \frac{\mathcal{A}_n^2 - \mathcal{B}_n^2}{(\mathcal{A}_n^2 - 2\mathcal{A}_n\mathcal{B}_n\mu + \mathcal{B}_n^2)^{\frac{3}{2}}}.\end{aligned}$$

Les quantités calculées dans ce numéro sont relatives à la sphère A. On aura les quantités analogues pour la sphère B en permutant entre elles les lettres a et b, C et G, μ et μ_1 dans les formules précédentes.

28. Nous allons transformer ces expressions. Comme i' est plus grand que i et que leur produit est égal à l'unité, posons

$$i' = e^\beta, \quad i = e^{-\beta};$$

si l'on remarque ensuite que l'on a

$$\frac{a + bi'}{c}\,\frac{a + bi}{c} = 1, \quad \frac{b + ai'}{c}\,\frac{b + ai}{c} = 1,$$

on peut, en désignant par η, η' deux quantités positives, poser aussi

$$\frac{a+bi'}{c}=e^{\eta},\quad \frac{a+bi}{c}=e^{-\eta},$$

$$\frac{b+ai'}{c}=e^{\eta'},\quad \frac{b+ai}{c}=e^{-\eta'}.$$

On aura ensuite

$$e^{\eta+\eta'}=\frac{a+bi'}{c}\,\frac{b+ai'}{c}=i'=e^{\beta},$$

et il en résulte

$$\eta+\eta'=\beta.$$

De ces formules, on conclut encore

$$\sinh\eta=\frac{b}{c}\sinh\beta,\quad \sinh\eta'=\frac{a}{c}\sinh\beta,$$

$$c=a\cosh\eta+b\cosh\eta'.$$

Nous aurons d'ailleurs

$$\mathcal{A}_n=2c\sinh(n+1)\beta,\quad \mathcal{B}_n=2c\sinh[(n+1)\beta-\eta],\quad \mathcal{A}'_n=2c\sinh(n\beta+\eta).$$

Désignons par H et L les potentiels des sphères A et B et remplaçons, par suite, C et G par $\frac{\mathrm{H}}{4\pi}$ et $\frac{\mathrm{L}}{4\pi}$; nous aurons

$$\begin{aligned}\varphi(\mu,x)=\;&\frac{\mathrm{H}b}{4\pi ac}\sinh\beta\sum_0^\infty[\sin^2 h(n\beta+\eta)-2\mu x\sinh(n\beta+\eta)\sinh n\beta+x^2\sin^2 h\,n\beta]^{\frac{1}{2}}\\ &-\frac{\mathrm{L}b}{4\pi ac}\sinh\beta\sum_0^\infty\left\{\begin{aligned}&\sin^2 h(n+1)\beta-2\mu x\sinh(n+1)\beta\sinh[(n+1)\beta-\eta]\\&\qquad+x^2\sin^2 h[(n+1)\beta-\eta]\end{aligned}\right\}^{-\frac{1}{2}}\end{aligned}$$

et

$$\begin{aligned}\rho=\;&\frac{\mathrm{H}b}{4\pi ac}\sinh\beta\sum_0^\infty\frac{\sin^2 h(n\beta+\eta)-\sin^2 h\,n\beta}{[\sin^2 h(n\beta+\eta)-2\mu\sinh n\beta\sinh(n\beta+\eta)+\sin^2 h\,n\beta]^{\frac{3}{2}}}\\ &+\frac{\mathrm{L}b}{4\pi ac}\sinh\beta\sum_0^\infty\frac{\sin^2 h[(n+1)\beta-\eta]-\sin^2 h(n+1)\beta}{\{\sin^2 h[(n+1)\beta-\eta]-2\mu\sinh(n+1)\beta\sinh[(n+1)\beta-\eta)+\sin^2 h(n+1)\beta\}^{\frac{3}{2}}}.\end{aligned}$$

Désignons enfin par M et M′ les masses d'électricité sur les deux sphères A et B; elles ont pour valeurs $4\pi a^2 A_0$ et $4\pi b^2 B_0$, et nous aurons, entre ces masses et les potentiels, ces deux équations

$$M = \frac{ab}{c} \sinh\beta \left[H \sum_0^\infty \frac{1}{\sinh(n\beta + \eta)} - L \sum_0^\infty \frac{1}{\sinh(n+1)\beta} \right],$$

$$M' = \frac{ab}{c} \sinh\beta \left[L \sum_0^\infty \frac{1}{\sinh(n\beta + \eta')} - H \sum_0^\infty \frac{1}{\sinh(n+1)\beta} \right].$$

29. L'expression de la densité ρ se simplifie beaucoup pour les points de la sphère A, situés sur la ligne des centres des deux sphères et sur son prolongement.

Pour le point situé sur la ligne des centres, μ est égal à 1, et l'on trouve

$$\rho = \frac{Hb}{4\pi ac} \sinh\beta \sum_0^\infty \frac{\sinh(n\beta + \eta) + \sinh n\beta}{[\sinh(n\beta + \eta) - \sinh n\beta]^2}$$

$$- \frac{Lb}{4\pi ac} \sinh\beta \sum_0^\infty \frac{\sinh[(n+1)\beta - \eta] + \sinh(n+1)\beta}{\{\sinh(n+1)\beta - \sinh[(n+1)\beta - \eta]\}^2}$$

ou

$$\rho = \frac{b}{8\pi ac} \frac{\sinh\beta \cosh\frac{\eta}{2}}{\sin^2 h\frac{\eta}{2}} \left\{ H \sum_0^\infty \frac{\sinh\left(n\beta + \frac{\eta}{2}\right)}{\cos^2 h\left(n\beta + \frac{\eta}{2}\right)} - L \sum_0^\infty \frac{\sinh\left[(n+1)\beta - \frac{\eta}{2}\right]}{\cos^2 h\left[(n+1)\beta - \frac{\eta}{2}\right]} \right\}.$$

Pour le point situé sur le prolongement de la ligne des centres, μ est égal à -1, et l'on a

$$\rho = \frac{Hb}{4\pi ac} \sinh\beta \sum_0^\infty \frac{\sinh(n\beta + \eta) - \sinh n\beta}{[\sinh(n\beta + \eta) + \sinh n\beta]^2}$$

$$+ \frac{Lb}{4\pi ac} \sinh\beta \sum_0^\infty \frac{\sinh[(n+1)\beta - \eta] - \sinh(n+1)\beta}{\{\sinh[(n+1)\beta - \eta] + \sinh(n+1)\beta\}^2}$$

ou

$$\rho = \frac{Hb}{8\pi ac} \frac{\sinh\beta \sinh\frac{\eta}{2}}{\cos^2 h\frac{\eta}{2}} \left\{ H \sum_0^\infty \frac{\cosh\left(n\beta + \frac{\eta}{2}\right)}{\sin^2 h\left(n\beta + \frac{\eta}{2}\right)} - L \sum_0^\infty \frac{\cosh\left[(n+1)\beta - \frac{\eta}{2}\right]}{\sin^2 h\left[(n+1)\beta - \frac{\eta}{2}\right]} \right\}.$$

Cas où les sphères se touchent.

30. Dans le cas où les deux sphères sont en contact, on peut obtenir différents résultats assez simples; alors les potentiels des deux sphères sont égaux.

Pour traiter ce cas particulier, examinons d'abord ce que devient la série

$$(1)\qquad \sum_{n=0}^{\infty}\left[\frac{\sinh\beta}{\sinh(n+z)\beta}-\frac{\sinh\beta}{\sinh(n+1)\beta}\right],$$

lorsque β tend vers zéro.

Commençons par sommer la série

$$(2)\qquad \sum_{n=-\infty}^{\infty}\frac{1}{\sinh(n+z)\beta}=\sum_{-\infty}^{\infty}\frac{1}{\sinh\left(z\beta-\frac{\beta}{2}+\frac{2n+1}{2}\beta\right)}.$$

Désignons $\sqrt{-1}$ par i et la fonction tangam$u$, qui a pour périodes $2K$ et $4iK'$, est représentée par cette série double

$$\text{tang}\,\text{am}\,u=-\frac{1}{k'}\sum_{m=-\infty}^{\infty}\sum_{n=-\infty}^{\infty}\frac{(-1)^n}{u-(2m+1)K-n.2iK'},$$

k' étant le complément du module k. Comme on a

$$\sum_{-\infty}^{\infty}\frac{(-1)^n}{z-n.2iK'}=\frac{\pi}{2K'}\sum_{-\infty}^{\infty}\frac{-(-1)^n i}{\frac{\pi}{2iK'}z-n\pi}=\frac{\pi}{2K'}\,\frac{1}{\sinh\left(\frac{\pi z}{2K'}\right)},$$

il en résulte

$$(3)\qquad \text{tang}\,\text{am}\,u=-\frac{\pi}{2K'k'}\sum_{m=-\infty}^{\infty}\frac{1}{\sinh\left[\frac{\pi u}{2K'}-(2m+1)\frac{\pi K}{2K'}\right]}.$$

Faisons, dans cette formule,

$$\frac{\pi K}{K'}=\beta,$$

et remplaçons $\frac{\pi u}{2K'}$ par u; nous aurons

$$\sum_{m=-\infty}^{\infty} \frac{1}{\sinh\left[u + (2m+1)\frac{\beta}{2}\right]} = -\frac{2Kk'}{\beta} \operatorname{tangam} \frac{2Ku}{\beta}.$$

Appliquons cette formule à la série (2), puis multiplions-la par $\sinh\beta$, et nous aurons

$$(4) \qquad \sum_{-\infty}^{\infty} \frac{\sinh\beta}{\sinh(n+z)\beta} = -\frac{2Kk'}{\beta} \sinh\beta \operatorname{tangam} 2K(z - \tfrac{1}{2}).$$

Le premier membre peut s'écrire

$$\sum_{0}^{\infty} \frac{\sinh\beta}{\sinh(n+z)\beta} + \sum_{1}^{\infty} \frac{\sinh\beta}{\sinh(-n+z)\beta}$$

$$= \sum_{0}^{\infty} \frac{\sinh\beta}{\sinh(n+z)\beta} - \sum_{0}^{\infty} \frac{\sinh\beta}{\sinh(n+1-z)\beta}$$

$$= \sum_{0}^{\infty} \left[\frac{\sinh\beta}{\sinh(n+z)\beta} - \frac{\sinh\beta}{\sinh(n+1)\beta}\right] - \sum_{0}^{\infty} \left[\frac{\sinh\beta}{\sinh(n+1-z)\beta} - \frac{\sinh\beta}{\sinh(n+1)\beta}\right].$$

Dans la formule (4), faisons tendre β vers zéro; à la limite, nous aurons $2K = \pi$, $k = 0$, $k' = 1$, et, si nous représentons la limite de la série (1) par $\chi(z)$, l'équation (4) deviendra

$$\chi(z) - \chi(1-z) = \pi \cot \pi z.$$

Or, z étant < 1, on a la formule connue

$$(a) \qquad \int_0^1 \frac{t^{z-1} - 1}{1-t}\, dt - \int_0^1 \frac{t^{-z} - 1}{1-t}\, dt = \pi \cot \pi z,$$

et, en comparant cette formule à la précédente, on en conclut

$$\chi(z) = \int_0^1 \frac{t^{z-1} - 1}{1-t}\, dt.$$

Il n'y a pas lieu d'ajouter une constante au second membre; car il s'annule, comme le premier, pour $z = 1$.

31. Appliquons ce résultat aux deux sphères électrisées en contact. Dans les formules du n° 28, il faut faire $H = L$, $c = a + b$, et supposer β, η et η' infiniment petits. On a donc

$$\eta = \frac{b}{a+b}\beta, \quad \eta' = \frac{a}{a+b}\beta,$$

et l'on déduit des deux dernières formules de ce numéro

$$M = \frac{ab}{a+b} H \int_0^1 \frac{t^{-\frac{a}{a+b}} - 1}{1-t}\,dt, \quad M' = \frac{ab}{a+b} H \int_0^1 \frac{t^{-\frac{b}{a+b}} - 1}{1-t}\,dt.$$

Si nous examinons la charge totale $\mathfrak{M}$ des deux sphères, nous aurons, en ajoutant ces deux égalités, l'équation

$$\mathfrak{M} = \frac{ab}{a+b} H \left(\int_0^1 \frac{t^{-\frac{a}{a+b}} - 1}{1-t}\,dt + \int_0^1 \frac{t^{-\frac{b}{a+b}} - 1}{1-t}\,dt \right),$$

qui détermine le potentiel H.

Il suffit de calculer une des deux intégrales. En effet, d'après la formule (a), on a, pour leur différence,

$$\int_0^1 \frac{t^{-\frac{a}{a+b}} - t^{-\frac{b}{a+b}}}{1-t}\,dt = \pi \cot \frac{b\pi}{a+b}.$$

Si l'on suppose $a > b$, la cotangente sera positive, ce qui indique que la charge de la plus grande sphère est plus grande que celle de la plus petite.

Si l'on éloigne les deux sphères l'une de l'autre, de manière qu'elles ne s'influencent plus, la densité deviendra uniforme sur chacune, et le rapport de la densité pour la sphère B à la densité pour la sphère A sera

$$\frac{M'}{b^2} : \frac{M}{a^2} = \frac{a^2}{b^2} \left(\int_0^1 \frac{t^{-\frac{b}{a+b}} - 1}{1-t}\,dt \right) : \left(\int_0^1 \frac{t^{-\frac{a}{a+b}} - 1}{1-t}\,dt \right).$$

Pour simplifier l'écriture, posons

$$\frac{b}{a+b} = \alpha,$$

nous aurons

$$\int_0^1 \frac{t^{-\frac{a}{a+b}} - 1}{1-t}\,dt = \int_0^1 \left(\frac{t^\alpha - 1}{1-t} + t^{\alpha-1}\right) dt = \int_0^1 \frac{t^\alpha - 1}{1-t}\,dt + \frac{1}{\alpha}.$$

Nous en concluons, pour le rapport des densités,

$$\frac{a^2}{b(a+b)}\left(\int_0^1 \frac{t^{-\alpha}-1}{1-t}\,dt\right) : \left(1 + \alpha \int_0^1 \frac{t^\alpha - 1}{1-t}\,dt\right).$$

Cherchons ce que devient ce rapport quand la sphère B devient infiniment petite par rapport à la sphère A. Il faut alors dans cette formule faire tendre α vers zéro; remplaçons $t^{-\alpha}$ par

$$1 - \alpha \log t + \frac{\alpha^2}{1.2}(\log t)^2 - \ldots,$$

et nous obtenons pour la limite du rapport des densités

$$\int_0^1 \frac{\log \frac{1}{t}}{1-t}\,dt = \frac{\pi^2}{6} = 1{,}644936\ldots.$$

Au lieu de ce nombre trouvé par Poisson, Coulomb avait cru reconnaître le nombre 2 d'après ses expériences.

32. Représentons par $\Psi(z)$ la fonction déjà ainsi désignée au n° 19 de ce Chapitre. On a la formule

$$\int_0^1 \frac{z^\mu - z^\lambda}{1-z}\,dz = \Psi(\lambda) - \Psi(\mu),$$

pourvu que μ et λ soient > -1 (*voir*, par exemple, n° 37 du Mémoire de Gauss : *Disquisitiones generale scirca seriem infinitam* $1 + \frac{\alpha\beta}{1.\gamma}x + \ldots$, Bd. III). Ainsi l'on a ces formules

$$\int_0^1 \frac{t^{-\frac{a}{a+b}} - 1}{1-t}\,dt = \Psi(0) - \Psi\left(\frac{-a}{a+b}\right),$$

$$\int_0^1 \frac{t^{-\frac{b}{a+b}} - 1}{1-t}\,dt = \Psi(0) - \Psi\left(\frac{-b}{a+b}\right).$$

A la fin du Mémoire cité, Gauss a donné une Table des valeurs de $\Psi(z)$ quand z est compris entre o et 1 et l'on ramènera les fonctions Ψ précédentes à ce cas au moyen de la formule

$$\Psi(z) = \Psi(z+1) - \frac{1}{z+1}.$$

33. Appliquons maintenant les formules du n° 27 au cas où les sphères A et B sont en contact. La distance c de leurs centres est alors égale à $a+b$ et les deux racines i et i' deviennent égales à 1. Supposons i' et i infiniment peu différents de l'unité, puis passons à la limite; nous aurons

$$\frac{\mathcal{A}_n}{i'-i} = (n+1)c, \quad \frac{\mathcal{B}_n}{i'-i} = (n+1)c - b, \quad \frac{\mathcal{A}'_n}{i'-i} = nc + b.$$

Comme G est égal à C ou L à H, on a

$$\varphi(\mu, x) = \frac{Hb}{4\pi a}\left\{ \sum_0^\infty \frac{1}{[(nc+b)^2 - 2nc(nc+b)\mu x + n^2c^2x^2]^{\frac{1}{2}}} - \sum_1^\infty \frac{1}{[n^2c^2 - 2nc(nc-b)\mu x + (nc-b)^2x^2]^{\frac{1}{2}}} \right\}$$

et ensuite

$$(2) \quad \left\{ \rho = \frac{Hb}{4\pi a}\left\{ \sum_0^\infty \frac{(nc+b)^2 - n^2c^2}{[(nc+b)^2 - 2nc(nc+b)\mu + n^2c^2]^{\frac{3}{2}}} + \sum_1^\infty \frac{(nc-b)^2 - n^2c^2}{[n^2c^2 - 2nc(nc-b)\mu + (nc-b)^2]^{\frac{3}{2}}} \right\}. \right.$$

On peut de ces deux séries ne faire qu'une seule et l'on aura

$$\rho = \frac{H}{4\pi a} + \frac{Hb^2}{4\pi a}\sum_{n=1}^\infty \left\{ \frac{2nc+b}{[b^2 + 2nc(nc+b)(1-\mu)]^{\frac{3}{2}}} - \frac{2nc-b}{[b^2 + 2nc(nc-b)(1-\mu)]^{\frac{3}{2}}} \right\};$$

la série sera très convergente pourvu que μ ne soit pas égal à 1 ou très voisin de 1. D'ailleurs $\mu = 1$ correspond au point de contact des deux sphères et ρ y est évidemment nul.

Bien que la dernière formule soit en général très commode, on peut encore faire sur l'expression de ρ les remarques suivantes :

Si, dans la seconde somme de la formule (2), on change n en $-n$ et qu'on somme alors depuis $n=-1$ jusqu'à $n=-\infty$, on aura

$$\rho=\frac{\mathrm{H}b^2}{4\pi a}\sum_{-\infty}^{\infty}\frac{2nc+b}{[b^2+2nc(nc+b)(1-\mu)]^{\frac{3}{2}}}.$$

On voit aussi que l'on a

$$\rho=-\frac{\mathrm{H}b^2}{4\pi a(1-\mu)}\frac{d\mathrm{F}(z)}{dz}\quad\text{pour}\quad z=0,$$

en posant

$$\mathrm{F}(z)=\sum_{-\infty}^{\infty}\frac{1}{[b^2+2(nc+z)(nc+z+b)(1-\mu)]^{\frac{1}{2}}}.$$

Distribution de l'électricité sur deux sphères réunies par un fil conducteur.

34. Lorsque les deux sphères sont réunies par un fil conducteur, leurs potentiels H et L sont égaux. Ainsi les deux dernières formules du n° 28 deviennent

$$\mathrm{M}=\frac{ab}{c}\mathrm{H}\sinh\beta\left[\sum_{0}^{\infty}\frac{1}{\sinh(n\beta+\eta)}-\sum_{0}^{\infty}\frac{1}{\sinh(n+1)\beta}\right],$$

$$\mathrm{M}'=\frac{ab}{c}\mathrm{H}\sinh\beta\left[\sum_{0}^{\infty}\frac{1}{\sinh(n\beta+\eta')}-\sum_{0}^{\infty}\frac{1}{\sinh(n+1)\beta}\right].$$

Désignons par $\mathfrak{M}$ la somme des charges des deux sphères ; en ajoutant ces deux équations, nous aurons

$$\mathfrak{M}=\frac{ab}{c}\mathrm{H}\sinh\beta\sum_{0}^{\infty}\left[\frac{1}{\sinh(n\beta+\eta)}+\frac{1}{\sinh(n\beta+\eta')}-\frac{2}{\sinh(n+1)\beta}\right].$$

Supposons qu'on ait déterminé par l'expérience la quantité $\mathfrak{M}$, on en conclura H par cette dernière équation. Les termes de cette série décroissent très rapidement.

Nous pourrons ensuite calculer M par la première équation. En réunissant en une seule les deux séries qui s'y trouvent, nous aurons

$$\mathrm{M} = \frac{ab}{c}\mathrm{H}\sinh\beta\sum_{0}^{\infty}\left[\frac{1}{\sinh(n\beta+\eta)} - \frac{1}{\sinh(n+1)\beta}\right].$$

35. On peut exprimer la différence des charges des deux sphères au moyen d'une fonction elliptique. En effet, on a

$$\mathrm{M} - \mathrm{M}' = \frac{ab}{c}\mathrm{H}\sinh\beta\left[\sum_{0}^{\infty}\frac{1}{\sinh(n\beta+\eta)} - \sum_{0}^{\infty}\frac{1}{\sinh(n\beta+\eta')}\right].$$

En se rappelant que β est égal à $\eta+\eta'$, on peut mettre la première somme sous cette forme

$$\sum_{0}^{\infty}\frac{1}{\sinh\left[\dfrac{\eta-\eta'}{2}+(2n+1)\dfrac{\beta}{2}\right]}$$

et l'on obtient successivement pour la seconde somme, prise avec le signe — qui la précède,

$$\begin{aligned}\sum_{0}^{\infty}\frac{1}{\sinh\left[\dfrac{\eta-\eta'}{2}+(-2n-1)\dfrac{\beta}{2}\right]} &= \sum_{1}^{\infty}\frac{1}{\sinh\left[\dfrac{\eta-\eta'}{2}+(-2n+1)\dfrac{\beta}{2}\right]}\\ &= \sum_{-1}^{-\infty}\frac{1}{\sinh\left[\dfrac{\eta-\eta'}{2}+(2n+1)\dfrac{\beta}{2}\right]}.\end{aligned}$$

En ajoutant ces deux sommes, on obtient

$$\sum_{-\infty}^{\infty}\frac{1}{\sinh\left[\dfrac{\eta-\eta'}{2}+(2n+1)\dfrac{\beta}{2}\right]}.$$

Or nous avons vu (n° 30) qu'en posant

$$\frac{\pi\mathrm{K}}{\mathrm{K}'} = \beta,$$

on a

$$\sum_{-\infty}^{\infty} \frac{1}{\sinh\left(u + \frac{2n+1}{2}\beta\right)} = -\frac{2Kk'}{\beta} \operatorname{tangam} \frac{2K}{\beta} u;$$

nous aurons, par conséquent,

$$M - M' = \frac{ab}{c} H \sinh\beta \frac{2Kk'}{\beta} \operatorname{tangam} \frac{K(\eta' - \eta)}{\beta}.$$

Pour calculer la quantité K et le module k, on emploiera les formules connues

$$q = e^{-\frac{\pi K'}{K}} = e^{-\frac{\pi^2}{\beta}},$$

$$\sqrt{\frac{2K}{\pi}} = 1 + 2q + 2q^4 + 2q^9 + 2q^{16} + \ldots,$$

$$\sqrt{\frac{2k'K}{\pi}} = 1 - 2q + 2q^4 - 2q^9 + 2q^{16} - \ldots.$$

36. Occupons-nous ensuite de l'expression de la densité de l'électricité sur les deux sphères. Comme elles sont réunies par un fil conducteur, ce fil et ces deux sphères peuvent être regardés comme ne formant qu'un seul corps conducteur et par conséquent l'électricité n'a qu'un seul signe sur les surfaces des deux sphères.

La seconde somme de l'expression de ρ, trouvée au nº 28, peut s'écrire en changeant $n+1$ en n et sommant à partir de $n=1$, au lieu de sommer à partir de $n=0$,

$$\sum_{n=1}^{\infty} \frac{\sin^2 h(n\beta - \eta) - \sin^2 h(n\beta)}{[\sin^2 h(n\beta - \eta) - 2\mu \sinh(n\beta - \eta)\sinh(n\beta) + \sin^2 h(n\beta)]^{\frac{3}{2}}},$$

et, si l'on change n en $-n$,

$$\sum_{n=-1}^{-\infty} \frac{\sin^2 h(n\beta + \eta) - \sin^2 h(n\beta)}{[\sin^2 h(n\beta + \eta) - 2\mu \sinh(n\beta + \eta)\sinh(n\beta) + \sin^2 h(n\beta)]^{\frac{3}{2}}}.$$

Les termes de la seconde somme sont alors exactement de même forme que ceux de la première, et l'on a

$$\rho = \frac{Hb}{4\pi ac}\sinh\beta \sum_{n=-\infty}^{\infty} \frac{\sin^2 h(n\beta+\eta) - \sin^2 h(n\beta)}{[\sin^2 h(n\beta+\eta) - 2\mu \sinh(n\beta+\eta)\sinh(n\beta) + \sin^2 h(n\beta)]^{\frac{3}{2}}}.$$

Considérons la fonction

$$F(z) = \sum_{-\infty}^{\infty} \frac{\sin^2 h(n\beta+\eta+z) - \sin^2 h(n\beta+z)}{[\sin^2 h(n\beta+\eta+z) - 2\mu \sinh(n\beta+\eta+z)\sinh(n\beta+z) + \sin^2 h(n\beta+z)]^{\frac{3}{2}}};$$

c'est une fonction doublement périodique de z, dont les deux périodes sont β et πi, et nous avons

$$\rho = \frac{Hb}{4\pi ac}\sinh\beta\, F(0).$$

La fonction $F(z)$ peut ensuite être ramenée à une fonction plus simple; on a, en effet,

$$F(z) = \frac{\sinh\eta}{\mu - \cosh\eta}\frac{d\Lambda(z)}{dz},$$

en posant

$$\Lambda(z) = \sum_{-\infty}^{\infty} \frac{1}{[\sin^2 h(n\beta+\eta+z) - 2\mu \sinh(n\beta+\eta+z)\sinh(n\beta+z) + \sin^2 h(n\beta+z)]^{\frac{1}{2}}}.$$

$\Lambda(z)$ a aussi les deux périodes β et πi, et tous ses termes sont positifs quand on ne donne à z que des valeurs réelles.

Examen de la fonction $\Lambda(z)$.

37. Cherchons les zéros et les infinis de la fonction doublement périodique $\Lambda(z)$.

Pour déterminer les zéros de $\Lambda(z)$, groupons deux à deux tous ces termes de la manière suivante :

$$[\sin^2 h(n\beta+\eta+z) - 2\mu \sinh(n\beta+\eta+z)\sinh(n\beta+z) + \sin^2 h(n\beta+z)]^{-\frac{1}{2}}$$

et

$$\left\{\begin{array}{l}\sin^2 h[(-n-1)\beta+\eta+z] - 2\mu \sinh[(-n-1)\beta+\eta+z]\sinh[(-n-1)\beta+z] \\ \qquad + \sin^2 h[(-n-1)\beta+z]\end{array}\right\}^{-\frac{1}{2}}.$$

Concevons qu'on mette en facteur $\sin^{-1}\text{h}(n\beta+\eta+z)$ dans la première expression et $\sin^{-1}\text{h}[(n+1)\beta-\eta-z]$ dans la seconde. On peut rendre ces deux expressions égales et de signe contraire en posant

$$\begin{aligned}\sinh(n\beta+\eta+z) &= -\sinh[(n+1)\beta-z],\\ \sinh(n\beta+z) &= -\sinh[(n+1)\beta-\eta-z],\end{aligned}$$

et il en résulte

$$z=\frac{\eta'}{2}+\frac{2s+1}{2}\pi i,$$

s étant un nombre entier; cette formule donne les zéros de la fonction $\Lambda(z)$.

Pour obtenir les infinis de $\Lambda(z)$, posons

$$n\beta+z=u$$

et égalons à zéro le dénominateur du terme général de $\Lambda(z)$, nous aurons

$$[\sinh(u+\eta)-e^{\theta i}\sinh u][\sinh(u+\eta)-e^{-\theta i}\sinh u]=0,$$

et l'on en conclut les deux infinis, que nous appellerons α et α',

$$\alpha=\tfrac{1}{2}\log\frac{e^{-\eta}-e^{\theta i}}{e^{\eta}-e^{\theta i}},\qquad \alpha'=\tfrac{1}{2}\log\frac{e^{-\eta}-e^{-\theta i}}{e^{\eta}-e^{-\theta i}};$$

ce sont les seuls infinis, si l'on supprime les multiples de la période β.

On peut transformer ainsi l'expression de α

$$\alpha=-\frac{\eta}{2}+\tfrac{1}{2}\log\frac{1-\cosh\eta\cos\theta-i\sinh\eta\sin\theta}{\cosh\eta-\cos\theta}.$$

D'après cela, posons

$$\sin\gamma=\frac{\sinh\eta\sin\theta}{\cosh\eta-\cos\theta},\qquad \cos\gamma=\frac{1-\cosh\eta\cos\theta}{\cosh\eta-\cos\theta},$$

la valeur du logarithme se réduira à $-\gamma i$ en négligeant des multiples de πi, et nous aurons

$$\alpha=\frac{-\eta-\gamma i}{2};$$

nous aurons de même

$$\alpha'=\frac{-\eta+\gamma i}{2}.$$

L'angle θ peut être supposé compris entre o et π; donc γ est aussi un angle qu'on peut supposer compris entre les mêmes limites. Ainsi les deux infinis α et α' sont renfermés dans un même parallélogramme des périodes. Il est aisé de voir que ces deux infinis sont de l'ordre $\frac{1}{2}$. En effet le terme de $\Lambda(z)$ qui est rendu infini par $z = \alpha$ ou $z = \alpha'$ est l'expression

$$[\sin^2 h(\eta + z) - 2\mu \sinh(\eta + z)\sinh z + \sin^2 h z]^{-\frac{1}{2}}$$
$$= [\sinh(\eta + z) - e^{\theta i}\sinh z]^{-\frac{1}{2}}[\sinh(\eta + z) - e^{\theta i}\sinh z]^{-\frac{1}{2}},$$

qui contient les facteurs $(z - \alpha)^{-\frac{1}{2}}$ et $(z - \alpha')^{-\frac{1}{2}}$.

Ainsi, dans le parallélogramme des périodes, il y a un zéro dont l'ordre est 1 et dont la valeur est $\frac{\eta'}{2}$ et il existe deux infinis, α et α', dont l'ordre est $\frac{1}{2}$.

Du point α au point α' tirons une coupure en ligne droite dans le plan de la variable z et pratiquons une coupure semblable dans tous les rectangles des périodes entre les deux points corespondant à α et à α'. La variable z, ne pouvant plus franchir ces coupures, ne pourra tourner autour du point α, par exemple, sans tourner autour du point α', et la fonction $\Lambda(z)$ ne changera pas de valeur quand la variable z sera revenue au même point; donc la fonction $\Lambda(z)$ est devenue monodrome.

On a une fonction qui jouit des mêmes propriétés en prenant

$$\frac{1}{\sqrt{\Delta^2 \text{am}\,\frac{2K}{\beta}\left(z - \frac{\eta'}{2}\right) - \frac{k'^2}{\Delta^2 \text{am}\,\frac{K\gamma i}{\beta}}}};$$

mais il ne faut pas en conclure qu'elle ne diffère de la précédente que par un facteur constant. On pourra prouver que ces deux fonctions sont distinctes, en considérant le cas particulier de $\mu = -1$.

38. Dans le cas particulier de $\mu = 1$, on a

$$\Lambda(z) = \sum_{-\infty}^{\infty} \frac{1}{\sinh(n\beta + \eta + z) - \sinh(n\beta + z)} = \frac{1}{2\sinh\frac{\eta}{2}} \sum_{-\infty}^{\infty} \frac{1}{\cosh\left(n\beta + \frac{\eta}{2} + z\right)};$$

la fonction est alors monodrome, et $\Lambda(z)$ est égal à l'expression précédente à un facteur constant près, c'est-à-dire à

$$\frac{1}{\Delta\,\mathrm{am}\,\frac{2K}{\beta}\left(z-\frac{\eta'}{2}\right)},$$

qu'on obtient en faisant $\gamma = \pi$. Au reste, on a

$$\sum_{-\infty}^{\infty} \frac{1}{\cosh\left(n\beta+\frac{\eta}{2}+z\right)} = \sum \frac{i}{\sinh\left(n\beta+\frac{\eta}{2}+\frac{\pi i}{2}+z\right)}$$
$$= \sum \frac{i}{\sinh\left(\frac{2n+1}{2}\beta-\frac{\eta'}{2}+\frac{\pi i}{2}+z\right)}$$

et, d'après une formule employée (n° 30),

$$= -\frac{2Kk'}{\beta}\, i\,\mathrm{tang\,am}\,\frac{2K}{\beta}\left(z-\frac{\eta'}{2}+\frac{\pi i}{2}\right)$$
$$= \frac{2Kk'}{\beta}\,\frac{1}{\Delta\,\mathrm{am}\,\frac{2K}{\beta}\left(z-\frac{\eta'}{2}\right)} = \frac{2K}{\beta}\,\Delta\,\mathrm{am}\,\frac{2K}{\beta}\left(z+\frac{\eta}{2}\right).$$

Ainsi l'on a

$$\Lambda(z) = \frac{K}{\beta\sinh\frac{\eta}{2}}\,\Delta\,\mathrm{am}\,\frac{2K}{\beta}\left(z+\frac{\eta}{2}\right);$$

on a ensuite

$$\frac{d\Lambda(z)}{dz} = -\frac{2K^2k^2}{\beta^2}\,\frac{1}{\sinh\frac{\eta}{2}}\,\mathrm{sin\,am}\,\frac{2K}{\beta}\left(z+\frac{\eta}{2}\right)\mathrm{cos\,am}\,\frac{2K}{\beta}\left(z+\frac{\eta}{2}\right).$$

Faisant $z = 0$ et substituant dans l'expression de ρ (n° 36), nous aurons, pour la densité au point de la sphère A situé sur la ligne des centres,

$$\rho = \frac{Hb}{2\pi ac}\,\frac{K^2k^2}{\beta^2}\,\frac{\cosh\frac{\eta}{2}\sinh\beta}{\sinh^2\frac{\eta}{2}}\,\mathrm{sin\,am}\,\frac{K\eta}{\beta}\,\mathrm{cos\,am}\,\frac{K\eta}{\beta}.$$

Cette dernière formule et celle du n° 35 sont données dans la *Teorica delle forze newtoniane* de M. Betti.

Sur l'attraction ou la répulsion entre deux sphères électrisées.

39. L'énergie du système des deux sphères est, d'après les notations du n° 22,

$$W = \tfrac{1}{2}\int (V + U')\rho\, d\sigma + \tfrac{1}{2}\int (V' + U)\rho' d\sigma',$$

ρ et ρ' étant des densités sur les deux sphères et $d\sigma$, $d\sigma'$ les éléments de leurs surfaces; on a, par suite,

$$W = \tfrac{1}{2}(HM + LM').$$

L'électricité étant répartie d'une manière symétrique autour de la ligne des centres, la force $\mathcal{F}$, qui s'exerce entre les deux sphères, est dirigée suivant la ligne des centres, et elle a pour valeur

$$\mathcal{F} = -\frac{dW}{dc} = -\frac{1}{2}\left(M\frac{dH}{dc} + M'\frac{dL}{dc}\right).$$

Nous avons trouvé (n° 28) les deux équations

$$(a)\quad \left\{\begin{aligned} M &= \frac{ab}{c}\left[H\sum_0^\infty \frac{\sinh\beta}{\sinh(n\beta + \eta)} - L\sum_0^\infty \frac{\sinh\beta}{\sinh(n+1)\beta}\right],\\ M' &= \frac{ab}{c}\left[L\sum_0^\infty \frac{\sinh\beta}{\sinh(n\beta + \eta')} - H\sum_0^\infty \frac{\sinh\beta}{\sinh(n+1)\beta}\right].\end{aligned}\right.$$

Pour calculer $\mathcal{F}$, il faut tirer $\frac{dH}{dc}$ et $\frac{dL}{dc}$ de ces deux équations où M et M' sont constants. Or on a (n° 24)

$$i'^2 - gi' + 1 = 0, \qquad g = \frac{c^2 - a^2 - b^2}{ab};$$

on en conclut

$$g = i' + \iota = 2\cosh\beta, \qquad \frac{di'}{dc} = \frac{2c}{ab}\,\frac{i'}{2i' - g} = \frac{ci'}{ab\sinh\beta},$$

et, puisque $i' = e^\beta$,

$$\frac{d\beta}{dc} = \frac{c}{ab\sinh\beta};$$

ensuite des équations

$$e^{\eta} = \frac{a + bi'}{c}, \qquad e^{\eta'} = \frac{b + ai'}{c},$$

on tire

$$\frac{d\eta}{dc} = \frac{a \cosh\beta + b}{ac \sinh\beta}, \qquad \frac{d\eta'}{dc} = \frac{b \cosh\beta + a}{bc \sinh\beta}.$$

D'après cela, en posant

$$-\frac{1}{c}\sinh\beta + \frac{c}{ab}\coth\beta = p,$$

nous déduirons de la différentiation des équations (a) les deux suivantes :

$$\begin{aligned} 0 = {} & \frac{dH}{dc}\sum_0^\infty \frac{\sinh\beta}{\sinh(n\beta+\eta)} - \frac{dL}{dc}\sum_0^\infty \frac{\sinh\beta}{\sinh(n+1)\beta} \\ & + H\left[p\sum_0^\infty \frac{1}{\sinh(n\beta+\eta)} - \sum_0^\infty \frac{\sinh\beta\cosh(n\beta+\eta)}{\sin^2 h(n\beta+\eta)}\left(n\frac{d\beta}{dc}+\frac{d\eta}{dc}\right)\right] \\ & - L\left[p\sum_0^\infty \frac{1}{\sinh(n+1)\beta} - \frac{c}{ab}\sum_0^\infty \frac{(n+1)\cosh(n+1)\beta}{\sin^2 h(n+1)\beta}\right], \end{aligned}$$

$$\begin{aligned} 0 = {} & \frac{dL}{dc}\sum_0^\infty \frac{\sinh\beta}{\sinh(n\beta+\eta')} - \frac{dH}{dc}\sum_0^\infty \frac{\sinh\beta}{\sinh(n+1)\beta} \\ & + L\left[p\sum_0^\infty \frac{1}{\sinh(n\beta+\eta')} - \sum_0^\infty \frac{\sinh\beta\cosh(n\beta+\eta')}{\sin^2 h(n\beta+\eta')}\left(n\frac{d\beta}{dc}+\frac{d\eta'}{dc}\right)\right] \\ & - H\left[p\sum_0^\infty \frac{1}{\sinh(n+1)\beta} - \frac{c}{ab}\sum_0^\infty \frac{(n+1)\cosh(n+1)\beta}{\sin^2 h(n+1)\beta}\right]. \end{aligned}$$

Des quatre quantités M, M', H, L, supposons-en deux connues, les deux autres seront données par les équations (a), et l'on conclura ensuite $\frac{dH}{dc}$ et $\frac{dL}{dc}$ d'après ces deux dernières équations.

Les séries précédentes seront très convergentes toutes les fois que les sphères ne seront pas très rapprochées, et elles deviendront divergentes lorsque les sphères seront en contact.

Nous allons examiner le cas de sphères en contact dans deux cas particuliers.

40. *Répulsion entre deux sphères en contact et reliées par un fil conducteur.* — Quand deux sphères, séparées par une distance quelconque, sont reliées par un fil conducteur, on a cette équation (n° 35)

$$\frac{M - M'}{2ab} = \frac{H}{c} K k' \frac{\sinh \beta}{\beta} \operatorname{tang\,am} \frac{K(\eta' - \eta)}{\beta},$$

et non seulement on a $L = H$, mais on a encore $\frac{dL}{dc} = \frac{dH}{dc}$, $\frac{dM'}{dc} = -\frac{dM}{dc}$.

Différentions cette équation, et nous aurons

$$(b)\quad \left\{\begin{aligned} \frac{c}{abKk'}\frac{dM}{dc} &= \frac{dH}{dc}\frac{\sinh\beta}{\beta}\operatorname{tang\,am}\frac{K(\eta'-\eta)}{\beta} - \frac{H}{c}\frac{\sinh\beta}{\beta}\operatorname{tang\,am}\frac{K(\eta'-\eta)}{\beta} \\ &+ H\frac{\beta\cosh\beta - \sinh\beta}{\beta^2}\frac{d\beta}{dc}\operatorname{tang\,am}\frac{K(\eta'-\eta)}{\beta} \\ &+ H\frac{\sinh\beta}{\beta}\frac{\Delta\operatorname{am}\dfrac{K(\eta'-\eta)}{\beta}}{\cos^2\operatorname{am}\dfrac{K(\eta'-\eta)}{\beta}} K\frac{d}{dc}\frac{\eta'-\eta}{\beta}. \end{aligned}\right.$$

Il faudrait encore ajouter des termes provenant de la différentiation de K et k'; mais ils sont nuls pour $\beta = 0$, c'est-à-dire quand les deux sphères sont en contact.

En supposant β infiniment petit, K devient égal à $\frac{\pi}{2}$, et l'équation (b) se réduit à

$$(c)\quad \frac{2c}{ab\pi}\cot\frac{\pi(a-b)}{2c}\frac{dM}{dc} = \frac{dH}{dc} - \frac{H}{c} + \frac{Hc}{3ab} + \frac{H\pi}{\sin\dfrac{\pi(\eta'-\eta)}{\beta}}\frac{d}{dc}\frac{\eta'-\eta}{\beta}.$$

On a ensuite

$$(1)\quad \frac{d}{dc}\frac{\eta'-\eta}{\beta} = \left(\frac{d\eta'}{dc} - \frac{d\eta}{dc}\right)\frac{1}{\beta} - \frac{\eta'-\eta}{\beta^2}\frac{d\beta}{dc},$$

$$(2)\quad \frac{d\eta'}{dc} - \frac{d\eta}{dc} = \frac{a^2 - b^2}{abc\sinh\beta},$$

$$\sinh\eta' - \sinh\eta = \frac{a-b}{c}\sinh\beta.$$

Transformons cette dernière formule, en supposant β, η, η' infiniment petits, nous aurons

$$\sinh \frac{\eta'-\eta}{2} = \frac{a-b}{c} \sinh \frac{\beta}{2},$$

$$(3)\qquad \left\{\begin{aligned} \eta'-\eta &= \frac{a-b}{c}\left(\beta+\frac{\beta^3}{24}\right)\left[1-\frac{(\eta'-\eta)^2}{24}\right] \\ &= \frac{a-b}{c}\beta\left(1+\frac{ab\beta^2}{6c^2}\right). \end{aligned}\right.$$

Substituons les expressions (2) et (3) dans (1), et nous obtiendrons

$$\begin{aligned} \frac{d}{dc}\frac{\eta'-\eta}{\beta} &= \frac{a-b}{abc\beta \sinh\beta}\left(a+b-c-\frac{ab\beta^2}{6c}\right) \\ &= \frac{a-b}{abc\beta\sinh\beta}\left(-\frac{a\eta^2}{2}-\frac{b\eta'^2}{2}-\frac{ab\beta^2}{6c}\right) = -\frac{2(a-b)}{3c^2}. \end{aligned}$$

Substituons dans l'équation (c), et nous aurons

$$\frac{2c}{ab\pi}\cot\frac{\pi(a-b)}{2c}\frac{d\mathrm{M}}{dc} = \frac{d\mathrm{H}}{dc} - \mathrm{H}\left[-\frac{a^2-ab+b^2}{3abc}+\frac{2\pi(a-b)}{3c^2\sin\dfrac{\pi(a-b)}{c}}\right],$$

formule qui exprime la variation de la quantité M d'électricité sur la sphère A, pour un écartement infiniment petit des deux sphères.

Si nous désignons par $\mathfrak{M}$ la somme des deux masses d'électricité situées sur les deux sphères, nous aurons, pour la répulsion entre ces deux corps,

$$\mathfrak{F} = -\tfrac{1}{2}\mathfrak{M}\frac{d\mathrm{H}}{dc}.$$

41. Calculons la quantité $\dfrac{d\mathrm{H}}{dc}$ qui entre dans ces deux formules.

Si nous posons

$$\mathrm{T} = \sum_0^\infty\left[\frac{\sinh\beta}{\sinh(n+z)\beta}-\frac{\sinh\beta}{\sinh(n+1)\beta}\right],$$

$$\mathrm{T'} = \sum_0^\infty\left[\frac{\sinh\beta}{\sinh(n+1-z)\beta}-\frac{\sinh\beta}{\sinh(n+1)\beta}\right],$$

et, si nous faisons $z = \frac{\eta}{\beta}$, l'équation qui donne $\mathfrak{M}$ (n° 34) deviendra

$$\mathfrak{M} = \frac{ab}{c} \mathrm{H}(\mathrm{T} + \mathrm{T}').$$

Différentions cette équation par rapport à c, $\mathfrak{M}$ restera constant, et nous aurons

$$(d) \quad \left\{ \begin{aligned} 0 &= \frac{d\mathrm{H}}{dc}(\mathrm{T} + \mathrm{T}') - \frac{1}{c}\mathrm{H}(\mathrm{T} + \mathrm{T}') \\ &+ \mathrm{H}\left[\left(\frac{d\mathrm{T}}{dz} + \frac{d\mathrm{T}'}{dz}\right)\frac{dz}{dc} + \left(\frac{d\mathrm{T}}{d\beta} + \frac{d\mathrm{T}'}{d\beta}\right)\frac{d\beta}{dc}\right]. \end{aligned} \right.$$

Calculons les différentes quantités qui entrent dans cette équation, lorsque β atteint la limite zéro. Nous avons d'abord

$$\begin{aligned} \lim \mathrm{T} &= \sum_0^\infty \left(\frac{1}{n+z} - \frac{1}{n+1}\right) \\ &= \left(\frac{1}{z} - \frac{1}{1}\right) + \left(\frac{1}{1+z} - \frac{1}{2}\right) + \left(\frac{1}{1+z} - \frac{1}{3}\right) + \dots \\ &= \Psi(0) - \Psi(z-1) \end{aligned}$$

et, en changeant z en $1 - z$,

$$\lim \mathrm{T}' = \Psi(0) - \Psi(-z).$$

Nous en concluons

$$\lim \frac{d\mathrm{T}}{dz} = -\frac{d\Psi(z-1)}{dz} = -\left[\frac{1}{z^2} + \frac{1}{(1+z)^2} + \frac{1}{(2+z)^2} + \dots\right],$$

$$\lim \frac{d\mathrm{T}'}{dz} = -\frac{d\Psi(-z)}{dz} = \frac{1}{(1-z)^2} + \frac{1}{(2-z)^2} + \frac{1}{(3-z)^2} + \dots.$$

Nous obtenons ensuite

$$\lim \frac{1}{\beta}\frac{d\mathrm{T}}{d\beta} = \tfrac{1}{3}\mathrm{T}, \qquad \lim \frac{1}{\beta}\frac{d\mathrm{T}'}{d\beta} = \tfrac{1}{3}\mathrm{T}'$$

et, par suite,

$$\lim \left(\frac{d\mathrm{T}}{d\beta} + \frac{d\mathrm{T}'}{d\beta}\right)\frac{d\beta}{dc} = \frac{c}{3ab}(\mathrm{T} + \mathrm{T}').$$

Nous avons trouvé, dans le numéro précédent,

$$\frac{d}{dc}\frac{\eta'-\eta}{\beta} = -\frac{2(a-b)}{3c^2},$$

et nous avons aussi

$$\frac{d}{dc}\frac{\eta'+\eta}{\beta} = 0;$$

il en résulte

$$\frac{dz}{dc} = \frac{d}{dc}\frac{\eta}{\beta} = \frac{a-b}{3c^2}.$$

Remplaçons, dans l'équation (d), les expressions qui y entrent par leurs valeurs calculées et, auparavant, posons

$$z = \frac{b}{c}, \qquad P = 2\Psi(0) - \Psi(z-1) - \Psi(-z);$$

nous aurons

$$\frac{dH}{dc} = H\left\{-\frac{a^2-ab+b^2}{3abc} + \frac{1}{P}\left[\frac{d\Psi(z-1)}{dz} + \frac{d\Psi(-z)}{dz}\right]\frac{a-b}{3c^2}\right\}.$$

Ayant ainsi calculé $\frac{dH}{dc}$, on peut donc déterminer la répulsion $\mathcal{F}$ et la quantité $\frac{dM}{dc}$.

42. *Répulsion entre deux sphères égales en contact.* — Si deux sphères égales sont en contact, non seulement leurs potentiels sont égaux, mais les variations de ces potentiels provenant de leur écartement sont égales. Elles sont ainsi dans les mêmes conditions que si elles étaient reliées par un fil conducteur. Nous pouvons donc appliquer les formules précédentes, et nous aurons

$$\frac{dH}{dc} = -\frac{H}{6a}.$$

D'après une formule trouvée pour les sphères en contact, on a

$$\mathfrak{M} = aH\int_0^1 \frac{t^{-\frac{1}{2}}-1}{1-t}\,dt = 2aH\log 2$$

et, par suite,

$$\mathcal{F} = \frac{H^2}{6} \log 2 = H^2 0,115524,$$

pour exprimer la répulsion des deux sphères, quand leur potentiel H est donné.

DE LA TRANSFORMATION PAR RAYONS VECTEURS RÉCIPROQUES POUR RÉSOUDRE CERTAINS PROBLÈMES DE PHYSIQUE MATHÉMATIQUE.

43. Au moyen de la transformation par rayons vecteurs réciproques on peut de la solution de problèmes de Physique mathématique passer à la solution d'autres problèmes plus difficiles que les premiers à traiter directement. C'est William Thomson qui a eu l'idée d'employer cette transformation.

Soit une figure quelconque dont les points sont représentés en général par M et soit O un point fixe; menons OM et sur cette droite prenons un point μ tel qu'on ait

$$OM \times O\mu = R^2.$$

Le point μ est dit l'image de M et le lieu des points μ est dit l'image de la figure formée par les points M.

Soient x, y, z les coordonnées rectangulaires du point M et ξ, η, ζ celles du point μ; l'origine étant supposée en O, on aura

$$\frac{\xi}{x} = \frac{\eta}{y} = \frac{\zeta}{z},$$

$$(\xi^2 + \eta^2 + \zeta^2)(x^2 + y^2 + z^2) = R^4.$$

De ces équations on déduit

$$(1) \qquad \xi = \frac{R^2 x}{x^2 + y^2 + z^2}, \qquad \eta = \frac{R^2 y}{x^2 + y^2 + z^2}, \qquad \zeta = \frac{R^2 z}{x^2 + y^2 + z^2},$$

et inversement

$$(2) \qquad x = \frac{R^2 \xi}{\xi^2 + \eta^2 + \zeta^2}, \qquad y = \frac{R^2 \eta}{\xi^2 + \eta^2 + \zeta^2}, \qquad z = \frac{R^2 \zeta}{\xi^2 + \eta^2 + \zeta^2}.$$

Si l'on considère dans les équations (1) x, y, z comme seuls variables et ξ, η, ζ comme trois paramètres, ces trois équations sont celles de trois sphères qui passent par l'origine et qui sont orthogonales entre elles. En effet, on vérifie facilement que l'on a

$$\frac{d\xi}{dx}\frac{d\eta}{dx}+\frac{d\xi}{dy}\frac{d\eta}{dy}+\frac{d\xi}{dz}\frac{d\eta}{dz}=0,$$

ξ, η, ζ représentant les fonctions qui forment les seconds membres des équations (1); cette équation prouve que les deux premières sphères sont rectangulaires entre elles et l'on voit de même que ces deux sphères sont orthogonales sur la troisième. Ces trois surfaces se coupent en un point autre que l'origine, dont les coordonnées sont fournies par les équations (2).

Soient (x, y, z) et (x', y', z') deux points de la première figure et soient (ξ, η, ζ), (ξ', η', ζ') les images de ces deux points. On reconnait facilement que l'on a

$$(3)\qquad (\xi-\xi')^2+(\eta-\eta')^2+(\zeta-\zeta')^2=R^4\frac{(x-x')^2+(y-y')^2+(z-z')^2}{(x^2+y^2+z^2)(x'^2+y'^2+z'^2)}.$$

Désignons par l la distance entre les deux premiers points et par λ la distance entre leurs images (la droite λ n'est pas l'image de l); enfin représentons par r et r' les distances des deux points (x, y, z) et (x', y', z') à l'origine. Alors la dernière équation prendra cette forme très simple

$$(4)\qquad \lambda=R^2\frac{l}{rr'}.$$

44. On voit immédiatement par les formules (2) qu'un plan est changé par la transformation en une sphère et par l'équation (3) qu'une sphère se change en une autre sphère. Donc une droite qui est l'intersection de deux plans se change en l'intersection de deux sphères, c'est-à-dire en un cercle, et de même un cercle aura pour image un autre cercle.

Tout plan qui passe par l'origine reste par la transformation un plan et sa position reste la même. Tout autre plan est changé en une sphère qui passe par l'origine O, et la droite qui joint le point O au centre de la sphère est perpendiculaire au plan. Réciproquement toute sphère passant par l'origine se change en un plan.

Sur une courbe s prenons deux points infiniment voisins m et m', distants de ds; désignons par $d\sigma$ l'image de ds terminée en deux points μ et μ'. Nous aurons, d'après la formule (4),

$$d\sigma = R^2 \frac{ds}{r^2}, \tag{5}$$

r étant la distance de l'élément ds à l'origine. Menons une courbe s' qui coupe la première au point m; prenons sur s' un point m'' infiniment voisin et joignons $m'm''$. Alors ds, ds', ds'' étant les trois côtés du triangle $mm'm''$, et $d\sigma$, $d\sigma'$, $d\sigma''$ leurs images, on aura

$$d\sigma' = R^2 \frac{ds'}{r^2}, \qquad d\sigma'' = R^2 \frac{ds''}{r^2}.$$

Donc le triangle $mm'm''$ est semblable à son image. Par suite, les angles formés par les lignes ne subissent pas de changement de grandeur par la transformation.

Il en résulte aussi que les angles formés par les surfaces restent invariables. En effet, étant donné un angle dièdre, considérons l'angle trièdre formé par l'arête du dièdre et les deux côtés de son angle rectiligne. Les trois faces de ce trièdre ne changeront pas par la transformation; donc le dièdre sera égal à son image.

Traçons sur une surface quelconque S ses deux séries de lignes de courbure; puis, en tous les points de ces lignes, menons les normales à la surface, nous obtiendrons ainsi deux séries de surfaces développables, orthogonales entre elles et orthogonales sur la surface S. Par la transformation, ces surfaces resteront orthogonales entre elles; donc, d'après le théorème de Dupin, les deux séries de surfaces transformées traceront sur la transformée de S ses lignes de courbure. Ainsi les lignes de courbure d'une surface donnent, par la transformation, des lignes de courbure de la surface transformée.

45. Les trois systèmes de surfaces (1) se coupant orthogonalement, on peut regarder ξ, η, ζ comme les coordonnées curvilignes du point

(x, y, z). Cela posé, transformons l'expression

$$\Delta V = \frac{d^2V}{dx^2} + \frac{d^2V}{dy^2} + \frac{d^2V}{dz^2}$$

en les coordonnées ξ, η, ζ.

En général, si l'on désigne par ρ, ρ_1, ρ_2 des coordonnées curvilignes et si l'on a

$$dx^2 + dy^2 + dz^2 = \frac{d\rho^2}{h^2} + \frac{d\rho_1^2}{h_1^2} + \frac{d\rho_2^2}{h_2^2},$$

il en résulte (Ire Partie, Chap. IV, n° 21)

$$\Delta V = hh_1h_2\left[\frac{d}{d\rho}\left(\frac{h}{h_1h_2}\frac{dV}{d\rho}\right) + \frac{d}{d\rho_1}\left(\frac{h_1}{h_2h}\frac{dV}{d\rho_1}\right) + \frac{d}{d\rho_2}\left(\frac{h_2}{hh_1}\frac{dV}{d\rho_2}\right)\right];$$

or, en posant

$$q = \sqrt{\xi^2 + \eta^2 + \zeta^2},$$

on a, d'après la formule (5),

$$ds = \frac{R^2}{q^2}\,d\sigma$$

ou

$$dx^2 + dy^2 + dz^2 = \frac{R^4}{q^4}(d\xi^2 + d\eta^2 + d\zeta^2).$$

Il faut donc faire $h = h_1 = h_2 = \frac{q^2}{R^2}$, et nous obtenons

$$\Delta V = \frac{q^6}{R^4}\left[\frac{d\left(q^{-2}\frac{dV}{d\xi}\right)}{d\xi} + \frac{d\left(q^{-2}\frac{dV}{d\eta}\right)}{d\eta} + \frac{d\left(q^{-2}\frac{dV}{d\zeta}\right)}{d\zeta}\right]$$

ou encore

$$\Delta V = \frac{q^5}{R^4}\left[\frac{d^2(q^{-1}V)}{d\xi^2} + \frac{d^2(q^{-1}V)}{d\eta^2} + \frac{d^2(q^{-1}V)}{d\zeta^2}\right],$$

en ayant égard à l'équation

$$\frac{d^2(q^{-1})}{d\xi^2} + \frac{d^2(q^{-1})}{d\eta^2} + \frac{d^2(q^{-1})}{d\zeta^2} = 0.$$

46. Supposons ensuite qu'on ait résolu le problème suivant :

Trouver l'équilibre de température d'un corps homogène compris entre deux surfaces déterminées S *et* S′, *entretenues à des températures* T *et* T′ *variables d'un point à un autre.*

Si V est la température du corps, cette fonction de x, y, z satisfera à l'équation

$$\Delta V = 0 \quad \text{entre les surfaces S et S}',$$

et aux équations

$$V = T(x, y, z), \qquad V = T'(x, y, z) \qquad \text{sur S et S}'.$$

Désignons par Σ et Σ' les surfaces transformées de S et S′, et posons $V_1 = V\frac{R}{q}$. La fonction V_1 étant exprimée en ξ, η, ζ satisfera à l'équation

$$\frac{d^2V_1}{d\xi^2} + \frac{d^2V_1}{d\eta^2} + \frac{d^2V_1}{d\zeta^2} = 0$$

entre Σ et Σ', et l'on aura

$$V_1 = \frac{R}{q}T\left(\frac{R^2}{\xi}, \frac{R^2}{\eta}, \frac{R^2}{\zeta}\right) \quad \text{sur } \Sigma,$$

$$V_1 = \frac{R}{q}T'\left(\frac{R^2}{\xi}, \frac{R^2}{\eta}, \frac{R^2}{\zeta}\right) \quad \text{sur } \Sigma'.$$

On déterminera donc un équilibre de température d'un corps compris entre Σ et Σ'.

47. Désignons par U la valeur donnée du potentiel d'une couche distribuée sur une surface σ, valeur qui varie d'un point à un autre de la surface. Admettons qu'on ait déterminé la densité ρ de la couche.

Désignons par l la distance de l'élément $d\sigma$ de la surface au point (x, y, z) de cette surface; nous aurons

$$\int \frac{\rho\, d\sigma}{l} = U. \tag{6}$$

Soit λ la distance de l'élément $d\omega$, image de $d\sigma$, au point (ξ, η, ζ), image de (x, y, z); nous aurons

$$l = R^2 \frac{\lambda}{ff'}, \qquad d\sigma = \frac{d\omega}{f^4} R^4,$$

en désignant par f et f' les distances de l'origine à $d\omega$ et au point (ξ, η, ζ). D'après cela, l'équation (6) peut s'écrire

$$\int \frac{\rho R^3}{f^3} \frac{d\omega}{\lambda} = U \frac{R}{f'}.$$

Donc, de la solution du premier problème, on déduit celle du suivant :

Trouver la distribution de la matière sur la surface ω, *pour que le potentiel en chaque point de cette surface soit égal à* $U \frac{R}{f'}$.

La densité de la couche aura, en effet, pour valeur $\rho \frac{R^3}{f^3}$.

Détermination de la distribution de l'électricité sur un conducteur en forme de disque plan ou de coquille sphérique.

48. Supposons d'abord un ellipsoïde conducteur électrisé et éloigné de toute influence. Nous savons que, si l'on regarde la couche électrique comme homogène, elle sera comprise entre deux ellipsoïdes homothétiques. Soit

$$\frac{x^2}{a^2} + \frac{y^2}{b^2} + \frac{z^2}{c^2} = 1$$

l'équation de la surface du conducteur. Désignons par ρ la densité de la couche, par M sa masse totale, par P la perpendiculaire abaissée du centre sur le plan tangent au point (x, y, z) et par ε une constante, nous aurons (Ire Partie, Chap. V, n° 4)

$$\rho = \frac{P}{a} \varepsilon \, da, \qquad M = 4\pi bc \varepsilon \, da$$

et, par suite,

$$\rho = \frac{M}{4\pi abc} P.$$

Nous avons d'ailleurs

$$P = \frac{1}{\sqrt{\frac{x^2}{a^4} + \frac{y^2}{b^4} + \frac{z^2}{c^4}}},$$

et le potentiel intérieur a pour valeur (même Chapitre, n° 10)

$$V = \frac{M}{a} \int_0^1 \frac{du}{\sqrt{\left(1 - \frac{a^2 - b^2}{a^2} u^2\right)\left(1 - \frac{a^2 - c^2}{a^2} u^2\right)}}.$$

Si nous supposons c infiniment petit, nous aurons

$$P = \frac{c^2}{z} = \frac{c}{\sqrt{1 - \frac{x^2}{a^2} - \frac{y^2}{b^2}}}, \qquad \rho = \frac{M}{4\pi ab}\left(1 - \frac{x^2}{a^2} - \frac{y^2}{b^2}\right)^{\frac{1}{2}}.$$

Si l'ellipsoïde se réduit à un disque circulaire, nous aurons $b = a$ et, en désignant par r la distance d'un point de ce disque au centre,

$$\rho = \frac{M}{4\pi a\sqrt{a^2 - r^2}}, \qquad V = \frac{M\pi}{2a}.$$

49. Nous allons montrer comment Thomson a appliqué la transformation par rayons vecteurs réciproques à la détermination de la distribution de l'électricité sur une coquille sphérique, en conservant à cette recherche la forme même qu'il lui a donnée.

Avant d'appliquer cette transformation au problème du disque circulaire, accentuons-en les lettres, afin d'avoir des lettres non accentuées pour le problème que nous allons résoudre. Nous aurons

$$\rho' = \frac{V'}{2\pi^2\sqrt{a'^2 - r'^2}}.$$

Soit P' le point considéré du disque et par ce point menons une corde quelconque dans la circonférence du disque, elle sera partagée par ce point en deux parties f et f', et l'on aura

$$a'^2 - r'^2 = (a' - r')(a' + r') = ff'.$$

Formons l'image du disque plan S' et de sa charge par rapport à un point O (*fig.* 3). L'image du plan de ce disque est une sphère qui passe par le point O, l'image du contour sera représentée par un autre cercle, appartenant à cette sphère. Joignons le point O au point P'; puis, par la droite P'O et le pôle C du segment sphérique, faisons passer un

Fig. 3.

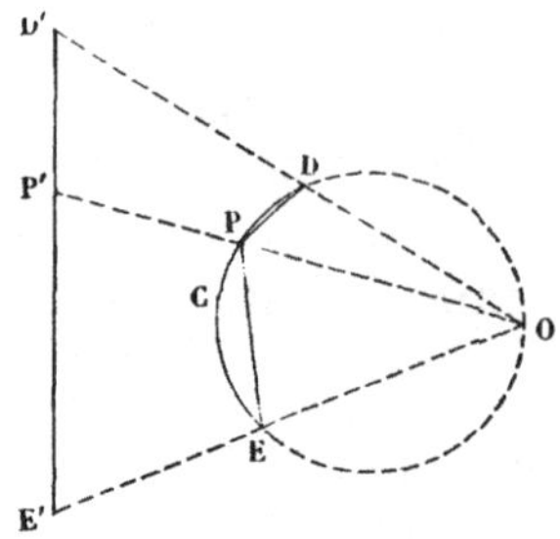

plan; il coupera la sphère suivant un cercle ODPE et le disque plan suivant la droite D'E'; nous aurons donc

$$a'^2 - r'^2 = \mathrm{D'P'} \times \mathrm{P'E'}$$

et

$$(a) \qquad \rho' = \frac{\mathrm{V'}}{2\pi^2\sqrt{\mathrm{D'P'} \times \mathrm{P'E'}}}.$$

D'après ce que nous avons vu (n° 47), la densité au point P sur chaque face aura pour valeur

$$(b) \qquad \rho = \frac{\mathrm{R}^3}{\overline{\mathrm{OP}}^3}\rho',$$

et le potentiel sera

$$\mathrm{V} = \frac{\mathrm{R}}{\mathrm{OP}}\mathrm{V'}.$$

La valeur de V' est constante sur le disque plan S'; prenons $\mathrm{M} = \mathrm{RV'}$, et nous aurons

$$\mathrm{V} - \frac{\mathrm{M}}{\mathrm{OP}} = 0.$$

Ainsi nous voyons qu'au point P le potentiel V et celui d'une masse $-$ M placée en O ont une somme nulle; donc la coquille sphérique DPE peut être considérée comme un conducteur mis en communication avec la Terre par un fil infiniment mince et induit par une quantité $-$ M d'électricité placée en O.

De (a) et (b) on déduit, en remplaçant V′ par $\frac{M}{R}$,

$$\rho = \frac{1}{2\pi^2}\frac{R^2}{\overline{OP}^3}\frac{M}{\sqrt{D'P' \times P'E'}}.$$

Or on a

$$D'P' = DP\frac{R^2}{OD \times OP}, \qquad P'E' = PE\frac{R^2}{OP \times OE};$$

donc

$$\text{(A)} \qquad D'P' \times P'E' = \frac{R^4}{\overline{OP}^2} \times \frac{DP \times PE}{OD \times OE},$$

et il en résulte

$$\rho = \frac{1}{2\pi^2}\frac{M}{\overline{OP}^2}\sqrt{\frac{OD \times OE}{PD \times PE}}.$$

Ensuite, de la formule

$$\sin(\alpha - \beta)\sin(\alpha + \beta) = \sin^2\alpha - \sin^2\beta,$$

on conclut, en faisant $2\alpha = \text{arc}\,CD$, $2\beta = \text{arc}\,CP$,

$$\text{(B)} \qquad PD \times PE = \overline{CD}^2 - \overline{CP}^2,$$

et, en faisant $2\alpha = \text{arc}\,CEO$, $2\beta = \text{arc}\,CD$,

$$DO \times OE = \overline{CO}^2 - \overline{CD}^2.$$

Désignons par a la corde menée du pôle C au bord du disque, et nous aurons

$$\rho = \frac{1}{2\pi^2}\sqrt{\frac{\overline{CO}^2 - a^2}{a^2 - \overline{CP}^2}}\frac{M}{\overline{OP}^2}.$$

Telle est la densité sur les deux faces d'une coquille sphérique conductrice S, mise en communication avec la Terre par un fil et induite par une quantité $-$ M placée au point O de la surface sphérique qui, réunie à S, complète la sphère.

Remarque. — Faisons tourner le plan de la figure autour de OP et désignons par d et e les points où le plan rencontre le bord du segment.

On pourra encore appliquer l'équation (A), et le premier membre ne changera pas de valeur. En égalant les seconds membres, on a

$$\frac{DP \times PE}{OD \times OE} = \frac{dP \times Pe}{Od \times Oe}.$$

Si O est le second pôle du segment, on a

$$OD = OE = Od = Oe,$$

et il en résulte

$$DP \times PE = dP \times Pe.$$

50. Cherchons ensuite la distribution de l'électricité sur la même coquille sphérique S supposée isolée et maintenue au potentiel constant V.

Imaginons une surface qui entoure complètement ce conducteur et concevons que l'on puisse y fixer de l'électricité au potentiel constant — V. Le potentiel de cette électricité sera — V dans tous les points intérieurs à cette surface. Si donc on suppose que la coquille sphérique soit en communication avec la Terre et soit induite par cette électricité, ses deux surfaces étant au potentiel zéro seront recouvertes d'une couche d'électricité dont le potentiel aura la valeur constante V, c'est-à-dire qu'elle se recouvrira d'électricité, comme si elle était isolée et éloignée de toute influence.

Prenons pour la surface enveloppante une sphère de même centre I que celle qui appartient à S et dont le rayon n'excède celui de S que d'une quantité infiniment petite.

Partageons la surface de la sphère en deux parties : l'une A qui est infiniment près de S et la partie restante B. La partie A étant couverte d'une couche dont la densité est $-\frac{V}{4\pi g}$, g étant le rayon de la sphère, induira évidemment sur la surface extérieure de la coquille S une couche dont la densité sera uniforme et égale à $\frac{V}{4\pi g}$. Quant à la partie B, elle induira de la même manière les deux côtés de la coquille. Calculons cette électricité induite.

Soit $d\sigma$ un élément infiniment petit situé en G sur la surface B (*fig.* 4); la quantité d'électricité qui s'y trouve est $-\frac{V\,d\sigma}{4\pi g}$.

Or on déterminera la densité de l'électricité induite au point P de la coquille par cet élément de masse électrique, au moyen de la formule

Fig. 4.

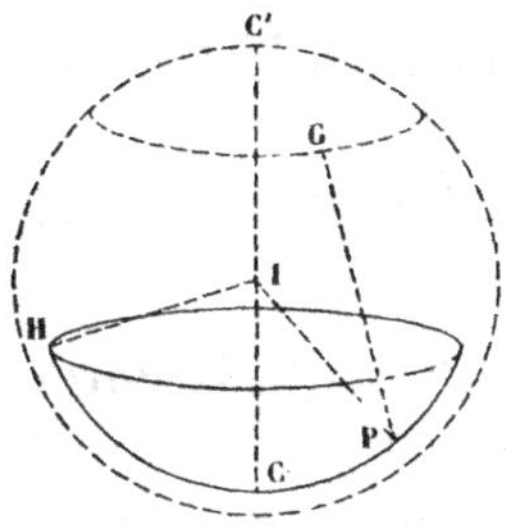

du numéro précédent où l'on fera

$$M = \frac{V\,d\sigma}{4\pi g},$$

et l'on aura, pour cette densité,

$$\frac{V}{8\pi^3 g}\,\frac{d\sigma}{\overline{GP}^2}\sqrt{\frac{\overline{GC}^2 - a^2}{a^2 - \overline{CP}^2}}.$$

Il s'agit d'intégrer cette expression pour toute la surface B.

Posons

$$CIH = \alpha, \quad CIP = \eta, \quad CIG = \theta,$$

et soit φ l'angle du méridien de G avec celui de P; nous aurons

$$\overline{CH}^2 = a^2 = 2g^2(1 - \cos\alpha), \quad \overline{CP}^2 = 2g^2(1 - \cos\eta), \quad \overline{CG}^2 = 2g^2(1 - \cos\theta),$$
$$\overline{PG}^2 = 2g^2(1 - \cos\eta\cos\theta - \sin\eta\sin\theta\cos\varphi),$$
$$d\sigma = g^2\sin\theta\,d\theta\,d\varphi.$$

Donc, en désignant par ρ la densité de l'électricité induite sur la surface intérieure de la coquille, on a

$$\rho = \frac{V}{16\pi^3 g\sqrt{\cos\eta - \cos\alpha}}\int_\alpha^\pi d\theta\sin\theta\sqrt{\cos\alpha - \cos\theta}\int_0^{2\pi}\frac{d\varphi}{1 - \cos\eta\cos\theta - \sin\eta\sin\theta\cos\varphi}.$$

On a d'abord

$$\int_0^{2\pi}\frac{d\varphi}{1 - \cos\eta\cos\theta - \sin\eta\sin\theta\cos\varphi} = \frac{2\pi}{\cos\eta - \cos\theta}$$

et, par suite,

$$\rho = \frac{V}{8\pi^2 g\sqrt{\cos\eta - \cos\alpha}} \int_0^\pi \frac{\sqrt{\cos\alpha - \cos\theta}}{\cos\eta - \cos\theta} \sin\theta \, d\theta.$$

On trouve ensuite facilement la formule

$$\text{(C)} \qquad \rho = \frac{V}{4\pi^2 g}\left(\sqrt{\frac{4g^2 - a^2}{a^2 - r^2}} - \operatorname{arc\,tang}\sqrt{\frac{4g^2 - a^2}{a^2 - r^2}}\right),$$

où g est le rayon de la coquille, a la corde CH et r la distance du point P au pôle C.

C'est la densité à l'intérieur de la coquille. On aura la densité électrique à la surface extérieure en ajoutant $\frac{V}{4\pi g}$ à cette expression.

Par des applications numériques, on reconnaît facilement que la densité à l'intérieur de la coquille devient excessivement faible quand ses surfaces diffèrent peu de la sphère entière, en sorte que l'angle HIC' est un petit angle, comme par exemple 20°.

51. Maintenant, en prenant l'image de la solution du problème précédent, nous pourrons déterminer l'électrisation d'une coquille sphérique mise en communication avec la terre et induite par une quantité $-$M d'électricité placée dans le voisinage. C'est, par conséquent, le problème du n° 49, mais où le point inducteur n'est plus astreint à se trouver sur la surface de la sphère à laquelle appartient la coquille.

Soit donc une coquille sphérique électrisée H'I'K' (*fig.* 5) et non influencée. Par rapport à un point O, prenons l'image de ce conducteur et de l'électricité qui le recouvre. Le segment H'I'K' ou S' a pour image le segment sphérique HPK que j'appellerai S.

Soient Π' le pôle du premier segment situé en dehors de sa surface et Π son image.

Menons le plan qui passe par les points O, Π' et par le point P où l'on veut déterminer la densité électrique. Les deux sphères seront coupées suivant les deux cercles H'I'K'Π' et HPKΠ; le point I', milieu de l'arc H'P'K', n'est pas le pôle du segment sphérique.

La coquille S' est couverte à l'intérieur d'électricité dont la densité est donnée par la formule (C). En accentuant les lettres, on aura, pour la densité en P′ sur le côté concave,

$$\rho' = \frac{V'}{4\pi^2 g'}\left(\sqrt{\frac{4g'^2 - a'^2}{a'^2 - r'^2}} - \operatorname{arc\,tang}\sqrt{\frac{4g'^2 - a'^2}{a'^2 - r'^2}}\right).$$

Ensuite, comme au n° 49, nous aurons, pour la densité ρ et pour le potentiel V en P,

$$\rho = \frac{R^3}{\overline{OP}^3}\rho', \qquad V = \frac{R}{OP}V';$$

et, si nous posons $RV' = M$, comme au même numéro, l'électricité, qui se trouvera ainsi sur le côté de la coquille S correspondant au côté concave de S′, sera celle qui sera induite par la masse électrique $-M$ placée en O.

Fig. 5.

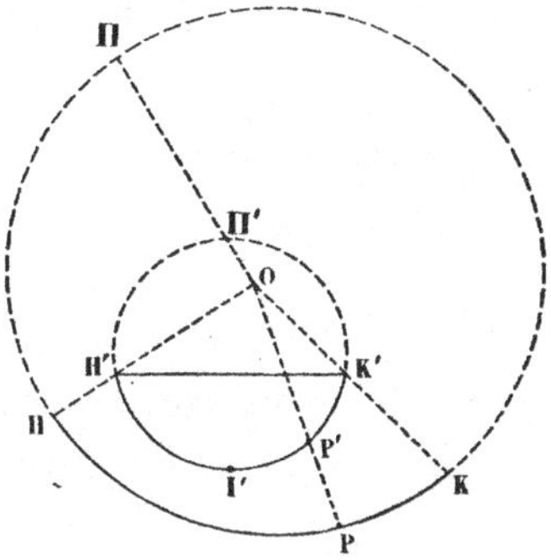

Faisons tourner le plan de la figure autour de la droite Π′P′, jusqu'à ce qu'il passe par le pôle C′ du segment S′, et désignons par h', k' les points où ce plan coupe alors les bords du segment. Nous aurons, d'après la remarque qui termine le n° 49 et conformément à l'équation (B),

$$H'P' \times P'K' = h'P' \times P'k' = a'^2 - r'^2;$$

on a aussi

$$4g'^2 - a'^2 = \overline{\Pi'H'}^2 = \Pi'H' \times \Pi'K'.$$

Il en résulte

$$\rho' = \frac{V'}{4\pi^2 g'}\left(\sqrt{\frac{\Pi'H' \times \Pi'K'}{H'P' \times P'K'}} - \operatorname{arc\,tang}\sqrt{\frac{\Pi'H' \times \Pi'K'}{H'P' \times P'K'}}\right).$$

Remplaçons les quantités relatives à la première sphère par d'autres appartenant à la seconde. Nous avons

$$P'H' = PH \frac{R^2}{OP \times OH}, \qquad P'K' = PK \frac{R^2}{OP \times OK},$$

$$(d) \qquad \Pi'H' = \Pi'K' = \Pi H \frac{R^2}{O\Pi \times OH} = \Pi K \frac{R^2}{O\Pi \times OK}.$$

Joignons le point O au centre de la sphère de S, le diamètre ainsi déterminé rencontrera la sphère en deux points; le plus rapproché de O en étant distant de h, l'autre se trouvera distant de O de $2g - h$, si nous désignons par g le rayon de cette sphère, et l'on a l'équation, toute semblable aux équations précédentes,

$$2g' = 2g \frac{R^2}{h(2g-h)}.$$

Substituons ces quantités dans l'expression de ρ', puis ρ' dans l'expression de ρ, et nous aurons

$$(E) \qquad \rho = \frac{Mh(2g-h)}{4\pi^2 g \times \overline{OP}^3}\left(\frac{OP}{O\Pi}\sqrt{\frac{\Pi H \times \Pi K}{PH \times PK}} - \operatorname{arc\,tang} \frac{OP}{O\Pi}\sqrt{\frac{\Pi H \times \Pi K}{PH \times PK}}\right).$$

C'est la densité électrique sur la face de S qui correspond au côté intérieur de S'. Dans le cas de la figure, ρ est la densité sur la surface convexe de S. La densité électrique sur l'autre côté est la même, augmentée de

$$\frac{V'}{4\pi g'} \times \frac{R^3}{\overline{OP}^3} \quad \text{ou} \quad \frac{Mh(2g-h)}{4\pi g.\overline{OP}^3}.$$

52. Il convient de donner à l'expression de ρ une forme plus commode. D'abord, il est utile que le point Π soit défini sans l'emploi de S', mais seulement au moyen du segment S et du point O.

Faisons passer un plan par les points Π et O et par le centre d'une des deux sphères, il passera aussi par le centre de l'autre sphère et partagera les deux segments en deux parties symétriques.

D'après la formule (d), on a

$$\frac{\Pi H}{\Pi K} = \frac{OH}{OK}.$$

Si le plan précédent coupe le segment S en deux points h, k (*fig.* 6), on a de même

$$(e) \qquad \frac{\Pi h}{\Pi k} = \frac{\mathrm{O}h}{\mathrm{O}k},$$

ce qui détermine le point Π. Si l'on regarde, dans cette équation, h et k comme deux points fixes et Π comme un point variable, cette équation sera celle d'un cercle passant par O et qui rencontre hk et son

Fig. 6.

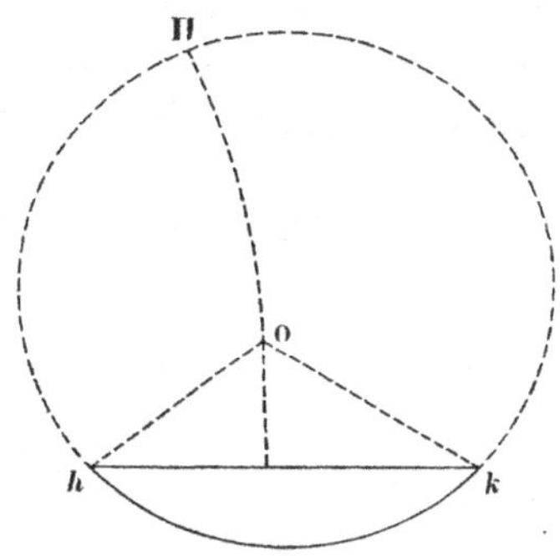

prolongement en deux points faciles à obtenir. L'intersection de ce cercle avec le grand cercle $hk\Pi$ donnera le point Π.

Par Π, P et le pôle C du segment, faisons passer un plan; soient h_1, k_1 les points où le bord du segment est coupé par ce plan. Alors, en nous servant de la première formule démontrée dans la Remarque du n° 49, nous aurons

$$(f) \qquad \frac{\Pi\mathrm{H} \times \Pi\mathrm{K}}{\mathrm{PH} \times \mathrm{PK}} = \frac{\Pi h_1 \times \Pi k_1}{\mathrm{P}h_1 \times \mathrm{P}k_1}.$$

D'ailleurs, comme au n° 49, on a

$$\Pi h_1 \times \Pi k_1 = \overline{\mathrm{C}\Pi}^2 - a^2,$$

$$\mathrm{P}h_1 \times \mathrm{P}k_1 = a^2 - \overline{\mathrm{CP}}^2,$$

en désignant par a la corde menée du pôle C à un point du bord. Substituons ces expressions dans (f), puis remplaçons (f) par sa valeur dans (E), et nous aurons

$$\rho = \frac{Mh(2g-h)}{4\pi^2 g \times \overline{OP}^3}\left[\frac{OP}{O\Pi}\sqrt{\frac{\overline{C\Pi}^2 - a^2}{a^2 - \overline{CP}^2}} - \text{arc tang}\left(\frac{OP}{O\Pi}\sqrt{\frac{\overline{C\Pi}^2 - a^2}{a^2 - \overline{CP}^2}}\right)\right];$$

on se rappelle que h et $2g - h$ sont la plus petite et la plus grande distance du point O à la surface de la sphère.

53. *Cas d'un disque plan.* — La coquille HPK peut se changer en un disque plan; il suffit pour cela que le point O soit pris sur la surface de la sphère dont on forme l'image (*fig.* 7). Alors la formule précé-

Fig. 7.

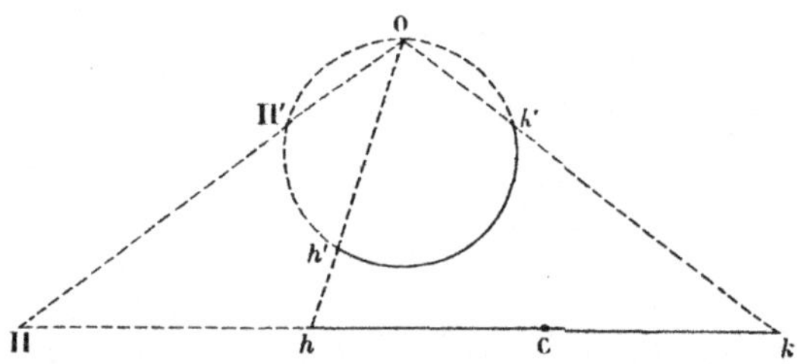

dente sera applicable à un disque plan mis en communication avec la Terre et induit par la masse $-M$ placée en O. Il faudra faire $g = \infty$ et l'on aura

$$\rho = \frac{Mh}{2\pi^2 \overline{OP}^3}\left[\frac{OP}{O\Pi}\sqrt{\frac{\overline{C\Pi}^2 - a^2}{a^2 - \overline{CP}^2}} - \text{arc tang}\left(\frac{OP}{O\Pi}\sqrt{\frac{\overline{C\Pi}^2 - a^2}{a^2 - \overline{CP}^2}}\right)\right],$$

a étant le rayon du disque, h la distance du point O au plan du disque et C le centre du disque. Ce sera la densité sur le côté le plus éloigné du point inducteur O. Pour avoir la densité sur l'autre côté, il faudra augmenter ρ de la quantité

$$\frac{Mh}{2\pi \overline{OP}^3}.$$

La droite hk de la *fig.* 6 devient le diamètre du disque, la circonférence de grand cercle $hk\Pi$ devient une droite sur laquelle se trouve le point Π, et la formule (e) donnera

$$\frac{\Pi h}{\Pi h + hk} = \frac{\mathrm{O}h}{\mathrm{O}k}$$

et déterminera le point Π. Remarquons que Π' est le pôle de l'arc $h'k'$.

Si le point inducteur O est situé sur l'axe du disque, le point Π s'éloigne à l'infini, et la densité sur la face la plus éloignée de O est

$$\rho = \frac{\mathrm{M}h}{2\pi^2 \overline{\mathrm{OP}}^3}\left(\frac{\mathrm{OP}}{\sqrt{a^2 - r^2}} - \operatorname{arc\,tang} \frac{\mathrm{OP}}{\sqrt{a^2 - r^2}}\right),$$

en désignant par r la distance du point P au centre C du disque, et la densité sur la face la plus rapprochée sera

$$\rho + \frac{\mathrm{M}h}{2\pi \overline{\mathrm{OP}}^3}.$$

Lignes de force d'un disque mis en communication avec la Terre et influencé par une masse électrique fixée sur son axe.

54. D'après ce que nous avons vu (Ire Partie, Chap. V, n° 30), le potentiel V d'un disque circulaire dont la densité varie seulement avec la distance au centre et les lignes de force relatives à l'attraction de ce disque sont donnés par des équations de cette forme

$$(1) \qquad \mathrm{V} = \int_{t_1}^{\infty} \varpi(\mathrm{K}) \frac{dt}{(1+t)t^{\frac{1}{2}}},$$

$$(2) \qquad \mathrm{U} = z \int_{t_1}^{\infty} \varpi(\mathrm{K}) \frac{dt}{t^{\frac{3}{2}}} = \text{const.}$$

x, y, z étant les coordonnées du point variable, u étant égal à $\sqrt{x^2 + y^2}$, K ayant pour valeur

$$\mathrm{K} = \frac{u^2}{1+t} + \frac{z^2}{t}$$

et t_1 étant racine de l'équation

$$\frac{u^2}{1+t_1}+\frac{z^2}{t_1}=A^2,$$

où A est le rayon du cercle.

Nous allons appliquer ces formules à l'électricité d'un disque circulaire très mince induit par la masse — 1 d'électricité placée sur l'axe du disque et à la distance h de ce disque, en supposant ce disque mis par un fil en communication avec la Terre. Nous concevrons alors comme superposées les deux couches qui se trouvent situées sur les deux faces du disque. Il s'agit de déterminer la fonction $\varpi(K)$.

Appliquons la formule (1) sur le disque même; nous y ferons donc $z=0$, $t_1=0$, et, en appelant $\varphi(u)$ la valeur du potentiel sur le disque, nous aurons

$$\varphi(u)=\int_0^\infty \varpi\left(\frac{u^2}{1+t}\right)\frac{dt}{(1+t)t^{\frac{1}{2}}}.$$

Changeons la variable t en posant

$$\frac{1}{1+t}=z^2, \qquad \varpi\left(\frac{u^2}{1+t}\right)=\varpi(z^2u^2)=F(zu),$$

et nous aurons

$$\varphi(u)=2\int_0^1\frac{F(zu)\,dz}{\sqrt{1-z^2}}, \tag{3}$$

$$\int_0^1\frac{\varphi'(\theta u)\,d\theta}{\sqrt{1-\theta^2}}=2\int_0^1\frac{d\theta}{\sqrt{1-\theta^2}}\int_0^1\frac{F'(\theta z u)z\,dz}{\sqrt{1-z^2}}.$$

Posons

$$\theta z=v, \qquad \theta\,dz=dv,$$

et nous aurons

$$\int_0^1\frac{\varphi'(\theta u)\,d\theta}{\sqrt{1-\theta^2}}=2\int_0^1\frac{d\theta}{\theta\sqrt{1-\theta^2}}\int_0^\theta\frac{F'(uv)\,v\,dv}{\sqrt{\theta^2-v^2}}$$

ou, en intervertissant l'ordre des intégrations,

$$\int_0^1\frac{\varphi'(\theta u)\,d\theta}{\sqrt{1-\theta^2}}=2\int_0^1 F'(uv)v\,dv\int_v^1\frac{d\theta}{\theta\sqrt{(1-\theta^2)(\theta^2-v^2)}}.$$

On a

$$\int_{\nu}^{1} \frac{d\theta}{\theta\sqrt{(1-\theta^2)(\theta^2-\nu^2)}} = \frac{\pi}{2\nu},$$

il en résulte

$$\int_0^1 \frac{\varphi'(\theta u)\,d\theta}{\sqrt{1-\theta^2}} = \frac{\pi}{u}[F(u) - F(0)].$$

D'après l'équation (3), on a $\varphi(0) = \pi\,F(0)$; donc

$$F(u) = \frac{\varphi(0)}{\pi} + \frac{u}{\pi}\int_0^1 \frac{\varphi'(\theta u)\,d\theta}{\sqrt{1-\theta^2}}$$

ou

$$(4)\qquad F(u) = \frac{\varphi(0)}{\pi} + \frac{u}{\pi}\int_0^u \frac{\varphi'(\theta)\,d\theta}{\sqrt{u^2-\theta^2}}.$$

55. Le disque étant au potentiel zéro, la fonction $\varphi(u)$ et le potentiel du point inducteur sur le disque ont une somme nulle. Ainsi l'on a

$$\varphi(u) = \frac{1}{\sqrt{u^2+h^2}};$$

on en conclut

$$\varphi(\theta) = \frac{1}{\sqrt{\theta^2+h^2}}, \qquad u^2+h^2 = \frac{1}{\varphi(u)^2}, \qquad \theta^2+h^2 = \frac{1}{\varphi(\theta)^2},$$

$$u^2-\theta^2 = \frac{\varphi(\theta)^2-\varphi(u)^2}{\varphi(u)^2\,\varphi(\theta)^2};$$

par suite,

$$\int_0^u \frac{\varphi'(\theta)\,d\theta}{\sqrt{u^2-\theta^2}} = \varphi(u)\int_0^u \frac{\varphi(\theta)\,\varphi'(\theta)\,d\theta}{\sqrt{\varphi(\theta)^2-\varphi(u)^2}} = -\,\varphi(u)\sqrt{\varphi(0)^2-\varphi(u)^2}.$$

Substituons dans (4), puis remplaçons $\varphi(u)$ par sa valeur; nous aurons

$$\pi\,F(u) = \frac{1}{h} - \frac{u^2}{h(u^2+h^2)} = \frac{h}{u^2+h^2}.$$

Il en résulte

$$\varpi(K) = F(\sqrt{K}) = \frac{h}{\pi(h^2+K)} = \frac{h}{\pi}\,\frac{1}{h^2+\dfrac{u^2}{1+t}+\dfrac{z^2}{t}},$$

et nous obtenons, pour les fonctions (1) et (2),

$$V = \frac{h}{\pi}\int_{t_1}^{\infty}\frac{1}{h^2 + \frac{u^2}{1+t} + \frac{z^2}{t}}\,\frac{dt}{(1+t)t^{\frac{1}{2}}},$$

$$U = \frac{hz}{\pi}\int_{t_1}^{\infty}\frac{1}{h^2 + \frac{u^2}{1+t} + \frac{z^2}{t}}\,\frac{dt}{t^{\frac{3}{2}}}$$

ou, en faisant $t = \lambda^2$ et $t_1 = \lambda_1^2$,

$$V = \frac{2h}{\pi}\int_{\lambda_1}^{\infty}\frac{\lambda^2\,d\lambda}{h^2\lambda^4 + (u^2+z^2+h^2)\lambda^2 + z^2},$$

$$U = \frac{2hz}{\pi}\int_{\lambda_1}^{\infty}\frac{(1+\lambda^2)\,d\lambda}{h^2\lambda^4 + (u^2+z^2+h^2)\lambda^2 + z^2}.$$

Les racines du trinôme en λ^2, qui forme le dénominateur, sont les quantités $-\beta^2$ et $-\alpha^2$ données par l'expression

$$\begin{aligned}&\frac{-1}{2h^2}\left[u^2+z^2+h^2 \pm \sqrt{(u^2+z^2+h^2)^2 - 4z^2h^2}\right]\\ &\quad = \frac{-1}{4h^2}\left[\sqrt{u^2+(z+h)^2} \pm \sqrt{u^2+(z-h)^2}\right]^2.\end{aligned}$$

Désignons par r et r' les distances du point (u, z) aux points $(0, h)$ et $(0, -h)$; nous aurons donc

$$\beta = \frac{r'+r}{2h}, \qquad \alpha = \frac{r'-r}{2h}$$

et

$$V = \frac{2}{\pi h}\int_{\lambda_1}^{\infty}\frac{\lambda^2\,d\lambda}{(\lambda^2+\alpha^2)(\lambda^2+\beta^2)},$$

$$U = \frac{2z}{\pi h}\int_{\lambda_1}^{\infty}\frac{(1+\lambda^2)\,d\lambda}{(\lambda^2+\alpha^2)(\lambda^2+\beta^2)}.$$

En calculant ces intégrales, on obtient, pour le potentiel de l'électricité du disque,

$$V = \frac{2h}{\pi r r'}\left(\beta \operatorname{arc\,tang}\frac{\beta}{\lambda_1} - \alpha \operatorname{arc\,tang}\frac{\alpha}{\lambda_1}\right)$$

et, pour l'équation des lignes de force relatives à cette électricité,

$$\frac{z}{rr'}\left(\frac{1-\alpha^2}{\alpha}\,\text{arc tang}\,\frac{\alpha}{\lambda_1}+\frac{1-\beta^2}{\beta}\,\text{arc tang}\,\frac{\beta}{\lambda_1}\right)=\text{const.}$$

Ce calcul a été donné par M. Beltrami (*Rendiconti del Istituto Lombardo*, série II, Vol. X).

CHAPITRE III.

DU ROLE DES DIÉLECTRIQUES DANS L'ÉLECTROSTATIQUE.

Il est à peu près évident que les corps ne peuvent agir les uns sur les autres à distance que par l'intermédiaire du milieu qui les sépare. Ainsi, c'est à cause de ce milieu que les astres s'attirent. De même, deux corps chargés d'électricité et isolés l'un de l'autre ne peuvent s'influencer que par le milieu diélectrique qui se trouve entre eux. Cette idée ne peut être regardée comme nouvelle, ainsi que le prétend Maxwell; mais la véritable difficulté consiste à préciser le rôle rempli par le diélectrique et à montrer les forces qui sont en jeu. C'est aussi ce qu'a essayé de faire ce physicien.

Action mutuelle des corps électrisés par l'intermédiaire du diélectrique qui les sépare.

1. Admettant le fait de l'action à distance entre des corps électrisés, cherchons quelles sont les forces élastiques développées dans l'espace qui les entoure.

Supposons donc un corps A chargé d'électricité, et, dans le même champ, d'autres corps H aussi électrisés. Supposons tous ces corps placés dans un même diélectrique, l'air par exemple, et examinons l'action des corps H sur une surface menée autour du corps A, et qui laisse en dehors les autres corps.

Soient ρ_1 la densité électrique dans le corps A et ρ_2 cette densité dans un quelconque des corps H. Soient aussi V_1 le potentiel de A et V_2 celui de tous les corps H. Enfin désignons par $d\varpi_1$ l'élément de volume de A et par $d\varpi_2$ celui des corps H.

La composante suivant l'axe des x de l'action des corps H sur l'élément $\rho_1 d\varpi_1$ de A situé au point (x, y, z) est

$$-\frac{dV_2}{dx}\rho_1 d\varpi_1,$$

et l'action de translation des corps H sur tout le corps A a pour composante, suivant la même direction,

$$X = -\int \frac{dV_2}{dx}\rho_1 d\varpi_1, \tag{1}$$

l'intégrale étant étendue à tout le volume du corps A.

On a

$$\Delta V_1 = -4\pi\rho_1;$$

tirons ρ_1 de cette équation pour le porter dans X, et nous aurons

$$X = \frac{1}{4\pi}\int \frac{dV_2}{dx}\Delta V_1 d\varpi_1.$$

Comme ΔV_2 est nul dans l'espace ϖ_1, nous pouvons remplacer dans cette intégrale ΔV_1 par

$$\Delta V_1 + \Delta V_2 = \Delta V,$$

V étant le potentiel de tous les corps, et il en résulte

$$X = \frac{1}{4\pi}\int \frac{dV_2}{dx}\Delta V d\varpi_1.$$

Si, dans la formule (1), nous remplaçons V_2 par V_1, nous aurons la composante de l'action de A sur lui-même, qui est composée d'éléments égaux deux à deux et de signe contraire et qui est, par conséquent, nulle. Ainsi nous avons

$$-\int \frac{dV_1}{dx}\rho_1 d\varpi_1 = \frac{1}{4\pi}\int \frac{dV_1}{dx}\Delta V d\varpi_1 = 0.$$

Ajoutons cette quantité nulle à l'expression de X, et il en résultera

$$X = \frac{1}{4\pi}\int \frac{dV}{dx}\Delta V d\varpi_1. \tag{2}$$

Menons une surface σ_1 qui entoure le volume ϖ_1 du corps A, mais sans rencontrer ni renfermer aucun des corps H. On pourra étendre l'intégrale précédente à tout le volume renfermé dans σ_1, puisqu'on n'ajoutera ainsi à cette intégrale que des éléments qui seront tous nuls par le facteur ΔV.

2. Cherchons à remplacer cette intégrale, relative à un volume, par une intégrale relative à la surface σ_1.

Pour cela, essayons de mettre la quantité soumise au signe d'intégration dans (2) sous la forme indiquée par l'équation

$$\frac{dV}{dx}\left(\frac{d^2V}{dx^2}+\frac{d^2V}{dy^2}+\frac{d^2V}{dz^2}\right)=\frac{dP_1}{dx}+\frac{dP_2}{dy}+\frac{dP_3}{dz}, \tag{3}$$

P_1, P_2, P_3 étant trois fonctions à déterminer. Or nous obtenons, pour chacun des trois termes du premier membre,

$$\frac{dV}{dx}\frac{d^2V}{dx^2}=\frac{1}{2}\frac{d}{dx}\left(\frac{dV}{dx}\right)^2,$$
$$\frac{dV}{dx}\frac{d^2V}{dy^2}=\frac{d}{dy}\left(\frac{dV}{dx}\frac{dV}{dy}\right)-\frac{1}{2}\frac{d}{dx}\left(\frac{dV}{dy}\right)^2,$$
$$\frac{dV}{dx}\frac{d^2V}{dz^2}=\frac{d}{dz}\left(\frac{dV}{dx}\frac{dV}{dz}\right)-\frac{1}{2}\frac{d}{dx}\left(\frac{dV}{dz}\right)^2,$$

et il en résulte

$$P_1=\frac{1}{2}\left[\left(\frac{dV}{dx}\right)^2-\left(\frac{dV}{dy}\right)^2-\left(\frac{dV}{dz}\right)^2\right],$$
$$P_2=\frac{dV}{dx}\frac{dV}{dy},$$
$$P_3=\frac{dV}{dx}\frac{dV}{dz}.$$

D'après cela, posons

$$\left(\frac{dV}{dx}\right)^2-\left(\frac{dV}{dy}\right)^2-\left(\frac{dV}{dz}\right)^2=8\pi p_{xx}, \qquad \frac{dV}{dy}\frac{dV}{dz}=4\pi p_{yz}=4\pi p_{zy},$$
$$\left(\frac{dV}{dy}\right)^2-\left(\frac{dV}{dz}\right)^2-\left(\frac{dV}{dx}\right)^2=8\pi p_{yy}, \qquad \frac{dV}{dz}\frac{dV}{dx}=4\pi p_{zx}=4\pi p_{xz},$$
$$\left(\frac{dV}{dz}\right)^2-\left(\frac{dV}{dx}\right)^2-\left(\frac{dV}{dy}\right)^2=8\pi p_{zz}, \qquad \frac{dV}{dx}\frac{dV}{dy}=4\pi p_{xy}=4\pi p_{yx},$$

et nous aurons

$$X = \int \left(\frac{dp_{xx}}{dx} + \frac{dp_{yx}}{dy} + \frac{dp_{zx}}{dz} \right) d\varpi,$$

en étendant l'intégrale à tous les éléments $d\varpi$ du volume renfermé dans la surface σ_1. Appliquons maintenant un théorème donné (Ire Partie, Chap. I, n° 6), et nous aurons

$$(4) \qquad X = \int (p_{xx} \cos\lambda + p_{yx} \cos\mu + p_{zx} \cos\nu)\, d\sigma_1,$$

en désignant par λ, μ, ν les angles, avec les trois axes de coordonnées, de la normale à σ_1 menée vers l'extérieur.

On aura de même, pour les deux autres composantes de la force de translation,

$$(5) \qquad \left\{ \begin{aligned} Y &= \int (p_{xy} \cos\lambda + p_{yy} \cos\mu + p_{zy} \cos\nu)\, d\sigma_1, \\ Z &= \int (p_{xz} \cos\lambda + p_{yz} \cos\mu + p_{zz} \cos\nu)\, d\sigma_1. \end{aligned} \right.$$

3. On peut calculer, de même, les composantes du moment du couple, qui tend à faire tourner le système A considéré comme solide.

En effet, en raisonnant tout à fait comme au n° 1, nous trouverons, pour le moment, par rapport à l'axe des x de toutes les forces qui agissent sur le corps A,

$$L = \frac{1}{4\pi} \int \left(\frac{dV}{dy} z - \frac{dV}{dz} y \right) \Delta V\, d\varpi_1,$$

l'intégrale étant étendue à tout le volume renfermé sous la surface σ_1.

Or l'équation (3) peut se mettre sous la forme de la première des trois équations toutes semblables

$$(A) \qquad \left\{ \begin{aligned} \frac{1}{4\pi} \frac{dV}{dx} \Delta V &= \left(\frac{dp_{xx}}{dx} + \frac{dp_{yx}}{dy} + \frac{dp_{zx}}{dz} \right), \\ \frac{1}{4\pi} \frac{dV}{dy} \Delta V &= \left(\frac{dp_{xy}}{dx} + \frac{dp_{yy}}{dy} + \frac{dp_{zy}}{dz} \right), \\ \frac{1}{4\pi} \frac{dV}{dz} \Delta V &= \left(\frac{dp_{xz}}{dx} + \frac{dp_{yz}}{dy} + \frac{dp_{zz}}{dz} \right), \end{aligned} \right.$$

et, des deux dernières équations, on conclut

$$\frac{1}{4\pi}\left(\frac{dV}{dy}z - \frac{dV}{dz}y\right)\Delta V$$
$$= \frac{d}{dx}(p_{xy}z - p_{xz}y) + \frac{d}{dy}(p_{yy}z - p_{yz}y) + \frac{d}{dz}(p_{zy}z - p_{zz}y).$$

Substituons dans l'expression de L et appliquons le même théorème que ci-dessus, nous obtiendrons

$$L = \int [(p_{xy}z - p_{xz}y)\cos\lambda + (p_{yy}z - p_{yz}y)\cos\mu + (p_{zy}z - p_{zz}y)\cos\nu]\,d\sigma_1$$

ou

$$(6)\quad L = \int [(p_{xy}\cos\lambda + p_{yy}\cos\mu + p_{zy}\cos\nu)z - (p_{xz}\cos\lambda + p_{yz}\cos\mu + p_{zz}\cos\nu)y]\,d\sigma_1.$$

On a deux formules semblables pour les moments des mêmes forces, par rapport aux axes des y et z.

4. Comme la surface σ_1 peut être modifiée dans une partie très petite, tout le reste de la surface restant le même, et qu'on peut encore appliquer les équations (4), (5) et (6), il s'ensuit que chaque élément de cette surface est sollicité par une force, dont les composantes sont

$$p_{xx}\cos\lambda + p_{yx}\cos\mu + p_{zx}\cos\nu,$$
$$p_{xy}\cos\lambda + p_{yy}\cos\mu + p_{zy}\cos\nu,$$
$$p_{xz}\cos\lambda + p_{yz}\cos\mu + p_{zz}\cos\nu.$$

En prenant l'élément $d\sigma_1$ successivement perpendiculaire aux axes des x, des y et des z, on voit que les éléments de surface, respectivement perpendiculaires à ces trois axes, sont sollicités par trois forces élastiques, qui ont pour composantes

$$p_{xx},\quad p_{yx},\quad p_{zx},$$
$$p_{xy},\quad p_{yy},\quad p_{zy},$$
$$p_{xz},\quad p_{yz},\quad p_{zz}.$$

Dans le diélectrique ΔV est nul, et l'on déduit des équations (A)

$$(\text{B})\qquad \begin{cases} \dfrac{dp_{xx}}{dx} + \dfrac{dp_{yx}}{dy} + \dfrac{dp_{zx}}{dz} = 0, \\[2mm] \dfrac{dp_{xy}}{dx} + \dfrac{dp_{yy}}{dy} + \dfrac{dp_{zy}}{dz} = 0, \\[2mm] \dfrac{dp_{xz}}{dx} + \dfrac{dp_{yz}}{dy} + \dfrac{dp_{zz}}{dz} = 0. \end{cases}$$

Ainsi ces forces satisfont aux mêmes équations que celles qui se développent dans un corps solide en équilibre d'élasticité.

D'après un théorème de la théorie de l'élasticité des corps solides, il existe en chaque point trois éléments plans rectangulaires entre eux, sur lesquels les forces élastiques sont normales à ces trois éléments. Il est facile d'obtenir les positions de ces trois éléments plans dans le diélectrique.

Considérons, en effet, un parallélépipède rectangle infiniment petit, dont un des côtés est tangent à une ligne de force s et dont les deux autres côtés sont par conséquent tangents à la surface de niveau V = const.; prenons les axes des x, y, z, respectivement suivant ces trois côtés. On aura donc

$$\frac{dV}{dy} = 0, \qquad \frac{dV}{dz} = 0$$

et, par suite,

$$8\pi p_{xx} = \left(\frac{dV}{dx}\right)^2,$$

$$8\pi p_{yy} = -\left(\frac{dV}{dx}\right)^2,$$

$$8\pi p_{zz} = -\left(\frac{dV}{dx}\right)^2,$$

$$p_{yz} = p_{zx} = p_{xy} = 0.$$

Donc les forces élastiques tangentielles exercées sur les faces de ce parallélépipède sont nulles; il existe, sur chaque élément d'une surface de niveau, une traction égale à

$$p_{xx} = \frac{1}{8\pi}\left(\frac{dV}{ds}\right)^2 = \frac{1}{8\pi}R^2,$$

en désignant par R la force électrique et, sur chaque élément plan normal à la surface de niveau, il s'exercera une pression de même grandeur que la traction et donnée par la formule

$$p_{yy} = -\frac{1}{8\pi}R^2.$$

La quantité p_{xx} à la surface d'un conducteur représente précisément la tension électrique (Chap. I, n° 5).

Les résultats précédents ont été obtenus par Maxwell.

5. Si, au lieu de corps électrisés, on considérait des corps célestes, il faudrait changer de signe les expressions des quantités X, Y, Z, et, par suite, aussi celles des forces élastiques. Donc, dans le milieu éthéré qui entoure chaque corps attiré, il existe une pression qui s'exerce sur les surfaces de niveau, et une traction qui a lieu sur tout élément plan normal à ces surfaces, et la grandeur de ces forces élastiques est égale à $\frac{1}{8\pi}\left(\frac{dV}{ds}\right)^2$.

Sur la déformation du milieu diélectrique.

6. Nous avons vu que les forces élastiques, déterminées dans un milieu diélectrique par la présence de corps électrisés, satisfont aux mêmes équations que les forces élastiques, qui se développent dans un corps solide élastique sous l'influence des forces qui s'exercent à sa surface. Il y a donc lieu de se demander si les déplacements qui se produisent dans le milieu diélectrique peuvent être identiques à ceux qui proviennent de la déformation du corps solide. Nous allons prouver le contraire.

Soient u, v, w les projections du déplacement du point (x, y, z) sur les axes de coordonnées. Si le diélectrique pouvait être assimilé à un corps solide isotrope, les six forces élastiques p_{xx}, p_{xy}, ... seraient données par les formules suivantes, où λ et μ sont deux constantes :

$$
\text{(C)} \quad \left\{
\begin{aligned}
&(\lambda+2\mu)\frac{du}{dx}+\lambda\frac{dv}{dy}+\lambda\frac{dw}{dz}=p_{xx},\\
&\lambda\frac{du}{dx}+(\lambda+2\mu)\frac{dv}{dy}+\lambda\frac{dw}{dz}=p_{yy},\\
&\lambda\frac{du}{dx}+\lambda\frac{dv}{dy}+(\lambda+2\mu)\frac{dw}{dz}=p_{zz},\\
&\mu\left(\frac{dv}{dz}+\frac{dw}{dy}\right)=p_{yz},\\
&\mu\left(\frac{dw}{dx}+\frac{du}{dz}\right)=p_{zx},\\
&\mu\left(\frac{du}{dy}+\frac{dv}{dx}\right)=p_{xy}.
\end{aligned}
\right.
$$

En ajoutant les trois premières équations, on obtient

$$(3\lambda+2\mu)\left(\frac{du}{dx}+\frac{dv}{dy}+\frac{dw}{dz}\right)=-\frac{1}{8\pi}\left[\left(\frac{dV}{dx}\right)^2+\left(\frac{dV}{dy}\right)^2+\left(\frac{dV}{dz}\right)^2\right];$$

ainsi il en résulterait une contraction cubique égale à

$$\text{(D)} \qquad \upsilon=-\frac{1}{8\pi(3\lambda+2\mu)}\left[\left(\frac{dV}{dx}\right)^2+\left(\frac{dV}{dy}\right)^2+\left(\frac{dV}{dz}\right)^2\right].$$

Or cette expression est impossible. En effet, en général, si l'on substitue les expressions (C) dans les équations (B) du n° 4, on obtient trois équations aux dérivées partielles du second ordre, entre les fonctions u, v, w, et de ces trois équations on déduit facilement

$$\Delta\upsilon=0,$$

tandis que la fonction (D) ne satisfait pas à cette dernière équation.

Ainsi la déformation du diélectrique ne peut être assimilée à celle d'un corps solide isotrope. Cependant, si les molécules n'éprouvent qu'un changement extrêmement petit dans leur déplacement et dans leur orientation, les forces élastiques doivent être exprimées par les équations (C), ainsi qu'il résulte de la démonstration qui sert à établir ces équations.

Il faut donc en conclure que les molécules de la substance, dans laquelle se développent les forces élastiques, subissent un changement fini dans leur disposition, en s'orientant suivant les lignes de force. Il en résulte que le milieu diélectrique présente, au point de vue des dilatations et des contractions, moins d'analogie avec un corps solide qu'avec un corps liquide, où l'orientation des molécules n'entre pas en considération.

7. Considérons un tube de force, c'est-à-dire un tube infiniment étroit, limité par une surface formée par des lignes de force. Faisons commencer ce tube à de l'électricité positive, située sur un conducteur; il traversera le diélectrique et se terminera à de l'électricité négative.

Désignons par $d\sigma$ et $d\sigma'$ deux sections droites du tube de force, et par ε et ε' le déplacement du milieu diélectrique sur ces deux sections, compté du côté positif vers le côté négatif; nous aurons

$$\varepsilon \, d\sigma = \varepsilon' \, d\sigma',$$

en admettant que la quantité déplacée de la substance, à travers les deux sections, est la même, ce qui suppose cette substance incompressible. Mais, si R et R′ représentent la force électrique sur ces deux sections, on a aussi

$$R \, d\sigma = R' \, d\sigma';$$

il en résulte

$$\frac{\varepsilon}{R} = \frac{\varepsilon'}{R'}.$$

D'après cela, le déplacement ε, le long du tube, est proportionnel à la force électrique ou à la racine carrée de la traction, qui se produit sur la section $d\sigma$.

Ainsi, en désignant par a une constante, nous pouvons poser

$$\text{(E)} \qquad \varepsilon = a R$$

pour la valeur variable de ε prise le long d'un tube de force. Observons ensuite qu'il est fort naturel d'admettre que, dans la partie du milieu diélectrique contiguë à un conducteur, le déplacement ε est proportionnel à la densité de la couche qui recouvre ce corps. Comme cette densité est proportionnelle à R, on voit que ε est aussi proportionnel à R sur la surface du conducteur. Donc, si le tube de force précédent commence à ce conducteur, on a la même formule (E) dans toute l'étendue de sa surface. On en conclut enfin qu'on peut appliquer la formule (E) à tout le diélectrique, a étant une constante qui varie d'un diélectrique à l'autre.

On doit remarquer que la formule (E) repose sur ces deux hypothèses : que le milieu diélectrique est incompressible et qu'il est repoussé par une couche électrique d'une quantité proportionnelle à la densité de cette couche.

8. Suivant Faraday et Maxwell, tout tube de force, qui va d'un élément conducteur à un autre à travers un diélectrique, se divise par des sections droites, excessivement voisines, en cylindres rectangles, qui ont pour bases ces sections droites et qui portent de l'électricité négative sur la base située du côté de l'élément conducteur, chargé positivement, et de l'électricité positive en égale quantité sur l'autre base. Mais les quantités d'électricité, situées sur une base d'un de ces cylindres, sont égales et de signe contraire à celles de la base la plus voisine d'un autre cylindre contigu, en sorte que la densité de cette électricité, dite *de polarisation*, peut être considérée comme nulle à l'intérieur du diélectrique, excepté sur les cylindres extrêmes aux deux extrémités du tube.

Cette destruction de l'électricité de polarisation à l'intérieur du diélectrique n'a lieu toutefois que si le diélectrique ne renferme pas d'électricité libre, comme nous le démontrerons à la fin du Chapitre IV.

Cette polarisation du diélectrique diminue les effets de l'électricité des conducteurs, puisqu'elle amène, tout près de leurs surfaces, de l'électricité de signe contraire à celles qu'elles possèdent.

Ces idées ne se présentent pas naturellement à la suite des considérations qui précèdent. Mais il en sera autrement plus tard, quand nous verrons que cette polarisation est un phénomène identique à celui de la distribution du magnétisme induit dans le fer doux.

Suivant Faraday et Maxwell, toute section $d\sigma$ d'un tube de force, par l'électrisation des conducteurs, serait traversée par une quantité d'électricité qui serait égale à la quantité d'électricité $\rho\, d\sigma_1$, qui se trouve au commencement du tube sur la section $d\sigma_1$ du conducteur.

Mais il paraît impossible de concilier cette idée avec celle de la polarisation; car l'électricité, qui se trouve en égale quantité avec un signe contraire sur les bases des prismes de polarisation, est en quantité plus faible que l'électricité qui se trouve sur les sections des conducteurs faites par le tube de force.

Du changement de l'induction dans le passage d'un diélectrique à un autre.

9. Jusqu'à présent, nous avons défini le potentiel d'une masse par la formule

$$V = \int \frac{\rho}{r}\, d\varpi, \tag{1}$$

r étant la distance d'un point (x, y, z) à chaque élément $\rho\, d\varpi$ de cette masse. Dans ce qui va suivre, nous allons donner à ce mot une signification plus générale, afin de tenir compte du changement de l'induction dans le passage d'un diélectrique à un autre.

Pour étudier ce changement, nous allons comparer les phénomènes électriques à ceux de la chaleur, en supposant que les flux de force se comportent comme les flux de chaleur.

Si V représente la température d'un corps solide homogène et isotrope, les flux de chaleur au point (x, y, z) de ce corps, suivant les axes des x, y, z, sont donnés par les expressions

$$-q\frac{dV}{dx}, \quad -q\frac{dV}{dy}, \quad -q\frac{dV}{dz},$$

q étant le coefficient de conductibilité. Adoptons les trois mêmes expressions pour représenter dans un diélectrique les flux de force, suivant les axes des x, y, z, ou les composantes de la force provenant de la masse électrique, si elle agissait sur l'unité d'électricité concentrée au point (x, y, z). V sera alors le potentiel dans ce corps et la quantité q variable d'un milieu à un autre s'appellera le *coefficient d'induction;* elle sera variable d'un milieu diélectrique à un autre; elle peut être supposée, dans l'air, égale à l'unité, et elle aura une valeur plus grande dans les diélectriques solides ou liquides.

10. Supposons un corps diélectrique solide D′, couvert d'une couche d'électricité et entouré d'un autre diélectrique D, qui sera, par exemple, un gaz; puis, pour résoudre une question de la théorie de la chaleur, qui donne lieu aux mêmes formules, remplaçons les diélectriques D et D′ par des corps solides homogènes, et la couche électrique située sur D′ par une couche qui soit le siège d'une source de chaleur, et supposons que l'équilibre général de température se soit établi.

La température V, dans chacun des corps D et D′, satisfera à l'équation

$$\Delta V = 0,$$

et, de plus, V aura la même valeur pour les corps D et D′ à leur limite commune. Ensuite, si le corps D′ n'était pas couvert d'une source de chaleur, le flux de chaleur qui entre dans D, sur un élément de sa surface, serait égal à celui qui sort de D′ sur ce même élément, et l'on aurait

$$q\frac{dV}{dn} = -q'\frac{dV}{dn'},$$

q et q' étant les coefficients d'induction dans D et D′ et dn, dn' étant les éléments de normale à la surface qui termine D′, menés extérieurement et intérieurement. Il en résulte que les dérivées de V varient brusquement dans le passage de D à D′.

Ayons maintenant égard à ce que D′ est couvert d'une couche dont émane de la chaleur. Considérons les deux flux totaux de chaleur qui sortent normalement d'un même élément de cette couche et qui pénètrent l'un dans D′ et l'autre dans D. Soit $a\,d\sigma$ le flux envoyé dans les deux sens par l'élément de source de chaleur situé sur l'élément de surface $d\sigma$, et soit $U\,d\sigma$ le flux qui traverse $d\sigma$ et qui provient des autres sources de chaleur; il est de même sens dans D et dans D′. Nous aurons, comme il a été déjà vu (Ire Partie, Chap. IV, n° 4),

$$-q'\frac{dV}{dn'} = U + a, \qquad q\frac{dV}{dn} = U - a,$$

et il en résulte

$$-q'\frac{dV}{dn'}-q\frac{dV}{dn}=2a.$$

La quantité $2a$ représente deux fois le flux de chaleur, estimé par unité de surface, qui émane de $d\sigma$. Dans la question d'électrostatique correspondante, $2a$ doit représenter deux fois le flux de force, produit par l'électricité $\rho\, d\sigma$ située sur $d\sigma$; ce flux est indépendant des deux corps D et D′: il est donc égal à $2\pi\rho$, et l'on a

$$(a) \qquad -q'\frac{dV'}{dn'}-q\frac{dV}{dn}=4\pi\rho,$$

en désignant par V′ la valeur de V dans D′.

11. Si la conductibilité pour la chaleur varie, dans un corps solide d'un point à un autre, la température d'équilibre de ce corps satisfera à l'équation

$$(b) \qquad \frac{d\left(q\dfrac{dV}{dx}\right)}{dx}+\frac{d\left(q\dfrac{dV}{dy}\right)}{dy}+\frac{d\left(q\dfrac{dV}{dz}\right)}{dz}=0,$$

qu'on obtient en exprimant l'équilibre de température d'un parallélépipède rectangle élémentaire.

Considérons ensuite un corps dans lequel le coefficient d'induction varie d'un point à un autre. En exprimant que la somme des flux de force entrés dans ce parallélépipède est nulle, on obtiendra encore l'équation (b) à laquelle satisfera le potentiel (*voir* Iʳᵉ Partie, Chap. IV, nº 1). Enfin, si l'on suppose qu'il y ait au point (x, y, z) de l'électricité, à laquelle se rapporte le potentiel V et dont la densité est μ, on obtiendra, en égalant la somme des flux à la valeur qu'elle a quand $q=1$,

$$(c) \qquad \frac{d\left(q\dfrac{dV}{dx}\right)}{dx}+\frac{d\left(q\dfrac{dV}{dy}\right)}{dy}+\frac{d\left(q\dfrac{dV}{dz}\right)}{dz}=-4\pi\mu.$$

Nous voyons donc que la quantité V, que nous appelons maintenant le potentiel, n'est plus représentée par la formule

$$\int\frac{1}{r}\mu\, d\varpi,$$

où r est la distance du point (x, y, z) à chaque élément $\mu\, d\varpi$ des masses électriques; car cette dernière fonction satisfait à l'équation

$$\Delta v = 0 \qquad \text{ou} \qquad \Delta v = -4\pi\mu,$$

suivant que le point (x, y, z) est pris en dehors ou en dedans des masses électriques.

Les résultats précédents ont été obtenus par analogie, en comparant les flux de force à des flux de chaleur. On pourrait essayer de reprendre chacune des formules précédentes et d'en faire comprendre l'exactitude. Mais nous préférons considérer l'ensemble de ces résultats comme déduit seulement par une analogie, qu'il s'agira de prouver *a posteriori*, et nous remettons cette démonstration à la fin du Chapitre IV, où elle nous sera plus facile.

Maxwell a donné les formules (a) et (c) dans son *Traité d'Électricité et de Magnétisme;* mais il m'est impossible de regarder ce qu'il en dit comme les démontrant.

Comparaison des forces élastiques qui se développent de part et d'autre d'une couche électrique.

12. Dans le n° 4, nous avons déterminé les expressions des forces élastiques, qui se développent dans un diélectrique, en supposant le coefficient d'induction égal à l'unité. Si ce coefficient a une autre valeur, il faudra multiplier ces expressions par le carré de ce coefficient.

Supposons une couche électrique, placée à la surface de séparation σ de deux diélectriques D et D′, dont les coefficients d'induction sont q et q', et proposons-nous de comparer les forces élastiques développées des deux côtés de cette couche.

Menons l'axe des x suivant la normale à σ, du côté de D. Nous aurons, pour la force élastique normale qui agit sur $d\sigma$, des deux côtés de cet élément de surface,

$$p_{xx} = \frac{q^2}{8\pi}\left[\left(\frac{dV}{dx}\right)^2 - \left(\frac{dV}{dy}\right)^2 - \left(\frac{dV}{dz}\right)^2\right]$$

et

$$p'_{xx} = \frac{q'^2}{8\pi}\left[\left(\frac{dV'}{dx}\right)^2 - \left(\frac{dV'}{dy}\right)^2 - \left(\frac{dV'}{dz}\right)^2\right],$$

en accentuant les quantités relatives au diélectrique D'. Or, la fonction V étant égale à V' sur σ, on a

$$\frac{dV}{dy} = \frac{dV'}{dy}, \qquad \frac{dV}{dz} = \frac{dV'}{dz};$$

il en résulte

$$p'_{xx} - p_{xx} = \frac{1}{8\pi}\left[q'^2\left(\frac{dV'}{dx}\right)^2 - q^2\left(\frac{dV}{dx}\right)^2\right] - \frac{q'^2 - q^2}{8\pi}\left[\left(\frac{dV}{dy}\right)^2 + \left(\frac{dV}{dz}\right)^2\right].$$

Si nous posons

$$q'^2\left[\left(\frac{dV'}{dx}\right)^2 + \left(\frac{dV'}{dy}\right)^2 + \left(\frac{dV'}{dz}\right)^2\right] = R'^2,$$

$$q^2\left[\left(\frac{dV}{dx}\right)^2 + \left(\frac{dV}{dy}\right)^2 + \left(\frac{dV}{dz}\right)^2\right] = R^2,$$

R et R' représenteront les forces électriques dans les deux milieux et nous aurons, pour la différence des tractions ou des pressions élastiques exercées sur la surface σ, la formule

$$p'_{xx} - p_{xx} = \frac{1}{8\pi}(R'^2 - R^2) - \frac{q'^2 - q^2}{4\pi}\left[\left(\frac{dV}{dy}\right)^2 + \left(\frac{dV}{dz}\right)^2\right],$$

dont la première partie représente, au point considéré, la différence d'énergie des deux milieux, estimée par unité de volume (Ire Partie, Chap. I, n° 26).

dn et *dn'* étant les éléments de normale, menés à $d\sigma$ dans D et D', nous avons

$$q\frac{dV}{dn} + q'\frac{dV'}{dn'} = -4\pi\rho,$$

et nous en concluons encore

$$p'_{xx} - p_{xx} = -\frac{\rho}{2}\left(q'\frac{dV'}{dn'} - q\frac{dV}{dn}\right) - \frac{q'^2 - q^2}{8\pi}\left[\left(\frac{dV}{dy}\right)^2 + \left(\frac{dV}{dz}\right)^2\right].$$

Comparons ensuite les forces élastiques normales exercées sur les deux autres plans de coordonnées, de part et d'autre de la couche électrique. D'après les raisonnements précédents, nous obtiendrons

$$p'_{yy} - p_{yy} = -\frac{1}{8\pi}(R'^2 - R^2) + \frac{q'^2 - q^2}{4\pi}\left(\frac{dV}{dy}\right)^2,$$

$$p'_{zz} - p_{zz} = -\frac{1}{8\pi}(R'^2 - R^2) + \frac{q'^2 - q^2}{4\pi}\left(\frac{dV}{dz}\right)^2,$$

ou encore

$$p'_{yy} - p_{yy} = \frac{\rho}{2}\left(q'\frac{dV'}{dn'} - q\frac{dV}{dn}\right) + \frac{q'^2 - q^2}{8\pi}\left[\left(\frac{dV}{dy}\right)^2 - \left(\frac{dV}{dz}\right)^2\right],$$

$$p'_{zz} - p_{zz} = \frac{\rho}{2}\left(q'\frac{dV'}{dn'} - q\frac{dV}{dn}\right) - \frac{q'^2 - q^2}{8\pi}\left[\left(\frac{dV}{dy}\right)^2 - \left(\frac{dV}{dz}\right)^2\right].$$

Nous aurons ensuite, pour les forces élastiques tangentielles,

$$p_{xy} = \frac{1}{4\pi}q^2\frac{dV}{dy}\frac{dV}{dn}, \qquad p'_{xy} = -\frac{1}{4\pi}q'^2\frac{dV}{dy}\frac{dV'}{dn'},$$

$$p_{xz} = \frac{1}{4\pi}q^2\frac{dV}{dn}\frac{dV}{dz}, \qquad p'_{xz} = -\frac{1}{4\pi}q'^2\frac{dV'}{dn'}\frac{dV}{dz},$$

$$p_{yz} = \frac{1}{4\pi}q^2\frac{dV}{dy}\frac{dV}{dz}, \qquad p'_{yz} = \frac{1}{4\pi}q'^2\frac{dV}{dy}\frac{dV}{dz}.$$

De la distribution de l'électricité sur deux conducteurs qui s'influencent et placés dans deux diélectriques différents.

13. Considérons deux conducteurs C et C′ (*fig.* 8), renfermés dans deux diélectriques D et D′. Supposons, par exemple, que le diélectrique D s'étende dans tout l'espace non occupé par C, C′ et D′.

Fig. 8.

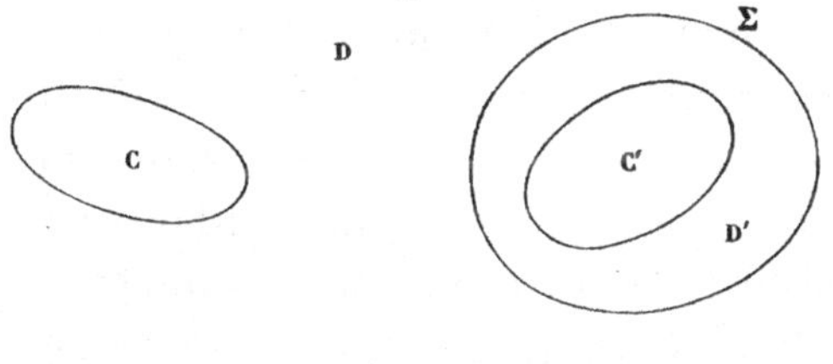

Regardons d'ailleurs comme constants les coefficients d'induction q et q' de D et D′.

Admettons que l'on connaisse les valeurs V_1 et V_2 du potentiel total sur C et C'; puis, désignons par V et V' le potentiel total, pris dans D et D', et par Σ la surface qui limite D' à l'extérieur; nous aurons ces équations

$$(a) \quad \left\{ \begin{array}{ll} \Delta V = 0 & \text{dans D,} \\ \Delta V' = 0 & \text{dans D',} \\ V = V_1 & \text{sur C,} \\ V' = V_2 & \text{sur C',} \\ V = V' & \text{sur } \Sigma, \\ q\dfrac{dV}{dn} + q'\dfrac{dV'}{dn'} = 0 & \text{sur } \Sigma, \end{array} \right.$$

dn et dn' étant les éléments de normale, menés à la surface Σ dans D et D'.

Ce problème est, en général, beaucoup plus compliqué que si les deux diélectriques se réduisaient à un seul, à cause des conditions auxquelles il faut satisfaire sur la surface Σ.

14. Toutefois, en choisissant la surface Σ, on pourra ramener le problème précédent au cas particulier d'un seul diélectrique.

Dans le cas d'un seul diélectrique, où l'on a $q = q' = 1$, le potentiel v de l'électricité satisfait à l'équation

$$\Delta v = 0$$

dans tout l'espace et aux deux conditions

$$\begin{array}{ll} v = A & \text{sur C,} \\ v = B & \text{sur C',} \end{array}$$

A et B étant deux constantes déterminées. Supposons, de plus, que Σ forme une surface de niveau; les masses d'électricité de C et C' seront alors de signe contraire, nous pourrons prendre v égal à zéro sur Σ; mais alors A et B ne seront plus indépendants. En effet, v peut se mettre sous la forme $H\varepsilon + K$, ε étant un paramètre variable, et H et K deux constantes. Soient ε_1, ε_2, ε_3 les valeurs de ε sur les surfaces de C et C', et sur Σ; nous aurons

$$H\varepsilon_1 + K = A, \qquad H\varepsilon_2 + K = B, \qquad H\varepsilon_3 + K = 0,$$

par suite

$$A = H(\varepsilon_1 - \varepsilon_3), \qquad B = H(\varepsilon_2 - \varepsilon_3);$$

ainsi A et B dépendent de la seule constante H.

Alors posons

$$V = \frac{v}{q} + L, \qquad V' = \frac{v}{q'} + L,$$

L étant une constante, et nous pourrons choisir les deux constantes H et L, de manière à satisfaire à toutes les équations (a). La troisième et la quatrième donnent

$$\frac{H(\varepsilon_1 - \varepsilon_3)}{q} + L = V_1, \qquad \frac{H(\varepsilon_2 - \varepsilon_3)}{q'} + L = V_2,$$

et déterminent H et L.

v étant nul sur Σ, on a bien $V = V'$ sur cette surface, et l'on a aussi la huitième équation; car

$$q\frac{dV}{dn} + q'\frac{dV'}{dn'} = \frac{dv}{dn} + \frac{dv}{dn'} = 0.$$

Ainsi, dans le cas particulier où Σ est une surface de niveau, les forces électriques qui ont pour composantes

$$-q\frac{dV}{dx}, \quad -q\frac{dV}{dy}, \quad -q\frac{dV}{dz}$$

et

$$-q'\frac{dV'}{dx}, \quad -q'\frac{dV'}{dy}, \quad -q'\frac{dV'}{dz}$$

resteront les mêmes que dans le cas auxiliaire où $q = q' = 1$. Il y aura sur C et C' les mêmes masses, et elles s'y distribueront aussi de la même manière, comme il résulte des formules qui donnent les densités ρ et ρ' sur C et C'

$$\rho = -\frac{q}{4\pi}\frac{dV}{dn}, \qquad \rho' = -\frac{q'}{4\pi}\frac{dV'}{dn},$$

dn étant l'élément de normale extérieure.

Mais, si l'on joint les deux corps C et C' par un fil conducteur, les potentiels V et V' y deviendront égaux, et la répartition de l'électricité entre les deux conducteurs ne sera pas la même que s'ils étaient dans un même diélectrique.

Condensateurs.

15. En mettant un corps conducteur isolé A en communication avec une source indéfinie d'électricité à un certain potentiel, on met ce conducteur à ce même potentiel. Mais, en influençant le conducteur A, on peut rendre sa charge beaucoup plus grande qu'elle ne le serait sans cette circonstance.

On réalise cette augmentation de charge en prenant pour le corps A une lame conductrice, qu'on influence par une autre lame conductrice B, séparée de la première par la couche mince d'un diélectrique. Et, pendant qu'on charge A, on met, en général, B en communication avec le sol. L'ensemble de ces trois corps est dit un *condensateur.*

Supposons que la charge n'ait duré que pendant un temps extrêmement court, en sorte que l'électricité n'ait point pénétré dans le diélectrique.

Désignons par σ_1 et σ_2 les surfaces des lames A et B, qui sont au contact du diélectrique; V_1 et V_2 étant les potentiels respectifs de A et B seront aussi les valeurs du potentiel dans le diélectrique sur les surfaces σ_1 et σ_2. Le potentiel, dans l'intervalle de ces deux surfaces, ne varie qu'avec la longueur s de la ligne de force comptée à partir de σ_1 et satisfait à l'équation $\Delta V = 0$, qui peut s'écrire (Ire Partie, Chap. IV, n° 20)

$$\frac{d^2V}{ds^2} = -\left(\frac{1}{R_1} + \frac{1}{R_2}\right)\frac{dV}{ds}, \tag{1}$$

R_1 et R_2 étant les rayons de courbure principaux de la surface de niveau qui passe à l'extrémité de s; mais, à cause de la faible épaisseur du diélectrique, on peut les remplacer par ceux de la surface σ_1. Dans cette formule, ces rayons de courbure sont supposés dirigés en dehors du diélectrique; dans le cas contraire, il faudrait les changer de signe.

Désignons ensuite par ε la longueur de s comprise entre σ_1 et σ_2; nous aurons

$$V_2 = V_1 + \frac{dV}{ds}\varepsilon + \frac{d^2V}{ds^2}\frac{\varepsilon^2}{2} + \ldots, \tag{2}$$

les valeurs des dérivées de V étant prises sur σ_1, et, en remplaçant $\frac{d^2V}{ds^2}$ par sa valeur, nous obtenons

$$V_2 - V_1 = \frac{dV}{ds}\varepsilon - \left(\frac{1}{R_1} + \frac{1}{R_2}\right)\frac{dV}{ds}\frac{\varepsilon^2}{2} + \ldots.$$

Désignons par ρ_1 la densité de la couche électrique située sur σ_1 et par q le coefficient d'induction du diélectrique; nous aurons

$$(3) \qquad q\frac{dV}{ds} = -4\pi\rho_1;$$

par suite, en négligeant des termes en ε^3, nous obtenons

$$V_2 - V_1 = -4\pi\rho_1\frac{\varepsilon}{q}\left[1 - \frac{\varepsilon}{2}\left(\frac{1}{R_1} + \frac{1}{R_2}\right)\right].$$

Désignons par ρ_2 la densité de la couche électrique située sur σ_2, nous aurons de même

$$V_1 - V_2 = -4\pi\rho_2\frac{\varepsilon}{q}\left[1 + \frac{\varepsilon}{2}\left(\frac{1}{R_1} + \frac{1}{R_2}\right)\right].$$

De ces deux formules, on conclut

$$\rho_1 = -\frac{q(V_2 - V_1)}{4\pi\varepsilon}\left[1 + \frac{\varepsilon}{2}\left(\frac{1}{R_1} + \frac{1}{R_2}\right)\right],$$

$$\rho_2 = \frac{q(V_2 - V_1)}{4\pi\varepsilon}\left[1 - \frac{\varepsilon}{2}\left(\frac{1}{R_1} + \frac{1}{R_2}\right)\right].$$

Désignons par σ la surface menée à égale distance de σ_1 et σ_2, et par $d\sigma$, $d\sigma_1$, $d\sigma_2$ des éléments des surfaces σ, σ_1, σ_2 terminés aux mêmes lignes de force. Nous aurons

$$d\sigma = d\sigma_1\left[1 + \frac{\varepsilon}{2}\left(\frac{1}{R} + \frac{1}{R_1}\right)\right] = d\sigma_2\left[1 - \frac{\varepsilon}{2}\left(\frac{1}{R} + \frac{1}{R_1}\right)\right],$$

et nous en concluons

$$\rho_1 d\sigma_1 = -\rho_2 d\sigma_2 = -\frac{q(V_2 - V_1)}{4\pi\varepsilon}d\sigma.$$

Dans le cas particulier où l'épaisseur ε du diélectrique est partout la même, en désignant par E_1 et E_2 les quantités d'électricité situées sur σ_1 et σ_2, nous aurons

$$E_1 = -E_2 = -\frac{q(V_2 - V_1)}{4\pi\varepsilon}\sigma.$$

Ainsi l'on voit que, pour une même valeur de $V_2 - V_1$, l'électricité située sur ces surfaces est en raison inverse de l'épaisseur du diélectrique et proportionnelle au coefficient d'induction.

16. Le calcul précédent n'est qu'approché et suppose que les deux surfaces σ_1 et σ_2 sont séparées partout par une très petite distance ε, qui peut d'ailleurs être variable. Si l'on connaissait l'équation générale du système des surfaces de niveau auquel appartiennent les surfaces σ_1 et σ_2 sous la forme

$$V = \alpha,$$

où α est un paramètre variable, on pourrait substituer au calcul précédent un autre tout à fait exact, et qui ne supposerait plus très petite l'épaisseur du diélectrique.

Désignons par α_1 et α_2 les valeurs de α sur σ_1 et σ_2; les équations (1) et (2) seront remplacées par

$$\frac{d^2V}{d\alpha^2} = 0, \qquad V_2 = V_1 + \frac{dV}{d\alpha}(\alpha_2 - \alpha_1).$$

Nous aurons ensuite, pour l'équation (3),

$$qh\frac{dV}{d\alpha} = -4\pi\rho_1,$$

en posant

$$h = \sqrt{\left(\frac{d\alpha}{dx}\right)^2 + \left(\frac{d\alpha}{dy}\right)^2 + \left(\frac{d\alpha}{dz}\right)^2}$$

pour $\alpha = \alpha_1$. Nous aurons donc

$$V_2 - V_1 = -\frac{4\pi\rho_1(\alpha_2 - \alpha_1)}{qh}$$

ou

$$\rho_1 = -\frac{(V_2 - V_1)qh}{4\pi(\alpha_2 - \alpha_1)}.$$

Supposons que les deux conducteurs A et B se réduisent à deux lames planes et parallèles. La distance qui les sépare étant ε, nous aurons

$$\rho_1 = -\rho_2 = -\frac{q(V_2 - V_1)}{4\pi\varepsilon}.$$

Si les surfaces σ_1 et σ_2 sont deux cylindres de révolution autour du même axe et dont les rayons sont r_1 et r_2, le potentiel V, dans l'intervalle de ces deux surfaces, aura pour expression

$$V = A \log r + B,$$

r étant la distance à l'axe et A, B deux constantes arbitraires. On en conclut

$$\rho_1 = q\frac{V_1 - V_2}{4\pi r_1 \log\frac{r_2}{r_1}}, \qquad \rho_2 = q\frac{V_2 - V_1}{4\pi r_2 \log\frac{r_2}{r_1}}.$$

Détermination de certaines constantes relatives au condensateur.

17. Désignons par Q_1 et Q_2 les quantités totales d'électricité qui recouvrent A et B. Nous aurons ces deux équations

$$(a) \qquad \begin{cases} Q_1 = e_1 V_1 + e_2 V_2, \\ Q_2 = e_2 V_1 + e_3 V_2, \end{cases}$$

e_1, e_2, e_3 étant trois quantités qui restent les mêmes quand V_1 et V_2 varient (Chap. I, n° 13).

Proposons-nous de déterminer ces trois constantes.

Supposons que les surfaces σ_1 et σ_2 soient à très peu près fermées comme dans une bouteille de Leyde et faisons communiquer A avec B par un fil conducteur; alors V_1 et V_2 auront la même valeur H. L'électricité libre se portera tout entière à la surface extérieure de B et pourra être mesurée; désignons-la par η, et les équations (a) deviendront

$$0 = e_1 + e_2, \qquad \eta = (e_2 + e_3)H$$

ou

$$e_1 = -e_2, \qquad e_3 = \frac{\eta}{H} - e_2.$$

Il suffit donc maintenant de calculer e_2. Si nous mettons l'armature intérieure A en communication avec le sol, V_1 sera nul, l'électricité disparaîtra entièrement de la surface intérieure de A et il n'en restera plus que sur σ_1. Désignons par M cette quantité d'électricité; la première équation (a) donnera

$$M = e_2 V_2.$$

Or, d'après le n° 15, on a

$$\rho_1 d\sigma_1 = -\frac{q V_2}{4\pi\varepsilon} d\sigma$$

et, en intégrant,

$$M = -\frac{q V_2}{4\pi} \int \frac{d\sigma}{\varepsilon}.$$

Égalant ces deux valeurs de M, on obtient

$$e_2 = -\frac{q}{4\pi} \int \frac{d\sigma}{\varepsilon}.$$

Condensateur formé de deux diélectriques.

18. Pour simplifier, supposons que les deux armatures A et B (*fig.* 9) du condensateur soient deux lames planes que l'on considère

Fig. 9.

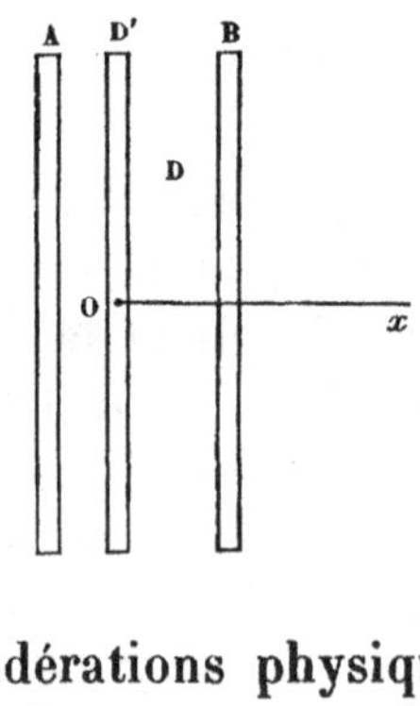

comme infinies; les considérations physiques resteraient les mêmes quelle que soit leur forme. Supposons ces deux lames séparées par un diélectrique gazeux ou liquide D, puis interposons entre elles et parallèlement une lame plane D', d'un diélectrique solide. Enfin, mettons A et B aux potentiels V_1 et V_2.

Plaçons l'axe des x perpendiculairement aux lames, et l'origine O sur le plan moyen de D'. Désignons par 2η l'épaisseur de la lame D', et par ε et λ les distances du point O aux lames A et B.

Entre ces deux lames, V satisfait à l'équation

$$\frac{d^2 V}{dx^2} = 0;$$

ensuite, entre A et D', dans D' et entre D' et B, cette fonction peut être représentée respectivement par ces trois expressions

$$V = ax + b, \qquad V' = cx + d, \qquad V = ex + f,$$

où a, b, c, d, e, f sont des constantes qu'il faut déterminer.

Comme V doit se réduire à V_1 et V_2 sur A et B, et qu'il varie d'une manière continue dans le passage de D à D', il en résulte ces quatre équations :

$$(b) \qquad \begin{cases} -a\varepsilon + b = V_1, \\ -a\eta + b = -c\eta + d, \\ c\eta + d = e\eta + f, \\ e\lambda + f = V_2. \end{cases}$$

Soient ρ_1 et ρ_2 les densités des deux couches situées sur les faces intérieures de A et B; nous aurons

$$\begin{aligned} q\frac{dV}{dx} &= -4\pi\rho_1 && \text{pour } x = -\varepsilon, \\ -q\frac{dV}{dx} + q'\frac{dV'}{dx} &= 0 && \text{»} \quad x = -\eta, \\ -q'\frac{dV'}{dx} + q\frac{dV}{dx} &= 0 && \text{»} \quad x = \eta, \\ -q\frac{dV}{dx} &= -4\pi\rho_2 && \text{»} \quad x = \lambda \end{aligned}$$

ou

$$qa = -4\pi\rho_1, \qquad -qa + q'c = 0, \qquad -q'c + qe = 0, \qquad -qe = -4\pi\rho_2.$$

Il en résulte

$$qa = q'c = qe;$$

désignons par p la valeur commune de ces trois quantités; nous aurons

$$e = a = \frac{p}{q}, \qquad c = \frac{p}{q'},$$

$$\rho_1 = -\rho_2 = \frac{-p}{4\pi}.$$

En substituant les valeurs de e, a, c dans les équations (b), on trouve

$$p = \frac{V_2 - V_1}{\dfrac{\varepsilon + \lambda - 2\eta}{q} + \dfrac{2\eta}{q'}},$$

$$b = V_1 + \frac{p}{q}\varepsilon, \qquad f = V_2 - \frac{p}{q}\lambda, \qquad d = V_2 - p\left(\frac{\lambda - \eta}{q} + \frac{\eta}{q'}\right).$$

Ainsi l'on obtient, pour ρ_1, la formule

$$\rho_1 = -\frac{1}{4\pi}\,\frac{V_2 - V_1}{\dfrac{\varepsilon + \lambda - 2\eta}{q} + \dfrac{2\eta}{q'}},$$

où l'on doit remarquer que $\varepsilon + \lambda - 2\eta$ représente l'épaisseur de D et 2η celle de D'.

Chargement du condensateur.

19. Reprenons un condensateur qui ne contient qu'un diélectrique et dont les armatures sont deux lames parallèles. Si le temps pendant lequel on charge cet appareil n'est pas très petit, de l'électricité pénétrera dans le diélectrique, que nous supposons solide. C'est le phénomène que nous voulons examiner.

Désignons par D la densité de l'électricité qui est entrée dans le corps isolant. Si nous représentons encore par V le potentiel de toute l'électricité, nous aurons l'équation

$$q\frac{d^2V}{dx^2} = -4\pi D.$$

Appelons R la force électromotrice qui provient du chargement, et comptons les x à partir du plan moyen du diélectrique. Menons un plan parallèle aux faces et considérons un cylindre qui ait sa base située dans ce plan et égale à l'unité de surface, et dont la hauteur soit égale à dx. La quantité d'électricité, qui y entrera dans le temps infiniment petit dt, sera égale à

$$\frac{d\mathrm{D}}{dt}\,dx\,dt;$$

il y entrera d'autre part, dans le même temps, un flux de force égal à

$$-q\frac{d\mathrm{V}}{dx}dt+\mathrm{R}\,dt,$$

et il en sortira un flux égal à

$$-q\left(\frac{d\mathrm{V}}{dx}+\frac{d^2\mathrm{V}}{dx^2}dx\right)dt+\left(\mathrm{R}+\frac{d\mathrm{R}}{dx}dx\right)dt.$$

Retranchant cette quantité de la précédente, nous aurons l'expression

$$\left(q\frac{d^2\mathrm{V}}{dx^2}-\frac{d\mathrm{R}}{dx}\right)dx\,dt,$$

qui doit être proportionnelle à la quantité d'électricité qui est entrée dans ce cylindre. Il en résulte l'équation

$$\alpha\frac{d\mathrm{D}}{dt}=q\frac{d^2\mathrm{V}}{dx^2}-\frac{d\mathrm{R}}{dx},$$

où α est une constante qui dépend de la nature du diélectrique.

La fonction R doit décroître rapidement à partir de la surface du diélectrique; elle doit aussi dépendre de l'époque de l'opération. Prenons

$$\mathrm{R}=\psi(x)\,\varphi(t),$$

$\psi(x)$ étant une fonction paire, et nous aurons les deux équations

$$(1)\qquad \frac{d\mathrm{D}}{dt}+\frac{4\pi}{\alpha}\mathrm{D}+\frac{1}{\alpha}\frac{d\psi(x)}{dx}\varphi(t)=0,$$

$$(2)\qquad q\frac{d^2\mathrm{V}}{dx^2}=-4\pi\mathrm{D}.$$

Posons

$$\frac{4\pi}{\alpha} = b,$$

et multiplions l'équation (1) par e^{bt}; alors, en posant

$$D = e^{-bt}D',$$

nous aurons

$$\frac{dD'}{dt} = -\frac{1}{\alpha}\frac{d\psi(x)}{dx}\varphi(t)e^{bt},$$

$$D' = -\frac{1}{\alpha}\frac{d\psi(x)}{dx}\int_0^t \varphi(t)e^{bt}\,dt,$$

D ou D' devant s'annuler pour $t = 0$; il en résulte

$$D = -\frac{1}{\alpha}\frac{d\psi(x)}{dx}e^{-bt}\int_0^t \varphi(t)e^{bt}\,dt, \tag{3}$$

puis

$$q\frac{d^2V}{dx^2} = \frac{4\pi}{\alpha}\frac{d\psi(x)}{dx}e^{-bt}\int_0^t \varphi(t)e^{bt}\,dt;$$

V peut se partager en deux parties : l'une de la forme $ax + b$, qui provient des deux couches qui se fixent instantanément sur les deux faces de la lame du diélectrique, et l'autre qui provient de l'électricité qui se développe à l'intérieur de la lame, quand on continue de charger l'appareil. D'après cela, on aura

$$V = \frac{4\pi}{q\alpha}\int \psi(x)\,dx\,e^{-bt}\int_0^t \varphi(t)e^{bt}\,dt + ax + b.$$

Si l'on désigne par v_1 et v_2 les potentiels des deux armatures, résultant de la charge instantanée, on aura

$$a = \frac{v_1 - v_2}{\varepsilon}, \qquad b = \frac{v_1 + v_2}{2},$$

ε étant l'épaisseur de la lame isolante. Désignons par ρ_1 et ρ_2 les densités des deux couches situées sur les deux faces de la lame à l'époque t,

nous aurons

$$q\frac{dV}{dx} = 4\pi\rho_1 \quad \text{pour } x = \frac{\varepsilon}{2},$$

$$q\frac{dV}{dx} = -4\pi\rho_2 \quad \text{»} \quad x = -\frac{\varepsilon}{2}$$

et, par suite,

$$\rho_1 = -\rho_2 = \frac{1}{\alpha}e^{-bt}\psi\left(\frac{\varepsilon}{2}\right)\int_0^t \varphi(t)e^{bt}\,dt + \frac{qa}{4\pi}.$$

20. Dans l'expression

$$(a) \qquad R = \psi(x)\varphi(t),$$

$\varphi(t)$ est une fonction quelconque qui dépend de l'opération par laquelle le condensateur a été chargé; $\psi(x)$, au contraire, doit pouvoir se déterminer théoriquement. Toutefois, il n'est pas nécessaire de connaître la fonction $\psi(x)$ pour l'explication que je vais donner de la charge résiduelle du condensateur.

On doit aussi remarquer que R se compose, en général, non d'un seul terme, tel que (a), mais d'une série de tels termes, dans lesquels $\varphi(t)$ sera le sinus ou le cosinus d'un arc proportionnel à t et qu'on pourra souvent réduire sans erreur sensible à un ou deux.

Si nous prenons

$$\psi(x) = A\cosh mx,$$

nous aurons

$$D = -\frac{Am}{\alpha}\sinh mx . e^{-bt}\int_0^t \varphi(t)e^{bt}\,dt,$$

$$V = \frac{4\pi A}{\alpha m q}\sinh mx . e^{-bt}\int_0^t \varphi(t)e^{bt}\,dt + ax + b,$$

$$\rho_1 = -\rho_2 = \frac{A}{\alpha}e^{-bt}\cosh\frac{m\varepsilon}{2}\int_0^t \varphi(t)e^{bt}\,dt + \frac{qa}{4\pi}.$$

Décharge du condensateur.

21. L'appareil étant ainsi chargé pendant un temps T, mettons ensuite les deux armatures en communication; les deux couches superficielles dont les densités sont ρ_1 et ρ_2 se combineront et il ne restera

plus que de l'électricité intérieure à la lame. Supprimons immédiatement la liaison entre les deux armatures et abandonnons l'appareil à lui-même. Alors les équations (1) et (2) resteront applicables, pourvu qu'on y fasse $R = 0$ et l'on aura

$$\frac{dD}{dt} + bD = 0,$$

$$q\frac{d^2V}{dx^2} = -4\pi D.$$

Il en résulte

$$D = \theta(x)e^{-bt},$$

$\theta(x)$ étant une fonction arbitraire, puis

$$\frac{d^2V}{dx^2} = -\frac{4\pi}{q}\theta(x)e^{-bt}.$$

La valeur de D ne doit pas changer brusquement pour $t = T$; égalant donc cette expression de D à la formule (3) pour $t = T$, on a

$$\theta(x) = -\frac{1}{\alpha}\frac{d\psi(x)}{dx}\int_0^T \varphi(t)e^{bt}\,dt.$$

Posons

$$\int_0^T \varphi(t)\,e^{bt}\,dt = H,$$

et nous aurons

$$q\frac{dV}{dx} = bH\,\psi(x)\,e^{-bt} + \chi(t),$$

$\chi(t)$ étant une fonction arbitraire, par suite

$$(\alpha)\qquad \rho_1 = \frac{H}{\alpha}\psi\left(\frac{\varepsilon}{2}\right)e^{-bt} + \frac{1}{4\pi}\chi(t).$$

Il reste à déterminer la fonction $\chi(t)$.

L'électricité qui se trouve sur le plan $x = \frac{\varepsilon}{2}$ est celle qui est sortie du diélectrique par cette surface depuis le temps $t = T$. Or la quantité de flux de force qui est sortie par cette surface depuis le temps T est

$$-q\int_T^t\left(\frac{dV}{dx}\right)_{x=\frac{\varepsilon}{2}}dt = H\psi\left(\frac{\varepsilon}{2}\right)(e^{-bt} - e^{-bT}) - \int_T^t \chi(t)\,dt.$$

Cette quantité doit être proportionnelle à ρ_1; représentons-la donc par $\beta\rho_1$, il en résultera cette équation

$$\mathrm{H}\,\psi\left(\frac{\varepsilon}{2}\right)(e^{-bt}-e^{-b\mathrm{T}})-\int_{\mathrm{T}}^{t}\chi(t)\,dt=\frac{\beta\mathrm{H}}{\alpha}\psi\left(\frac{\varepsilon}{2}\right)e^{-bt}+\frac{\beta}{4\pi}\chi(t).$$

Différentions cette équation par rapport à t et posons

$$\frac{\beta-\alpha}{\beta}\mathrm{H}=\mathrm{K};$$

nous aurons

$$\frac{d\chi(t)}{dt}+\frac{4\pi}{\beta}\chi(t)=\mathrm{K}b^2\psi\left(\frac{\varepsilon}{2}\right)e^{-bt}$$

et, par suite,

$$\chi(t)=e^{-bt}\left[\mathrm{K}b^2\psi\left(\frac{\varepsilon}{2}\right)t+\mathrm{C}\right],$$

C étant une constante arbitraire.

En substituant la valeur de $\chi(t)$ dans (α), nous obtenons

$$\rho_1=e^{-bt}\left[\frac{\mathrm{K}b}{\alpha}\psi\left(\frac{\varepsilon}{2}\right)t+\frac{\mathrm{H}}{\alpha}\psi\left(\frac{\varepsilon}{2}\right)+\frac{\mathrm{C}}{4\pi}\right].$$

La constante C doit être déterminée d'après la condition que ρ_1 soit nul pour $t=\mathrm{T}$; il en résulte

$$\frac{\mathrm{C}}{4\pi}=-\frac{\mathrm{K}b}{\alpha}\psi\left(\frac{\varepsilon}{2}\right)\mathrm{T}-\frac{\mathrm{H}}{\alpha}\psi\left(\frac{\varepsilon}{2}\right)$$

et

$$\rho_1=\frac{\mathrm{K}b}{\alpha}\psi\left(\frac{\varepsilon}{2}\right)(t-\mathrm{T})e^{-bt}.$$

La densité ρ_2 sur l'autre face du diélectrique est égale et de signe contraire à ρ_1.

Si l'on met de nouveau en communication les deux armatures du condensateur, on obtiendra une nouvelle décharge, les électricités des deux couches superficielles dont les densités sont ρ_1 et ρ_2 se combinant entre elles.

CHAPITRE IV.

THÉORIE GÉNÉRALE DU MAGNÉTISME.

Préliminaires.

Pour expliquer les phénomènes magnétiques, on admet que les aimants et les corps susceptibles d'être aimantés renferment une substance que l'on appelle *fluide magnétique* et, de même qu'on distingue deux espèces d'électricité, on distingue aussi deux espèces de fluide magnétique, qui portent les noms d'*austral* et de *boréal,* ou ceux de *positif* et de *négatif.*

Le fluide positif est celui qui tend à se diriger vers le pôle nord de la Terre.

Selon Coulomb, les aimants sont composés d'un nombre immense de particules, dont chacune contient les deux espèces de fluides en égale quantité, en sorte que, ces deux fluides étant réunis, leurs effets se détruisent. Les corps magnétiques, c'est-à-dire susceptibles d'être aimantés, sont décomposables en de semblables particules dont chacune contient en égale quantité ces deux fluides qui se neutralisent, quand aucune force n'intervient pour les séparer. Dans les aimants et dans les corps magnétiques, ces particules ne peuvent se communiquer entre elles leur substance magnétique.

On démontre très facilement par l'expérience que les deux espèces de magnétisme entrent en égale quantité dans un aimant, en observant l'action de la Terre qui tend seulement à faire tourner l'aimant autour de son centre de gravité.

Coulomb, qui a démontré par l'expérience d'une manière directe que la loi des actions électriques est celle de la répulsion ou de l'attraction en raison inverse du carré des distances, a aussi essayé de prouver que la même loi s'applique aux actions magnétiques. Cette seconde démonstration est moins concluante que la première. Mais on peut vérifier la loi des actions magnétiques par les résultats qu'elle fournit, quand on y applique le calcul.

De même qu'on distingue les corps en bons et en mauvais conducteurs de l'électricité, de même on distingue les corps en bons et en mauvais conducteurs du magnétisme. Les corps bons conducteurs sont ceux qui s'aimantent presque immédiatement d'une manière sensible, sous l'influence du magnétisme extérieur, et qui perdent leur aimantation, aussitôt que cette action a été écartée. Les corps mauvais conducteurs sont ceux qui prennent difficilement l'aimantation, et qui la conservent ensuite d'une manière durable. On appelle *force coercitive* cette espèce de frottement qui tend à maintenir l'état du magnétisme dans les mauvais conducteurs.

Suivant Poisson, les quantités de fluide neutre qui se trouvent dans une particule magnétique doivent être regardées comme illimitées, c'est-à-dire que, avec les moyens dont nous disposons, nous ne pouvons entièrement séparer les deux fluides qui s'y trouvent. Il s'appuie sur ce fait, alors admis par les physiciens, que l'aimantation s'accroît sans cesse, à mesure que l'on augmente la force des aimants qui agissent sur le corps magnétique.

Ce fait n'est plus admis sans contestation aujourd'hui ; on croit généralement au contraire qu'un corps magnétique a un maximum d'aimantation. S'il en est ainsi, ce qui est fort douteux, on n'aurait pas en général à modifier les raisonnements ; c'est seulement à partir du moment où le fluide neutre serait épuisé que les calculs devraient être modifiés et deviendraient beaucoup plus difficiles. La limite d'aimantation de la particule aurait lieu quand les masses des deux magnétismes concentrées en deux points atteindraient leur plus grand écart. Au reste, dans ce Chapitre, nous serons conduit à modifier ces idées et nous n'admettrons pas la division d'un corps magnétique induit en particules magnétiques séparées.

Attraction ou répulsion de l'élément d'un aimant ou d'un corps aimanté.

1. Supposons un élément d'un corps, qui renferme en égale quantité du fluide positif et du fluide négatif qui y sont séparés. On peut

concevoir ou que ces fluides résident à l'intérieur de l'élément ou que, cet élément étant conducteur, les fluides se tiennent à sa surface. Mais, dans les deux cas, le calcul qui va suivre reste le même.

Cherchons l'action de cet élément sur un point P extérieur, dont les coordonnées sont x, y, z, et situé à une distance très grande par rapport aux dimensions de l'élément.

Soit C un point (x', y', z') pris à l'intérieur de la molécule, et désignons par r la distance des points C et P; nous aurons

$$r^2 = (x - x')^2 + (y - y')^2 + (z - z')^2.$$

Supposons d'abord que l'électricité soit à la surface ω de l'élément, et représentons par ρ la densité du fluide magnétique à cette surface, et par $d\omega$ l'élément de surface. La masse totale du fluide étant nulle, on a

$$\int \rho \, d\omega = 0. \tag{1}$$

Soit r' la distance du point P à un point quelconque C′ de la surface ω; soient aussi l la distance CC′ et a, b, c les angles de cette droite avec les trois axes de coordonnées.

Puisque l est supposé très petit par rapport à r, on pourra poser, en négligeant les termes en l^2,

$$\frac{1}{r'} = \frac{1}{r} + \frac{d\frac{1}{r}}{dx'} l \cos a + \frac{d\frac{1}{r}}{dy'} l \cos b + \frac{d\frac{1}{r}}{dz'} l \cos c,$$

et, en ayant égard à l'équation (1), nous aurons, pour le potentiel du magnétisme par rapport au point P,

$$\begin{aligned} v = \int \frac{\rho\, d\omega}{r'} &= \int \left(\frac{d\frac{1}{r}}{dx'} l \cos a + \frac{d\frac{1}{r}}{dy'} l \cos b + \frac{d\frac{1}{r}}{dz'} l \cos c \right) \rho \, d\omega \\ &= -\int \left(\frac{d\frac{1}{r}}{dx} l \cos a + \frac{d\frac{1}{r}}{dy} l \cos b + \frac{d\frac{1}{r}}{dz} l \cos c \right) \rho \, d\omega. \end{aligned}$$

ϖ étant le volume de l'élément, définissons des quantités A, B, C par les égalités

$$\int l\cos a\,\rho\,d\omega = \mathrm{A}\varpi,\qquad \int l\cos b\,\rho\,d\omega = \mathrm{B}\varpi,\qquad \int l\cos c\,\rho\,d\omega = \mathrm{C}\varpi,$$

qui peuvent s'écrire, en désignant par $\delta x'$, $\delta y'$, $\delta z'$ les projections de CC′ sur les axes,

$$\int \delta x'\rho\,d\omega = \mathrm{A}\varpi,\qquad \int \delta y'\rho\,d\omega = \mathrm{B}\varpi,\qquad \int \delta z'\rho\,d\omega = \mathrm{C}\varpi;$$

nous obtiendrons ainsi

$$(2)\qquad v = \int \frac{\rho\,d\omega}{r'} = -\left(\mathrm{A}\frac{d\frac{1}{r}}{dx} + \mathrm{B}\frac{d\frac{1}{r}}{dy} + \mathrm{C}\frac{d\frac{1}{r}}{dz}\right)\varpi.$$

Il est aisé de voir que les quantités A, B, C ne dépendent pas de la position du point C à l'intérieur de l'élément; car, par un changement de la position de ce point, les quantités $\delta x'$, $\delta y'$, $\delta z'$ varieraient de trois quantités constantes, et les intégrales se modifieraient de quantités qui sont nulles d'après l'équation (1).

Si, au lieu de supposer le fluide distribué à la surface, on le suppose à l'intérieur de l'élément, on aura encore une formule semblable à (2); les quantités A, B, C, qui sont exprimées par des intégrales relatives à la surface ω, devront seulement être remplacées alors par des intégrales relatives au volume ϖ et, en désignant par D la densité du fluide magnétique, on aura

$$\int \delta x'\,\mathrm{D}\,d\varpi = \mathrm{A}\varpi,\qquad \int \delta y'\,\mathrm{D}\,d\varpi = \mathrm{B}\varpi,\qquad \int \delta z'\,\mathrm{D}\,d\varpi = \mathrm{C}\varpi.$$

Désignons par μ la masse du fluide positif, par suite, par $-\mu$ celle du fluide négatif, de plus, par δx_1, δy_1, δz_1 et par δx_2, δy_2, δz_2 les coordonnées des centres de gravité du fluide positif et du fluide négatif, ces coordonnées étant prises par rapport aux trois axes transportés parallèlement au point C, nous aurons

$$\varpi\mathrm{A} = (\delta x_1 - \delta x_2)\mu,\qquad \varpi\mathrm{B} = (\delta y_1 - \delta y_2)\mu,\qquad \varpi\mathrm{C} = (\delta z_1 - \delta z_2)\mu.$$

Soit h la droite tirée du second centre au premier, et soient α, β,

γ les angles qu'elle fait avec les trois axes de coordonnées ; nous aurons

$$\varpi\sqrt{A^2+B^2+C^2} = M\varpi = \mu h,$$
$$A = M\cos\alpha, \qquad B = M\cos\beta, \qquad C = M\cos\gamma.$$

La droite h s'appelle l'*axe magnétique*, et M le *moment magnétique* de l'élément.

2. Si nous désignons par l, m, n les angles de la droite r avec les trois axes, nous obtenons

$$\begin{aligned} v &= \frac{M\varpi}{r^3}[(x-x')\cos\alpha + (y-y')\cos\beta + (z-z')\cos\gamma] \\ &= \frac{M\varpi}{r^2}(\cos l\cos\alpha + \cos m\cos\beta + \cos n\cos\gamma), \end{aligned}$$

et, si nous représentons par i l'angle de r avec l'axe magnétique, il en résulte

$$v = \frac{M\varpi}{r^2}\cos i.$$

Concevons que l'unité de fluide positif soit concentrée au point P ; nous aurons, pour la composante suivant l'axe des x de l'aimant infiniment petit sur ce point,

$$\begin{aligned} -\frac{dv}{dx} &= \frac{3M\varpi}{r^4}\,\frac{x-x'}{r}[(x-x')\cos\alpha + (y-y')\cos\beta + (z-z')\cos\gamma] - \frac{M\varpi}{r^3}\cos\alpha \\ &= \frac{M\varpi}{r^3}(3\cos l\cos i - \cos\alpha), \end{aligned}$$

et nous aurons de même, pour les deux composantes suivant les autres axes,

$$\begin{aligned} -\frac{dv}{dy} &= \frac{M\varpi}{r^3}(3\cos m\cos i - \cos\beta), \\ -\frac{dv}{dz} &= \frac{M\varpi}{r^3}(3\cos n\,\cos i - \cos\gamma). \end{aligned}$$

Nous en concluons pour la grandeur de l'action de 'aimant sur le point P la valeur

$$\frac{M\varpi}{r^3}\sqrt{3\cos^2 i + 1}.$$

Attraction d'un aimant ou d'un corps aimanté sur un point extérieur.

3. Si, au lieu d'un élément d'aimant, on considère un aimant ou un corps aimanté qui soit fini, mais qu'on suppose encore que le point sur lequel agit l'aimant soit à une distance très grande des points de ce corps, comparée à ses dimensions, le calcul précédent reste entièrement applicable.

Supposons ensuite que le point P ou (x, y, z) soit un point extérieur quelconque. Divisons le volume de l'aimant en parties extrêmement petites τ, mais en sorte que les deux fluides positif et négatif puissent être considérés comme en égale quantité dans chacune de ces parties. Soit (x', y', z') un point du volume τ, en introduisant les dérivées par rapport à x', y', z', nous aurons, pour son potentiel,

$$v = \left(A \frac{d\frac{1}{r}}{dx'} + B \frac{d\frac{1}{r}}{dy'} + C \frac{d\frac{1}{r}}{dz'} \right) \tau,$$

d'après une formule obtenue ci-dessus.

En toute rigueur, pour obtenir le potentiel V de l'aimant entier, il faudrait faire la somme de toutes les quantités v et poser

$$V = \sum \left(A \frac{d\frac{1}{r}}{dx'} + B \frac{d\frac{1}{r}}{dy'} + C \frac{d\frac{1}{r}}{dy'} \right) \tau;$$

car, quelque faible que soit la distance entre les centres de gravité des deux fluides renfermés dans τ, elle ne peut être supposée nulle. Néanmoins, l'élément τ pouvant être pris excessivement petit, on conçoit qu'on ne commettra qu'une erreur, qui pourra être tout à fait négligeable, en remplaçant cette somme par une intégrale, et l'on aura

$$V = \int \left(A \frac{d\frac{1}{r}}{dx'} + B \frac{d\frac{1}{r}}{dy'} + C \frac{d\frac{1}{r}}{dz'} \right) d\varpi,$$

l'intégrale s'étendant à tous les éléments du volume de l'aimant.

A, B, C seront les composantes du moment magnétique M au point

(x', y', z') de l'aimant, et, en désignant par α, β, γ les angles de l'axe magnétique avec les axes de coordonnées, on aura

$$A = M\cos\alpha, \qquad B = M\cos\beta, \qquad C = M\cos\gamma.$$

Désignons par λ, μ, ν les angles de la normale extérieure n à la surface σ de l'aimant avec les axes, nous aurons

$$\int A\frac{d\frac{1}{r}}{dx'}d\varpi = \int\frac{A}{r}\cos\lambda\, d\sigma - \int\frac{dA}{dx'}\frac{d\varpi}{r} = \int M\cos\alpha\cos\lambda\frac{d\sigma}{r} - \int\frac{dA}{dx'}\frac{d\varpi}{r},$$

et, en sommant les trois équations semblables, nous obtenons

$$V = \int M\cos(M, n)\frac{d\sigma}{r} - \int\left(\frac{dA}{dx'} + \frac{dB}{dy'} + \frac{dC}{dz'}\right)\frac{d\varpi}{r};$$

ainsi le potentiel V se décompose en deux autres : l'un, relatif à une masse qui remplit le corps, et l'autre relatif à une masse superficielle.

Toutes les formules élémentaires qui précèdent ont été données pour la première fois par Poisson.

Potentiel d'un aimant sur un autre.

4. Désignons par H et H_1 deux aimants, et représentons par V le potentiel magnétique de H_1.

L'expression du potentiel d'un élément de volume $d\varpi$ de l'aimant H sera de cette forme

$$v = \left(A\frac{d\frac{1}{r}}{dx'} + B\frac{d\frac{1}{r}}{dy'} + C\frac{d\frac{1}{r}}{dz'}\right)d\varpi,$$

et le potentiel de cet élément sur H_1 sera (Ire Partie, Chap. I, n° 25)

$$\int v\rho_1\, d\varpi_1 = \left(A\int\frac{d\frac{1}{r}}{dx'}\rho_1\, d\varpi_1 + B\int\frac{d\frac{1}{r}}{dy'}\rho_1\, d\varpi_1 + C\int\frac{d\frac{1}{r}}{dz'}\rho_1\, d\varpi_1\right)d\varpi,$$

ρ_1 étant la densité du magnétisme dans $d\varpi_1$, et les intégrales étant étendues à tout le volume ϖ_1 de H_1. On a donc

$$\int v\rho_1\, d\varpi_1 = \left(A\frac{dV}{dx'} + B\frac{dV}{dy'} + C\frac{dV}{dz'}\right) d\varpi.$$

Pour obtenir le potentiel W du corps H sur H_1, il faudra ensuite intégrer cette expression pour tout le volume de H, et nous aurons

$$W = \int \left(A\frac{dV}{dx'} + B\frac{dV}{dy'} + C\frac{dV}{dz'}\right) d\varpi.$$

Enfin, par une transformation employée dans le numéro précédent, nous aurons

$$W = \int (A\cos\lambda + B\cos\mu + C\cos\nu)\, V\, d\sigma - \int V\left(\frac{dA}{dx'} + \frac{dB}{dy'} + \frac{dC}{dz'}\right) d\varpi.$$

5. Supposons ensuite que H et H_1 soient deux aimants infiniment petits. Nous aurons

$$W = \left(A\frac{dV}{dx'} + B\frac{dV}{dy'} + C\frac{dV}{dz'}\right) d\varpi,$$

(x', y', z') étant le centre de l'élément H, et si nous désignons par A_1, B_1, C_1 les composantes du moment magnétique de l'aimant H_1, nous aurons à faire, dans la formule précédente,

$$V = \left(A_1\frac{d\frac{1}{r}}{dx} + B_1\frac{d\frac{1}{r}}{dy} + C_1\frac{d\frac{1}{r}}{dz}\right) d\varpi_1,$$

(x, y, z) étant le centre de H_1, et r étant la distance entre les centres de H et H_1.

Il en résulte la formule suivante :

$$W = d\varpi\, d\varpi_1 \left\{\begin{aligned} & AA_1 \frac{d^2\frac{1}{r}}{dx\,dx'} + AB_1 \frac{d^2\frac{1}{r}}{dx'\,dy} + AC_1 \frac{d^2\frac{1}{r}}{dx'\,dz} \\ & + BA_1 \frac{d^2\frac{1}{r}}{dx\,dy'} + BB_1 \frac{d^2\frac{1}{r}}{dy\,dy'} + BC_1 \frac{d^2\frac{1}{r}}{dz\,dy'} \\ & + CA_1 \frac{d^2\frac{1}{r}}{dx\,dz'} + CB_1 \frac{d^2\frac{1}{r}}{dy\,dz'} + CC_1 \frac{d^2\frac{1}{r}}{dz\,dz'} \end{aligned}\right\}.$$

Si nous plaçons l'axe de l'aimant H_1 suivant l'axe des x, nous pourrons poser

$$A_1 = M_1, \qquad B_1 = 0, \qquad C_1 = 0,$$

et nous aurons

$$W = M_1\, d\varpi\, d\varpi_1 \left(A \frac{d^2 \frac{1}{r}}{dx\, dx'} + B \frac{d^2 \frac{1}{r}}{dx\, dy'} + C \frac{d^2 \frac{1}{r}}{dx\, dz'} \right).$$

Comme on a

$$r^2 = (x - x')^2 + (y - y')^2 + (z - z')^2,$$

il en résulte

$$W = M_1\, d\varpi\, d\varpi_1 \left\{ A \left[\frac{1}{r^3} - \frac{3(x - x')^2}{r^5} \right] - \frac{3(x - x')(y - y')}{r^5} B - \frac{3(x - x')(z - z')}{r^5} C \right\}.$$

Supposons maintenant l'aimant H_1 fixe et l'aimant H mobile. Alors la force de translation exercée par le premier aimant sur le second aura pour composantes

$$-\frac{dW}{dx'}, \quad -\frac{dW}{dy'}, \quad -\frac{dW}{dz'}.$$

Mais l'aimant H sera encore sollicité par un couple, dont seul on aura à tenir compte, si le centre de cet aimant est fixe. Pour calculer son moment autour d'un axe, passant par son centre et parallèle à l'axe des z, désignons par θ l'angle que fait l'axe magnétique de H avec l'axe des z, et par φ l'angle d'un plan passant par ces deux axes avec le plan des xz; nous aurons

$$A = M \sin\theta \cos\varphi, \qquad B = M \sin\theta \sin\varphi, \qquad C = M \cos\theta,$$

et, par suite, nous obtenons, pour le moment du couple, regardé comme positif quand il tend à faire croître l'angle φ,

$$-\frac{dW}{d\varphi} = MM_1\, d\varpi\, d\varpi_1 \left\{ \left[\frac{1}{r^3} - \frac{3(x - x')^2}{r^5} \right] \sin\theta \sin\varphi + \frac{3(x - x')(y - y')}{r^5} \sin\theta \cos\varphi \right\}$$

ou

$$-\frac{dW}{d\varphi} = M_1\, d\varpi\, d\varpi_1 \left\{ \left[\frac{1}{r^3} - \frac{3(x - x')^2}{r^5} \right] B + \frac{3(x - x')(y - y')}{r^5} A \right\}.$$

Nous trouverons, par un raisonnement semblable, pour les moments du couple pris respectivement par rapport à des axes menés par le centre de H, parallèlement aux axes des x et des y,

$$-M_1\, d\varpi\, d\varpi_1 \left\{ \left[\frac{3(x-x')(y-y')}{r^5} C - \frac{3(x-x')(z-z')}{r^5} B \right\} \right.,$$

$$-M_1\, d\varpi\, d\varpi_1 \left\{ \left[\frac{1}{r^3} - \frac{3(x-x')^2}{r^5} \right] C + \frac{3(x-x')(z-z')}{r^5} A \right\}.$$

Corps dont l'aimantation est uniforme.

6. Examinons un corps dont l'aimantation est uniforme, en sorte que le moment magnétique y soit, en chaque point, constant en grandeur et en direction.

Les quantités A, B, C, M du n° 3 sont maintenant constantes, et nous aurons pour l'expression du potentiel de ce corps

$$V = M \int \cos(M, n)\, \frac{d\sigma}{r}.$$

Ainsi V est le potentiel d'une couche distribuée sur la surface σ du corps et dont la densité est $M \cos(M, n)$.

C'est ce qu'il est aisé de prouver directement. Supposons en effet un corps de densité uniforme ρ et qui remplisse l'intérieur de la surface σ. Soit l une droite dont la direction est indiquée par les angles a, b, c qui déterminent la direction de l'axe d'aimantation de l'aimant. Déplaçons la surface σ de dl, en sens contraire de cette direction, et remplissons-la d'une masse dont la densité est $-\rho$. Chaque élément de volume $\rho\, d\varpi$ du premier corps fictif aura dans le second son correspondant $-\rho\, d\varpi$ à la distance dl et ils formeront ensemble un aimant; donc $\frac{\rho\, d\varpi\, dl}{d\varpi} = \rho\, dl$ représentera le moment magnétique M en chaque point. Donc l'ensemble des deux corps fictifs a le même potentiel que l'aimant.

D'autre part, ces deux corps ont une partie commune où la densité totale est zéro, et il reste à considérer une couche composée de deux parties où la densité a des valeurs égales et de signe contraire. L'épaisseur normale de la couche est $dl \cos(l, n)$; donc la densité superficielle est $\rho\, dl \cos(l, n) = M \cos(M, n)$.

Désignons par ρU le potentiel du premier corps, alors

$$-\rho\left(U + \frac{dU}{dl}\,dl\right)$$

sera le potentiel du second corps, pris au même point, et le potentiel de leur ensemble est

$$-\frac{dU}{dl}\rho\,dl = -\frac{dU}{dl}M.$$

On a donc la formule

$$V = -\frac{dU}{dl}M,$$

qui ramène la détermination du potentiel V au potentiel U d'un corps plein renfermé sous σ et dont la densité est égale à l'unité.

On aura donc pour les composantes de la force provenant du corps aimanté

$$X = M\frac{d^2U}{dx\,dl}, \qquad Y = M\frac{d^2U}{dy\,dl}, \qquad Z = M\frac{d^2U}{dz\,dl},$$

si le point (x, y, z) est extérieur.

Si le point (x, y, z) est intérieur, ces valeurs de X, Y, Z représentent encore les composantes de la couche que nous venons de considérer, mais, comme nous le verrons, ne donnent plus les composantes de la force de l'aimant en ce point.

7. *Sphère.* — Si le point (x, y, z) est extérieur, le potentiel de la sphère dont la densité est 1 est

$$U = \frac{4\pi a^3}{3R},$$

R étant la distance du point (x, y, z) au centre de la sphère, dont le rayon est a.

Supposons que cette sphère soit aimantée d'une manière uniforme parallèlement à l'axe des x ; en mettant l'origine des coordonnées à son centre, nous aurons pour son potentiel

$$V = -M\frac{dU}{dx} = \tfrac{4}{3}\pi a^3 M\frac{x}{R^3}$$

et l'on en conclut pour les composantes de son action sur le point (x, y, z)

$$X = \tfrac{4}{3}\pi a^3 M\left(\frac{-1}{R^3} + \frac{3x^2}{R^5}\right), \qquad Y = 4\pi a^3 M \frac{xy}{R^5}, \qquad Z = 4\pi a^3 M \frac{xz}{R^5}.$$

Si le point (x, y, z) est intérieur à la sphère, nous aurons

$$U = \frac{2\pi}{3}(3a^2 - R^2),$$

$$V = -M\frac{dU}{dx} = \tfrac{4}{3}\pi M x,$$

et par suite nous aurons, pour les composantes de la couche magnétique sur ce point,

$$X = -\tfrac{4}{3}\pi M, \qquad Y = 0, \qquad Z = 0.$$

8. *Ellipsoïde.* — Soit un ellipsoïde ayant pour équation

$$\frac{x^2}{a^2} + \frac{y^2}{b^2} + \frac{z^2}{c^2} = 1;$$

le potentiel de cet ellipsoïde, dont la densité est 1, a été donné (Ire Partie, Chap. V, n° 8) et, si le point (x, y, z) est intérieur, il a pour valeur en ce point

$$U = \pi\int_0^\infty \left(1 - \frac{x^2}{s+a^2} - \frac{y^2}{s+b^2} - \frac{z^2}{s+c^2}\right)\frac{ds}{D},$$

avec

$$D = \sqrt{\left(1 + \frac{s}{a^2}\right)\left(1 + \frac{s}{b^2}\right)\left(1 + \frac{s}{c^2}\right)};$$

on peut donc écrire

$$U = H - Px^2 - Qy^2 - Sz^2,$$

H, P, Q, S étant des constantes. Ainsi l'on aura pour le potentiel de la couche magnétique, si la direction l de l'aimantation est donnée par les angles directeurs α, β, γ,

$$V = -M\frac{dU}{dl} = -M\left(\frac{dU}{dx}\cos\alpha + \frac{dU}{dy}\cos\beta + \frac{dU}{dz}\cos\gamma\right)$$
$$= 2M(Px\cos\alpha + Qy\cos\beta + Sz\cos\gamma),$$

et, comme on a

$$A = M\cos\alpha, \qquad B = M\cos\beta, \qquad C = M\cos\gamma,$$

il en résulte

$$V = 2(PAx + QBy + SCz).$$

Donc les composantes de l'action de la couche sur un point intérieur ont pour valeurs

$$X = -2PA, \qquad Y = -2QB, \qquad Z = -2SC;$$

elles ont des valeurs constantes et cela tient à ce que, pour l'ellipsoïde, la fonction U est entière et du second degré par rapport à x, y, z. On ne peut donc obtenir, en général, un aimant d'une forme donnée et dont l'aimantation soit uniforme.

Considérons les cas où l'ellipsoïde est de révolution, planétaire ou ovaire, et posons

$$1 + \frac{s}{a^2} = \frac{1}{u^2}.$$

Alors si l'ellipsoïde est planétaire, le plus petit axe c sera celui autour duquel le corps sera de révolution, et, en désignant par λ l'excentricité de l'ellipse méridienne, nous aurons

$$a = b, \qquad a^2 - c^2 = \lambda^2 a^2;$$

il en résultera

$$P = Q = \frac{2\pi c}{a}\int_0^1 \frac{u^2\,du}{(1-\lambda^2 u^2)^{\frac{1}{2}}}, \qquad S = \frac{2\pi c}{a}\int_0^1 \frac{u^2\,du}{(1-\lambda^2 u^2)^{\frac{3}{2}}}$$

ou

$$P = Q = \pi\left(-\frac{1-\lambda^2}{\lambda^2} + \frac{\sqrt{1-\lambda^2}}{\lambda^3}\arcsin\lambda\right),$$

$$S = 2\pi\left(+\frac{1}{\lambda^2} - \frac{\sqrt{1-\lambda^2}}{\lambda^3}\arcsin\lambda\right).$$

Si l'ellipsoïde est ovaire, il est de révolution autour du plus grand axe $2a$, et, en désignant encore par λ l'excentricité de l'ellipse méridienne, nous avons

$$b = c, \qquad a^2 - b^2 = \lambda^2 a^2;$$

il en résulte

$$P = \frac{2\pi b^2}{a^2}\int_0^1 \frac{u^2 du}{1 - \lambda^2 u^2}, \qquad Q = S = \frac{2\pi b^2}{a^2}\int_0^1 \frac{u^2 du}{(1 - \lambda^2 u^2)^2}$$

ou

$$P = 2\pi(1 - \lambda^2)\left(-\frac{1}{\lambda^2} + \frac{1}{2\lambda^3}\log\frac{1+\lambda}{1-\lambda}\right),$$

$$Q = S = \pi\left(\frac{1}{\lambda^2} - \frac{1-\lambda^2}{2\lambda^3}\log\frac{1+\lambda}{1-\lambda}\right).$$

9. Supposons de nouveau les trois axes de l'ellipsoïde inégaux. Si nous voulons obtenir, sur un point extérieur (x, y, z), l'action de son magnétisme distribué de la même manière, nous considérerons le potentiel U de cet ellipsoïde supposé plein et de densité 1, pris en ce point; il a pour valeur

$$U = \pi\int_\sigma^\infty \left(1 - \frac{x^2}{s + a^2} - \frac{y^2}{s + b^2} - \frac{z^2}{s + c^2}\right)\frac{ds}{D},$$

où la limite inférieure σ est une quantité positive donnée par l'équation

$$\frac{x^2}{a^2 + \sigma} + \frac{y^2}{b^2 + \sigma} + \frac{z^2}{c^2 + \sigma} = 1;$$

nous aurons encore

$$V = -A\frac{dU}{dx} - B\frac{dU}{dy} - C\frac{dU}{dz}$$

et, par suite,

$$V = 2\pi\left[Ax\int_\sigma^\infty \frac{ds}{(s + a^2)D} + By\int_\sigma^\infty \frac{ds}{(s + b^2)D} + Cz\int_\sigma^\infty \frac{ds}{(s + c^2)D}\right].$$

On aura donc, pour la composante suivant l'axe des x de l'action du magnétisme sur le point extérieur (x, y, z),

$$X = -\frac{dV}{dx} = -2\pi A\int_\sigma^\infty \frac{ds}{(s + a^2)D} + \frac{2\pi}{D_1}\left(\frac{Ax}{\sigma + a^2} + \frac{By}{\sigma + b^2} + \frac{Cz}{\sigma + c^2}\right)\frac{d\sigma}{dx},$$

en désignant par D_1 ce que devient D quand on y remplace s par σ, et $\frac{d\sigma}{dx}$ est donnée par l'équation

$$\frac{2x}{a^2 + \sigma} - \left[\frac{x^2}{(a^2 + \sigma)^2} + \frac{y^2}{(b^2 + \sigma)^2} + \frac{z^2}{(c^2 + \sigma)^2}\right]\frac{d\sigma}{dx} = 0.$$

10. *Cylindre elliptique indéfini.* — Considérons ce cylindre comme un ellipsoïde, dont le grand axe $2c$ devient infini. Si le point (x, y, z) est intérieur, nous aurons, pour la fonction U,

$$U = \pi ab \int_0^\infty \left(1 - \frac{x^2}{s+a^2} - \frac{y^2}{s+b^2}\right) \frac{ds}{\sqrt{(a^2+s)(b^2+s)}}$$

ou

$$U = \text{const.} - \pi ab x^2 \int_0^\infty \frac{ds}{(a^2+s)^{\frac{3}{2}}(b^2+s)^{\frac{1}{2}}} - \pi ab y^2 \int_0^\infty \frac{ds}{(a^2+s)^{\frac{1}{2}}(b^2+s)^{\frac{3}{2}}}.$$

Nous avons

$$\int \frac{ds}{(a^2+s)^{\frac{3}{2}}(b^2+s)^{\frac{1}{2}}} = -\frac{1+(a^2+s)^{-\frac{1}{2}}(b^2+s)^{\frac{1}{2}}}{\frac{a^2+b^2}{2}+s+(a^2+s)^{\frac{1}{2}}(b^2+s)^{\frac{1}{2}}},$$

et il en résulte

$$U = \text{const.} - \frac{2\pi b x^2}{a+b} - \frac{2\pi a y^2}{a+b}.$$

Donc, si l'on suppose que le cylindre soit aimanté uniformément et perpendiculairement à son axe, on aura, pour le potentiel de la couche magnétique située sur sa surface,

$$V = -A\frac{dU}{dx} - B\frac{dU}{dy} = \frac{4\pi b}{a+b}Ax + \frac{4\pi a}{a+b}By,$$

et, pour les composantes de cette couche,

$$X = -\frac{4\pi b}{a+b}A, \qquad Y = -\frac{4\pi a}{a+b}B.$$

Si l'on veut avoir les composantes de l'action du magnétisme sur un point extérieur (x, y, z), il suffit de former l'une d'elles X, et l'on aura

$$X = -2\pi A \int_\sigma^\infty \frac{ab\,ds}{(s+a^2)^{\frac{3}{2}}(s+b^2)^{\frac{1}{2}}} + \frac{2\pi ab}{\sqrt{(\sigma+a^2)(\sigma+b^2)}}\left(\frac{Ax}{\sigma+a^2} + \frac{By}{\sigma+b^2}\right)\frac{d\sigma}{dx}$$

$$= -2\pi A ab \frac{1+(a^2+\sigma)^{-\frac{1}{2}}(b^2+\sigma)^{\frac{1}{2}}}{\frac{a^2+b^2}{2}+\sigma+(a^2+\sigma)^{\frac{1}{2}}(b^2+\sigma)^{\frac{1}{2}}}$$

$$+ \frac{2\pi ab}{\sqrt{(\sigma+a^2)(\sigma+b^2)}}\left(\frac{Ax}{\sigma+a^2} + \frac{By}{\sigma+b^2}\right)\frac{d\sigma}{dx},$$

σ étant donné par l'équation

$$\frac{x^2}{a^2+\sigma}+\frac{y^2}{b^2+\sigma}=1.$$

Remarque. — Les formules trouvées relativement à la couche magnétique située sur la sphère, l'ellipsoïde et le cylindre indéfini peuvent évidemment être appliquées à l'électricité induite sur ces corps supposés conducteurs par une force électrique, constante en grandeur et en direction.

Potentiel d'une double couche.

11. Supposons un aimant infiniment mince distribué sur une surface σ et tel que l'axe d'aimantation soit partout normal à cette surface. Cet aimant est aussi désigné sous le nom de *double couche,* parce qu'on peut le considérer comme terminé par deux surfaces infiniment voisines, dont les éléments, situés en regard, sont chargés de masses égales et de signe contraire.

Si nous désignons par M le moment magnétique en chaque point de σ et par ε l'épaisseur, nous aurons, d'après la formule qui donne le potentiel d'un aimant en un point P ou (x, y, z) (n° 3), en remplaçant l'élément de volume par $\varepsilon\, d\sigma$,

$$V=\int \frac{d\frac{1}{r}}{dn} M\varepsilon\, d\sigma,$$

formule où r est la distance du point P à $d\sigma$ et où dn est l'élément de normale, mené d'un côté déterminé de la surface σ que nous appellerons son *côté positif*; M sera positif ou négatif, suivant que l'axe d'aimantation sera dirigé suivant dn ou en sens contraire.

Représentons par φ la quantité $M\varepsilon$ qui s'appelle la *puissance magnétique* de la double couche, et nous aurons

$$V=\int \frac{d\frac{1}{r}}{dn} \varphi\, d\sigma.$$

Désignons par (r, n) l'angle de dn avec la direction de r, prise dans le sens de $d\sigma$ vers P, nous aurons

$$V = \int \varphi \frac{\cos(r, n)}{r^2} d\sigma.$$

Dans le cas où φ est constant, on aura

$$V = \varphi \int \frac{\cos(r, n)}{r^2} d\sigma;$$

supposons que la surface σ soit fermée; nous avons vu (Ire Partie, Chap. I, n° 13) que l'on a, si la normale n est menée vers l'intérieur de σ,

$$\int \frac{\cos(r, n)}{r^2} d\sigma = 4\pi \quad \text{ou} \quad = 0,$$

suivant que le point P est intérieur ou extérieur. On a donc, suivant les deux cas,

$$V = 4\pi\varphi \quad \text{ou} \quad = 0.$$

12. La quantité

$$\frac{\cos(r, n)\, d\sigma}{r^2}$$

représente, au signe près, l'angle solide infiniment petit $d\omega$ qui a son sommet en P et qui s'appuie sur $d\sigma$. Convenons de regarder $d\omega$ comme positif ou négatif, suivant que $\cos(r, n)$ sera positif ou négatif, c'est-à-dire suivant que l'élément $d\sigma$ tournera son côté positif ou négatif au point P; alors on aura

$$\frac{\cos(r, n)\, d\sigma}{r^2} = d\omega.$$

Supposons encore que la quantité φ soit constante, mais que la surface σ soit ouverte. Nous aurons

$$V = \varphi \int d\omega.$$

Si le rayon r, mené de P à la surface σ, ne la rencontre partout qu'en un point, il est évident que $\int d\omega$ représente l'angle solide qui a son sommet en P et qui s'appuie sur le contour s de σ. Si le rayon r peut rencontrer la surface σ en plusieurs points, circonscrivons à cette surface un cône T ayant son sommet en P, puis menons un autre cône S de même sommet et qui passe par le contour de σ. Il est aisé de voir qu'un cône d'ouverture infiniment petite, mené dans l'intérieur du cône S, rencontrera la surface σ en un nombre impair d'éléments, pour lesquels la somme des quantités $d\omega$ se réduira à la première, et qu'un pareil cône, mené dans T en dehors de S, rencontrera la surface σ en un nombre pair d'éléments et pour lesquels la somme des quantités $d\omega$ sera nulle.

M ou φ deviendra positif, si l'on prend le côté positif de σ du côté du fluide positif de la double couche, et l'on aura

$$V = \varphi\omega,$$

ω étant un angle solide, positif ou négatif, qui a son sommet en P et qui s'appuie sur le contour de σ. On en conclut ce théorème de Gauss (¹) :

Le potentiel d'une double couche, pour laquelle la puissance magnétique φ est constante, pris au point P, *est égal au produit de φ par la surface sphérique ω, dont le rayon est l'unité, dont le centre est en* P *et qui est renfermée dans le cône, qui a son sommet en* P *et s'appuie sur le contour de la double couche. Et l'on regarde la surface ω comme positive ou négative, suivant que la surface σ correspondante tourne le côté positif ou négatif au point* P.

On ne doit pas supposer le point P sur la surface σ même, car la formule du potentiel d'un élément d'aimant, donnée au n° 1, n'a été prouvée qu'en supposant le point P à une distance très grande par rapport aux dimensions de cet élément.

Supposons deux points P et P′, situés sur une même normale à σ, de part et d'autre de cette surface et à une distance infiniment petite. Nous aurons, pour le potentiel en P,

$$V = \varphi\omega;$$

quant à l'angle solide, dont le sommet est en P′ et qui s'appuie sur le contour s, il est égal à $4\pi - \omega$, à un infiniment petit près: mais

(¹) *Allgemeine Theorie des Erdmagnetismus*, § 38 (*Œuvres de Gauss*, t. V).

comme le côté de la surface est de signe contraire pour P, il faut prendre pour cet angle l'expression $-(4\pi-\omega)$; on a donc, à un infiniment petit près, pour le potentiel en P',

$$V' = -(4\pi-\omega)\varphi.$$

Il en résulte

$$V - V' = 4\pi\varphi.$$

Il est facile de reconnaître que les dérivées de V ne changent pas brusquement, quand le point P passe d'un côté à l'autre de la surface. En effet, si l'on désigne, en général, par ρ la densité d'une couche et par dn, dn' des éléments de normale, menés de part et d'autre de la surface, nous savons que l'on a

$$\frac{dV}{dn} + \frac{dV}{dn'} = -4\pi\rho.$$

Or ρ est actuellement nul; on a donc

$$\frac{dV}{dn} = -\frac{dV}{dn'},$$

et, par suite, les dérivées de V varient partout d'une manière continue.

Valeur de l'intégrale $\iiint\left(A\frac{d\frac{1}{r}}{dx'} + B\frac{d\frac{1}{r}}{dy'} + C\frac{d\frac{1}{r}}{dz'}\right)dx'\,dy'\,dz'$ *étendue à une portion très petite d'un aimant, le point* (x, y, z) *étant pris à son intérieur.*

13. La formule du n° 3

$$V = \iiint\left(A\frac{d\frac{1}{r}}{dx'} + B\frac{d\frac{1}{r}}{dy'} + C\frac{d\frac{1}{r}}{dz'}\right)dx'\,dy'\,dz'$$

a été établie en supposant que le point (x, y, z), en lequel on prend le potentiel, est extérieur au corps aimanté; car la formule qui donne le potentiel d'un élément d'aimant suppose le point (x, y, z) à une distance très grande par rapport aux dimensions de cet élément.

Nous aurons besoin néanmoins de connaître la valeur de cette intégrale étendue à une portion très petite d'un aimant, dans laquelle se trouve le point (x, y, z). Désignons par v sa valeur, et par M le moment magnétique; nous aurons, comme au n° 3,

$$v = \int \mathrm{M}\cos(\mathrm{M}, n)\frac{d\sigma}{r} - \int\left(\frac{d\mathrm{A}}{dx'} + \frac{d\mathrm{B}}{dy'} + \frac{d\mathrm{C}}{dz'}\right)\frac{d\varpi}{r}.$$

Quand le volume ϖ devient extrêmement petit, la seconde intégrale étendue à ce volume devient négligeable vis-à-vis de la première. On peut aussi supposer que, dans ce volume, M est sensiblement constant en grandeur et en direction; on a ainsi

$$(\alpha) \qquad v = \mathrm{M}\int \cos(\mathrm{M}, n)\frac{d\sigma}{r}.$$

v est donc identique au potentiel d'une couche, dont la densité est $\mathrm{M}\cos(\mathrm{M}, n)$; cette couche représente le fluide magnétique qui se trouve effectivement à la surface de ce petit aimant.

L'intégrale (α) a été calculée (n°s 7, 8) dans les cas où σ est une sphère ou un ellipsoïde.

Si σ est une sphère, en prenant des axes arbitraires, on a

$$v = \tfrac{4}{3}\pi(\mathrm{A}x + \mathrm{B}y + \mathrm{C}z),$$

et l'on obtient, pour les composantes de la force s'exerçant sur (x, y, z) qui résulterait du potentiel v,

$$\mathrm{X} = -\tfrac{4}{3}\pi\mathrm{A}, \qquad \mathrm{Y} = -\tfrac{4}{3}\pi\mathrm{B}, \qquad \mathrm{Z} = -\tfrac{4}{3}\pi\mathrm{C}.$$

Si la surface σ est un ellipsoïde, on a

$$v = 2(\mathrm{PA}x + \mathrm{QB}y + \mathrm{SC}z),$$

et les composantes de la force correspondante sont

$$\mathrm{X} = -2\mathrm{PA}, \qquad \mathrm{Y} = -2\mathrm{QB}, \qquad \mathrm{Z} = -2\mathrm{SC}.$$

14. Concevons ensuite un aimant ayant la forme d'un cylindre, dont les dimensions sont très petites et dont le rayon de la base soit néanmoins très grand par rapport à la hauteur. Supposons, de plus, les bases du cylindre perpendiculaires à l'axe d'aimantation.

Bien que la formule (α) ne donne pas le potentiel de cet aimant sur un point intérieur (x, y, z), calculons la force qui résulterait sur ce point de l'expression de v prise pour le potentiel.

En plaçant l'axe des x suivant l'axe d'aimantation, on aurait, pour cette force,

$$-\frac{dv}{dx} = \mathrm{M}\int \cos(\mathrm{M}, n)\frac{x-x'}{r^3}\,d\sigma,$$

x' étant l'abscisse de l'une ou l'autre base. Désignons par h la hauteur du cylindre, par u la distance du point à la base la plus rapprochée de l'origine et, adoptant des coordonnées polaires, remplaçons $d\sigma$ par $\mathrm{R}\,d\mathrm{R}\,d\theta$; désignons aussi par r_1 et r_2 les distances du point attiré à un point de la première et de la seconde base. Nous aurons $\cos(\mathrm{M}, n) = \mp 1$, et $x - x' = u$ ou $u - h$, et il en résultera

$$-\frac{dv}{dx} = 2\pi\mathrm{M}\int_0^{\mathrm{R}'}\left(\frac{u-h}{r_2^3} - \frac{u}{r_1^3}\right)\mathrm{R}\,d\mathrm{R},$$

R′ étant le rayon de la base du cylindre. On a ensuite

$$\int_0^{\mathrm{R}'}\frac{u}{r_1^3}\mathrm{R}\,d\mathrm{R} = u\int\frac{dr_1}{r_1^2} = 1 - \frac{u}{\sqrt{u^2+\mathrm{R}'^2}},$$

$$\int_0^{\mathrm{R}'}\frac{h-u}{r_2^3}\mathrm{R}\,d\mathrm{R} = 1 - \frac{h-u}{\sqrt{(h-u)^2+\mathrm{R}'^2}}.$$

D'après cela, on a

$$-\frac{dv}{dx} = -2\pi\mathrm{M}\left[2 - \frac{u}{\sqrt{u^2+\mathrm{R}'^2}} - \frac{h-u}{\sqrt{(h-u)^2+\mathrm{R}'^2}}\right],$$

et, si l'on suppose R′ très grand par rapport à h, cette formule se réduit à

$$-\frac{dv}{dx} = -4\pi\mathrm{M}.$$

Si nous prenons ensuite des axes quelconques, nous aurons, pour les composantes de cette force,

$$X = -4\pi A, \qquad Y = -4\pi B, \qquad Z = -4\pi C.$$

On obtiendrait les mêmes valeurs pour X, Y, Z, si, au lieu d'un cercle, on prenait un rectangle pour la base du cylindre.

Induction magnétique.

15. Poisson a, le premier, traité le problème de l'induction magnétique et déterminé les équations de ce problème (*Mémoires de l'Académie des Sciences,* t. V, 1821-1822). On a donné souvent, sur sa méthode, des indications tout à fait inexactes. Nous allons la rapporter avec des simplifications, puis nous la modifierons successivement. La forme des équations d'induction sera conservée, mais les idées physiques seront changées.

Supposons un corps magnétique H de forme quelconque, et dont la force coercitive soit nulle, et plaçons-le en présence d'aimants, en sorte que ce corps devienne aimanté par influence.

Admettons d'abord avec Poisson que le corps H soit formé d'un assemblage d'*éléments magnétiques,* séparés les uns des autres par des intervalles où ne pénètre pas le magnétisme. La séparation des deux fluides positif et négatif se fait dans chaque élément sans obstacle. Les parties séparées des deux fluides sont très petites par rapport à la totalité du fluide neutre. Les portions de fluides séparés se transportent à la surface de l'élément magnétique, où elles forment une couche très mince par rapport à l'élément même.

16. Nous avons, pour le potentiel d'un corps aimanté, de même que pour celui d'un aimant, l'expression

$$(1) \qquad V = \int \left(A \frac{d\frac{1}{r}}{dx'} + B \frac{d\frac{1}{r}}{dy'} + C \frac{d\frac{1}{r}}{dz'} \right) d\varpi,$$

$d\varpi$ étant l'élément de volume du corps, et, d'après ce qui a été dit, cette valeur de V n'est exacte qu'autant que le point P ou (x, y, z), où l'on prend le potentiel, ne se trouve pas renfermé dans la masse du corps aimanté.

Supposons donc que le corps H soit isotrope, et cherchons à déterminer, pour un point intérieur P, les composantes de la force qui provient du magnétisme de ce corps.

Autour du point P décrivons un volume v, extrêmement petit par rapport au corps H, mais qui puisse néanmoins être considéré comme renfermant un nombre extrêmement grand d'éléments magnétiques. Nous partageons ainsi le corps H en deux parties, l'une v et l'autre H_1 extérieure à v.

Désignons par X, Y, Z les composantes de la force provenant de H_1, et par X_1, Y_1, Z_1 les composantes que donnerait la partie v, si son potentiel était exprimé par la formule (1). Alors, V désignant l'intégrale (1) étendue à tout le volume du corps H, nous aurons

$$X = -\frac{dV}{dx} - X_1, \qquad Y = -\frac{dV}{dy} - Y_1, \qquad Z = -\frac{dV}{dz} - Z_1.$$

Ici Poisson fait une inadvertance (p. 298) : « Comme la forme de v est arbitraire, dit-il, nous supposerons que v soit une sphère, qui ait son centre au point P, afin de pouvoir effectuer immédiatement les intégrations relatives à sa surface. »

La force *fictive*, dont les composantes sont X_1, Y_1, Z_1, dépend, au contraire, de la forme de la surface qui limite v; supposons avec Poisson que cette surface soit une sphère; nous aurons (n° 13)

$$X_1 = -\tfrac{4}{3}\pi A, \qquad Y_1 = -\tfrac{4}{3}\pi B, \qquad Z_1 = -\tfrac{4}{3}\pi C.$$

Il reste à considérer l'action *vraie* de la partie v sur le point P, dont nous désignerons les composantes par X_2, Y_2, Z_2. Représentons aussi par U le potentiel du magnétisme renfermé dans les masses inductrices. La somme des composantes, suivant l'axe des x, des forces qui sollicitent le point P est

$$-\frac{dU}{dx} - \frac{dV}{dx} + \tfrac{4}{3}\pi A + X_2,$$

et il faut, pour l'équilibre, que cette somme et les deux autres semblables soient nulles. On a ainsi ces trois équations

$$(2)\qquad \begin{cases} -\dfrac{dU}{dx} - \dfrac{dV}{dx} + \frac{4}{3}\pi A + X_2 = 0, \\ -\dfrac{dU}{dy} - \dfrac{dV}{dy} + \frac{4}{3}\pi B + Y_2 = 0, \\ -\dfrac{dU}{dz} - \dfrac{dV}{dz} + \frac{4}{3}\pi C + Z_2 = 0. \end{cases}$$

17. Comme le corps H est isotrope, la forme qu'il est le plus naturel de supposer à l'élément magnétique est celle de la sphère.

Nous avons d'abord supposé que le volume sphérique v, quoique excessivement petit par rapport au corps H, renferme un grand nombre de particules magnétiques et, en négligeant des quantités très petites, par rapport aux quantités conservées, nous avons obtenu les valeurs ci-dessus de X_1, Y_1, Z_1. Mais nous pouvons remarquer maintenant que nous obtiendrons, pour X_1, Y_1, Z_1, les mêmes valeurs, si nous supposons que le volume v ne renferme plus qu'un élément magnétique. Ainsi, il n'y a plus qu'à calculer les valeurs de X_2, Y_2, Z_2, relatives à un élément.

En définitive, il nous suffit de considérer l'équilibre d'un de ces éléments; méttons-y donc le point P.

Désignons par k le rapport de la somme des volumes des éléments magnétiques au volume total du corps; k est donc un nombre plus petit que l'unité. Prenons le volume v égal à celui de l'élément magnétique multiplié par $\frac{1}{k}$, en sorte que le volume de cet élément sera représenté par kv.

Nous avons supprimé un aimant fictif de volume v; et nous devons le remplacer par un aimant vrai de volume kv, qui doit avoir la même action sur tout point situé à une distance finie; mais l'action du dernier doit être plus grande au point P, situé à l'intérieur du volume kv.

Pour calculer X_2, Y_2, Z_2, remarquons que les trois premiers termes des équations (2) sont sensiblement constants dans l'intérieur du volume kv; il en est donc de même de X_2, Y_2, Z_2. Or ces quantités seront constantes, si l'on suppose la surface sphérique de ce volume recouverte de la couche calculée au n° 6, et, si l'on désigne par A', B', C' les composantes du moment magnétique M' de cette couche, on aura (n° 7)

$$X_2 = -\tfrac{4}{3}\pi A', \qquad Y_2 = -\tfrac{4}{3}\pi B', \qquad Z_2 = -\tfrac{4}{3}\pi C'.$$

L'aimant de volume kv doit être de même force que l'aimant de volume v à une distance finie. Il en résulte que A', B', C' sont proportionnels à A, B, C et que la quantité Mv du second aimant est égale à la quantité $M'kv$ du premier et, par suite, on a $M' = \frac{M}{k}$; on a donc

$$X_2 = -\tfrac{4}{3}\pi \frac{A}{k}, \qquad Y_2 = -\tfrac{4}{3}\pi \frac{B}{k}, \qquad Z_2 = -\tfrac{4}{3}\pi \frac{C}{k}.$$

Remplaçons dans les équations (2) et nous aurons

$$(3)\qquad \left\{\begin{aligned} &\frac{dU}{dx} + \frac{dV}{dx} + \tfrac{4}{3}\pi \frac{A}{k}(1-k) = 0, \\ &\frac{dU}{dy} + \frac{dV}{dy} + \tfrac{4}{3}\pi \frac{B}{k}(1-k) = 0, \\ &\frac{dU}{dz} + \frac{dV}{dz} + \tfrac{4}{3}\pi \frac{C}{k}(1-k) = 0. \end{aligned}\right.$$

Je crois avoir reproduit très fidèlement la théorie de Poisson, bien que j'en aie simplifié beaucoup l'exposition.

18. Les éléments magnétiques de Poisson ne sont pas les molécules du corps, comme le dit Maxwell, qui d'ailleurs, d'après tout ce qu'il en rapporte, n'a évidemment pas lu le Mémoire de ce grand géomètre. Néanmoins l'expérience ayant donné pour k une quantité très voisine de l'unité, quand le corps magnétique est le fer doux, il en résulte que la théorie de Poisson est très improbable, prise dans son intégrité.

En réfléchissant à cette question, il semble difficile d'admettre qu'on puisse considérer les volumes v de la démonstration précédente, sans que leur forme soit choisie, de telle sorte que tous les volumes v puissent remplir entièrement le corps H. On ne peut, d'après cela, leur donner la forme sphérique. Nous diviserons donc le corps en espaces v, ayant la forme de parallélépipèdes curvilignes infiniment petits, qui non seulement remplissent tout le volume H, mais tels encore que chaque élément du corps renfermé dans un volume v puisse être assimilé à un aimant infiniment petit. Pour cela, choisissons ces parallélépipèdes, de manière que leurs bases soient perpendiculaires à l'axe d'aimantation; supposons, de plus, que la hauteur qui est dirigée suivant cet axe soit très petite, par rapport aux deux autres dimensions, et adoptons la théorie de Poisson avec cette modification.

Si le potentiel de l'aimant renfermé dans v était donné par la formule (1), on aurait, pour les composantes de son action sur le point P (n° **14**),

$$X_1 = -4\pi A, \qquad Y_1 = -4\pi B, \qquad Z_1 = -4\pi C.$$

Par analogie avec ce qui précède, supposons que l'espace v renferme un espace vide de magnétisme et que le véritable aimant qui s'y trouve soit composé de deux couches parallèles aux bases de v, mais que leur distance soit à la hauteur de v dans le rapport de k à 1, k étant < 1, et nous aurons

$$X_2 = -4\pi A', \qquad Y_2 = -4\pi B', \qquad Z_2 = -4\pi C',$$

A′, B′, C′ étant les composantes du moment de cet aimant. Ensuite cet aimant doit avoir la même force que le premier cylindre, à une distance finie. En raisonnant donc comme précédemment, on trouvera

$$(4) \qquad X_2 = -4\pi \frac{A}{k}, \qquad Y_2 = -4\pi \frac{B}{k}, \qquad Z_2 = -4\pi \frac{C}{k}.$$

Remarquons enfin qu'il n'est pas nécessaire de supposer qu'il existe un espace vide de magnétisme neutre entre les bases des cylindres qui se suivent dans la direction de l'axe magnétique; nous ne ferons donc pas cette hypothèse inutile. Il nous suffit d'admettre que la force sur le point P, qui provient du magnétisme renfermé dans v, est de même direction que la force (X_1, Y_1, Z_1) et qu'elle lui est proportionnelle, et l'on obtient ainsi les équations (4).

Il n'y aura maintenant aucun empêchement à ce que k soit très voisin de l'unité et, de plus, le coefficient k est défini d'une manière bien précise.

Ainsi nous avons, au lieu des équations (3) de Poisson, ces équations de même forme

$$(5)\quad \begin{cases} \dfrac{dU}{dx} + \dfrac{dV}{dx} + 4\pi\dfrac{1-k}{k}A = 0, \\ \dfrac{dU}{dy} + \dfrac{dV}{dy} + 4\pi\dfrac{1-k}{k}B = 0, \\ \dfrac{dU}{dz} + \dfrac{dV}{dz} + 4\pi\dfrac{1-k}{k}C = 0. \end{cases}$$

19. Si l'on suppose le corps H non seulement isotrope, mais encore homogène, k sera constant. Multiplions les équations (5) respectivement par dx, dy, dz et ajoutons; nous aurons

$$dU + dV + 4\pi\frac{1-k}{k}(A\,dx + B\,dy + C\,dz) = 0.$$

Il résulte de cette équation que $A\,dx + B\,dy + C\,dz$ est une différentielle exacte et, en posant

$$(6)\quad d\varphi = A\,dx + B\,dy + C\,dz,$$

on aura

$$dU + dV + 4\pi\frac{1-k}{k}d\varphi = 0.$$

Intégrant et remarquant que la constante d'intégration peut être censée comprise dans φ, on obtient

$$(7)\quad U + V + 4\pi\frac{1-k}{k}\varphi = 0.$$

Les potentiels U et V satisfont aux équations

$$\Delta U = 0, \qquad \Delta V = 0;$$

cela est évident pour la fonction U; démontrons-le pour la fonction V.

La formule (1) peut être ainsi transformée

$$V = \int (A\cos\lambda + B\cos\mu + C\cos\nu)\frac{d\sigma}{r} - \int\left(\frac{dA}{dx'} + \frac{dB}{dy'} + \frac{dC}{dz'}\right)\frac{d\varpi}{r}.$$

Le Δ de la première intégrale est nul, et le Δ de la seconde, qui représente le potentiel d'une masse s'obtient par une formule connue. On a donc

$$\Delta V = 4\pi\left(\frac{dA}{dx} + \frac{dB}{dy} + \frac{dC}{dz}\right).$$

Différentions les équations (5) respectivement par rapport à x, y, z et ajoutons; nous aurons

$$\frac{dA}{dx} + \frac{dB}{dy} + \frac{dC}{dz} = 0;$$

par suite, aussi $\Delta V = 0$.

Il résulte de l'équation (7) qu'on a aussi

$$\Delta\varphi = 0.$$

D'après la formule (6), on a

$$A = \frac{d\varphi}{dx}, \qquad B = \frac{d\varphi}{dy}, \qquad C = \frac{d\varphi}{dz};$$

donc la formule (1) devient, si l'on désigne toujours par x', y', z' les coordonnées de l'élément $d\varpi$,

$$V = \int\left(\frac{d\varphi}{dx'}\frac{d\frac{1}{r}}{dx'} + \frac{d\varphi}{dy'}\frac{d\frac{1}{r}}{dy'} + \frac{d\varphi}{dz'}\frac{d\frac{1}{r}}{dz'}\right)d\varpi.$$

D'après une formule connue (Ire Partie, Chap. I, n° 10), on a, en désignant par dn' l'élément de normale intérieure à la surface σ qui termine H,

$$\int\left(\frac{du}{dx'}\frac{dv}{dx'} + \frac{du}{dy'}\frac{dv}{dy'} + \frac{du}{dz'}\frac{dv}{dz'}\right)d\varpi = -\int V\frac{du}{dn'}\,d\sigma - \int v\,\Delta u\,d\varpi,$$

et, en faisant $u = \varphi$, $v = \frac{1}{r}$, on a

$$V = -\int\frac{1}{r}\frac{d\varphi}{dn'}\,d\sigma. \tag{8}$$

Les quantités V et φ sont deux fonctions inconnues déterminées par les équations (7) et (8). Ces deux formules ont été données par Poisson, sauf la différence de valeur du coefficient qui entre dans (7).

Posons

$$4\pi\frac{1-k}{k}=\frac{1}{\gamma},$$

et nous aurons, pour les deux équations (7) et (8),

$$(9)\qquad U+V=-\frac{1}{\gamma}\varphi,$$

$$(10)\qquad V=\gamma\int\frac{d(U+V)}{dn'}\frac{d\sigma}{r};$$

il résulte de la seconde que V est identique au potentiel d'une couche distribuée sur la surface σ. On peut vérifier que la masse totale de cette couche est nulle; en effet, on a

$$\int\frac{d(U+V)}{dn'}d\sigma=0,$$

d'après le théorème de Gauss (Ire Partie, Chap. I, n° 12).

20. Pour résoudre les deux équations (9) et (10), désignons par V_1 la valeur que prend cette expression de V pour un point extérieur à la surface σ. La fonction V_1 sera identique à la fonction V fournie par la formule (1) et prise pour ce même point. En effet, ces deux fonctions auront la même valeur sur la surface σ et satisferont à l'extérieur aux équations

$$\Delta V=0,\qquad \Delta V_1=0$$

et, en général, aux conditions d'un potentiel d'une masse renfermée sous σ.

Nous aurons ensuite deux formules pour représenter la densité de la couche correspondant aux potentiels intérieur et extérieur V et V_1 : la formule générale connue et celle qui résulte de la formule (10); nous aurons donc

$$(11)\qquad \rho=-\frac{1}{4\pi}\left(\frac{dV_1}{dn}+\frac{dV}{dn'}\right)=\gamma\frac{d(U+V)}{dn'};$$

il en résulte cette condition à la surface

$$(1+4\pi\gamma)\frac{dV}{dn'}+\frac{dV_1}{dn}+4\pi\gamma\frac{dU}{dn'}=0.$$

V et V_1 ont la même valeur à la surface σ et satisfont, de plus, à cette équation de condition, ce qui les détermine complètement, sachant qu'ils satisfont aux équations $\Delta V = 0$, $\Delta V_1 = 0$. Quand on les aura obtenus, on aura ρ par (11) et φ par (9).

Nous appellerons γ le coefficient d'induction magnétique.

Induction d'un corps diamagnétique.

21. Considérons un corps diamagnétique, mis en présence d'aimants, et essayons d'adopter pour son induction les mêmes équations que pour un corps magnétique. Si l'on pose, en général, comme précédemment,

$$\frac{4\pi(1-k)}{k} = \frac{1}{\gamma},$$

la première équation (5) du n° 18 deviendra

$$-\gamma\left(\frac{dU}{dx} + \frac{dV}{dx}\right) = A.$$

Or, comme pour un corps diamagnétique l'aimantation se fait en sens contraire de ce qu'elle serait dans un corps magnétique, A, B, C auraient donc des signes contraires à ceux qu'ils ont dans un tel corps. Il faudrait donc supposer γ négatif ou $k > 1$. Mais, même en adoptant pour k la signification très générale à laquelle nous nous sommes arrêté (n° 18), il serait impossible d'admettre que k pût avoir une valeur plus grande que l'unité.

Remarquons ensuite que les propriétés des corps diamagnétiques ne sont pas changées, si on les place dans le vide au lieu de les laisser dans l'air, et, d'après cela, admettons que l'éther extérieur au corps diamagnétique est un milieu magnétique.

Nous avons obtenu (n° 19) les deux équations

$$U + V = -\frac{1}{\gamma}\varphi,$$

$$V = \gamma\int \frac{d(U+V)}{dn'}\,\frac{d\sigma}{r}.$$

Soient maintenant γ_1 et γ_2 ce que devient γ pour le corps magnétique et pour l'éther extérieur. Alors nous devons remplacer la dernière formule par la suivante

$$(\alpha)\qquad V=\gamma_1\int\frac{d(U+V)}{dn'}\frac{d\sigma}{r}+\gamma_2\int\frac{d(U+V_1)}{dn}\frac{d\sigma}{r},$$

en désignant par V_1 la valeur de V à l'extérieur. D'après cette formule, V est égal au potentiel d'une couche, dont la densité ρ est donnée par ces deux expressions

$$\rho=-\frac{1}{4\pi}\left(\frac{dV_1}{dn}+\frac{dV}{dn'}\right)=\gamma_1\frac{d(U+V)}{dn'}+\gamma_2\frac{d(U+V_1)}{dn},$$

et, comme les dérivées de U varient d'une manière continue à travers la surface σ, on en conclut

$$(1+4\pi\gamma_2)\frac{d(U+V_1)}{dn}=-(1+4\pi\gamma_1)\frac{d(U+V)}{dn'}.$$

Posons

$$1+4\pi\gamma=\frac{1+4\pi\gamma_1}{1+4\pi\gamma_2},$$

la quantité γ jouera le même rôle que précédemment. Nous aurons, en effet,

$$\gamma=\frac{\gamma_1-\gamma_2}{1+4\pi\gamma_2},$$

$$\frac{d(U+V_1)}{dn}=-(1+4\pi\gamma)\frac{d(U+V)}{dn'}$$

et, en remplaçant dans (α),

$$V=\gamma\int\frac{d(U+V)}{dn'}\frac{d\sigma}{r};$$

γ sera positif ou négatif, suivant que γ_1 sera plus grand ou plus petit que γ_2, et le corps sera magnétique ou diamagnétique suivant ces deux cas.

Dès que nous considérons l'éther extérieur comme un milieu magnétique, il est évident qu'il n'y a plus lieu de regarder un corps magnétique comme composé d'éléments magnétiques, séparés par des intervalles qui ne renferment pas de magnétisme. C'est, en effet, une hypothèse dont nous nous sommes déjà affranchis. Mais il y a lieu, de plus, d'admettre que, dans tout corps appelé *magnétique* ou *diamagnétique,* c'est l'éther qui est magnétisé, et dont l'état indiqué par le coefficient γ_1 change par l'influence des molécules du corps.

Pour les corps fortement magnétiques, γ_1 est très grand en comparaison de γ_2, et l'on peut regarder γ comme sensiblement égal à γ_1.

Sur l'induction magnétique d'un corps cristallisé.

22. Admettons que les flux de force qui proviennent du magnétisme se propagent de la même manière que les flux de chaleur.

Supposons un corps cristallisé influencé par des actions magnétiques et désignons par X, Y, Z les trois flux de force qui traversent trois éléments de plan passant par un même point de ce corps et parallèles aux plans de coordonnées, ces flux étant estimés par unité de surface. Ces trois flux, qui représentent les composantes de l'action magnétique, ne seront pas, comme dans les corps isotropes, les dérivées par rapport à x, y, z d'une même fonction. Mais admettons que ces flux sont des fonctions linéaires de ces trois dérivées, ainsi que cela a lieu pour les trois flux de chaleur correspondants. (*Voir* LAMÉ, *Théorie analytique de la chaleur,* 3e Leçon.) Posons, en conséquence,

$$(1)\qquad \begin{cases} X = \alpha \dfrac{dV}{dx} + \beta \dfrac{dV}{dy} + \gamma \dfrac{dV}{dz}, \\ Y = \alpha' \dfrac{dV}{dx} + \beta' \dfrac{dV}{dy} + \gamma' \dfrac{dV}{dz}, \\ Z = \alpha'' \dfrac{dV}{dx} + \beta'' \dfrac{dV}{dy} + \gamma'' \dfrac{dV}{dz}, \end{cases}$$

les coefficients α, β, ... étant constants.

L'équilibre d'un parallélépipède infiniment petit dont les faces sont parallèles aux plans de coordonnées conduit à l'équation

$$(2)\qquad \frac{dX}{dx} + \frac{dY}{dy} + \frac{dZ}{dz} = 0,$$

et, quand même il existerait d'autres forces, elles ne changeraient pas ces flux, de sorte que les équations (1) et (2) subsisteraient, et l'on en conclut

$$(3)\quad \begin{cases} \alpha \dfrac{d^2V}{dx^2} + \beta' \dfrac{d^2V}{dy^2} + \gamma'' \dfrac{d^2V}{dz^2} + (\gamma' + \beta'') \dfrac{d^2V}{dy\,dz} \\ \qquad + (\alpha'' + \gamma) \dfrac{d^2V}{dz\,dx} + (\beta + \alpha') \dfrac{d^2V}{dx\,dy} = 0. \end{cases}$$

Les coefficients de cette équation se changent par une transformation de coordonnées comme ceux de l'expression

$$\alpha x^2 + \beta' y^2 + \gamma'' z^2 + (\gamma' + \beta'') yz + (\alpha'' + \gamma) zx + (\beta + \alpha') xy,$$

et l'on peut choisir les nouveaux axes de manière que les coefficients de yz, zx, xy soient nuls : alors l'équation (3) se réduira à la forme

$$a \frac{d^2V}{dx^2} + b \frac{d^2V}{dy^2} + c \frac{d^2V}{dz^2} = 0,$$

que nous représenterons, comme nous l'avons déjà fait (Ire Partie, Chap. IV, n° 26), par

$$\Delta' V = 0;$$

et, comme pour ce système d'axes, on a

$$\gamma' = -\beta'' = l, \qquad \gamma = -\alpha'' = m, \qquad \beta = -\alpha' = n,$$

les formules (1) deviennent

$$\begin{aligned} X &= -\, a \frac{dV}{dx} + n \frac{dV}{dy} + m \frac{dV}{dz}, \\ Y &= -\, n \frac{dV}{dx} - b \frac{dV}{dy} + l \frac{dV}{dz}, \\ Z &= -\, m \frac{dV}{dx} - l \frac{dV}{dy} - c \frac{dV}{dz}. \end{aligned}$$

23. Dans la plupart des cristaux, la propagation de la chaleur se fait de la même manière dans deux directions opposées ; dans ces mêmes cristaux les flux magnétiques se propageront aussi de la même manière dans deux directions contraires, et l'on aura $l = 0$, $m = 0$, $n = 0$, en

sorte que ces expressions prendront cette forme beaucoup plus simple :

$$X = -a\frac{dV}{dx}, \qquad Y = -b\frac{dV}{dy}, \qquad Z = -c\frac{dV}{dz}.$$

Posons

$$R = \sqrt{(x-x')^2 + (y-y')^2 + (z-z')^2},$$

(4) $$r = \sqrt{\frac{(x-x')^2}{a} + \frac{(y-y')^2}{b} + \frac{(z-z')^2}{c}};$$

alors, d'après ce que nous avons vu dans l'endroit cité, X, Y, Z seront les composantes d'une force qui provient d'une masse agissant sur le point (x, y, z), la loi élémentaire de cette action étant que la force que l'élément de masse μ exerce sur ce point est dirigée suivant la droite qui les joint et a pour grandeur $\frac{R}{r^3}\mu$; de plus la valeur de V est de la forme

(5) $$V = \int \frac{\rho\, d\varpi}{r},$$

x', y', z' étant les coordonnées de l'élément de volume $d\varpi$ et ρ sa densité.

Nous bornant maintenant aux cristaux, dans lesquels la propagation de la chaleur se fait de la même manière pour deux directions contraires, nous pouvons substituer à l'hypothèse contenue dans les équations (1) cette autre que l'action entre deux particules magnétiques m et m' a pour grandeur

$$\frac{R}{r^3}mm',$$

cette action étant attractive ou répulsive suivant que les deux fluides sont de signe contraire ou de même signe.

La masse à laquelle se rapporte l'intégrale (5) étant formée des deux fluides magnétiques qui peuvent être considérés comme en égales quantités dans tout élément de cette masse, il faut transformer cette intégrale par un calcul semblable à celui des n°s 1 et 3 et l'on trouvera qu'elle peut se mettre sous cette forme

(6) $$V = \int \left(aA\frac{d\frac{1}{r}}{dx'} + bB\frac{d\frac{1}{r}}{dy'} + cC\frac{d\frac{1}{r}}{dz'} \right) d\varpi,$$

r étant toujours donné par la formule (4) et A, B, C étant des fonctions de x', y', z'. Toutefois cette dernière formule suppose le point (x, y, z) extérieur au cristal H, mais placé dans une substance identique à ce cristal et qui y est contiguë.

24. Cherchons les composantes de toutes les forces qui sollicitent un point intérieur P ou (x, y, z) du cristal induit H.

Le potentiel U des masses inductrices doit satisfaire à l'intérieur de H à l'équation

$$\Delta' \mathrm{U} = 0,$$

et les composantes de la force correspondante sont

$$-a\frac{d\mathrm{U}}{dx}, \quad -b\frac{d\mathrm{U}}{dy}, \quad -c\frac{d\mathrm{U}}{dz}.$$

Regardons d'abord U comme une fonction donnée à l'intérieur du cristal ; nous verrons plus loin comment on pourra la déterminer, les masses inductrices étant données.

Il reste à déterminer l'action du corps H sur le point P.

Partageons l'expression (6) en trois parties correspondant aux trois termes soumis au signe d'intégration. Examinons d'abord la première partie

$$(7) \qquad a\int \mathrm{A}\frac{d\frac{1}{r}}{dx'}\,d\varpi = a\int \mathrm{A}\cos\lambda\frac{d\sigma}{r} - a\int\frac{d\mathrm{A}}{dx'}\frac{d\varpi}{r};$$

elle se déduit de (6) en faisant B = 0, C = 0, et elle peut être considérée comme correspondant à une masse magnétique dont l'axe d'aimantation est dirigé suivant l'axe des x et dont le moment magnétique est aA.

Partageons l'intégrale du premier membre en deux parties : l'une relative à un cylindre de dimensions très petites, qui renferme le point P et dont la hauteur, très petite néanmoins par rapport aux dimensions de la base, soit dirigée suivant l'axe des x, l'autre partie relative au volume restant du corps H. Appliquons la formule (7) au volume du cylindre, en désignant par v ce que devient le premier membre. La seconde intégrale du second membre sera négligeable vis-à-vis de la première, et il restera

$$v = \mathrm{A}a\left(\int \frac{d\sigma'}{r} - \int \frac{d\sigma'_1}{r_1}\right),$$

σ' étant la base la plus éloignée, σ'_1 la plus rapprochée de l'origine des coordonnées, r et r_1 les distances de $d\sigma'$ et de $d\sigma'_1$ au point P.

Faisons passer l'axe des x par le point P, tout en conservant la direction des trois axes; nous aurons $y = 0$, $z = 0$. En désignant par (x', y', z') un point de σ', nous aurons

$$r = \sqrt{\frac{(x - x')^2}{a} + \frac{y'^2}{b} + \frac{z'^2}{c}};$$

posons

$$x' - x = u, \qquad y' = \mathrm{R}\cos\theta, \qquad z' = \mathrm{R}\sin\theta, \qquad d\sigma' = \mathrm{R}\,d\mathrm{R}\,d\theta;$$

il en résultera

$$r = \sqrt{\frac{u^2}{a} + \mathrm{R}^2\left(\frac{\cos^2\theta}{b} + \frac{\sin^2\theta}{c}\right)};$$

$$\frac{dv}{dx} = -\mathrm{A}a\left(\int \frac{1}{r^2}\frac{dr}{dx}d\sigma' - \int \frac{1}{r_1^2}\frac{dr_1}{dx}d\sigma'_1\right).$$

Calculons la première intégrale ; nous avons

$$\int \frac{1}{r^2}\frac{dr}{dx}d\sigma' = -\frac{u}{a}\int\int \frac{1}{r^3}\mathrm{R}\,d\mathrm{R}\,d\theta.$$

Posons

$$\frac{\cos^2\theta}{b} + \frac{\sin^2\theta}{c} = \mathrm{P};$$

en intégrant depuis $\mathrm{R} = 0$ jusqu'à une valeur de R très grande par rapport à u, nous avons

$$\int \frac{\mathrm{R}\,d\mathrm{R}}{\left(\frac{u^2}{a} + \mathrm{P}\mathrm{R}^2\right)^{\frac{3}{2}}} = \frac{\sqrt{a}}{\mathrm{P}u};$$

il en résulte

$$\int \frac{1}{r^2}\frac{dr}{dx}d\sigma' = -\frac{1}{\sqrt{a}}\int_0^{2\pi}\frac{d\theta}{\mathrm{P}} = -\frac{2\pi\sqrt{abc}}{a}.$$

On obtient de même

$$-\int \frac{1}{r_1^2}\frac{dr_1}{dx}d\sigma'_1 = -\frac{2\pi\sqrt{abc}}{a}.$$

On en conclut

$$-a\frac{d\varphi}{dx} = -4\pi\sqrt{abc}\,\mathrm{A}a.$$

25. Cette expression n'est pas la force qui provient du cylindre aimanté parallèlement à l'axe des x ; mais, comme pour les corps isotropes, nous admettrons que cette force est égale à l'expression précédente multipliée par une quantité constante $\frac{1}{k} > 1$. Ainsi l'action du cylindre sur le point P est dirigée suivant l'axe des x et a pour valeur

$$-\frac{a}{k}\frac{d\varphi}{dx},$$

et la composante suivant l'axe des x de la partie restante de H est

$$-a\frac{d\mathrm{V}}{dx} + a\frac{d\varphi}{dx};$$

donc la somme des composantes des forces, suivant l'axe des x, est

$$-a\frac{d\mathrm{U}}{dx} - a\frac{d\mathrm{V}}{dx} - 4\pi\sqrt{abc}\frac{1-k}{k}\mathrm{A}a,$$

et elle doit être égalée à zéro. Il en résulte la première des trois équations toutes semblables

$$(8)\quad \left\{\begin{aligned} &\frac{d\mathrm{U}}{dx} + \frac{d\mathrm{V}}{dx} + 4\pi\sqrt{abc}\frac{1-k}{k}\mathrm{A} = 0,\\ &\frac{d\mathrm{U}}{dy} + \frac{d\mathrm{V}}{dy} + 4\pi\sqrt{abc}\frac{1-k}{k}\mathrm{B} = 0,\\ &\frac{d\mathrm{U}}{dz} + \frac{d\mathrm{V}}{dz} + 4\pi\sqrt{abc}\frac{1-k}{k}\mathrm{C} = 0.\end{aligned}\right.$$

Multiplions ces trois équations respectivement par dx, dy, dz et ajoutons, nous aurons

$$d\mathrm{U} + d\mathrm{V} + 4\pi\sqrt{abc}\frac{1-k}{k}(\mathrm{A}\,dx + \mathrm{B}\,dy + \mathrm{C}\,dz) = 0.$$

Il résulte de cette équation que $A\,dx + B\,dy + C\,dz$ est une différentielle exacte; posons donc

$$A\,dx + B\,dy + C\,dz = d\varphi, \tag{9}$$

et nous aurons, en intégrant,

$$U + V + 4\pi\sqrt{abc}\,\frac{1-k}{k}\,\varphi = 0. \tag{10}$$

On a, par suite,

$$\Delta' U + \Delta' V + 4\pi\sqrt{abc}\,\frac{1-k}{k}\,\Delta'\varphi = 0;$$

les deux premiers termes de cette équation sont nuls, cela est évident pour $\Delta' U$: nous allons le démontrer pour $\Delta' V$, en sorte qu'on aura aussi

$$\Delta'\varphi = 0. \tag{11}$$

L'expression de V peut s'écrire

$$V = \int (aA\cos\lambda + bB\cos\mu + cC\cos\nu)\frac{d\sigma}{r} - \int\left(a\frac{dA}{dx'} + b\frac{dB}{dy'} + c\frac{dC}{dz'}\right)\frac{d\varpi}{r}.$$

Le Δ' de la première intégrale est nul, le Δ' de la seconde s'obtient d'après un théorème démontré dans la Ire Partie (Chap. IV, n° 29), en sorte que l'on a

$$\Delta' V = 4\pi\sqrt{abc}\left(a\frac{dA}{dx} + b\frac{dB}{dy} + c\frac{dC}{dz}\right).$$

Différentions les équations (8) respectivement par rapport à x, y, z et multiplions-les par a, b, c, puis ajoutons; nous trouverons

$$a\frac{dA}{dx} + b\frac{dB}{dy} + c\frac{dC}{dz} = 0; \tag{12}$$

on a donc aussi $\Delta' V = 0$ et l'équation (11).

De l'équation (9) on conclut, en mettant x', y', z' au lieu de x, y, z,

$$A = \frac{d\varphi}{dx'}, \qquad B = \frac{d\varphi}{dy'}, \qquad C = \frac{d\varphi}{dz'};$$

donc, d'après (12), l'expression de V devient

$$V = \int \left(a \frac{d\varphi}{dx'} \cos\lambda + b \frac{d\varphi}{dy'} \cos\mu + c \frac{d\varphi}{dz'} \cos\nu \right) \frac{d\sigma}{r}.$$

Selon ce qui a été dit (endroit cité, n° 24), nous pouvons remplacer la quantité entre parenthèses par $-\mathrm{T}\frac{d\varphi}{dt'}$, en posant

$$\mathrm{T} = \sqrt{a^2 \cos^2\lambda + b^2 \cos^2\mu + c^2 \cos^2\nu},$$

et t' étant une ligne menée à l'intérieur de σ et dont la direction (α, β, γ) est indiquée par les équations

$$\cos\alpha = -\frac{a\cos\lambda}{\mathrm{T}}, \qquad \cos\beta = -\frac{b\cos\mu}{\mathrm{T}}, \qquad \cos\gamma = -\frac{c\cos\nu}{\mathrm{T}}.$$

Ainsi l'expression de V devient

$$V = -\int \mathrm{T} \frac{d\varphi}{dt'} \frac{d\sigma}{r}. \tag{13}$$

Les deux fonctions V et φ seront données à l'intérieur de σ par les deux équations (10) et (13).

Ainsi, pour un corps cristallisé, comme pour un corps isotrope, V est identique au potentiel d'une couche distribuée sur la surface du cristal, contrairement à ce qu'avait trouvé August Beer.

26. Si nous posons

$$\frac{1-k}{k} = \frac{1}{g},$$

nous pourrons écrire, au lieu des équations (10) et (13,

$$U + V = -\frac{4\pi\sqrt{abc}}{g}\varphi,$$

$$V = \frac{g}{4\pi\sqrt{abc}} \int \mathrm{T} \frac{d(U+V)}{dt'} \frac{d\sigma}{r}. \tag{α}$$

Imaginons, pour faire le calcul, que le cristal soit prolongé jusqu'à l'infini, en dehors de σ, et soit V' la valeur du potentiel à l'extérieur de σ, provenant de la couche dont il vient d'être parlé, on aura (Ire Partie, Chap. IV, n° 27)

$$(\beta) \qquad V = -\frac{1}{4\pi\sqrt{abc}}\int T\left(\frac{dV'}{dt} + \frac{dV}{dt'}\right)\frac{d\sigma}{r},$$

t étant la direction opposée à t'. Identifiant (α) et (β), nous aurons cette équation à la surface

$$(\gamma) \qquad -g\frac{d(U+V)}{dt'} = \frac{dV'}{dt} + \frac{dV}{dt'}.$$

Les deux fonctions V et V′ sont deux potentiels qui satisfont aux équations

$$\Delta' V = 0, \qquad \Delta' V' = 0,$$

la première en dedans, la seconde en dehors de σ; elles satisfont sur la surface σ à la condition (γ) et à cette autre

$$V = V';$$

il en résulte qu'on pourra les déterminer. La fonction V nous est d'ailleurs seule utile.

Désignons par V_1 le potentiel du magnétisme induit dans le cristal, pris à l'extérieur de la surface σ de ce cristal. La fonction V_1 satisfait à l'équation

$$\Delta V_1 = 0$$

et aux conditions ordinaires du potentiel. De plus, sa valeur est connue sur la surface σ; car elle est celle de la fonction V qui est maintenant connue. La fonction V_1 est donc déterminée.

27. *Calcul de la valeur de* U *à l'intérieur du cristal.* — Dans ce qui précède, nous avons supposé connue la valeur de U à l'intérieur du corps induit; examinons comment on pourra la déterminer.

Soient T le corps inducteur et H le corps induit cristallisé. Pour obtenir un problème qui conduise aux mêmes calculs, remplaçons l'espace extérieur à T et à H par un corps isotrope indéfini et le corps T par une source de chaleur qui ne varie pas avec le temps, et dont la somme des flux est nulle, et laissons le cristal H. Le corps isotrope indéfini tendra vers un équilibre de température qui ne sera pas le même que si l'espace renfermé dans H était occupé par un corps isotrope identique à celui qui l'entoure.

On voit, de même, que le potentiel U du corps T, pris à la surface σ de H, ne sera pas le même que si ce corps était remplacé par le vide ou par un corps isotrope. La détermination du potentiel U à la surface de H serait, en général, extrêmement difficile.

Néanmoins, si a, b, c sont peu différents entre eux, on pourra admettre approximativement que U n'est pas changé à la surface σ de H, par suite de la nature de H. Il en sera de même si le cristal est un très petit corps ou une aiguille.

Dans ces cas, on pourra calculer U à la manière ordinaire en tous les points de la surface σ, si le magnétisme du corps T est donné. Puis on en pourra conclure la valeur de U à l'intérieur de σ.

On pourra encore calculer U quand le corps inducteur sera très éloigné, en sorte que la force inductrice puisse être considérée comme constante en grandeur et en direction.

Désignons alors par F la force inductrice, et par F_1, F_2, F_3 ses trois composantes; nous aurons, pour les flux de force sur σ à l'extérieur et à l'intérieur,

$$\frac{dU}{dn} = F_1 \cos\lambda + F_2 \cos\mu + F_3 \cos\nu,$$

$$-P\frac{dU}{dt'} = a\frac{dU}{dx}\cos\lambda + b\frac{dU}{dy}\cos\mu + c\frac{dU}{dz}\cos\nu.$$

Ces deux flux seront égaux, quelle que soit la direction (λ, μ, ν) de la normale, si l'on pose

$$a\frac{dU}{dx} = F_1, \qquad b\frac{dU}{dy} = F_2, \qquad c\frac{dU}{dz} = F_3;$$

on a, par suite,

$$U = \frac{F_1}{a}x + \frac{F_2}{b}y + \frac{F_3}{c}z.$$

Telle est la valeur de U à la surface σ et, par suite, aussi à son intérieur.

Aimants particuliers.

28. Si un aimant affecte la forme d'un long filet, dont la section est infiniment petite et dont l'axe magnétique est partout normal à la section, cet aimant est dit un *solénoïde magnétique*.

Aimant solénoïdal simple. — Un aimant élémentaire, dont le volume est $d\varpi$ et dont le moment magnétique est M, a pour potentiel (n° 2)

$$\frac{\mathrm{M}\,d\varpi\cos(r,s)}{r^2}.$$

Désignons par ds la longueur d'un élément du solénoïde compris entre deux sections droites infiniment voisines, et posons

$$\mathrm{M}\,d\varpi = m\,ds;$$

nous aurons donc

$$m = \mathrm{M}\omega,$$

ω étant la section droite du solénoïde; puis le potentiel de l'élément de solénoïde aura pour valeur

$$(1)\qquad \frac{m\,ds\cos(r,s)}{r^2} = \frac{m}{r^2}\frac{dr}{ds}ds.$$

Lorsque la quantité m, qui est le produit du moment magnétique par la section droite, a la même valeur tout le long du solénoïde magnétique, on dit que ce solénoïde est simple.

Intégrant (1) tout le long du solénoïde, on aura, pour son potentiel,

$$\mathrm{V} = m\left(-\frac{1}{r_2} + \frac{1}{r_1}\right),$$

si l'on désigne par r_1 et r_2 les valeurs de r pour les extrémités positive et négative. La valeur de V ne dépend donc pas de la forme du solénoïde, mais seulement de ses extrémités. On voit aussi que le potentiel d'un solénoïde simple fermé est nul.

Si un aimant est formé de solénoïdes qui sont fermés ou dont les extrémités sont sur sa surface, alors la densité du magnétisme est nulle en tout point intérieur. Donc, d'après l'équation du n° 3,

$$V = \int M \cos(M, n) \frac{d\sigma}{r} - \int \left(\frac{dA}{dx} + \frac{dB}{dy} + \frac{dC}{dz} \right) \frac{d\varpi}{r},$$

on a

$$(2) \qquad \frac{dA}{dx} + \frac{dB}{dy} + \frac{dC}{dz} = 0.$$

On peut démontrer facilement que réciproquement, si les composantes A, B, C du moment magnétique satisfont à l'équation (2), la distribution du magnétisme est solénoïdale simple.

29. *Aimants lamellaires.* — Supposons un aimant formé de doubles couches qui sont fermées ou dont les bords sont sur la surface de l'aimant. La distribution du magnétisme est dite *lamellaire*.

Supposons d'abord que la fonction φ, qui représente la *puissance magnétique* d'une double couche, soit variable dans l'étendue de cette couche. Désignons par

$$\psi(x, y, z) = \text{const.}$$

l'équation des surfaces qui terminent ces doubles couches. La direction (A, B, C) est normale à ces surfaces et par suite on a

$$\frac{A}{\frac{d\psi}{dx}} = \frac{B}{\frac{d\psi}{dy}} = \frac{C}{\frac{d\psi}{dz}}.$$

Éliminons la fonction ψ entre ces deux équations. Désignons par P la valeur de ces trois rapports égaux ; nous aurons

$$A = P \frac{d\psi}{dx}, \qquad B = P \frac{d\psi}{dy}, \qquad C = P \frac{d\psi}{dz};$$

nous en tirons

$$\frac{dC}{dy} - \frac{dB}{dz} = \frac{dP}{dy} \frac{d\psi}{dz} - \frac{dP}{dz} \frac{d\psi}{dy},$$

$$\frac{dA}{dz} - \frac{dC}{dx} = \frac{dP}{dz} \frac{d\psi}{dx} - \frac{dP}{dx} \frac{d\psi}{dz},$$

$$\frac{dB}{dx} - \frac{dA}{dy} = \frac{dP}{dx} \frac{d\psi}{dy} - \frac{dP}{dy} \frac{d\psi}{dx}.$$

Multiplions ces trois équations respectivement par A, B, C et ajoutons; nous aurons

$$A\left(\frac{dC}{dy}-\frac{dB}{dz}\right)+B\left(\frac{dA}{dz}-\frac{dC}{dx}\right)+C\left(\frac{dB}{dx}-\frac{dA}{dy}\right)=0,$$

qui donne la condition de cette distribution du magnétisme.

Dans le cas où φ est constant dans toute l'étendue d'une couche, la distribution est dite *lamellaire simple*. Désignons par Φ la somme des quantités φ pour les couches situées entre le point (x, y, z) et un point fixe D de l'aimant; nous aurons

$$\Phi=\int M\,dn,$$

quantité qui restera la même, quelle que soit la ligne menée du point (x, y, z) au point D; cette formule peut s'écrire

$$\Phi=\int(A\,dx+B\,dy+C\,dz),$$

et il en résulte

$$A=\frac{d\Phi}{dx},\qquad B=\frac{d\Phi}{dy},\qquad C=\frac{d\Phi}{dz}.$$

Réciproquement, si A, B, C sont de cette forme, le moment magnétique sera partout normal aux surfaces

$$(3)\qquad \Phi=\text{const.}$$

On voit ensuite que la fonction $\Phi=\int M\,dn$ reste constante, quel que soit le chemin suivi entre deux surfaces déterminées, prises parmi les surfaces (3). Donc $M\,dn$ est une quantité constante entre deux de ces surfaces prises infiniment voisines; par suite, elles comprennent une couche lamellaire simple.

Expressions des composantes du moment magnétique en chaque point d'un aimant.

30. Soit P un point dont les coordonnées sont x', y', z' et situé à l'intérieur d'un aimant isotrope. Concevons que l'on enlève autour de

ce point un cylindre extrêmement petit, et dont la hauteur, très petite par rapport aux dimensions de la base, soit dirigée suivant l'axe d'aimantation. Nous avons vu que les composantes de la force produite sur le point P par le reste de l'aimant sont (nº 14)

$$(A)\qquad \begin{cases} X = -\dfrac{dV}{dx'} + 4\pi A, \\ Y = -\dfrac{dV}{dy'} + 4\pi B, \\ Z = -\dfrac{dV}{dz'} + 4\pi C, \end{cases}$$

en posant

$$V = \int \left(A \frac{d\frac{1}{r}}{dx} + B \frac{d\frac{1}{r}}{dy} + C \frac{d\frac{1}{r}}{dz} \right) d\varpi,$$

l'intégrale étant étendue à tous les éléments $d\varpi$ du volume de l'aimant, et x, y, z représentant les coordonnées de $d\varpi$. Cette force a été considérée pour la première fois par Thomson.

Nous allons mettre les valeurs de X, Y, Z sous une autre forme. Considérons une portion infiniment petite de l'aimant; nous aurons, pour son potentiel,

$$v = -\left(A \frac{dr^{-1}}{dx'} + B \frac{dr^{-1}}{dy'} + C \frac{dr^{-1}}{dz'} \right) d\varpi;$$

il en résulte

$$(\alpha)\qquad -\frac{dv}{dx'} = \left(A \frac{d^2 r^{-1}}{dx'^2} + B \frac{d^2 r^{-1}}{dx'\,dy'} + C \frac{d^2 r^{-1}}{dx'\,dz'} \right) d\varpi.$$

On a d'ailleurs

$$\frac{d^2 r^{-1}}{dx'^2} + \frac{d^2 r^{-1}}{dy'^2} + \frac{d^2 r^{-1}}{dz'^2} = 0;$$

éliminant $\dfrac{d^2 r^{-1}}{dx'^2}$ de la formule (α), au moyen de cette dernière équation, on obtient

$$-\frac{dv}{dx'} = \frac{d}{dy'}\left(-A \frac{dr^{-1}}{dy'} + B \frac{dr^{-1}}{dx'} \right) d\varpi - \frac{d}{dz'}\left(-C \frac{dr^{-1}}{dx'} + A \frac{dr^{-1}}{dz'} \right) d\varpi.$$

On aura donc, en remarquant que $\frac{dr}{dx'} = -\frac{dr}{dx}, \ldots,$

$$\begin{aligned} X = &\frac{d}{dy'}\int\int\int\left(A\frac{dr^{-1}}{dy} - B\frac{dr^{-1}}{dx}\right)dx\,dy\,dz \\ &-\frac{d}{dz'}\int\int\int\left(C\frac{dr^{-1}}{dx} - A\frac{dr^{-1}}{dz}\right)dx\,dy\,dz, \end{aligned}$$

les intégrales étant étendues à tout le volume de l'aimant, diminué du cylindre infiniment petit. Posons

$$(\beta)\qquad \left\{\begin{aligned} F &= \int\int\int\left(B\frac{dr^{-1}}{dz} - C\frac{dr^{-1}}{dy}\right)dx\,dy\,dz, \\ G &= \int\int\int\left(C\frac{dr^{-1}}{dx} - A\frac{dr^{-1}}{dz}\right)dx\,dy\,dz, \\ H &= \int\int\int\left(A\frac{dr^{-1}}{dy} - B\frac{dr^{-1}}{dx}\right)dx\,dy\,dz, \end{aligned}\right.$$

les intégrales s'étendant de la même manière, et il en résultera

$$(\gamma)\qquad X = \frac{dH}{dy'} - \frac{dG}{dz'}, \qquad Y = \frac{dF}{dz'} - \frac{dH}{dx'}, \qquad Z = \frac{dG}{dx'} - \frac{dF}{dy'}.$$

Considérons la première de ces trois expressions. Les intégrales qui représentent H et G étant étendues à tout l'aimant diminué d'un cylindre infiniment petit, examinons les valeurs de $\frac{dH}{dy'}$ et $\frac{dG}{dz'}$, quand on prend les expressions de H et G pour ce cylindre, que je désignerai par H_1 et G_1.

Nous aurons

$$\begin{aligned} \frac{dH_1}{dy'} &= \int\int\int\left(A\frac{d^2r^{-1}}{dy\,dy'} - B\frac{d^2r^{-1}}{dx\,dy'}\right)dx\,dy\,dz \\ &= -\int\int\int\left(A\frac{d^2r^{-1}}{dy^2} - B\frac{d^2r^{-1}}{dx\,dy}\right)dx\,dy\,dz, \end{aligned}$$

les intégrales étant étendues au volume du cylindre. Or, en faisant un calcul analogue à celui du n° 14, nous trouverons

$$\int\int\int A\frac{d^2r^{-1}}{dy^2}dx\,dy\,dz = -\tfrac{4}{3}A\pi, \qquad \int\int\int B\frac{d^2r^{-1}}{dx\,dy}dx\,dy\,dz = 0;$$

il en résulte

$$\frac{dH_1}{dy'} = -\tfrac{4}{3}A\pi.$$

On a, de même,

$$\frac{dG_1}{dz'} = -\int\int\int\left(C\frac{d^2 r^{-1}}{dx\,dz} - A\frac{d^2 r^{-1}}{dz^2}\right)dx\,dy\,dz = \tfrac{4}{3}A\pi.$$

et, par suite,

$$\frac{dH_1}{dy'} - \frac{dG_1}{dz'} = -\tfrac{8}{3}A\pi.$$

Donc, si nous voulons maintenant que, dans les formules (β), les intégrales se rapportent à tout le volume de l'aimant, nous devrons retrancher respectivement $-\tfrac{8}{3}A\pi$, $-\tfrac{8}{3}B\pi$, $-\tfrac{8}{3}C\pi$ des seconds membres des équations (γ), et nous aurons

$$(B)\qquad \begin{cases} X = \dfrac{dH}{dy'} - \dfrac{dG}{dz'} + \tfrac{8}{3}A\pi, \\ Y = \dfrac{dF}{dz'} - \dfrac{dH}{dx'} + \tfrac{8}{3}B\pi, \\ Z = \dfrac{dG}{dx'} - \dfrac{dF}{dy'} + \tfrac{8}{3}C\pi. \end{cases}$$

31. Égalons maintenant les deux systèmes de valeurs (A) et (B), trouvés pour X, Y, Z, et nous obtiendrons

$$\tfrac{4}{3}A\pi = \frac{dV}{dx'} + \frac{dH}{dy'} - \frac{dG}{dz'},$$

$$\tfrac{4}{3}B\pi = \frac{dV}{dy'} + \frac{dF}{dz'} - \frac{dH}{dx'},$$

$$\tfrac{4}{3}C\pi = \frac{dV}{dz'} + \frac{dG}{dx'} - \frac{dF}{dy'}.$$

Les parties

$$\frac{dV}{dx'},\quad \frac{dV}{dy'},\quad \frac{dV}{dz'}$$

de ces expressions correspondent à un aimant lamellaire simple (n° 29). Les parties

$$\frac{dH}{dy'} - \frac{dG}{dz'},\quad \frac{dF}{dz'} - \frac{dH}{dx'},\quad \frac{dG}{dx'} - \frac{dF}{dy'}$$

correspondent à un aimant solénoïdal simple, puisque l'on a (n° 28)

$$\frac{d}{dx'}\left(\frac{dH}{dy'} - \frac{dG}{dz'}\right) + \frac{d}{dy'}\left(\frac{dF}{dz'} - \frac{dH}{dx'}\right) + \frac{d}{dz'}\left(\frac{dG}{dx'} - \frac{dF}{dy'}\right) = 0.$$

Donc, dans le cas le plus général, tout aimant peut être considéré comme résultant de la superposition d'une aimantation lamellaire simple et d'une aimantation solénoïdale simple.

DES DIÉLECTRIQUES.

Sur la polarisation électrique.

32. Nous avons exposé, dans le Chapitre III, le rôle des diélectriques en Électrostatique. La théorie que nous y avons développée a suffi pour expliquer complètement les phénomènes que présente le condensateur. Nous allons reprendre la même question, en suivant une tout autre voie qui nous permettra de pénétrer plus profondément dans le sujet, et non seulement nous ne rencontrerons aucune contradiction avec la première théorie, mais celle-ci se trouvera complètement vérifiée.

Nous avons défini (Chap. III, n° 8) ce qu'on entend par la polarisation électrique, mais nous ne nous en sommes pas servi pour expliquer les phénomènes relatifs aux diélectriques. D'après cette polarisation, on peut considérer un diélectrique, influencé par de l'électricité, comme divisé en prismes rectangles extrêmement petits, portant sur les deux bases des quantités égales des deux électricités. Cette polarisation est donc entièrement semblable à la distribution du magnétisme induit dans le fer doux, et l'on peut appliquer à cette polarisation les raisonnements qui ont servi pour l'induction magnétique.

Adoptons les mêmes notations qu'aux n°s 16-19. Désignons par U le potentiel de l'électricité extérieure au diélectrique H, et par V le potentiel de l'électricité de polarisation de ce corps. De plus, pour plus de généralité, supposons que ce diélectrique renferme de l'électricité libre, ayant v pour potentiel. Représentons aussi par A, B, C les moments de polarisation, suivant les axes des x, y, z, quantités qui remplacent les moments magnétiques suivant les mêmes axes.

33. Nous aurons d'abord

$$(1)\qquad V = \int \left(A \frac{d\frac{1}{r}}{dx'} + B \frac{d\frac{1}{r}}{dy'} + C \frac{d\frac{1}{r}}{dz'} \right) d\varpi,$$

l'intégrale s'étendant à tout le volume du diélectrique, puis, par les raisonnements des numéros cités, nous arriverons à ces équations, qui doivent être satisfaites en chaque point (x, y, z) de ce corps,

$$(2)\qquad \begin{cases} \dfrac{dU}{dx} + \dfrac{dV}{dx} + \dfrac{dv}{dx} + \dfrac{1}{\gamma} A = 0, \\ \dfrac{dU}{dy} + \dfrac{dV}{dy} + \dfrac{dv}{dy} + \dfrac{1}{\gamma} B = 0, \\ \dfrac{dU}{dz} + \dfrac{dV}{dz} + \dfrac{dv}{dz} + \dfrac{1}{\gamma} C = 0. \end{cases}$$

La quantité γ était précédemment le coefficient d'induction magnétique; supposant le corps magnétique homogène, nous avons dû prendre γ constant. Appelons ici γ le *coefficient de polarisation,* et, pour plus de généralité, supposons que la nature du diélectrique varie d'un point à un autre et que γ soit une fonction donnée de x, y, z.

Des équations (2) on tire

$$(3)\qquad dU + dV + dv + \frac{1}{\gamma}(A\,dx + B\,dy + C\,dz) = 0.$$

L'expression $\frac{1}{\gamma}(A\,dx + B\,dy + C\,dz)$ est une différentielle exacte que je représente par $-d\psi$, et j'aurai

$$A = -\gamma \frac{d\psi}{dx}, \qquad B = -\gamma \frac{d\psi}{dy}, \qquad C = -\gamma \frac{d\psi}{dz},$$

et aussi, en intégrant (3) et négligeant une constante que je puis supposer renfermée dans ψ,

$$U + V + v = \psi.$$

De cette dernière équation, on déduit

$$(4)\qquad \Delta U + \Delta V + \Delta v - \Delta\psi = 0.$$

La formule (1) peut se transformer ainsi

$$V = \int (A\cos\lambda + B\cos\mu + C\cos\nu)\frac{d\sigma}{r} - \int\left(\frac{dA}{dx'} + \frac{dB}{dy'} + \frac{dC}{dz'}\right)\frac{d\varpi}{r},$$

λ, μ, ν étant les angles de la normale extérieure à la surface σ qui termine le diélectrique, et l'on en conclut, pour la valeur de ΔV au point (x, y, z),

$$\Delta V = 4\pi\left(\frac{dA}{dx} + \frac{dB}{dy} + \frac{dC}{dz}\right).$$

Si l'on désigne par D la densité de l'électricité intérieure au diélectrique, on a

$$\Delta U = 0, \qquad \Delta v = -4\pi D.$$

Ainsi l'équation (4) deviendra

$$4\pi\left(\frac{dA}{dx} + \frac{dB}{dy} + \frac{dC}{dz}\right) - 4\pi D - \Delta\psi = 0.$$

Si dans cette équation on remplace A, B, C par leurs valeurs, on obtient une équation à laquelle ψ satisfait

$$(5) \qquad 4\pi\left[\frac{d}{dx}\left(\gamma\frac{d\psi}{dx}\right) + \frac{d}{dy}\left(\gamma\frac{d\psi}{dy}\right) + \frac{d}{dz}\left(\gamma\frac{d\psi}{dz}\right)\right] + \Delta\psi + 4\pi D = 0.$$

Dans l'expression (1) de V remplaçons A, B, C par leurs valeurs, nous aurons

$$V = -\int \gamma\left(\frac{d\psi}{dx'}\frac{d\frac{1}{r}}{dx'} + \frac{d\psi}{dy'}\frac{d\frac{1}{r}}{dy'} + \frac{d\psi}{dz'}\frac{d\frac{1}{r}}{dz'}\right)d\varpi,$$

et nous pouvons transformer cette expression en la suivante :

$$V = -\int\gamma\left(\frac{d\psi}{dx'}\cos\lambda + \frac{d\psi}{dy'}\cos\mu + \frac{d\psi}{dz'}\cos\nu\right)\frac{d\sigma}{r}$$
$$+\int\left[\frac{d}{dx'}\left(\gamma\frac{d\psi}{dx'}\right) + \frac{d}{dy'}\left(\gamma\frac{d\psi}{dy'}\right) + \frac{d}{dz'}\left(\gamma\frac{d\psi}{dz'}\right)\right]\frac{d\varpi}{r}.$$

En nous servant de l'équation (5) et en désignant par dn' l'élément de normale intérieure, nous obtenons

$$(6)\qquad V = \int \gamma \frac{d\psi}{dn'} \frac{d\sigma}{r} - \frac{1}{4\pi} \int (\Delta\psi + 4\pi D) \frac{d\varpi}{r}$$

ou

$$V + v = \int \gamma \frac{d\psi}{dn'} \frac{d\sigma}{r} - \frac{1}{4\pi} \int \Delta\psi \frac{d\varpi}{r}.$$

34. Supposons connus les deux potentiels U et v et proposons-nous de déterminer V. Dans l'équation (5), faisons $\psi = V + U + v$, et elle deviendra

$$(7)\quad \left\{ \begin{aligned} & \frac{d}{dx}\left[(1 + 4\pi\gamma)\frac{dV}{dx}\right] + \frac{d}{dy}\left[(1 + 4\pi\gamma)\frac{dV}{dy}\right] + \frac{d}{dz}\left[(1 + 4\pi\gamma)\frac{dV}{dz}\right] \\ & + 4\pi\left[\frac{d\gamma}{dx}\frac{d(U + v)}{dx} + \frac{d\gamma}{dy}\frac{d(U + v)}{dy} + \frac{d\gamma}{dz}\frac{d(U + v)}{dz}\right] - 16\pi^2\gamma D = 0. \end{aligned} \right.$$

Cette équation en V doit être satisfaite en un point quelconque du diélectrique.

Désignons par V_1 la valeur de V pour un point extérieur au diélectrique; V_1 satisfera à l'équation

$$\Delta V_1 = 0,$$

et nous aurons, sur la surface σ,

$$(8)\qquad V = V_1.$$

D'après la formule (6), V se compose de deux termes, dont le premier est seul discontinu sur σ et représente le potentiel d'une couche, dont la densité est

$$\gamma \frac{d\psi}{dn'} = \gamma \frac{d(V + U + v)}{dn'};$$

mais cette densité a aussi pour valeur

$$-\frac{1}{4\pi}\left(\frac{dV_1}{dn} + \frac{dV}{dn'}\right).$$

Égalant ces deux valeurs, on obtient cette seconde condition à la surface

$$(9)\qquad (1+4\pi\gamma)\frac{dV}{dn'}+\frac{dV_1}{dn}+4\pi\gamma\frac{d(U+v)}{dn'}=0.$$

Les fonctions V et V_1 sont complètement déterminées par l'équation (7) et les deux conditions (8) et (9).

Dans ce qui précède, j'ai supposé le diélectrique H entouré par un autre diélectrique H_1 qui ne se polarise pas ou dont la polarisation est négligeable, ce qui a lieu ordinairement quand H_1 est un gaz qui n'est pas porté à une très haute pression. Mais, si l'on veut tenir compte de la polarisation de H_1, soit γ_1 la valeur qu'y prend γ. D'après le raisonnement du n° 21, on devra remplacer dans la formule (6) l'intégrale relative à la surface σ par

$$\int\left(\gamma\frac{d\psi}{dn'}+\gamma_1\frac{d\psi_1}{dn}\right)\frac{d\sigma}{r},$$

ψ_1 étant ce que devient ψ en dehors de σ, et, au lieu de l'équation (9), on aura

$$(10)\qquad (1+4\pi\gamma)\frac{dV}{dn'}+(1+4\pi\gamma_1)\frac{dV_1}{dn}+4\pi(\gamma-\gamma_1)\frac{d(U+v)}{dn'}=0.$$

Induction des diélectriques.

35. Il nous est maintenant facile de retrouver les équations de l'induction des diélectriques, données au Chapitre III (n^{os} **10** et **11**).

Si nous posons

$$1+4\pi\gamma=q,\qquad 1+4\pi\gamma_1=q_1,$$

l'équation (5) pourra d'abord s'écrire

$$\frac{d\left(q\dfrac{d\psi}{dx}\right)}{dx}+\frac{d\left(q\dfrac{d\psi}{dy}\right)}{dy}+\frac{d\left(q\dfrac{d\psi}{dz}\right)}{dz}=-4\pi D.$$

Sur la surface σ, nous aurons la condition

$$\psi=\psi_1,$$

à laquelle revient l'équation (8), et cette autre condition

$$q\frac{d\psi}{dn'}+q_1\frac{d\psi_1}{dn}=0,$$

à laquelle revient l'équation (10), puisqu'on a

$$\psi=V+U+v.$$

La fonction ψ représente le potentiel total de l'électricité; elle se confond donc avec la fonction V du Chapitre III, et nous retrouvons bien les équations de ce Chapitre.

La détermination de la fonction ψ dépendra des conditions du problème. Supposons, par exemple, qu'on ne connaisse pas la fonction U, mais qu'on ait déterminé par l'expérience la valeur totale ψ du potentiel sur une surface fermée Σ, qui entoure H et qui laisse à son extérieur les masses inductrices dont le potentiel est U. Entre les surfaces σ et Σ, la fonction ψ_1 satisfera à l'équation

$$\Delta\psi_1=0.$$

Les fonctions ψ et ψ_1 se trouveront ainsi complètement déterminées dans H et dans la partie de H_1 comprise entre σ et Σ.

[Dans le Chapitre III, nous avons résolu un cas très particulier de ce problème, en étudiant un condensateur composé de deux diélectriques (n° 18).]

Ayant calculé ψ, on aura V par la formule (6). La fonction V, potentiel de polarisation, n'a qu'un intérêt théorique, car elle ne peut être déterminée directement par l'expérience. La détermination de cette fonction est la seule chose que la théorie actuelle ajoute pour ce problème à ce que nous savons par le Chapitre III.

La théorie du condensateur repose entièrement sur le calcul de la fonction ψ et, jusqu'à présent, on n'avait pas su la dégager de la recherche de V, qui n'y joue qu'un rôle accessoire et doit d'abord en être éliminée. La question est par là beaucoup simplifiée.

Remarquons maintenant que les équations que nous venons d'obtenir pour la fonction ψ démontrent la complète analogie de cette fonction avec la température d'équilibre dans les corps solides. Si la densité D de l'électricité libre du diélectrique n'est pas nulle, pour avoir la même équation dans la théorie de la chaleur, il faut imaginer que le corps solide qui remplace les diélectriques soit le siège d'une source de chaleur qui produise une quantité de chaleur égale à $-4\pi D$ par unité de temps et par unité de volume.

Condensateur.

36. Nous allons compléter la théorie du condensateur donnée au n° **15** du Chapitre III, en déterminant le potentiel de polarisation.

Dans ce Chapitre, le potentiel total était représenté par V; il est maintenant désigné par ψ, la lettre V étant réservée pour le potentiel de polarisation.

Prenons un condensateur formé d'une lame courbe d'un diélectrique, sur les faces de laquelle sont appliquées les deux armatures. Supposons que le condensateur n'ait été chargé que pendant un temps extrêmement court, en sorte que l'électricité n'ait point pénétré dans le diélectrique. Ainsi la quantité v des numéros précédents est nulle. La fonction U représentera le potentiel de l'électricité située sur les surfaces σ_1 et σ_2, abstraction faite de l'électricité de polarisation, et nous aurons

$$\psi = U + V.$$

En désignant par ψ_1 et ψ_2 les valeurs données de ψ sur les surfaces σ_1 et σ_2 qui limitent le diélectrique, nous aurons (n° cité)

$$\rho_1 d\sigma_1 = -\rho_2 d\sigma_2 = -q\,\frac{\psi_2 - \psi_1}{4\pi\varepsilon}\,d\sigma$$

et, si l'épaisseur ε du diélectrique est constante,

$$E_1 = -E_2 = -q\,\frac{\psi_2 - \psi_1}{4\pi\varepsilon}\,\sigma. \tag{1}$$

Nous supposons que q et, par suite, γ sont constants dans le diélectrique; donc on a dans ce corps

$$\Delta\psi = 0.$$

Désignons par $d\omega$ l'élément de la surface des bords de la lame du diélectrique, surface qui n'est pas en contact avec les armatures du diélectrique. L'équation (6) du n° 33 se réduit à

$$V = \gamma \int \frac{d(U+V)}{dn'} \frac{d\sigma_1}{r} + \gamma \int \frac{d(U+V)}{dn'} \frac{d\sigma_2}{r} + \gamma \int \frac{d(U+V)}{dn'} \frac{d\omega}{r};$$

dans chacune de ces intégrales dn' représente l'élément de normale intérieure menée à $d\sigma_1$, $d\sigma_2$ ou $d\omega$ et r la distance de l'élément de surface au point (x, y, z).

Comme d'ailleurs on a, dans le diélectrique,

$$\Delta U = 0, \quad \Delta V = 0,$$

l'expression de V peut s'écrire (Ire Partie, Chap. I, n° 10)

$$(2) \qquad V = \gamma\psi_1 \int \frac{d\frac{1}{r}}{dn'} d\sigma_1 + \gamma\psi_2 \int \frac{d\frac{1}{r}}{dn'} d\sigma_2 + \gamma \int (U+V) \frac{d\frac{1}{r}}{dn'} d\omega.$$

Le dernier terme de cette formule peut être négligé; calculons les deux autres.

En appliquant le théorème de Gauss (Ire Partie, Chap. I, n° 13) à la surface entière de la lame qui est fermée et supposant le point (x, y, z) infiniment près de σ_1 et à l'extérieur, nous aurons

$$\int \frac{d\frac{1}{r}}{dn'} d\sigma_1 + \int \frac{d\frac{1}{r}}{dn'} d\sigma_2 + \int \frac{d\frac{1}{r}}{dn'} d\omega = 0$$

ou, en négligeant la troisième intégrale,

$$(3) \qquad \int \frac{d\frac{1}{r}}{dn'} d\sigma_1 + \int \frac{d\frac{1}{r}}{dn'} d\sigma_2 = 0.$$

D'après le même théorème, on a, pour un point (x, y, z) intérieur au diélectrique,

$$(4) \qquad \int \frac{d\frac{1}{r}}{dn'} d\sigma_1 + \int \frac{d\frac{1}{r}}{dn'} d\sigma_2 = 4\pi.$$

L'épaisseur du diélectrique étant très petite, les secondes intégrales des formules (3) et (4) sont à très peu près égales, et les premières sont à très peu près égales et de signe contraire. On a donc

$$\int \frac{d\frac{1}{r}}{dn'} d\sigma_1 = -2\pi, \qquad \int \frac{d\frac{1}{r}}{dn'} d\sigma_2 = 2\pi,$$

si le point (x, y, z) est infiniment près de σ_1 et en dehors du diélectrique. On a, de même,

$$\int \frac{d\frac{1}{r}}{dn'} d\sigma_1 = 2\pi, \qquad \int \frac{d\frac{1}{r}}{dn'} d\sigma_2 = -2\pi,$$

si le point (x, y, z) est infiniment près de σ_2 et aussi en dehors du diélectrique.

Donc, en appliquant la formule (2) successivement aux cas où le point (x, y, z) est pris sur les surfaces extérieures des couches situées sur σ_1 et σ_2, et désignant par V_1 et V_2 les valeurs qu'y prend V, on a

$$V_1 = -2\pi\gamma(\psi_1 - \psi_2),$$
$$V_2 = 2\pi\gamma(\psi_1 - \psi_2)$$

et, par suite,

$$(5) \qquad V_1 - V_2 = -4\pi\gamma(\psi_1 - \psi_2),$$

formule analogue à celle qui donne la différence des valeurs du potentiel d'une double couche sur les deux côtés de cette double couche (n° 12).

37. Si nous désignons par U_1 et U_2 les valeurs de U sur σ_1 et σ_2, nous aurons

$$U_1 + V_1 = \psi_1, \qquad U_2 + V_2 = \psi_2,$$

et, par suite,

$$(6) \qquad U_1 - U_2 = \psi_1 - \psi_2 - (V_1 - V_2) = (1 + 4\pi\gamma)(\psi_1 - \psi_2).$$

De l'équation (1) on tire

$$\psi_1 - \psi_2 = \frac{4\pi\varepsilon E_1}{q\sigma};$$

portons cette expression dans (5) et (6) et nous obtenons

$$V_1 - V_2 = -4\pi\gamma \frac{4\pi\varepsilon E_1}{q\sigma}, \qquad U_1 - U_2 = (1 + 4\pi\gamma)\frac{4\pi\varepsilon E_1}{q\sigma}.$$

Si nous mettons en communication les deux armatures, les deux couches, dont les densités sont ρ_1 et ρ_2, se combineront aussitôt et la polarisation disparaîtra en même temps, car il résulte des expériences de M. Felici que la polarisation cesse presque instantanément avec la cause qui l'a fait naître, comme le magnétisme induit dans le fer doux.

Clausius a donné les résultats précédents, en 1866; mais il s'est trompé en croyant que l'électricité de polarisation persiste après qu'on a réuni, pendant un temps très court, les deux armatures, et en pensant expliquer de la sorte la charge résiduelle. Il a ainsi confondu l'électricité de polarisation avec l'électricité qui pénètre dans le diélectrique, quand on charge l'appareil pendant un temps qui n'est pas très court.

CHAPITRE V.

PROBLÈMES PARTICULIERS DE LA THÉORIE DU MAGNÉTISME.

Sphère et ellipsoide placés dans un champ uniforme.

1. Nous avons vu qu'une sphère ou un ellipsoïde, dont l'aimantation est constante en grandeur et en direction, se recouvre d'une couche magnétique qui produit en tout point intérieur une force constante (Chap. IV, nos 7 et 8). Il en résulte que, si un corps magnétique homogène de cette forme est placé dans un champ magnétique uniforme, c'est-à-dire dans lequel la force est partout la même en grandeur et en direction, il y prendra une aimantation constante.

Le corps magnétique étant d'abord une sphère, prenons l'axe des x parallèle à la force constante f du champ magnétique. Les trois équations (5) du n° 18 (Chap. IV) se réduiront à la première, dans laquelle A représentera le moment magnétique M et qui deviendra

$$-\frac{dU}{dx}-\frac{dV}{dx}=\frac{1}{\gamma}M.$$

On a $-\frac{dU}{dx}=f$ et, $-\frac{dV}{dx}$ représentant l'action de la couche dont se couvre cette sphère aimantée uniformément, on a

$$-\frac{dV}{dx}=-\tfrac{4}{3}\pi M;$$

donc l'équation de l'induction devient

$$f-\tfrac{4}{3}\pi M=\frac{1}{\gamma}M,$$

et il en résulte, pour la valeur du moment magnétique,

$$M = \frac{f}{\frac{4}{3}\pi + \frac{1}{\gamma}}.$$

2. Si le corps magnétique est un ellipsoïde, désignons par f_1, f_2, f_3 les trois composantes de la force constante du champ, prises suivant les axes de l'ellipsoïde, choisis pour axes des x, y, z. Les trois équations citées de l'induction deviendront

$$f_1 - \frac{dV}{dx} = \frac{1}{\gamma} A,$$

$$f_2 - \frac{dV}{dy} = \frac{1}{\gamma} B,$$

$$f_3 - \frac{dV}{dz} = \frac{1}{\gamma} C.$$

Les deuxièmes termes de ces équations représentent les composantes de la couche magnétique qui revêt l'ellipsoïde, et l'on a trouvé (Chap. IV, n° 8)

$$-\frac{dV}{dx} = -2PA, \qquad -\frac{dV}{dy} = -2QB, \qquad -\frac{dV}{dz} = -2SC.$$

En remplaçant dans les équations précédentes, on obtient, pour les composantes du moment magnétique,

$$A = \frac{f_1\gamma}{2P\gamma + 1}, \qquad B = \frac{f_2\gamma}{2Q\gamma + 1}, \qquad C = \frac{f_3\gamma}{2S\gamma + 1}.$$

L'action extérieure de ce corps est exprimée par des formules données précédemment (n° 9).

Sur la détermination de la constante γ.

3. Proposons-nous de déterminer le coefficient d'induction magnétique γ d'une substance au moyen d'une sphère de cette substance influencée par l'action terrestre.

La sphère magnétique, par l'action de la Terre, prend une aimantation constante et, si l'on prend l'axe des x parallèle à l'axe d'aimantation et qu'on désigne par a le rayon de la sphère, on obtient, pour son potentiel en un point extérieur (Chap. IV, n° 7),

$$V = \tfrac{4}{3}\pi a^3 M \frac{x}{R^3},$$

$R = \sqrt{x^2 + y^2 + z^2}$ étant la distance du point au centre de la sphère, et si l'on remplace M par la valeur qui vient d'être trouvée, on a

$$V = \tfrac{4}{3}\pi a^3 \frac{f\gamma}{\tfrac{4}{3}\pi\gamma + 1}\frac{x}{R^3}.$$

Il est aisé de rapporter cette expression à trois axes rectangulaires quelconques. En effet, l'expression $\frac{fx}{R}$ représente la projection de la force magnétique f de la Terre sur la droite menée du centre de la sphère au point attiré. Si les axes rectangulaires sont quelconques et que f_1, f_2, f_3 soient les projections de la force f sur ces axes, il faudra remplacer cette expression par

$$\frac{f_1 x + f_2 y + f_3 z}{R};$$

on a donc alors

$$V = \frac{4\pi\gamma}{4\pi\gamma + 3} a^3 \frac{f_1 x + f_2 y + f_3 z}{R^3}.$$

Posons, pour abréger,

$$(a) \qquad \frac{4\pi\gamma}{4\pi\gamma + 3} = H,$$

et nous aurons

$$V = H a^3 \frac{f_1 x + f_2 y + f_3 z}{R^3}.$$

Cherchons la valeur de H, afin d'en conclure celle de γ. Pour cela, examinons la déviation d'une aiguille aimantée, produite par la sphère magnétisée.

Prenons dans notre système de coordonnées l'axe des z vertical, puis l'axe des x horizontal et dirigé vers le nord dans le méridien magnétique, enfin l'axe des y dirigé vers l'ouest. Comme f_2 devient nul, nous obtenons

$$V = Ha^3 \frac{f_1 x + f_3 z}{R^3},$$

et nous en déduisons, pour les trois composantes de l'action magnétique de la sphère sur le point extérieur (x, y, z),

$$X = -\frac{dV}{dx} = Ha^3\left(3\frac{f_1 x + f_3 z}{R^5}x - \frac{f_1}{R^3}\right),$$

$$Y = -\frac{dV}{dy} = 3Ha^3\frac{f_1 x + f_3 z}{R^5}y,$$

$$Z = -\frac{dV}{dz} = Ha^3\left(3\frac{f_1 x + f_3 z}{R^5}z - \frac{f_3}{R^3}\right).$$

Supposons l'aiguille assez petite et suffisamment éloignée, pour que X, Y, Z prennent sensiblement la même valeur dans toute l'étendue de l'aiguille. Suspendons-la, de manière qu'elle ne puisse tourner qu'autour d'un axe vertical et que le plan horizontal qui la contient passe par le centre de la sphère. On devra alors faire $z = 0$ dans les formules précédentes. Désignons par φ l'angle que fait avec l'axe des x la droite qui joint le centre de la sphère au centre de l'aiguille, et par υ l'angle de l'aiguille avec le plan méridien; nous aurons

$$\tang \upsilon = \frac{Y}{f_1 + X} = \frac{3Ha^3 \sin\varphi \cos\varphi}{R^3 - Ha^3 + 3Ha^3\cos^2\varphi}.$$

La déviation υ sera donc nulle si le centre de l'aiguille est situé sur l'axe des y ou sur l'axe des x. Entre ces deux positions, l'angle υ prendra une valeur maximum. Comme R est supposé très grand par rapport à a, ce maximum aura lieu pour une valeur de φ, voisine de 45°. Si l'on observe la valeur de l'angle υ pour $\varphi = 45°$, on aura l'équation

$$\tang \upsilon = \frac{3Ha^3}{2R^3 + Ha^3},$$

au moyen de laquelle on calculera H et l'on tirera ensuite γ de la formule (a).

Le nombre γ a sa plus grande valeur dans le fer doux très pur. Suivant Thalén, γ peut atteindre dans cette substance la valeur 32 et même 45.

4. Dans le calcul précédent, on a supposé l'aiguille aimantée assez petite pour que l'action de la sphère puisse être regardée comme la même dans toute la longueur de l'aiguille; mais on peut obtenir une approximation plus grande, en tenant compte de la différence d'action.

Une moitié de l'aiguille peut être considérée comme possédant à sa surface une couche de fluide positif, et l'autre moitié une couche de fluide négatif. Désignons par G_1 et G_2 les pôles de cette aiguille, c'est-à-dire les centres de gravité des deux couches.

Désignons par (x, y, z) le milieu de la droite qui joint GG_1, et par $2l$ la longueur GG_1. Supposons que le point (x, y, z) coïncide avec le centre de rotation de l'aiguille, et soient x_1, y_1 les coordonnées de G_1, x_2, y_2 celles de G_2; nous aurons

$$x_1 = x + l\cos\upsilon, \qquad y_1 = y + l\sin\upsilon,$$
$$x_2 = x - l\cos\upsilon, \qquad y_2 = y - l\sin\upsilon.$$

Désignons par X_1, Y_1 et X_2, Y_2 ce que deviennent X et Y aux points G_1 et G_2. On pourra, avec une grande approximation, regarder les deux masses magnétiques comme concentrées aux points G_1 et G_2, et, en exprimant que la somme des moments des forces qui agissent sur l'aiguille est nulle, on aura

$$(b) \qquad Y_1 + Y_2 - (2f_1 + X_1 + X_2)\operatorname{tang}\upsilon = 0.$$

Si l'on pose

$$R_1^2 = x_1^2 + y_1^2, \qquad R_2^2 = x_2^2 + y_2^2,$$

on aura

$$X_1 = Ha^3 f_1\left(\frac{3x_1^2}{R_1^5} - \frac{1}{R_1^3}\right), \qquad Y_1 = 3Ha^3 f_1 \frac{x_1 y_1}{R_1^5},$$
$$X_2 = Ha^3 f_1\left(\frac{3x_2^2}{R_2^5} - \frac{1}{R_2^3}\right), \qquad Y_2 = 3Ha^3 f_1 \frac{x_2 y_2}{R_2^5}.$$

Ces quantités étant calculées et substituées dans l'équation (b), on en conclura ensuite la quantité H.

Induction d'une sphère pleine par des forces magnétiques données.

5. La disposition du magnétisme inducteur étant supposée connue, on en pourra calculer le potentiel U en tous les points de la surface d'une sphère homogène soumise à l'induction. Désignons par a le rayon de la sphère, et par R la distance d'un point de son intérieur à son centre. On peut développer U suivant la série de Laplace (Chap. II, nº 2)

$$U = Y_0 + Y_1 \frac{R}{a} + \ldots + Y_i \frac{R^i}{a^i} + \ldots,$$

et, la valeur de U étant connue à la surface, on en conclut les fonctions Y_i des deux coordonnées sphériques ψ et θ. Si nous concevons qu'on développe, suivant la même série, les valeurs V et V_1 que prend le potentiel de la couche induite sur la sphère, à son intérieur et à son extérieur, nous aurons

$$V = L_0 + L_1 \frac{R}{a} + \ldots + L_i \frac{R^i}{a^i} + \ldots,$$

$$V_1 = L_0 \frac{a}{R} + L_1 \frac{a^2}{R^2} + \ldots + L_i \frac{a^{i+1}}{R^{i+1}} + \ldots;$$

V et V_1 prennent la même valeur pour $R = a$; mais ils doivent, de plus, satisfaire pour $R = a$ à l'équation du nº 20 (Chap. IV) qui devient

$$(1 + 4\pi\gamma) \frac{dV}{dR} - \frac{dV_1}{dR} + 4\pi\gamma \frac{dU}{dR} = 0.$$

Substituons, dans cette équation, les séries précédentes et rappelons-nous que, si la série de Laplace s'annule, quels que soient ψ et θ, tous ses termes sont nuls; nous en conclurons

$$L_i = \frac{-4\pi\gamma i}{2i + 1 + 4\pi\gamma i} Y_i.$$

Ainsi les fonctions L_i ne diffèrent des fonctions Y_i que par un facteur constant.

A l'extérieur, le magnétisme de la sphère agit comme une couche située sur la sphère, et dont la densité est

$$\rho = -\gamma \frac{d(U+V)}{dR} = -\frac{\gamma}{a}\sum_{i=1}^{\infty} \frac{i(2i+1)}{2i+1+4\pi\gamma i} Y_i.$$

Induction magnétique d'une sphère creuse.

6. Supposons un corps homogène, compris entre deux sphères concentriques, dont a est le plus grand rayon et b le plus petit. Induisons cette sphère creuse par des masses magnétiques, dont le potentiel est U. Alors la fonction U pourra être développée dans la sphère de rayon a, suivant la série

$$U = Y_0 + Y_1 R + \ldots + Y_i R^i + \ldots.$$

Désignons le potentiel des deux couches induites sur les deux surfaces de la sphère creuse par V dans sa substance, par V_1 à l'extérieur, et par V_2 dans la cavité. On verra facilement, comme dans le problème précédent, que, si l'on développe ces trois fonctions en séries de Laplace, elles contiendront les mêmes fonctions sphériques que la fonction U. Donc, si nous désignons par les lettres A, B, C, D des coefficients constants, nous pourrons poser

$$V_2 = A_0 Y_0 + A_1 Y_1 R + \ldots + A_i Y_i R^i + \ldots,$$

$$V = \left(B_0 + C_0 \frac{1}{R}\right) Y_0 + \left(B_1 R + C_1 \frac{1}{R^2}\right) Y_1 + \ldots + \left(B_i R^i + C_i \frac{1}{R^{i+1}}\right) Y_i + \ldots,$$

$$V_1 = D_0 Y_0 \frac{1}{R} + D_1 Y_1 \frac{1}{R^2} + \ldots + D_i Y_i \frac{1}{R^{i+1}} + \ldots;$$

V doit être égal à V_2 pour $R = b$, et égal à V_1 pour $R = a$; il en résulte entre les coefficients ces deux égalités

$$(b) \qquad C_i = (A_i - B_i)\, b^{2i+1}, \qquad D_i = B_i a^{2i+1} + C_i.$$

Il y a deux autres conditions aux limites : l'une pour $R = b$

$$(1 + 4\pi\gamma)\frac{dV}{dR} - \frac{dV_2}{dR} + 4\pi\gamma \frac{dU}{dR} = 0;$$

l'autre pour $R = a$

$$(1 + 4\pi\gamma)\frac{dV}{dR} - \frac{dV_1}{dR} + 4\pi\gamma\frac{dU}{dR} = 0,$$

et nous en déduisons

$$(1 + 4\pi\gamma)[ib^{2i+1}B_i - (i+1)C_i] - ib^{2i+1}A_i + 4\pi\gamma ib^{2i+1} = 0,$$
$$(1 + 4\pi\gamma)[ia^{2i+1}B_i - (i+1)C_i] + (i+1)D_i + 4\pi\gamma ia^{2i+1} = 0.$$

En remplaçant dans ces deux équations C_i, D_i par leurs valeurs, nous obtenons

$$[(1 + 4\pi\gamma)(i+1) + i]A_i - (1 + 4\pi\gamma)(2i+1)B_i = 4\pi\gamma i,$$
$$-4\pi\gamma(i+1)b^{2i+1}A_i + [(2i+1+4\pi\gamma i)a^{2i+1} + 4\pi\gamma(i+1)b^{2i+1}] = -4\pi\gamma ia^{2i+1}.$$

D'après cela, si nous posons

$$\varpi = (2i+1)^2(1 + 4\pi\gamma) + (4\pi\gamma)^2 i(i+1)\left[1 - \left(\frac{b}{a}\right)^{2i+1}\right],$$

nous aurons

$$A_i = -\frac{1}{\varpi}(4\pi\gamma)^2 i(i+1)\left(1 - \frac{b^{2i+1}}{a^{2i+1}}\right),$$
$$B_i = -\frac{4\pi\gamma i}{\varpi}\left[2i+1+4\pi\gamma(i+1)\left(1 - \frac{b^{2i+1}}{a^{2i+1}}\right)\right],$$

et nous obtiendrons ensuite C_i, D_i par les formules (b).

Induction d'une sphère creuse par l'action de la Terre.

7. Si la sphère creuse est induite par l'action de la Terre, qui est une force constante, désignons par f_1, f_2, f_3 les trois composantes de cette force, et nous aurons pour le potentiel U

$$U = f_1 x + f_2 y + f_3 z.$$

Pour simplifier les formules, supposons l'axe des z vertical, et prenons l'axe des x tangent au méridien magnétique et dirigé vers le nord et l'axe des y perpendiculaire au plan des deux premiers axes et dirigé du côté de l'ouest. Alors f_2 sera nul et nous aurons

$$U = f_1 x + f_3 z = (f_1 \sin\theta\cos\psi + f_3\cos\theta)R,$$

R, θ, ψ étant les coordonnées sphériques du point (x, y, z). Si nous désignons par F la grandeur de l'action terrestre et par I l'inclinaison de l'aiguille aimantée, nous aurons

$$f_1 = F\cos I, \qquad f_3 = F\sin I.$$

D'après l'expression de U, il faut faire dans le numéro précédent

$$Y_0 = 0, \qquad Y_2 = 0, \qquad Y_3 = 0, \qquad \ldots,$$
$$Y_1 = f_1 \sin\theta\cos\psi + f_3\cos\theta.$$

Ainsi les séries qui représentent V, V_1, V_2 se réduisent aux fonctions sphériques du premier ordre, et l'on a

$$V_2 = A_1 Y_1 R,$$
$$V = \left(B_1 R + \frac{C_1}{R^2}\right) Y_1,$$
$$V_1 = \frac{D_1}{R^2} Y_1.$$

De plus les coefficients de ces expressions seront fournis par les équations suivantes :

$$\mathfrak{D} = 9(1 + 4\pi\gamma) + 2(4\pi\gamma)^2\left(1 - \frac{b^3}{a^3}\right),$$
$$A_1 = -\frac{2}{\mathfrak{D}}(4\pi\gamma)^2\left(1 - \frac{b^3}{a^3}\right),$$
$$B_1 = -\frac{4\pi\gamma}{\mathfrak{D}}\left[3 + 8\pi\gamma\left(1 - \frac{b^3}{a^3}\right)\right],$$
$$C_1 = \frac{12\pi\gamma}{\mathfrak{D}} b^3,$$
$$D_1 = -\frac{4\pi\gamma}{\mathfrak{D}}(3 + 8\pi\gamma)(a^3 - b^3).$$

8. Considérons l'action sur l'unité positive de magnétisme placée dans la cavité de la sphère; elle se compose de l'action de la Terre et de celle du corps magnétisé. En désignant par Φ le potentiel correspondant, nous aurons

$$\Phi = U + V_2 = (1 + A_1)(f_1 \sin\theta\cos\psi + f_3\cos\theta)R.$$

Donc l'action est de même direction que si la sphère n'existait pas, mais elle est diminuée dans le rapport de $1 + A_1$ à l'unité.

Pour obtenir l'action totale sur un point extérieur à la sphère, nous devrons considérer le potentiel

$$\Psi = U + V_1 = \left(1 + \frac{D_1}{R^3}\right)(f_1 x + f_3 z);$$

nous aurons donc, pour les trois composantes de la force magnétique,

$$-\frac{d\Psi}{dx} = -\left(1 + \frac{D_1}{R^3}\right) f_1 + \frac{3 D_1 x}{R^5}(f_1 x + f_3 z),$$
$$-\frac{d\Psi}{dy} = \frac{3 D_1 y}{R^5}(f_1 x + f_3 z),$$
$$-\frac{d\Psi}{dz} = -\left(1 + \frac{D_1}{R^3}\right) f_3 + \frac{3 D_1 z}{R^5}(f_1 x + f_3 z).$$

En remplaçant f_1 et f_3 par leurs valeurs et faisant de nouveau

$$z = R\cos\theta, \qquad x = R\sin\theta\cos\psi, \qquad y = R\sin\theta\sin\psi,$$

nous obtenons

$$-\frac{d\Psi}{dx} = -\left(1 + \frac{D_1}{R^3}\right) F\cos I + \frac{3 D_1}{R^3} F\sin\theta\cos\psi(\cos I\sin\theta\cos\psi + \sin I\cos\theta),$$
$$-\frac{d\Psi}{dy} = \frac{3 D_1}{R^3} F\sin\theta\sin\psi(\cos I\sin\theta\cos\psi + \sin I\cos\theta),$$
$$-\frac{d\Psi}{dz} = -\left(1 + \frac{D_1}{R^3}\right) F\sin I + \frac{3 D_1\cos\theta}{R^3} F(\cos I\sin\theta\cos\psi + \sin I\cos\theta).$$

Mettons le centre d'une très petite aiguille aimantée au point $(x, y, z$ assez éloigné du centre de la sphère creuse pour que son action puisse être regardée comme sensiblement la même dans tous les points de l'aiguille, la direction de cette aiguille sera celle de la force dont nous venons de calculer les trois composantes.

Désignons par δ la déviation horizontale de l'aiguille produite par le corps magnétisé; nous aurons

$$\operatorname{tang}\delta = \frac{d\Psi}{dy} : \frac{d\Psi}{dx}.$$

Représentons par I' l'inclinaison de l'aiguille ainsi influencée; nous aurons

$$\operatorname{tang} I' = \frac{d\Psi}{dz} : \sqrt{\left(\frac{d\Psi}{dx}\right)^2 + \left(\frac{d\Psi}{dy}\right)^2}.$$

Remarquons que, dans le cas où la sphère est pleine, on aura

$$V_1 = H \frac{Y_1}{R^2},$$

en posant

$$-\frac{4\pi\gamma a^3}{4\pi\gamma + 3} = H,$$

et, par conséquent, pour appliquer les formules précédentes à ce cas particulier, il suffit d'y changer D_1 en H.

Posons

$$h = 4\pi\gamma,$$

cette quantité est aussi représentée par $\frac{k}{1-k}$ (Chap. IV, n° 19); alors nous aurons

$$D_1 = -\frac{h(3+2h)a^3\left(1-\frac{b^3}{a^3}\right)}{9+9h+2h^2\left(1-\frac{b^3}{a^3}\right)}.$$

Si h est un grand nombre, en sorte que k soit peu différent de l'unité, si, de plus, $\frac{a-b}{a}$ n'est pas très petit, on modifiera peu la valeur de D_1 en supprimant $9+9h$ à son dénominateur; par conséquent, D_1 est à très peu près indépendant du rapport $\frac{b}{a}$. Donc l'action magnétique de la sphère pleine différera peu de celle de la sphère creuse de même rayon extérieur. C'est ainsi que Barlow n'a pas constaté de différence d'action magnétique pour deux sphères de fer fondu de même diamètre extérieur, dont l'une était pleine et dont l'autre était creuse et pesait les $\frac{3}{4}$ de la première. Cela tient à ce que, pour le fer fondu, k était très voisin de l'unité. Toutefois, si $\frac{a-b}{a}$ est très petit ou $\frac{b}{a}$ voisin de l'unité en sorte que le corps magnétique soit une coquille sphérique d'une épaisseur très petite par rapport au rayon a, ce qui vient d'être dit n'est plus applicable et l'action de la coquille magnétique peut différer beaucoup de celle de la sphère pleine, en étant moindre.

Ces explications ont été ainsi déduites de la théorie par Poisson (*Mémoires de l'Académie des Sciences*, t. V, 1821-1822).

Magnétisme du globe terrestre.

9. Si l'on imagine une aiguille aimantée parfaitement libre de tourner autour de son centre de gravité et mise à l'abri de toute influence voisine, elle prend une direction déterminée. Dans un temps peu considérable, cette direction subit, il est vrai, des changements, mais qui sont, en général, très faibles et que l'on peut éliminer en considérant la position moyenne de l'aiguille.

Faisant donc abstraction de ces perturbations, on a été conduit depuis longtemps à considérer la Terre comme renfermant à son intérieur des matières aimantées qui déterminent la position d'équilibre de cette aiguille. On pourrait aussi supposer que la Terre est parcourue par des courants voltaïques, ou même que deux pareilles causes superposent leurs effets pour donner à l'aiguille sa direction. Quelle que soit celle de ces hypothèses qu'on adopte, les composantes X, Y, Z de la force qui en résultera sur un point extérieur seront les dérivées d'une même fonction, en sorte qu'on pourra poser

$$X = -\frac{dV}{dx}, \qquad Y = -\frac{dV}{dy}, \qquad Z = -\frac{dV}{dz},$$

V satisfaisant dans l'espace extérieur à l'équation

$$\Delta V = 0.$$

Ainsi, tant qu'on ne se préoccupe que des actions extérieures pour en observer les effets ou en calculer les valeurs, il est indifférent de savoir de laquelle de ces causes elles proviennent.

Les observations qui ont été faites en différents points de la surface de la Terre pour y déterminer l'action magnétique ne sont ni assez nombreuses, ni même, en général, assez précises pour qu'il soit utile de tenir compte de l'aplatissement de la Terre; nous la supposerons donc sphérique.

10. Prenons des coordonnées polaires, dont l'origine soit au centre de la Terre et l'axe polaire suivant son axe de rotation. Soient R, θ, ψ, comme dans les numéros précédents, les trois coordonnées d'un point extérieur. Décomposons la force magnétique en trois forces : l'une Ξ, dirigée verticalement de bas en haut; la deuxième Θ, tangente au méridien géographique et dirigée vers le sud; la troisième Ψ, tangente au parallèle et dirigée vers l'est; enfin, regardons l'angle ψ comme croissant de l'ouest à l'est. Alors nous aurons

$$\Xi = -\frac{dV}{dR}, \qquad \Theta = -\frac{1}{R}\frac{dV}{d\theta}, \qquad \Psi = -\frac{1}{R\sin\theta}\frac{dV}{d\psi}.$$

Désignons par v ce que devient V sur la surface terrestre, supposée une sphère de rayon a; nous aurons, à cette surface,

$$\Theta = -\frac{1}{a}\frac{dv}{d\theta}, \qquad \Psi = \frac{-1}{a\sin\theta}\frac{dv}{d\psi}.$$

De la première de ces deux équations on tire

$$v - v_0 = -a\int_0^\theta \Theta\, d\theta,$$

v_0 étant la valeur de v au pôle boréal, et l'on a ensuite

$$\Psi = \frac{1}{\sin\theta}\int_0^\theta \frac{d\Theta}{d\psi}\, d\theta.$$

On en conclut ce théorème, remarqué pour la première fois par Gauss : *Si la composante de la force magnétique, tangente au méridien géographique, est partout connue à la surface de la Terre, la composante tangente au parallèle l'est aussi immédiatement*. Remarquons, de plus, que le potentiel v à la surface de la Terre est aussi déterminé à une constante près.

Cherchons ensuite la composante verticale, en supposant encore connue la composante Θ. Posons

$$-\int_0^\theta \Theta\, d\theta = F(\theta, \psi),$$

et développons cette fonction suivant la série de Laplace

$$Y_0 + Y_1 + Y_2 + \ldots;$$

$Y_0, Y_1, Y_2, \ldots$ sont donc des fonctions connues. Si alors nous posons

$$\frac{v_0}{a} + Y_0 = H,$$

nous aurons

$$\frac{v}{a} = H + Y_1 + Y_2 + Y_3 + \ldots,$$

et tous les termes de cette série, sauf le premier qui est constant, sont connus.

Pour le potentiel V, pris en un point extérieur, nous en concluons

$$\frac{1}{a} V = H \frac{a}{R} + Y_1 \frac{a^2}{R^2} + Y_2 \frac{a^3}{R^3} + \ldots.$$

Mais, V se rapportant à une masse dont la somme est nulle, on a $H = 0$ et, par suite,

$$v_0 = - a Y_0.$$

Enfin on a, pour la composante verticale,

$$\Xi = - \frac{dV}{dR} = 2 Y_1 \frac{a^3}{R^3} + 3 Y_2 \frac{a^4}{R^4} + \ldots.$$

11. Supposons ensuite que, outre le magnétisme intérieur, il existe encore des influences extérieures qui agissent sur l'aiguille aimantée.

Désignons par V_1 le potentiel du magnétisme intérieur, et par V_2 celui du magnétisme extérieur. En développant le potentiel total, pris à la surface, suivant la série de Laplace, nous aurons

$$\frac{v}{a} = H + Y_1 + Y_2 + Y_3 + \ldots, \tag{1}$$

et les quantités $Y_1, Y_2, \ldots$ pourront être calculées, comme ci-dessus, par la seule connaissance de la composante Θ, obtenue par l'observation; mais H restera indéterminé.

V_1, se rapportant à une masse magnétique intérieure à la Terre, se développera en un point extérieur suivant la même série de la manière suivante

$$\frac{1}{a}V_1 = U_0\frac{a}{R} + U_1\frac{a^2}{R^2} + \ldots + U_n\frac{a^{n+1}}{R^{n+1}} + \ldots,$$

et V_2, se rapportant au contraire à une masse extérieure, se développera ainsi en un point intérieur

$$\frac{1}{a}V_2 = U'_0 + U'_1\frac{R}{a} + \ldots + U'_n\frac{R^n}{a^n} + \ldots.$$

Faisons $R = a$ dans ces deux expressions et ajoutons-les, nous aurons

$$(2) \qquad \frac{v}{a} = (U_0 + U'_0) + (U_1 + U'_1) + \ldots + (U_n + U'_n) + \ldots.$$

Égalons (1) et (2), et nous obtenons

$$(3) \qquad U_n + U'_n = Y_n.$$

Supposons, d'un autre côté, qu'on ait déterminé par l'observation la composante magnétique Ξ à la surface de la Terre; Ξ sera donc pour $R = a$ une fonction connue qu'on pourra encore développer par la même série, et l'on aura

$$\Xi = P_0 + P_1 + \ldots + P_n + \ldots,$$

où P_0, P_1, ... sont connus. Partageons Ξ en deux parties correspondant à V_1 et V_2; nous aurons

$$\Xi_1 = -\frac{dV_1}{dR} = U_0\frac{a^2}{R^2} + \ldots + \frac{(n+1)a^{n+2}}{R^{n+2}}U_n + \ldots,$$

$$\Xi_2 = -\frac{dV_2}{dR} = -U'_1 - \ldots - \frac{nR^{n-1}}{a^{n-1}}U'_n + \ldots.$$

Si nous faisons $R = a$ dans ces deux expressions et que nous les ajoutions, nous aurons une seconde expression de Ξ, et, en l'égalant à la précédente, nous obtenons

$$(4) \qquad (n+1)U_n - nU'_n = P_n.$$

Enfin de (3) et (4) nous tirons

$$U_n = \frac{nY_n + P_n}{2n+1}, \qquad U'_n = \frac{(n+1)Y_n - P_n}{2n+1}.$$

Les deux potentiels V_1 et V_2 sont donc déterminés.

Il est évident que, à l'extérieur de la surface terrestre, il n'y a pas d'influences magnétiques qui puissent être considérées comme fixes, pendant un temps notable. Donc, quand on ne considère que des influences permanentes, on doit les regarder comme provenant de l'intérieur. Il résulte d'ailleurs, des observations réunies par Gauss et de ses calculs, que les fonctions U'_n sont nulles, et ce fait doit être considéré comme donnant une vérification des principes physiques de cette théorie.

Les observations employées pour les calculs précédents doivent se rapporter à des époques peu éloignées entre elles; car l'état du magnétisme terrestre subit une altération qui n'a cessé de se manifester depuis que l'on fait des observations sur le magnétisme.

12. Indiquons comment Gauss a déterminé les premiers coefficients de la fonction V du n° 10. On a, à la surface,

$$(1) \qquad \Xi = -\frac{dV}{dR} = 2Y_1 + 3Y_2 - \ldots + (n+1)Y_n + \ldots,$$

$$(2) \qquad \Theta = -\frac{1}{a}\frac{dV}{d\theta} = -\left(\frac{dY_1}{d\theta} + \frac{dY_2}{d\theta} + \ldots + \frac{dY_n}{d\theta} + \ldots\right),$$

$$(3) \qquad \Psi = -\frac{1}{a\sin\theta}\frac{dV}{d\psi} = -\frac{1}{\sin\theta}\left(\frac{dY_1}{d\psi} + \frac{dY_2}{d\psi} + \ldots + \frac{dY_n}{d\psi} + \ldots\right).$$

Supposons qu'on ait déterminé par l'observation, en un certain nombre de lieux de la Terre, les trois composantes de la force magnétique. Ainsi, pour certaines valeurs de θ et ψ, les quantités Ξ, Θ, Ψ ont des valeurs connues, et à chaque station correspondra un système de trois équations. Réduisons les séries précédentes à un nombre déterminé n de termes. La fonction Y_n renferme $2n+1$ coefficients (Chap. II, n° 2); donc Y_1, Y_2, ..., Y_n en contiennent $n^2 + 2n$. D'après cela, si

$\frac{n^2+2n}{3}$ est entier, il suffira, pour déterminer ces coefficients, d'employer les observations faites en $\frac{n^2+2n}{3}$ stations convenablement distantes. Gauss a fait ce calcul en prenant $n = 4$; il lui suffisait donc de se servir des observations faites en huit stations choisies convenablement, et il avait vingt-quatre coefficients à déterminer.

Ces commencements de séries, obtenus par Gauss, ne paraissent pas *a priori* appartenir à des développements très convergents. Néanmoins, après avoir calculé les coefficients, il a appliqué les formules (1), (2), (3) à un grand nombre de stations où les trois composantes de la force magnétique avaient été observées et il a ainsi obtenu, en général, des valeurs très rapprochées de ces quantités [*Allgemeine Theorie des Erdmagnetismus* (*Œuvres de Gauss*, t. V)].

13. *Définitions*. — On appelle *pôles magnétiques* de la Terre les points de sa surface où la composante horizontale de la force magnétique est nulle. En ces points, qui sont au nombre de deux seulement, Θ et Ψ sont nuls; ils sont donc déterminés par les deux équations

$$\frac{dV}{d\theta} = 0, \qquad \frac{dV}{d\psi} = 0.$$

L'aiguille de la boussole d'inclinaison devient verticale aux deux pôles. L'un est situé vers le nord, l'autre vers le sud. Pour le premier pôle, le potentiel V est minimum et le pôle nord de l'aiguille se dirige vers le bas; pour le second pôle, le potentiel est maximum, et le pôle nord de l'aiguille est dirigé vers le haut.

On appelle *méridien magnétique* une ligne, tracée sur le globe terrestre, qui, en chacun de ses points, est tangente à la composante horizontale magnétique. Tous les méridiens magnétiques passent donc par les deux pôles magnétiques.

On appelle *parallèle magnétique* une ligne tracée à la surface de la Terre et le long de laquelle V reste constant. En désignant par ds un élément de cette ligne, on a $\frac{dV}{ds} = 0$; donc la projection de la force sur cette ligne est nulle. Ainsi, le parallèle magnétique est, en chacun de ses points, perpendiculaire à la force et au méridien magnétique.

Le parallèle magnétique, sur lequel V est nul, est nommé l'*équateur magnétique*.

Perturbations. — Les actions magnétiques sont assujetties à différentes perturbations; quelques-unes présentent certaine régularité dans les époques de leur apparition. Il arrive aussi parfois dans les actions magnétiques des troubles violents qui peuvent s'étendre sur une assez grande étendue de la Terre, et l'on a pu démontrer par l'expérience qu'ils sont accompagnés de courants voltaïques qui se produisent dans le sol de l'observateur.

Tous ces troubles ne peuvent être étudiés par le calcul. Il y a toutefois des perturbations qui en sont plus susceptibles : ce sont celles qui sont dues aux actions du Soleil et de la Lune.

Les perturbations solaires sont de deux sortes : les unes ont pour période le jour et les autres l'année. Les perturbations lunaires varient avec l'angle formé par le plan horaire de la Lune et le méridien de l'observateur et avec la déclinaison de la Lune. Néanmoins ces variations ne se reproduisent pas exactement. Ces perturbations n'agissent pas directement, mais ne se manifestent sur l'aiguille aimantée que par l'induction de la Terre ou par son échauffement.

Du magnétisme induit dans un cylindre, dont le rayon est très petit par rapport à sa longueur, par une force constante parallèle à son axe.

14. Désignons par $2l$ la longueur d'un cylindre de fer doux, dont le rayon a est très petit par rapport à la longueur.

Supposons qu'une force magnétique constante égale à f agisse parallèlement à l'axe du cylindre. On réalisera ce problème en plaçant l'axe du cylindre dans la direction de la force magnétique terrestre.

Prenons l'axe du cylindre pour axe des x et mettons l'origine au milieu de sa longueur. Le potentiel dû à la force extérieure a pour valeur

$$U = fx,$$

et les deux fonctions V et φ de la théorie de l'induction (Chap. IV, n° 19) satisfont à l'intérieur du cylindre aux deux équations

$$V + \frac{1}{\gamma}\varphi + fx = 0, \tag{1}$$

$$V = -\int \frac{1}{r}\frac{d\varphi}{dn'}\,d\sigma. \tag{2}$$

V et φ satisfont aussi dans cet espace aux deux équations

$$\Delta V = 0, \qquad \Delta\varphi = 0.$$

Si nous désignons par R la distance d'un point quelconque à l'axe des x, V et φ ne dépendront que de x et R, et les deux équations précédentes deviendront

$$\frac{d^2V}{dx^2} + \frac{d^2V}{dR^2} + \frac{1}{R}\frac{dV}{dR} = 0, \tag{3}$$
$$\frac{d^2\varphi}{dx^2} + \frac{d^2\varphi}{dR^2} + \frac{1}{R}\frac{d\varphi}{dR} = 0.$$

Il est facile de voir que V est une fonction impaire de x. D'ailleurs, en désignant par H une constante, nous obtiendrons une solution particulière de l'équation (3), si nous posons, pour l'intérieur du cylindre,

$$V = H\frac{e^{2px} - e^{-2px}}{2}u(Rp), \tag{4}$$

$u(Rp)$ satisfaisant à l'équation

$$\frac{d^2u}{dR^2} + \frac{1}{R}\frac{du}{dR} + 4p^2u = 0, \tag{5}$$

et, comme u ne doit pas être infini pour $R = 0$, on a

$$u = 1 - \frac{p^2R^2}{1^2} + \frac{p^4R^4}{(1.2)^2} - \frac{p^6R^6}{(1.2.3)^2} + \ldots$$

ou

$$u = \frac{2}{\pi}\int_0^{\frac{\pi}{2}} \cos(2pR\cos\omega)\,d\omega.$$

Nous allons essayer de satisfaire à toutes les conditions du problème, du moins d'une manière très approchée, en adoptant l'expression (4).

Alors, à l'extérieur du cylindre et entre $x = -l$ et $x = +l$, nous prendrons pour V l'expression

$$(6) \qquad V_1 = G\frac{e^{2px} - e^{-2px}}{2} Q(pR),$$

où G est une constante et où $Q(pR)$, qui satisfait encore à l'équation (5), a pour valeur

$$Q(pR) = \frac{2}{\pi}\int_0^{\frac{\pi}{2}} \cos(2pR\cos\omega)\log(2pR\sin^2\omega)\,d\omega.$$

Sur toute la surface du cylindre, on a ces deux conditions (Chap. IV, n° 20)

$$V = V_1,$$
$$(1+4\pi\gamma)\frac{dV}{dn'} + \frac{dV_1}{dn} + 4\pi\gamma\frac{dU}{dn'} = 0;$$

cette dernière équation se réduit sur toute la surface convexe à

$$-(1+4\pi\gamma)\frac{dV}{dR} + \frac{dV_1}{dR} = 0 \quad \text{pour} \quad R = a,$$

et, sur les bases $x = \pm l$, à

$$(7) \qquad (1+4\pi\gamma)\frac{dV}{dx} - \frac{dV_1}{dx} + 4\pi\gamma f = 0.$$

En substituant (5) et (6) dans les deux conditions relatives à la surface convexe, on a

$$Hu(pa) = GQ(pa),$$
$$(1+4\pi\gamma)Hu'(pa) = GQ'(pa),$$

et, en divisant ces deux équations l'une par l'autre,

$$(8) \qquad (1+4\pi\gamma)\frac{u'(pa)}{u(pa)} = \frac{Q'(pa)}{Q(pa)};$$

c'est l'équation qui détermine la quantité p.

15. Je pose $pa = \beta$ et je dis qu'on peut satisfaire à l'équation (8) par une très petite valeur de β.

On a, en effet,

$$\frac{\pi}{2}Q'(\beta)=\frac{1}{\beta}\int_0^{\frac{\pi}{2}}\cos(2\beta\cos\omega)\,d\omega-2\int_0^{\frac{\pi}{2}}\sin(2\beta\cos\omega)\cos\omega\log\sin^2\omega\,d\omega$$
$$-2\log(2\beta)\int_0^{\frac{\pi}{2}}\sin(2\beta\cos\omega)\cos\omega\,d\omega.$$

Si β est très petit, cette expression se réduira à très peu près à son premier terme, et l'on aura

$$Q'(\beta)=\frac{1}{\beta},\qquad u'(\beta)=-2\beta,\qquad u(\beta)=1$$

et

$$Q(\beta)=\log\frac{\beta}{2},$$

d'après la formule

$$\int_0^{\frac{\pi}{2}}\log\sin\omega\,d\omega=-\frac{\pi}{2}\log 2.$$

Ainsi l'équation (8) devient

$$\beta^2\log\frac{\beta}{2}=\frac{-1}{2(1+4\pi\gamma)}.$$

En prenant pour le fer doux $\gamma=\frac{32}{3}$ ou $4\pi\gamma=134$, on obtient

$$\beta^2\log\frac{\beta}{2}=\frac{-1}{270},$$

ou, en remplaçant le logarithme népérien par un logarithme vulgaire, et désignant par M le module de ces logarithmes, on a

$$\beta^2\log_v\frac{\beta}{2}=-\frac{M}{270}=-0{,}001608.$$

On tire de cette équation

$$\beta=0{,}0296\ldots,$$

et cette valeur est assez petite pour que le calcul précédent soit tout à fait justifié.

Si l'on prend pour γ le nombre 32 donné par Thalén pour le fer doux très pur (n° 3), on obtient

$$\beta = 0{,}01604\ldots.$$

Nous avons $p = \frac{\beta}{a}$; donc, pour deux cylindres faits d'un fer doux identique, p varie en raison inverse de a.

16. Il est aisé de voir que, aux extrémités du cylindre, $\frac{dV_1}{dx}$ est du même ordre de grandeur que $\frac{dV}{dx}$. D'après cela, $4\pi\gamma$ est un nombre assez grand pour qu'on puisse réduire l'équation (7) à

$$\frac{dV}{dx} = -f \quad \text{pour} \quad x = l.$$

Cette équation peut, en effet, être admise, parce que, pR étant très petit, on peut regarder $u(pR)$ comme égal à 1 et le premier membre de cette équation comme indépendant de R. On a ainsi l'équation

$$2pH\frac{e^{2pl} + e^{-2pl}}{2} = -f.$$

Donc, si l'on introduit la notation du sinus et du cosinus hyperboliques, on obtient

$$V = -\frac{f\sinh(2px)}{2p\cosh(2pl)}u(Rp),$$

$$\varphi = -\gamma f\left[x - \frac{\sinh(2px)}{2p\cosh(2pl)}u(Rp)\right].$$

On obtient donc, pour la densité du magnétisme sur la surface convexe du cylindre,

$$\rho = -\frac{d\varphi}{dn'} = \frac{d\varphi}{dR} = -\beta\gamma f\frac{\sinh(2px)}{\cosh(2pl)},$$

et l'on a, pour la quantité D de magnétisme estimée par unité de longueur du cylindre,

$$D = 2\pi a\rho = -2\pi a\beta\gamma f\frac{\sinh(2px)}{\cosh(2pl)}.$$

D'après les équations (1) et (2), on a, pour la densité sur la base correspondante à $x = l$,

$$-\frac{d\varphi}{dx} = \gamma\left(\frac{dV}{dx} + f\right) = 0.$$

Donc il n'y a pas de fluide magnétique sur les bases.

Aiguille cylindrique d'acier aimantée à saturation.

17. Supposons un fil cylindrique d'acier aimanté à saturation et admettons, comme Green, que la force coercitive, qui s'oppose à ce que le fil revienne à l'état naturel, puisse être considérée comme une force constante parallèle à l'axe du cylindre; ce qui peut être admis, en effet, à cause de la petitesse de la section. Désignons par f cette force. Alors les calculs précédents seront entièrement applicables et donneront la densité du fluide magnétique à la surface du fil.

Ainsi la densité linéaire est donnée par la formule

$$D = -2\pi a \beta\gamma f \frac{\sinh(2px)}{\cosh(2pl)}.$$

Cherchons à déterminer la quantité γ.

Biot (*Traité de Physique*, t. III) a représenté empiriquement cette densité par la formule

$$D = L(\mu^{-x} - \mu^{x}),$$

où L et μ sont des constantes, comme résultat des expériences de Coulomb, ce qui est conforme à la formule précédente.

En considérant une aiguille dont le rayon était $\frac{1}{12}$ de pouce, Biot a trouvé $\mu = 0,517948$; donc on a

$$\beta = pa = -\frac{a}{2}\log\mu = 0,02741.$$

Or nous avons trouvé

$$\beta^2 \log\frac{\beta}{2} = \frac{-1}{2(1+4\pi\gamma)};$$

il en résulte

$$(a) \qquad 4\pi\gamma = 154,12 \quad \text{ou} \quad \gamma = 12,264.$$

D'après différentes expériences de Coulomb, faites sur des aiguilles d'acier de rayons différents, on retrouve très sensiblement la même valeur de β et, par suite, la même valeur de γ. Cette valeur de γ diffère beaucoup de celle qu'on obtient d'après les calculs très peu rigoureux de Green sur ce sujet [1]. En effet, d'après les notations de Green, on a

$$4\pi\gamma = \frac{3g}{1-g},$$

et il trouve $g = 0,986636$. Donc, au lieu des valeurs (a), on aurait

$$4\pi\gamma = 221,48 \qquad \text{ou} \qquad \gamma = 17,625$$

nombres beaucoup trop grands.

18. Si l'on désigne par U le potentiel du magnétisme terrestre, on a, pour le potentiel de ce magnétisme sur celui de l'aiguille,

$$W = \int \left(A \frac{dU}{dx'} + B \frac{dU}{dy'} + C \frac{dU}{dz'} \right) d\varpi,$$

en désignant par A, B, C les composantes du moment magnétique en chaque point (x', y', z') de l'aiguille aimantée (Chap. IV, nº 4).

Nous aurons donc (même Chap., nº 19)

$$A = \frac{d\varphi}{dx'}, \qquad B = \frac{d\varphi}{dy'} = 0, \qquad C = \frac{d\varphi}{dz'} = 0.$$

Supposons que cette aiguille soit mobile autour de son centre, dans un plan horizontal. Désignons par ψ l'angle qu'elle fait avec le méridien magnétique et par F la composante horizontale de la force magnétique terrestre; nous aurons

$$\frac{dU}{dx'} = F \cos\psi$$

et, par suite,

$$W = F \cos\psi \int \frac{d\varphi}{dx} d\varpi,$$

(1) *Essay on the theories of Electricity and Magnetism*, art. 17.

et, comme φ est considéré comme constant dans une section droite de l'aiguille, on a

$$W = \pi a^2 F \cos\psi \int_{-l}^{l} \frac{d\varphi}{dx}\,dx = 2\pi a^2 F \cos\psi\, \varphi(l),$$

en désignant par $\varphi(l)$ le résultat de la substitution de l à la place de x dans φ.

On a ensuite; pour le moment des forces qui agissent sur l'aiguille, ce moment tendant à faire décroître l'angle ψ,

$$\frac{dW}{d\psi} = -2\pi a^2 F \sin\psi\, \varphi(l) = \pi a^2 F f \gamma \sin\psi \left[2l - \frac{\sinh(2pl)}{p\cosh(2pl)}\right].$$

Supposons que différentes aiguilles du même acier et de même rayon soient suspendues successivement par leur centre à un même fil et placées dans le méridien magnétique, puis que l'on fasse tourner le fil autour de son point de suspension, jusqu'à ce que l'aiguille fasse avec le méridien magnétique un même angle ψ. Alors l'expression précédente, où F, f, γ, ψ sont constants, variera d'une aiguille à l'autre proportionnellement à la torsion du fil, et l'on pourra vérifier que la torsion varie avec l d'après cette formule.

Sphère cristallisée placée dans un champ magnétique uniforme.

19. Si nous considérons d'abord un corps cristallisé dont l'aimantation est uniforme, nous aurons, pour la fonction V qui représente le potentiel de la couche magnétique qui se forme à la surface σ du corps,

$$V = \int (aA\cos\lambda + bB\cos\mu + cC\cos\nu)\frac{d\sigma}{r},$$

où A, B, C sont constants et où r a pour valeur

$$r = \sqrt{\frac{(x-x')^2}{a} + \frac{(y-y')^2}{b} + \frac{(z-z')^2}{c}},$$

x', y', z' étant les coordonnées de $d\sigma$; λ, μ, ν sont les angles de la normale à σ, menée extérieurement, avec les axes de coordonnées. Les quantités aA, bB, cC sont les composantes du moment magnétique et la densité de la couche magnétique est

$$aA\cos\lambda + bB\cos\mu + cC\cos\nu.$$

Raisonnons comme au n° 6 du Chap. IV. Imaginons que la surface σ soit remplie d'une masse dont la densité constante est égale à ρ. Déplaçons cette surface d'une quantité infiniment petite dl et dans la direction opposée à la droite, qui a pour projections aA, bB, cC et remplissons-la d'une masse dont la densité est $-\rho$. L'ensemble de ces deux masses peut être assimilé à un aimant dont l'aimantation est uniforme, et la quantité $\rho\,dl$ est son moment magnétique; elle représente, par conséquent, la quantité $\sqrt{a^2A^2 + b^2B^2 + c^2C^2}$.

Désignons par ρT le potentiel *cristallique* du premier corps fictif, $-\rho\left(T + \frac{dT}{dl}dl\right)$ sera celui du second par rapport au même point (x, y, z) et le potentiel de leur ensemble sera

$$\begin{aligned}-\frac{dT}{dl}\rho\,dl &= -\left(\frac{dT}{dx}\frac{dx}{dl} + \frac{dT}{dy}\frac{dy}{dl} + \frac{dT}{dz}\frac{dz}{dl}\right)\sqrt{a^2A^2 + b^2B^2 + c^2C^2}\\ &= -\frac{dT}{dx}aA - \frac{dT}{dy}bB - \frac{dT}{dz}cC.\end{aligned}$$

Nous obtenons donc pour V cette seconde expression

$$(a)\qquad V = -aA\frac{dT}{dx} - bB\frac{dT}{dy} - cC\frac{dT}{dz}.$$

D'après cela, si nous voulons déterminer la fonction V pour les points intérieurs d'une sphère cristallisée et dont l'aimantation est uniforme, il nous suffira maintenant de chercher le potentiel cristallique T d'une sphère, dont la densité est égale à l'unité, en un point intérieur; il suffira même de calculer les dérivées de T par rapport à x, y, z.

20. Le potentiel cristallique d'une sphère, dont la densité est l'unité, est donné par l'intégrale triple

$$T = \iiint \frac{1}{r}\,d\alpha\,d\beta\,d\gamma,$$

tous les éléments $d\alpha\, d\beta\, d\gamma$ appartenant au volume de cette sphère, et l'on a

$$a\frac{dT}{dx} = -\int\int\int \frac{x-\alpha}{r^3}\, d\alpha\, d\beta\, d\gamma.$$

Posons

$$R^2 = (x-\alpha)^2 + (y-\beta) + (z-\gamma)^2;$$

$a\frac{dT}{dx}$ représente la composante suivant l'axe des x d'une attraction dont la loi est exprimée par la formule $\frac{R}{r^3}$.

Mettons l'origine des coordonnées au centre de la sphère, dont l'équation sera

$$X^2 + Y^2 + Z^2 = h^2,$$

et cherchons son attraction sur un point M de son intérieur, dont les coordonnées sont x, y, z. Soit $d\omega$ un angle solide élémentaire dont le sommet est en M et dans cet angle solide, limité à la surface de la sphère considérée, prenons l'élément de volume $R^2\, d\omega\, dR$ compris entre deux sphères dont le centre est en M et dont les rayons sont R et $R + dR$. D'après la loi énoncée ci-dessus, l'attraction de cet élément sur le point M aura pour valeur

$$\frac{R}{r^3} R^2\, d\omega\, dR.$$

Faisons la somme de ces attractions pour tous les éléments de la sphère renfermés dans l'angle $d\omega$ et nous obtiendrons

$$d\omega \int_0^R \frac{R^3}{r^3}\, dR,$$

la limite supérieure R désignant la distance du point M à la base du cône dont cette expression représente l'attraction.

Les trois composantes de l'attraction résultante sont

$$\cos\lambda\, d\omega \int_0^R \frac{R^3}{r^3}\, dR, \quad \cos\mu\, d\omega \int_0^R \frac{R^3}{r^3}\, dR, \quad \cos\nu\, d\omega \int_0^R \frac{R^3}{r^3}\, dR,$$

λ, μ, ν étant les angles de R avec les axes de coordonnées.

Si R est la distance du point M à un point (x', y', z') intérieur au cône précédent, on a

$$x' - x = \mathrm{R}\cos\lambda, \qquad y' - y = \mathrm{R}\cos\mu, \qquad z' - z = \mathrm{R}\cos\nu,$$

$$r^2 = \mathrm{R}^2\left(\frac{\cos^2\lambda}{a} + \frac{\cos^2\mu}{b} + \frac{\cos^2\nu}{c}\right).$$

Par suite, la première des trois composantes a pour valeur

$$\frac{\cos\lambda\, d\omega}{\left(\frac{\cos^2\lambda}{a} + \frac{\cos^2\mu}{b} + \frac{\cos^2\nu}{c}\right)^{\frac{3}{2}}}\mathrm{R},$$

où R désigne alors la distance de M à la base du cône élémentaire.

Pour obtenir la même composante de l'action du cône, opposé par le sommet au précédent, il suffira de changer dans l'expression précédente $\cos\lambda$ en $-\cos\lambda$ et R en la distance R′ du point M à la base de ce cône. Mais il suffira de faire le seul changement de R en R′, si, au lieu de prendre R′ positif, nous convenons de le regarder comme négatif et nous aurons ainsi, pour la composante suivant l'axe des x de l'attraction de ces deux cônes sur le point M,

$$(b) \qquad \frac{\cos\lambda\, d\omega}{\left(\frac{\cos^2\lambda}{a} + \frac{\cos^2\mu}{b} + \frac{\cos^2\nu}{c}\right)^{\frac{3}{2}}}(\mathrm{R} + \mathrm{R}').$$

Dans l'équation de la sphère

$$\mathrm{X}^2 + \mathrm{Y}^2 + \mathrm{Z}^2 = h^2,$$

faisons

$$\mathrm{X} = x + \mathrm{R}\cos\lambda, \qquad \mathrm{Y} = y + \mathrm{R}\cos\lambda, \qquad \mathrm{Z} = z + \mathrm{R}\cos\nu,$$

et il en résulte l'équation du second degré qui donne R et R′

$$\mathrm{R}^2 + 2(x\cos\lambda + y\cos\mu + z\cos\nu)\mathrm{R} - h^2 + x^2 + y^2 + z^2 = 0;$$

nous avons, par conséquent,

$$\mathrm{R} + \mathrm{R}' = -2(x\cos\lambda + y\cos\mu + z\cos\nu).$$

Ainsi l'expression (b) devient

$$-2\frac{\cos\lambda\,(x\cos\lambda+y\cos\mu+z\cos\nu)}{\left(\frac{\cos^2\lambda}{a}+\frac{\cos^2\mu}{b}+\frac{\cos^2\nu}{c}\right)^{\frac{3}{2}}}\,d\omega.$$

Intégrons cette expression tout autour du point M et, en supprimant dans le résultat les termes multipliés par y et z, qui représentent des intégrales qui s'annulent séparément, nous obtenons, pour la composante suivant l'axe des x de l'attraction de la sphère ou pour la quantité $a\frac{dT}{dx}$,

$$a\frac{dT}{dx}=-x\int\frac{\cos^2\lambda\,d\omega}{\left(\frac{\cos^2\lambda}{a}+\frac{\cos^2\mu}{b}+\frac{\cos^2\nu}{c}\right)^{\frac{3}{2}}}.$$

Posons

$$\int\frac{\cos^2\lambda\,d\omega}{\left(\frac{\cos^2\lambda}{a}+\frac{\cos^2\mu}{b}+\frac{\cos^2\nu}{c}\right)^{\frac{3}{2}}}=H_1,$$

et désignons par H_2 et H_3 deux expressions qui se déduisent de H_1 en remplaçant au numérateur $\cos\lambda$ par $\cos\mu$ ou $\cos\nu$; nous aurons

$$(c)\qquad a\frac{dT}{dx}=-xH_1,\qquad b\frac{dT}{dy}=-yH_2,\qquad c\frac{dT}{dz}=-zH_3.$$

21. Nous avons ainsi déterminé les dérivées de T; mais elles renferment des intégrales définies doubles H_1, H_2, H_3 et il importe de prouver qu'elles peuvent être ramenées à des intégrales simples.

En adoptant deux angles θ et ψ des coordonnées sphériques, nous aurons

$$\cos\lambda=\cos\theta,\qquad \cos\mu=\sin\theta\cos\psi,\qquad \cos\nu=\sin\theta\sin\psi,$$
$$d\omega=\sin\theta\,d\theta\,d\psi;$$

alors l'intégrale H_1 sera prise de $\theta=0$ à $\theta=\pi$ et de $\psi=0$ à $\psi=2\pi$; mais, en multipliant l'intégrale par 8, il suffira de faire les deux intégrations de o à $\frac{\pi}{2}$. Nous aurons donc

$$\frac{H_1}{8} = \int_0^{\frac{\pi}{2}} \int_0^{\frac{\pi}{2}} \frac{\cos^2\theta \sin\theta \, d\theta \, d\psi}{\left(\frac{\cos^2\theta}{a} + \frac{\sin^2\theta \cos^2\psi}{b} + \frac{\sin^2\theta \sin^2\psi}{c}\right)^{\frac{3}{2}}}.$$

Par une transformation connue, on peut remplacer l'élément de cette intégrale par une expression rationnelle (*Jacobi's Werke*, t. III, p. 161).

Pour cela, posons

$$\cos\theta = \sqrt{a}\,\frac{\cos\eta}{\sqrt{P}}, \qquad \sin\theta\cos\psi = \sqrt{b}\,\frac{\sin\eta\cos\xi}{\sqrt{P}}, \qquad \sin\theta\sin\psi = \sqrt{c}\,\frac{\sin\eta\sin\xi}{\sqrt{P}},$$

avec

$$P = a\cos^2\eta + b\sin^2\eta\cos^2\xi + c\sin^2\eta\sin^2\xi,$$

et nous aurons

$$H_1 = 8a\sqrt{abc}\int_0^{\frac{\pi}{2}}\int_0^{\frac{\pi}{2}} \frac{\cos^2\eta \sin\eta \, d\eta \, d\xi}{P}.$$

En faisant l'intégration par rapport à ξ, nous avons

$$\int_0^{\frac{\pi}{2}} \frac{d\xi}{P} = \int_0^{\frac{\pi}{2}} \frac{d\xi}{(a\cos^2\eta + b\sin^2\eta)\cos^2\xi + (a\cos^2\eta + c\sin^2\eta)\sin^2\xi}$$
$$= \frac{\pi}{2}\,\frac{1}{\sqrt{(a\cos^2\eta + b\sin^2\eta)(a\cos^2\eta + c\sin^2\eta)}}.$$

Nous en concluons

$$\int_0^{\frac{\pi}{2}}\int_0^{\frac{\pi}{2}} \frac{\cos^2\eta\sin\eta\,d\eta\,d\xi}{P} = \frac{\pi}{2}\int_0^{\frac{\pi}{2}} \frac{\cos^2\eta\sin\eta\,d\eta}{\sqrt{(a\cos^2\eta + b\sin^2\eta)(a\cos^2\eta + c\sin^2\eta)}}$$
$$= \frac{\pi}{2}\int_0^1 \frac{u^2\,du}{\sqrt{[b+(a-b)u^2][c+(a-c)u^2]}},$$

en posant $\cos\eta = u$.

Nous avons donc

$$H_1 = 4\pi a\sqrt{abc}\int_0^1 \frac{u^2du}{\sqrt{[b+(a-b)u^2][c+(a-c)u^2]}},$$

$$H_2 = 4\pi b\sqrt{abc}\int_0^1 \frac{u^2du}{\sqrt{[c+(b-c)u^2][a+(b-a)u^2]}},$$

$$H_3 = 4\pi c\sqrt{abc}\int_0^1 \frac{u^2du}{\sqrt{[a+(c-a)u^2][b+(c-b)u^2]}}.$$

22. Si maintenant nous portons les expressions (c) dans la formule (a), nous obtiendrons

$$V = AH_1x + BH_2y + CH_3z.$$

Nous aurons donc pour les composantes de l'action exercée sur un point intérieur par la couche magnétique, qui revêt une sphère cristallisée dont l'aimantation est uniforme,

$$-\frac{dV}{dx} = -AH_1, \qquad -\frac{dV}{dy} = -BH_2, \qquad -\frac{dV}{dz} = -CH_3.$$

Ce qui montre que cette couche exerce à son intérieur une force constante en grandeur et en direction.

Arrivons enfin au problème que nous avions en vue et cherchons l'induction d'une sphère cristallisée par une force magnétique constante.

Désignons par f_1, f_2, f_3 les trois composantes de cette force, nous aurons pour le potentiel dû à cette force dans le cristal

$$U = \frac{f_1}{a}x + \frac{f_2}{b}y + \frac{f_3}{c}z$$

(Chap. IV, n° 27). Or les équations de l'induction sont

$$\frac{dU}{dx} + \frac{dV}{dx} + \frac{4\pi\sqrt{abc}}{g}A = 0,$$

. . . .

(Chap. IV, n° 25) et l'on y satisfera en supposant A, B, C constants. En effet, ces équations deviendront alors

$$\frac{f_1}{a} + AH_1 + \frac{4\pi\sqrt{abc}}{g} A = 0,$$

$$\frac{f_2}{b} + BH_2 + \frac{4\pi\sqrt{abc}}{g} B = 0,$$

$$\frac{f_3}{c} + CH_3 + \frac{4\pi\sqrt{abc}}{g} C = 0,$$

et détermineront A, B, C. La quantité g est positive dans les corps magnétiques et négative dans les corps diamagnétiques.

La densité de la couche magnétique située à la surface de la sphère a pour valeur

$$\rho = \frac{g}{4\pi\sqrt{abc}} T\left(\frac{dU}{dt'} + \frac{dV}{dt'}\right).$$

Or on a

$$-T\frac{dU}{dt'} = a\frac{dU}{dx'}\cos\lambda + b\frac{dU}{dy'}\cos\mu + c\frac{dU}{dz'}\cos\nu,$$

$$-T\frac{dV}{dt'} = a\frac{dV}{dx'}\cos\lambda + b\frac{dV}{dy'}\cos\mu + c\frac{dV}{dz'}\cos\nu,$$

si l'on fait

$$\cos\lambda = \frac{x'}{h}, \qquad \cos\mu = \frac{y'}{h}, \qquad \cos\nu = \frac{z'}{h},$$

(x', y', z') étant le point de la surface de la sphère où l'on prend ρ, et h étant le rayon de la sphère.

On a donc

$$T\frac{dU}{dt'} = -\frac{f_1 x' + f_2 y' + f_3 z'}{h},$$

$$T\frac{dV}{dt'} = -aAH_1\frac{x'}{h} - bBH_2\frac{y'}{h} - cCH_3\frac{z'}{h}.$$

Ainsi la densité ρ est une expression linéaire par rapport à x', y', z'.

Le potentiel V_1 du magnétisme de la sphère induite, pris en un point extérieur, satisfait à l'équation

$$\Delta V_1 = 0.$$

Posons $u = \sqrt{x^2 + y^2 + z^2}$; en développant V_1 suivant la série de

Laplace, nous aurons

$$V_1 = Y_0 \frac{h}{u} + Y_1 \frac{h^2}{u^2} + \ldots.$$

Nous avons à l'intérieur de la sphère

$$\begin{aligned} V &= AH_1 x + BH_2 y + CH_3 z \\ &= (AH_1 \cos\theta \cos\psi + BH_2 \sin\theta \sin\psi + CH_3 \cos\theta)\, u, \end{aligned}$$

en prenant des coordonnées sphériques u, θ, ψ. Ces deux fonctions doivent être égales pour $u = h$; on en conclut que toutes les fonctions Y sont nulles, excepté Y_1, et qu'on a

$$V_1 = (AH_1 \cos\theta \cos\psi + BH_2 \sin\theta \sin\psi + CH_3 \cos\theta) \frac{h^3}{u^2}.$$

Détermination des constantes magnétiques d'un cristal.

23. Nous venons de trouver que, en un point extérieur, le potentiel du magnétisme induit dans une sphère cristallisée par une force constante dont les composantes sont f_1, f_2, f_3, a pour valeur

$$V_1 = (AH_1 x + BH_2 y + CH_3 z) \frac{h^3}{u^3},$$

et, en posant

$$s = \frac{4\pi\sqrt{abc}}{g},$$

nous avons

$$A = \frac{-f_1}{a(H_1 + s)}, \qquad B = \frac{-f_2}{b(H_2 + s)}, \qquad C = \frac{-f_3}{c(H_3 + s)}.$$

Si le cristal est diamagnétique, les quantités g et s sont négatives.

Désignons sous le nom d'*axes magnétiques du cristal* les quantités $\sqrt{a}$, $\sqrt{b}$, $\sqrt{c}$; puis portons ces longueurs à partir de l'origine sur les axes des x, y, z pour déterminer leurs directions.

Nous prendrons pour la force magnétique constante l'action terrestre et nous aurons ensuite, pour les composantes de l'action du cristal sphérique sur un point extérieur,

$$X = -\frac{dV_1}{dx} = 3(AH_1 x + BH_2 y + CH_3 z)\frac{h^3 x}{u^5} - AH_1\frac{h^3}{u^3},$$

$$Y = 3(AH_1 x + BH_2 y + CH_3 z)\frac{h^3 y}{u^5} - BH_2\frac{h^3}{u^3},$$

$$Z = 3(AH_1 x + BH_2 y + CH_3 z)\frac{h^3 z}{u^5} - CH_3\frac{h^3}{u^2}.$$

Prenons l'axe des z vertical et dirigé de bas en haut, l'axe des x suivant le méridien magnétique et vers le nord, enfin l'axe des y vers l'ouest; nous aurons $f_2 = 0$, par suite, $B = 0$. Si, de plus, on prend le point (x, y, z) dans le plan horizontal qui passe par le centre de la sphère, on aura $z = 0$, et il en résultera

$$X = 3AH_1\frac{h^3 x^2}{u^5} - AH_1\frac{h^3}{u^3},$$

$$Y = 3AH_1\frac{xyh^3}{u^5},$$

$$Z = -CH_3\frac{h^3}{u^3}.$$

Prenons une aiguille aimantée très petite et suffisamment éloignée de la sphère et supposons qu'elle ne puisse se mouvoir qu'horizontalement autour de son centre situé dans le plan des x, y. En désignant par x, y les coordonnées de ce centre, nous aurons, pour sa déviation υ du méridien,

$$\operatorname{tang}\upsilon = \frac{Y}{f_1 + X} = \frac{\dfrac{3xyh^3}{u^5}}{\dfrac{f_1}{AH_1} + \dfrac{3x^2h^3}{u^5} - \dfrac{h^3}{u^3}},$$

et, comme nous avons

$$\frac{f_1}{A} = -a(H_1 + s), \qquad u^2 = x^2 + y^2,$$

il en résulte

$$\operatorname{tang}\upsilon = \frac{3xy}{2x^2 - y^2 - \dfrac{a(H_1 + s)}{H_1}\dfrac{u^5}{h^3}}.$$

Si nous mettons les axes magnétiques $\sqrt{b}$ et $\sqrt{a}$ respectivement suivant les axes des x et des y, nous aurons, pour la déviation υ_1 de la même aiguille,

$$\operatorname{tang}\upsilon_1 = \frac{3xy}{2x^2 - y^2 - \frac{b(H_2+s)}{H_2}\frac{u^5}{h^3}}.$$

Enfin, si nous permutons $\sqrt{a}$ avec $\sqrt{c}$, nous aurons, pour la déviation υ_2,

$$\operatorname{tang}\upsilon_2 = \frac{3xy}{2x^2 - y^2 - \frac{c(H_3+s)}{H_3}\frac{u^5}{h^3}}.$$

Supposons, d'après cela, qu'on ait observé les angles υ, υ_1, υ_2, on en conclura, par ces trois équations, les trois quantités

$$\frac{a(H_1+s)}{H_1},\quad \frac{b(H_2+s)}{H_2},\quad \frac{c(H_3+s)}{H_3},$$

et, en mettant le centre (x, y, o) de l'aiguille dans diverses positions, on devra toujours trouver les mêmes valeurs pour ces trois quantités.

24. Résolvons ensuite ce problème général : *Trouver le potentiel d'un magnétisme quelconque sur le magnétisme d'un cristal.*

Pour résoudre ce problème, nous commençons par remplacer le magnétisme extérieur par une couche magnétique située sur la surface du cristal et dont le potentiel ait la même valeur sur cette surface.

Prenons, en un point (x, y, z) de cette surface, le potentiel d'un élément magnétique du cristal situé en (x', y', z'); nous aurons, pour ce potentiel (Chap. IV, n° 23),

$$v = \left(aA\frac{d\frac{1}{r}}{dx'} + bB\frac{d\frac{1}{r}}{dy'} + cC\frac{d\frac{1}{r}}{dz'}\right)d\varpi,$$

en posant

$$r = \sqrt{\frac{(x-x')^2}{a} + \frac{(y-y')^2}{b} + \frac{(z-z')^2}{c}}.$$

Si l'on désigne par ρ la densité de la couche magnétique, le potentiel de cet élément du cristal sur la couche magnétique sera, d'après le raisonnement donné (Ire Partie, Chap. I, n° 25),

$$\int v\rho\, d\sigma = \left(a\mathrm{A} \int \frac{d\frac{1}{r}}{dx'} \rho\, d\sigma + b\mathrm{B} \int \frac{d\frac{1}{r}}{dy'} \rho\, d\sigma + c\mathrm{C} \int \frac{d\frac{1}{r}}{dz'} \rho\, d\sigma \right) d\varpi.$$

Or, en désignant par U le potentiel cristallique de la couche en un point intérieur quelconque (x', y', z'), on a

$$\int \frac{1}{r} \rho\, d\sigma = \mathrm{U};$$

il en résulte

$$\int v\rho\, d\sigma = \left(a\mathrm{A} \frac{d\mathrm{U}}{dx'} + b\mathrm{B} \frac{d\mathrm{U}}{dy'} + c\mathrm{C} \frac{d\mathrm{U}}{dz'} \right) d\varpi.$$

Enfin nous aurons, pour le potentiel du magnétisme de tout le cristal sur celui de la couche,

$$\mathrm{W} = \int \left(a\mathrm{A} \frac{d\mathrm{U}}{dx'} + b\mathrm{B} \frac{d\mathrm{U}}{dy'} + c\mathrm{C} \frac{d\mathrm{U}}{dz'} \right) d\varpi,$$

l'intégrale étant étendue à tous les éléments du volume du cristal.

Dans le cas particulier où la force inductrice est constante, nous aurons (Chap. IV, n° 27), en désignant par f_1, f_2, f_3 les composantes de cette force,

$$\mathrm{U} = \frac{f_1}{a} x' + \frac{f_2}{b} y' + \frac{f_3}{c} z',$$

$$a \frac{d\mathrm{U}}{dx'} = f_1, \qquad b \frac{d\mathrm{U}}{dy'} = f_2, \qquad c \frac{d\mathrm{U}}{dz'} = f_3$$

et, par suite,

$$\mathrm{W} = \int (\mathrm{A} f_1 + \mathrm{B} f_2 + \mathrm{C} f_3)\, d\varpi. \tag{1}$$

25. *Oscillations d'une sphère cristalline.* — Concevons une sphère cristalline très petite, suspendue par un fil de cocon suivant un de ses axes magétiques, pris pour axe des z; les axes des x et des y sont pris suivant les deux autres axes magnétiques. L'axe des z est vertical et fixe, et les axes des x et y sont mobiles autour du premier. La force magnétique est prise horizontale et constante en grandeur et en direc-

tion, et, en désignant par ψ l'angle variable qu'elle fait avec l'axe des x, on a

$$f_1 = \mathrm{F}\cos\psi, \qquad f_2 = \mathrm{F}\sin\psi, \qquad f_3 = 0.$$

On réalise approximativement ces conditions en plaçant le centre de la sphère sur la ligne droite qui joint les deux pôles d'un électro-aimant suffisamment éloignés et mettant ce centre à égale distance des deux pôles.

En appliquant la formule (1), on obtient

$$\mathrm{W} = \mathrm{F}\int(\mathrm{A}\cos\psi + \mathrm{B}\sin\psi)\,d\varpi.$$

Or on a

$$\mathrm{A} = -\frac{\mathrm{F}\cos\psi}{a(\mathrm{H}_1+s)}, \qquad \mathrm{B} = -\frac{\mathrm{F}\sin\psi}{b(\mathrm{H}_2+s)}.$$

Donc, en désignant par h le rayon de la sphère, on a

$$\mathrm{W} = -\frac{4}{3}\pi h^3 \mathrm{F}^2 \left[\frac{\cos^2\psi}{a(\mathrm{H}_1+s)} + \frac{\sin^2\psi}{b(\mathrm{H}_2+s)}\right].$$

Ainsi le moment, autour de l'axe des z, des forces magnétiques qui agissent sur la sphère, a pour valeur

$$\frac{d\mathrm{W}}{d\psi} = -\frac{4}{3}\pi h^3 \mathrm{F}^2 \left[\frac{1}{b(\mathrm{H}_2+s)} - \frac{1}{a(\mathrm{H}_1+s)}\right]\sin 2\psi.$$

Supposons

$$a > b > c;$$

le moment d'inertie de la sphère, dont la densité est D, autour d'un diamètre ayant pour valeur $\frac{8\pi \mathrm{D} h^5}{15}$, si l'on néglige la torsion du fil, on a, pour l'équation de ses oscillations,

$$\frac{8\pi \mathrm{D} h^5}{15}\frac{d^2\psi}{dt^2} = \frac{d\mathrm{W}}{d\psi}.$$

Posons

$$\frac{5\mathrm{F}^2}{2\mathrm{D} h^2}\left[\frac{1}{b(\mathrm{H}_2+s)} - \frac{1}{a(\mathrm{H}_1+s)}\right] = \mathrm{P}_3, \tag{2}$$

nous aurons

$$\frac{d^2\psi}{dt^2} = -\mathrm{P}_3 \sin 2\psi,$$

et, en désignant par ψ_0 la valeur maximum de ψ,

$$\left(\frac{d\psi}{dt}\right)^2 = P_3(\cos 2\psi - \cos 2\psi_0).$$

Si nous supposons les oscillations très petites, cette équation donnera

$$t = \frac{1}{\sqrt{P_3}} \arc\cos \frac{\psi}{\psi_0}.$$

Nous avons donc, pour la durée T_3 des oscillations autour de l'axe $\sqrt{c}$,

$$T_3 = \frac{\pi}{\sqrt{P_3}}.$$

Désignons par T_1 et T_2 les durées des oscillations de la sphère, si elle est suspendue suivant les axes $\sqrt{a}$ et $\sqrt{b}$, et posons

$$(3) \qquad \frac{5F^2}{2Dh^2}\left[\frac{1}{c(H_3+s)} - \frac{1}{a(H_1+s)}\right] = P_2,$$

$$(4) \qquad \frac{5F^2}{2Dh^2}\left[\frac{1}{c(H_3+s)} - \frac{1}{b(H_2+s)}\right] = P_1;$$

nous aurons

$$P_3 + P_1 = P_2,$$

et, comme nous avons d'ailleurs

$$\frac{1}{T_3^2} = \frac{P_3}{\pi^2}, \qquad \frac{1}{T_2^2} = \frac{P_2}{\pi^2}, \qquad \frac{1}{T_1^2} = \frac{P_1}{\pi^2},$$

nous en concluons la formule

$$(A) \qquad \frac{1}{T_3^2} + \frac{1}{T_1^2} = \frac{1}{T_2^2}.$$

Plücker a démontré expérimentalement cette formule sur une sphère tirée d'un formiate d'oxyde de cuivre [*On the magnetic induction of cristals* (*Philosophical Transactions*, 1858)].

26. Considérons ensuite les oscillations d'une sphère cristalline dans les conditions précédentes, sauf qu'elle est suspendue par un point quelconque situé dans le plan des axes magnétiques $\sqrt{a}$ et $\sqrt{c}$.

Soient toujours Ox, Oy, Oz les axes d'un système de coordonnées, menés suivant les axes magnétiques et soient Ox', Oy', Oz' d'autres axes rectangulaires, dont le dernier, vertical, est dirigé suivant le fil de suspension, et dont le premier est mené dans la direction de la force magnétique constante F.

Désignons par ψ l'angle de Ox' avec la trace du plan zOx sur $x'Oy'$ et par φ l'angle de cette trace avec Ox.

D'après la formule trouvée ci-dessus (nº 24), on a

$$W = \int \left(aA \frac{dU}{dx} + bB \frac{dU}{dy} + cC \frac{dU}{dz} \right) d\varpi,$$

l'intégrale étant étendue à tous les éléments du volume de la sphère. Les trois composantes de la force F suivant les axes des x, y, z sont

$$f_1 = a \frac{dU}{dx} = F \cos\varphi \cos\psi,$$

$$f_2 = b \frac{dU}{dy} = -F \sin\psi,$$

$$f_3 = c \frac{dU}{dz} = -F \sin\varphi \cos\psi;$$

enfin dans W remplaçons A, B, C par leurs valeurs (nº 23) et nous aurons

$$W = -\frac{4}{3}\pi h^3 F^2 \left[\frac{\cos^2\varphi \cos^2\psi}{a(H_1+s)} + \frac{\sin^2\psi}{b(H_2+s)} + \frac{\sin^2\varphi \cos^2\psi}{c(H_3+s)} \right].$$

D'après cela, on a, pour le moment autour de Oz', des forces qui agissent sur la sphère,

$$\frac{dW}{d\psi} = -\frac{4}{3}\pi h^3 F^2 \left[\frac{1}{b(H_2+s)} - \frac{\cos^2\varphi}{a(H_1+s)} - \frac{\sin^2\varphi}{c(H_3+s)} \right] \sin 2\psi.$$

Dans le cas particulier où $a = b$, alors $H_1 = H_2$, et l'on a

$$\frac{dW}{d\psi} = \frac{4}{3}\pi h^3 F^2 \sin^2\varphi \left[\frac{1}{c(H_3+s)} - \frac{1}{a(H_1+s)} \right] \sin 2\psi = \mu P_2 \sin^2\varphi \sin 2\psi,$$

en représentant par μ le moment d'inertie de la sphère.

Ainsi, en désignant par T la durée d'une oscillation, on a

$$T^2 = \frac{\pi}{P_2 \sin^2 \varphi}.$$

Si le fil est dirigé suivant Ox, on a $\varphi = \frac{\pi}{2}$, et le carré de la durée T_1 de l'oscillation a pour valeur

$$T_1^2 = \frac{\pi}{P_2}.$$

On en conclut

$$T_1 = T \sin \varphi, \tag{B}$$

formule qui a été également reconnue par Plücker au moyen de l'expérience.

W. Thomson, Plücker et Beer ont donné chacun des théories différentes de l'induction magnétique des cristaux qui conduisent toutes aux formules (A) et (B). Les théories des deux premiers savants ont un caractère empirique; celle du troisième a un caractère plus analytique; mais, bien qu'on en déduise les formules (A) et (B), elle n'est pas exacte, comme je l'ai déjà fait remarquer (Chap. IV, n° 25).

27. *Détermination des constantes a, b, c, s, g.* — Après avoir obtenu les durées des oscillations T_1, T_2, T_3 de la sphère cristalline d'après les expériences indiquées ci-dessus, on en conclura les quantités P_1, P_2, P_3; puis, en se servant de deux des équations (2), (3), (4), on pourra exprimer deux des trois quantités

$$a(H_1 + s), \quad b(H_2 + s), \quad c(H_3 + s),$$

au moyen de la troisième. Nous avons vu d'ailleurs au n° 23 comment on peut calculer les quantités

$$\frac{a(H_1 + s)}{H_1}, \quad \frac{b(H_2 + s)}{H_2}, \quad \frac{c(H_3 + s)}{H_3}. \tag{α}$$

Il est très difficile, en général, de conclure de là les quantités a, b, c, s. Mais nous allons supposer que le cristal ait un axe d'isotropie.

Faisons $a = b$ et $a > c$. Les équations (3) et (4) se réduisent à une seule, que l'on peut écrire ainsi

$$(\beta)\qquad \frac{1}{c(H_3+s)}-\frac{1}{a(H_1+s)}=m,$$

m étant une quantité connue. Puisque nous connaissons les quantités (α), posons

$$(\gamma)\qquad \frac{a(H_1+s)}{H_1}=l_1,\qquad \frac{c(H_3+s)}{H_3}=l_3,$$

l_1, l_3 étant des quantités connues. Les trois équations (β) et (γ) permettent de déterminer a, c, s.

Posons

$$c=a(1-\lambda^2),$$

et, en éliminant s entre les trois équations précédentes, nous aurons

$$(\delta)\qquad \frac{1}{l_3H_3}-\frac{1}{l_1H_1}=m,$$

$$(\varepsilon)\qquad [l_1(1-\lambda^2)-c]H_1=(l_3-c)H_3.$$

D'ailleurs les formules trouvées pour H_1 et H_3 (n° 21) donnent dans le cas actuel

$$H_1=\frac{2\pi c\sqrt{c}}{\lambda^2(1-\lambda^2)}\left(1-\frac{1-\lambda^2}{2\lambda}\log\frac{1+\lambda}{1-\lambda}\right),$$

$$H_3=\frac{4\pi c\sqrt{c}}{\lambda^2}\left(-1+\frac{1}{2\lambda}\log\frac{1+\lambda}{1-\lambda}\right).$$

Posons, pour abréger,

$$1-\frac{1-\lambda^2}{2\lambda}\log\frac{1+\lambda}{1-\lambda}=S_1,\qquad -1+\frac{1}{2\lambda}\log\frac{1+\lambda}{1-\lambda}=S_2,$$

et les équations (δ), (ε) permettront d'exprimer la quantité c en fonction de λ, respectivement par les deux formules suivantes :

$$c=\left[\frac{l_1\lambda^2S_1-2l_3\lambda^2(1-\lambda^2)S_2}{4\pi m\,l_1l_3S_1S_2}\right]^{\frac{2}{3}},$$

$$c=\frac{l_1S_1-2l_3S_2}{S_1-2S_2(1-\lambda^2)}(1-\lambda^2).$$

Il faudra donc choisir λ, de manière que les valeurs de c, déduites de ces deux formules, soient égales. Ayant calculé ainsi λ et c, on obtiendra s et g par les formules

$$(\eta) \qquad s = \frac{(l_3 - c)H_3}{c}, \qquad g = \frac{4\pi a\sqrt{c}}{s}.$$

Si l'on a

$$a = b, \qquad a < c,$$

il faut changer λ^2 en $-\lambda^2$ dans les formules précédentes, et l'on obtient

$$c = a(1 + \lambda^2),$$

$$H_1 = \frac{2\pi c\sqrt{c}}{\lambda^2(1+\lambda^2)}\left(-1 + \frac{1+\lambda^2}{2\lambda}\operatorname{arc\,tang}\lambda\right),$$

$$H_2 = \frac{4\pi c\sqrt{c}}{\lambda^2}\left(1 - \frac{1}{\lambda}\operatorname{arc\,tang}\lambda\right).$$

Si ensuite on pose

$$1 - \frac{1+\lambda^2}{2\lambda}\operatorname{arc\,tang}\lambda = S_1, \qquad -1 + \frac{1}{\lambda}\operatorname{arc\,tang}\lambda = S_2,$$

c sera exprimé au moyen de λ par les deux formules

$$c = \left[\frac{-l_1\lambda^2 S_1 + 2l_3\lambda^2(1+\lambda^2)S_2}{4\pi m l_1 l_3 S_1 S_2}\right]^{\frac{2}{3}},$$

$$c = \frac{l_1 S_1 - 2l_3 S_2}{S_1 - 2S_2(1+\lambda^2)}(1+\lambda^2),$$

dont on conclura c et λ comme ci-dessus. On aura ensuite s et g par les formules (η).

FIN.

TABLE DES MATIÈRES.

Pages
Préface v

CHAPITRE I.

PRINCIPES GÉNÉRAUX DE L'ÉLECTROSTATIQUE.

Définitions relatives à l'électricité 1
Potentiel de l'électricité 3
Couche électrique d'un corps conducteur. — Tension électrique 4
Comparaison de deux états électriques d'un système de conducteurs qui s'influencent mutuellement 7
Sur la stabilité de l'équilibre de l'électricité sur les conducteurs 9
Détermination des valeurs du potentiel à l'intérieur des conducteurs. — Énergie du système de conducteurs quand il n'y a pas de diélectriques 15
Théorèmes généraux sur les conducteurs creux 18
Électricité induite par un point électrique sur la surface d'un conducteur 20
Différents théorèmes indiquant des cas où les conducteurs se couvrent de couches homogènes d'électricité 21

CHAPITRE II.

PROBLÈMES PARTICULIERS D'ÉLECTROSTATIQUE.

Potentiel d'une couche sphérique. — Potentiel d'une masse située à l'intérieur de la sphère, pris en un point extérieur à cette sphère et potentiel d'une masse extérieure à la sphère, pris à son intérieur. — Cas où cette masse est de révolution 26
Détermination de la densité d'une couche sphérique dont le potentiel est donné en chaque point de la surface 31
Sphère induite par une quantité d'électricité fixée dans un diélectrique 32
Sphère induite par un point électrisé extérieur 34
Sphère creuse induite par un corps diélectrique placé à son intérieur. — Induction produite par un point électrique sur un plateau indéfini mis en communication avec le sol 37
Pouvoir des pointes. — Distribution de l'électricité sur deux conducteurs coniques dont le sommet est au même point 39

Pages

Conducteur à tranchant 41
Conducteur conique de révolution. — Calcul de la tension électrique près du sommet du conducteur. — Cône rentrant 44
Distribution de l'électricité sur deux sphères qui s'influencent réciproquement 54
Cas où les deux sphères se touchent 65
Distribution de l'électricité sur deux sphères réunies par un fil conducteur 70
Sur l'attraction ou la répulsion entre deux sphères électrisées 77
Répulsion entre deux sphères en contact et reliées par un fil conducteur 79
De la transformation par rayons vecteurs réciproques pour résoudre certains problèmes de Physique mathématique 83
Détermination de la distribution de l'électricité sur un conducteur en forme de disque plan ou de coquille sphérique 88
Lignes de force d'un disque mis en communication avec la Terre et influencé par une masse électrique fixée sur son axe 99

CHAPITRE III.

DU ROLE DES DIÉLECTRIQUES DANS L'ÉLECTROSTATIQUE.

Action mutuelle des corps électrisés par l'intermédiaire du diélectrique qui les sépare ... 104
Sur la déformation du milieu diélectrique 110
Du changement de l'induction dans le passage d'un diélectrique à un autre 114
Comparaison des forces élastiques qui se développent de part et d'autre d'une couche électrique, à la limite de deux diélectriques 117
De la distribution de l'électricité sur deux conducteurs qui s'influencent et placés dans deux diélectriques différents 119
Condensateur 122
Détermination de certaines constantes relatives au condensateur 125
Condensateur formé de deux diélectriques 126
Chargement du condensateur 128
Décharge du condensateur 131

CHAPITRE IV.

THÉORIE GÉNÉRALE DU MAGNÉTISME.

Préliminaires 134
Attraction ou répulsion de l'élément d'un aimant ou d'un corps aimanté 135
Attraction d'un aimant ou d'un corps aimanté sur un point extérieur 139
Potentiel d'un aimant sur un autre 140
Corps dont l'aimantation est uniforme 143
Potentiel d'une double couche 149
Valeur d'une certaine intégrale triple étendue à une portion très petite d'un aimant 152
Théorie de l'induction magnétique 155
Induction d'un corps diamagnétique 163
Théorie de l'induction magnétique d'un corps cristallisé 165
Aimants solénoïdaux et aimants lamellaires 175
Expressions des composantes du moment magnétique en chaque point d'un aimant 177

Pages

Des diélectriques ... 181

Sur la polarisation électrique ... 181
Induction des diélectriques ... 185
Condensateur ... 187

CHAPITRE V.

PROBLÈMES PARTICULIERS DE LA THÉORIE DU MAGNÉTISME.

Sphère et ellipsoïde placés dans un champ uniforme ... 191
Détermination du coefficient d'induction magnétique ... 192
Induction d'une sphère pleine par des forces magnétiques données ... 196
Induction magnétique d'une sphère creuse ... 197
Induction d'une sphère creuse par l'action de la Terre ... 198
Magnétisme du globe terrestre ... 202
Du magnétisme induit dans un cylindre, dont le rayon est très petit par rapport à sa longueur, par une force constante parallèle à son axe ... 208
Aiguille cylindrique d'acier aimantée à saturation ... 213
Sphère cristallisée placée dans un champ magnétique uniforme ... 215
Sur la détermination des constantes magnétiques d'un cristal ... 223
Calcul de ces constantes pour un cristal qui a un axe d'isotropie ... 230

ERRATA

A LA THÉORIE DE LA CAPILLARITÉ.

Page 137, dernière ligne, remplacer le dernier facteur $\left(1-\frac{a}{l+x}\cos\frac{\varphi}{2}\right)$ par $\left(1+\frac{a}{l+x}\cos\frac{\varphi}{2}\right)$; faire le même changement d'un signe — en signe + dans les deux formules suivantes. (Errata communiqués par le savant japonais Kenjirō Jamagawa, de Tokyo.)

Pages 159, 161 et 162, faire le même changement dans les quatre radicaux qui s'y trouvent.

11342 Paris. — Imprimerie de Gauthier-Villars, quai des Augustins, 55.

